强化学习

余欣航 编著

U0178270

電子工業出版社
Publishing House of Electronics Industry
北京 · BEIJING

内 容 简 介

本书详细介绍了强化学习的理论推导、算法细节。全书共12章，包括强化学习概述、马尔可夫决策过程、退化的强化学习问题、环境已知的强化学习问题、基于价值的强化学习算法、基于策略的强化学习算法、AC型算法、基于模型的强化学习算法等相关知识。本书系统性强、概念清晰，内容简明通俗。除了侧重于理论推导，本书还提供了许多便于读者理解的例子，以及大量被实践证明有效的算法技巧，旨在帮助读者进一步了解强化学习领域的相关知识，提升其现实中的工程能力。

本书可作为高等院校数学、计算机、人工智能等相关专业的强化学习教材，但需要有机器学习、深度学习等前置课程作为基础。

图书在版编目（CIP）数据

强化学习 / 余欣航编著. —北京：电子工业出版社，2024.4
ISBN 978-7-121-47661-7

Ⅰ. ①强…　Ⅱ. ①余…　Ⅲ. ①机器学习－算法－研究　Ⅳ. ①TP181

中国国家版本馆 CIP 数据核字（2024）第 070866 号

责任编辑：章海涛
印　　刷：北京虎彩文化传播有限公司
装　　订：北京虎彩文化传播有限公司
出版发行：电子工业出版社
　　　　　北京市海淀区万寿路 173 信箱　　邮编：100036
开　　本：787×1092　1/16　　印张：17.5　　字数：448 千字
版　　次：2024 年 4 月第 1 版
印　　次：2025 年 3 月第 3 次印刷
定　　价：69.80 元

凡所购买电子工业出版社图书有缺损问题，请向购买书店调换。若书店售缺，请与本社发行部联系，联系及邮购电话：（010）88254888，88258888。

质量投诉请发邮件至 zlts@phei.com.cn，盗版侵权举报请发邮件至 dbqq@phei.com.cn。

本书咨询联系方式：unicode@phei.com.cn。

推荐序 1

RL

强化学习研究序贯决策问题，它同监督学习、无监督学习一起构成机器学习的三大学习范式。现代强化学习主要基于随机模拟思想，它的奠基性工作始于 1989 年 Chris Watkins 提出的 Q 学习方法。随着深度学习的突破性崛起，人工神经网络作为一种函数逼近技术自然被引入强化学习中，强化学习因“深度强化学习”而复兴。近年来，基础模型（Foundation Models）与大语言模型（Large Language Models）的崛起让人们看到了实现通用人工智能（AGI）的可能性。在 Chat GPT 等时下最热门的大语言模型的训练及调优过程中，均使用了强化学习技术及有关思想。这将使得强化学习这一相对“古老”的学科持续焕发新的活力。

本书作为强化学习领域的入门书籍有如下优点：理论扎实，对算法背后的数学进行了比较详实的推导；通俗易懂，深入浅出，以下棋、玩游戏等作为例子，帮助读者更加轻松地入门该领域；列举了较多工程技巧，作为理论的补充。这其中有些技巧虽然仍缺乏数学上的可解释性，但已经被广泛的实践证明有助于提升算法效率。

强化学习同时提供问题及其解的数学表示方法，集成了数学思维和工程思维。本书通过许多通俗的讲解阐述了强化学习的基本思想。例如，通过“actor-critic”，用实践中产生的数据进行价值计算，并通过“trial-and-error”来调整策略。因此，本书特别适合初学者和一线工程师学习参考。

北京大学数学科学学院教授张志华

2024.4.6

推荐序 2

RL

强化学习是机器学习领域中的一个非常重要且独特的分支。它起源于动物学习心理学中的试错法和最优控制理论的结合，本身有着几十年的理论研究历史，并在近十年内通过与深度学习的融合，取得了一系列令人瞩目的技术发展，在解决复杂决策控制任务中展示出了巨大的潜力。与此同时，强化学习也是独特的，它关注解决序列化决策优化问题，通过与环境的不断交互，学习从状态观测到实际执行动作的最优映射，与机器学习领域广泛使用的有监督学习、无监督学习都存在着巨大的差异。这种通过与外部环境进行交互式学习的范式使得强化学习最终形成一套自成一体的理论框架，也产生了一系列有趣的、不存在于有监督或无监督学习领域中的问题和性质。

经过几十年快速的发展，强化学习领域已累积了许多艰深的理论成果和大量相关算法，客观上对每一位想快速了解并掌握该领域的初学者都提出了不小的挑战。面对如此纷繁复杂的理论及方法体系，本书通过浅显易懂的语言，深入浅出的案例，帮助读者们快速而轻松地了解强化学习独有的魅力。本书覆盖了强化学习理论基础、Bandits 问题、最优控制思想，以及基于价值、基于模型、Actor-Critic 等经典强化学习框架及具体方法，相对系统地介绍了在线强化学习大体的面貌。由于强化学习领域发展迅速且子领域众多，本书可以帮助初学者快速上手，为后续进阶了解更前沿及细分领域的强化学习理论与方法提供很好的基础。

清华大学智能产业研究院 助理教授詹仙园

2024.3.17

前 言

RL

强化学习（Reinforcement Learning）是人工智能-机器学习领域一门重要的学科，其前身可以追溯到20世纪初期的控制论（Control Theory），其基本架构在20世纪80年代就奠基完成。2010年以后，随着深度学习技术日趋成熟，强化学习进入了更加快速发展的阶段。2016年，谷歌公司以经典强化学习算法MCTS为基础设计了AlphaGo，并最终击败了当时的围棋世界冠军李世石。这一具有里程碑意义的事件一方面让整个人工智能-机器学习领域吸引了全社会的广泛关注，另一方面让强化学习在人工智能-机器学习领域内部收获了更多关注。事实上，2017年之后，强化学习便逐渐成为人工智能-机器学习领域发展最快、受到关注最多的领域之一。

在广泛的人工智能-机器学习领域，与计算机视觉、自然语言处理等领域相比，强化学习不拘泥于某一种特定的数据类型或场景，而是指向一套更广泛的、脱离具体应用的思维方式与方法论。与传统的有监督学习（分类问题、回归问题）、无监督学习（聚类、降维）等领域相比，强化学习采用的是更加脱离数据统计的、工具化的思维方式，即偏向于采用智能化的思维方式。很多学者认为，强化学习可能是通往强人工智能的关键技术之一。与元学习、自动机器学习等同样前沿与智能化的领域相比，强化学习已经拥有更多成熟的落地应用，就业前景更明朗，包括围棋在内的各种游戏AI就是一个很好的例子。此外，强化学习的许多特性让它拥有与经济、社会等方面产生更广泛联系的潜力，在未来实现更广泛的用途。这在本书的第1章会进行更加详细的介绍。总体来说，强化学习是泛人工智能领域一个非常重要的子领域。

与有监督学习、无监督学习等相对传统的领域相比，强化学习的构件更加复杂。例如，它要组合产生数据（探索-利用权衡）与计算策略（基于价值或基于策略等）这两部分的算法，兼顾数据效率与学习效率两方面。如果是基于模型的强化学习（Model-Based Reinforcement Learning），那么其组成部分还要更复杂，需要兼顾的方面更多。因此，进入这个领域的门槛比较高。目前，市面上已有许多有关强化学习的资料，但普遍存在一定的问题，如重点不够突出、先后顺序不够明朗、过于偏重理论而晦涩难懂、过于追求通俗而不严谨等。本书将竭力避免这些问题，在不失严谨的前提下尽量保证行文通俗易懂。具体而言，本书内容注重理论、思想与技巧这3方面。首先，严谨的理论永远是最重要的基石。书中呈现的每种算法，都会严谨地列出其公式，并进行详细的推导，说明算法中各部分数学的含义，如使用的训练数据服从什么条件概率分布，误差来自统计意义下的偏差还是方差等。其次，为了便于读者更好地理解这门学科，书中尽量使用通俗的语言来阐述其思想。由于强化学习贴近人的思维方式，与经济、社会等各方面能够产生广泛的联系，因此，书中会尽量列举贴近现实生活的例子，以此来帮助读者更好地掌握算法背后的思想，从详细的公式推导中看到更高层的思维模式。最后，在深度学习领域，能发挥实际效果的算法往往需要集成许多工程上的技巧。这些技巧大多缺乏严格的理论基础，但它们被证明能在实践中发挥很好的作用。在本书中，会对这些技巧给予足够的重视，用尽量通俗的语言来说明其发挥作用的原因。在实践中，读者要善于使用这些技巧，以使得算法能取得更好的效果。

需要特别说明的是，强化学习是泛人工智能领域中相对复杂、困难的学科，读者只有先学习概率统计、机器学习与深度学习的基础知识，然后才能进入这一领域。在本书中，假定读者已经具备这些方面的基础知识而直接使用有关知识，这样可以更加专注强化学习这一领域的内容。此外，由于现实中真正发挥作用的强化学习算法往往需要集成很多模块与技巧，因此代码普遍比较长。将真实代码打印在纸质书上，让读者手工录入计算机中这种学习方式既不高效又不经济。在人工智能-机器学习领域，一名优秀的学者或工程师应善于使用开源网站，在一些公认性能较好的基准（Baseline）上进行调试与开发，这是一种最基本的能力。因此在本书中，会辅以便于读者理解算法思想的伪代码，但不会过多地罗列出真实可运行的代码。

2023 年，人工智能-机器学习领域的新趋势是建立强大的基础模型（Foundation Model），并对其进行适用于特定领域的调优。现实中，人类也是首先通过基础教育与社会生活拥有了基本素质和较为全面的能力，然后才能轻松、快速地完成各种任务。从这个角度看来，这种基础模型微调的新范式是一种对于通用人工智能（Artificial General Intelligence，AGI）的可信解释与有力尝试。在宏观思想层面上，强化学习的诸多特性能够很好地与这一趋势相结合，打开通往通用人工智能的大门；在微观技术细节上，GPT 等时下最强大、最热门的大语言模型（Large Language Model，LLM）在调优过程中均使用了强化学习技术（Reinforcement Learning from Human Feedbacks，RLHF）。因为在进行大语言模型调优时，人类给出的反馈更接近强化学习中的奖励（Reward），而不是有监督学习所需的标签（Label），而且，这一过程的优化目标是多轮连贯对话中的累积效果。综上，在大语言模型时代，强化学习技术及其背后的思想将会变得更重要，并将继续取得长足的发展。

还需要说明的是，在线强化学习（Online Reinforcement Learning）是整个强化学习领域中比较成熟、系统化的一类算法，适用于围棋、游戏 AI 等可以多次重复试验的领域。但是，在工业等难以多次重复、对试错成本非常敏感的领域，在线强化学习的使用可能会受到限制。2020 年以后，离线强化学习（Offline Reinforcement Learning）逐渐成为强化学习领域中受到重视最高、发展最快的子领域之一。此外，多智能体强化学习（Multi-Agent Reinforcement Learning，MARL）也是新兴研究热点之一，在游戏、量化交易、机器人等领域有着广阔的应用前景。本书将主要篇幅集中于在线强化学习的经典领域，以便于读者快速入门，理解强化学习的基本思想。但同时要提醒读者密切关注离线强化学习及其他新领域的发展。

如果想学习更多有关内容，欢迎读者朋友们在各大平台搜索关注“AI 精研社”。

余欣航
于华南理工大学

目录

RL

第 1 章

RL

绪　论

1.1 强化学习是什么

本书将介绍强化学习的基本内容和方法。下面首先通过一个例子来了解强化学习的含义。假设我们希望训练一只狗学会叼住扔出去的飞盘，那么我们首先会准备一个飞盘和一些狗喜欢吃的食物，接着重复多次将飞盘扔出去。如果狗叼住飞盘，那么我们就给予狗一些食物作为奖励；如果狗没有叼住飞盘，就不给予奖励。这样就建立了一个明确的奖惩机制。不难想象，如果不断地让狗执行叼飞盘的任务，并根据结果执行奖惩机制，那么最终能让它学会这项技能，如图 1.1 所示。

图 1.1　狗学习叼飞盘的过程

从狗的角度来看这个过程，叼飞盘的任务可以视为一个环境。狗的目标是可以吃到更多的食物。每次做出叼住飞盘的动作时，它就能收获奖励，因此它会倾向于更多地做出这个动作；每次做出没有叼住飞盘的动作时，它就不能收获奖励，因此它会规避这个动作。久而久之，它叼飞盘的能力就得到了提升。

我们可以将上述学习模式抽象成一个框架，并将这个框架应用于其他个体的学习过程中。可以把狗抽象成智能体，将叼飞盘视为某项技能，此时，上述过程可以抽象为智能体学习某项技能的过程，转化为强化学习问题。

下面给出维基百科对强化学习的描述。

强化学习是机器学习中的一个领域，强调如何基于环境而行动，以取得最大化的预期利益，其灵感来源于心理学中的行为主义理论，即有机体如何在环境给予的奖励或惩罚的刺激下，逐步形成对刺激的预期，产生能获得最大化的预期利益的习惯性行为。

从上述介绍中可以看到强化学习的定义：强化学习是一种智能体在与环境进行交互的过程中进行学习的方法。它主要研究作为主体的智能体与作为客体的环境进行交互的序列决策过程，以及智能体在环境中逐渐学习到能获得最大化的预期利益的习惯性行为的过程。

一般而言，我们会为强化学习问题定义如下几个元素：智能体（Agent）、环境（Environment）、状态（State）、动作（Action）和奖励（Reward），如图 1.2 所示。在某个时刻，环境处于某种状态。智能体面对当前状态采取一个动作后，环境的状态发生改变，同时向智能体反馈奖励信息。策略是指面对状态应该如何采取动作。强化学习的目标是通过与环境进行交互，找到最优策略，以获得最多奖励。在狗学习叼飞盘的例子中，可以将草地视为环境，将狗与飞盘之间的距离视为状态，将狗的跑、跳和叼视为动作，将食物视为奖励。狗在草地上通过判断其与飞盘之间的距离来选择不同的动作，不断试错，努力尝试完成叼住飞盘的任务，从而获取更多的食物作为奖励。本书第 2 章将通过马尔可夫决策过程（Markov Decision Process，MDP）来形式化定义强化学习问题。

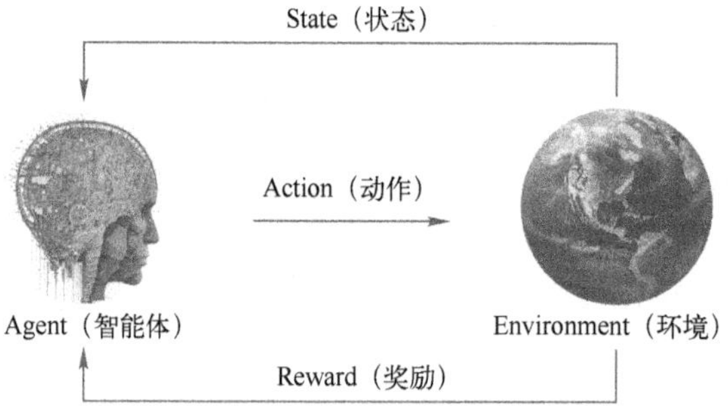

图 1.2　强化学习问题

现实中还有很多智能体与环境交互的场景，可以按照上述方式将其定义为强化学习问题，如下棋、机器人控制和自动驾驶等。下面首先来看一款益智类小游戏——《黄金矿工》（见图 1.3）。在这款游戏中，玩家使用钩子钩取黄金以积累分数，目标是在规定的时间内得到"目标金钱"。这里将游戏本身视为环境，将玩家视为智能体，状态是当前屏幕上呈现的游戏情况。玩家能采取的动作包括"下钩""放炸弹""等待"。如果玩家在恰当的状态采取了恰当的动作，那么玩家能够获得的"金钱"便是奖励。玩家的目标是通过不断地与环境进行交互，提高其玩游戏的技巧，使其能够针对当前的状态更好地选择动作，从而获得更多奖励。

下象棋的过程同样可以定义为一个强化学习问题。需要注意的是，下象棋涉及二人对弈，可以将对手及其走棋策略视为环境，而将自己视为需要训练的智能体，状态是当前棋盘的情况，动作是所采取的走棋操作。当我们针对当前棋盘局势采取一步走棋操作后，对手会根据我们走出的结果采取走棋操作，从而改变棋盘局势；接着轮到我们针对新的棋盘局势采取走棋操作，这相当于环境给我们的反馈。我们的目标是通过与对手的对弈，观察棋盘局势变化以更好地了解环境，从而争取战胜对手。

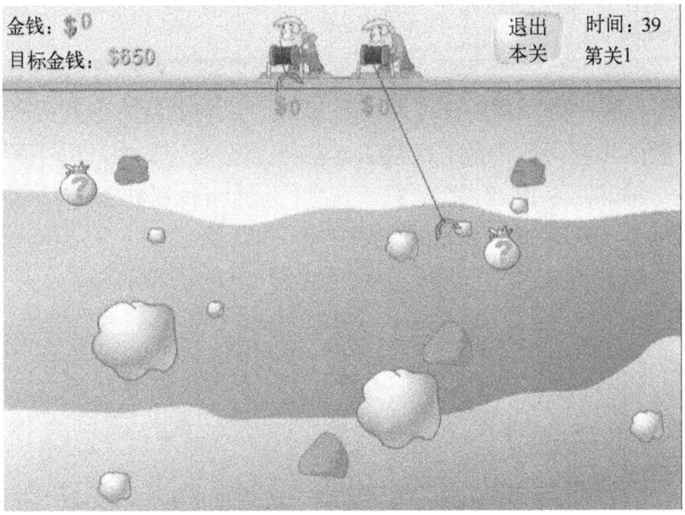

图 1.3 《黄金矿工》游戏

1.2 强化学习的基本思想

在机器学习中，有监督学习和无监督学习都基于已有的数据学习数据的分布和蕴含在数据中的规律。而强化学习则与它们有明显的不同之处。首先，它不基于已有的数据进行学习，而是针对一个环境进行学习；其次，它的目标不是学习蕴含在数据中的规律，而是寻找能够在环境中取得更多奖励的方法。

强化学习主要涉及两部分：通过与环境进行交互产生大量数据和利用数据求解最优策略。在有监督学习和无监督学习中，往往只需考虑算法的计算量，即训练效率。而在强化学习中，不仅要考虑算法的计算量，还要考虑产生数据所消耗的成本，即数据效率（Data Efficiency）。如何高效地与环境进行交互产生数据（从环境中产生数据）（提升数据效率），并高效地求解最优策略（提升训练效率）是强化学习的困难所在。下面分别介绍这两部分的主要思想及其对于强化学习的意义。

1.2.1 从环境中产生数据

有监督学习假定训练数据服从某个分布 $P(Y \mid X = x)$，目标是通过最小化训练误差的方式学习出分布 P；在强化学习问题中，假设拥有一个环境，智能体可以不断地与环境进行交互产生数据，从而训练其在环境中的行为方式，获取更多奖励。概括地说：在有监督学习中，我们拥有的是数据；而在强化学习中，我们拥有的是环境。

那么，拥有数据与拥有环境究竟有什么区别呢？

拥有数据意味着拥有从环境中随机产生的数据。拥有环境意味着我们可以自主地选择与环境进行交互的方式，从环境中产生需要的数据。简单地说，有监督学习中的训练数据并不包含主观设计成分；而强化学习中的训练数据则包含主观设计成分，它无疑比随机产生的数据包含更多的价值。正因如此，我们可以专门选择环境中我们感兴趣的或对目标有帮助的部分进行探索，即根据需要获得数据。

例如，我们的目标是训练一个下象棋的智能体，使它能够在标准的象棋对局中尽可能地战胜对手。图 1.4 中的 s^1 是一种正常对弈中常见的局势。s^1 中的红方已经处于绝对优势，如果其走法恰当，那么只需两步就可以取胜；即使其走法不那么恰当，也几乎不可能被对手逆转。而图 1.4 中的 s^2 则是一种非常罕见的局势，只有在专门设计的残局挑战中才会出现。在 s^2 中，红方处于极其危险的境地，只有步步紧逼的走法才有可能反败为胜，只要有一步疏忽，就会立即被对手打败。那么，这两种局势对于我们的目标是否同样重要呢？

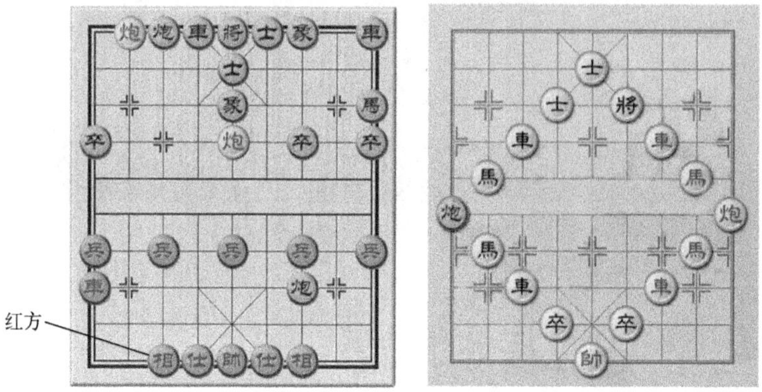
红方
常见而不重要的局势s^1
不常见而重要的局势s^2

图 1.4　不同的局势

假设对弈双方在符合游戏规则的条件下随机选择走法，则出现这两种局势的可能性或许不相上下。在这个角度下，s^1 与 s^2 应该是同样重要的。但是如果对弈双方是有一定象棋基础的玩家，则对局中几乎不可能出现 s^2 这种局势。即使 s^2 局势下的走法非常精妙，但事实上它对于我们的目标“在标准的象棋对局中尽可能地战胜对手”并没有那么重要。由于每次产生模拟对局的数据都是有成本的，因此我们应该产生更多有关 s^1 这种局势的数据，以提升算法的数据效率。

那么，如何知道 s^1 比 s^2 更加重要呢？如何知道 s^1 是更有可能出现的局势，而 s^2 则是不太可能出现的局势呢？在训练开始时，智能体的参数是随机初始化的。如果让它与人对弈，则相当于在随机地走棋，它也没有能力分辨出 s^1 与 s^2 这两种局势哪个更重要。为此，只有对智能体进行初步训练，当它有了初步的分辨能力之后，它才能够判断并产生相对更加重要的数据；智能体又会用这些数据优化自身的策略，从而更准确地判断哪些数据更加重要；随后它又能够更有针对性地从环境中产生更加重要的数据，并进一步优化自身的策略。将这个过程迭代下去，便是一个越学越强的过程。这也正是“强化学习”这个名称的由来。

总体来说，拥有环境意味着可以源源不断地、有针对性地从环境中产生需要的数据。强化学习的目标是寻找能够在环境中取得更多奖励的策略。仅仅依靠给定的数据是难以求解出很好的策略的。只有拥有可交互的环境，才能充分验证策略的有效性。

下面通过模仿学习（Imitation Learning）的思想来进一步说明拥有环境与拥有数据的区别。

模仿学习的主要思想就是将强化学习问题转换为有监督学习问题。以自动驾驶为例，智能体需要根据状态（包括车辆雷达检测的路况，以及车载摄像头拍摄的周围环境图像）选择动作（包括转弯、刹车等）。一个自然的想法是收集大量人类驾驶员的驾驶数据，从数据中学习状态到动作的映射关系，这是一个典型的有监督学习问题。

对于一些现实中的复杂问题，模仿学习的实际应用效果很差。这是因为有监督学习与强化学习的性质不同。有监督学习的目标是优化真实值 y 与预测值 $f(x)$ 之间的差距。模型对输入 x 给出的预测值 $f(x)$ 难免会与真实值 y 有误差，总的误差由所有 $f(x)$ 与 y 的误差线性叠加而成。而在自动驾驶强化学习中，假设训练出来的模型有误差，则会导致采取的动作 A_1' 与人类驾驶员给出的动作 A_1 有一定的误差，继而导致进入的下一个状态 S_2' 也与 S_2 有一定的误差。由于采取的动作 A_2' 与人类驾驶员给出的动作 A_2 有一定的误差，因此会导致状态 S_3' 在 S_2' 的基础上有更大的误差。最终得到的 S_t' 可能已经与人类驾驶员所面对的 S_t 有了巨大的误差。在这种情况下，根据有监督学习训练的智能体就无法给出很好的应对方式。

为了在模仿学习的框架下解决该问题，就不能仅仅用已经产生的数据进行模仿，而要找一个人类专家对新产生的数据不断地进行标注。这种训练技巧被称为数据集聚合（Dataset Aggregation，DAgger），其基本思路如算法 1.1 所示。

算法 1.1（DAgger）

重复迭代：

通过数据集 $D=\{(s_1,a_1),(s_2,a_2),\cdots\}$ 训练出策略 $\pi_\theta(a_t \mid s_t)$；

执行策略 $\pi_\theta(a_t \mid s_t)$ 得到一个新的数据集 $D_\pi=\{s_1,s_2,s_3,\cdots\}$；

让人类专家为 D_π 中的状态 s_t 标记动作 a_t；

聚合为新的数据集 $D \leftarrow D \cup D_\pi$；

采取了 DAgger 技巧之后，模仿学习就不再只是经典的有监督学习，而具有了一定的强化学习的性质。此时，我们不再只拥有给定的数据，而拥有一个可以按需要不断产生数据的环境（能够对数据进行标注的人类专家）。当然，这里的环境与强化学习中所说的环境还是有区别的。这里主要是为了说明通过交互产生新数据的重要性。

这里还要补充的是，强化学习中有一个分支领域，叫作离线强化学习（Batch Reinforcement-Learning，Batch RL），它是近年的研究热点之一。它的最大特点就是规定我们只拥有离线的数据，没有可以自由交互产生新数据的环境。由于它比较前沿，因此本书中不会过多涉及它。在本书涉及的强化学习问题中，默认我们拥有一个可以自由交互产生新数据的环境。面对未知的环境，如何有针对性地产生更加符合需要的数据将始终是贯穿全书最重要的问题之一。

强化学习本身是持续多步的，因此直接在这类问题上讨论如何产生数据很困难。本书第 3 章将通过退化的强化学习问题来详细阐述如何产生数据。

1.2.2 求解最优策略

如何从环境中产生数据是强化学习中很重要的组成部分，这决定了学习效率。但是，强化学习的核心目标在于求解最优策略。强化学习一般指的是对于一个未知的环境，通过智能体与环境的不断交互产生大量数据，并通过这些数据求解最优策略。如果既要考虑产生有价值的数据，又要考虑从数据中求解最优策略，那么这个问题无疑会非常困难。为此，现在假设环境已知，这类问题也称为最优控制（Optimal Control）。由于环境是已知的，不必考虑如何产生数据，因此我们可以将精力集中在如何求解最优策略上。

本书第 4 章将讲解最优控制，会介绍强化学习的两种主要方法：基于价值的算法和基于策略的算法。由于最优控制问题中的环境是完全已知的，因此我们可以更好地了解基于价值与基于策略这两种方法的基本思想。

总体来说，强化学习就是针对一个未知环境求解最优策略的复杂问题。我们既需要与环境进行交互产生数据，又需要通过这些数据求解能最大化奖励的最优策略。因此，我们必须兼顾上述两方面，同时提升数据效率与训练效率。本书第 3 章与第 4 章将分别介绍这两方面的思想。

1.3 强化学习为什么重要

有监督学习是机器学习领域最基础的问题。在这类问题中，目标是利用给定的训练集 (X,Y) 拟合函数 $Y=f(X)$，使预测误差尽量小。根据 Y 是连续变量还是分类变量，可以将这类问题分为回归问题与分类问题。需要注意的是，有监督学习要求数据中有标注，标签 Y 代表高度概括的信息，是有价值的知识。在现实中，获取标签的代价往往较大。

无监督学习主要研究数据的内在结构，它不需要标签，可以直接从数据中学习。无监督学习包括目标不同的几类问题：生成模型，寻求 X 的分布 $P(X=x)$，比较有代表性的成果是生成对抗网络；降维问题，寻求用低维的随机变量 Z 来表征 X，如主成分分析与自动编码器；聚类问题，寻求将数据 X 分组的方法，如 K-Means、层次聚类等。无监督学习由于适用于各种数据且不需要标签，近年来得到越来越多的关注。

生活中有许多任务可以被视为强化学习问题。例如，如果要训练一个下围棋的智能体，围棋的规则、棋盘局势、落子方式等相互关系很自然地可以被定义为一个强化学习问题。2016 年年初，第一次战胜人类围棋世界冠军的 AlphaGo 就利用了有监督学习与强化学习相结合的算法，它使用了大量的人类顶级高手对局的数据（包含棋盘局势与顶级高手走法的对应关系）；2017 年年底，研究者推出了用纯粹强化学习训练的 AlphaZero，它只利用强化学习了解围棋的规则和下围棋的方法，并没有使用任何顶级高手对局的数据，如图 1.5 所示。最终，AlphaZero 利用比 AlphaGo 更少的数据与训练代价，在对局中取得了胜利。

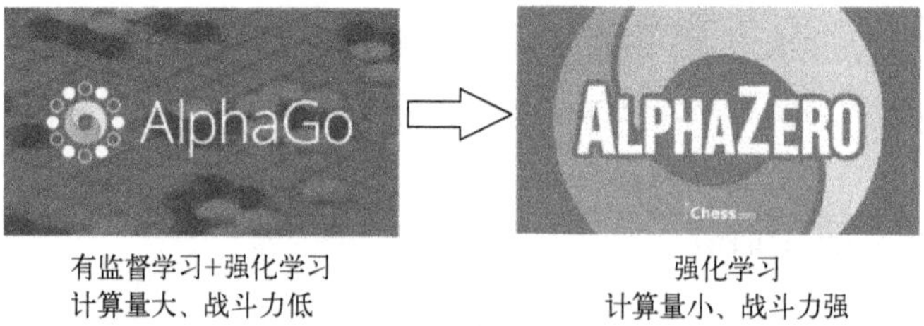

图 1.5 AlphaGo 与 AlphaZero

在这个例子中，人们最初的想法是让智能体学习人类顶级高手的下法，相当于将这个问题转换为有监督学习问题。但是归根结底，围棋取胜的标准不是其下法是否与顶级高手的下法接近，而是按照规则是否能赢。换言之，智能体下围棋的过程应该是强化学习问题，而不是有监督学习问题。将下围棋转化为有监督学习问题不但需要大量有标签的数据集，而且效果不好。

在强化学习中，我们拥有的不是数据，而是环境。我们可以从环境中产生数据，但我们的最终目标不是学习数据中蕴含的规律，而是要让智能体能够在环境中获得更多奖励。从这个角度来说，训练围棋智能体、机器人控制、自动驾驶等问题都应该用强化学习的方法来解决。

人们关注强化学习还有一个重要的原因：它有着比有监督学习和无监督学习更接近生命体的思维方式。有的研究者甚至认为，强化学习很可能是通向强人工智能的重要路径。那么强人工智能到底是什么呢？维基百科的解释如下。

强人工智能是人工智能研究的主要目标之一，也是科幻小说和未来哲学家讨论的主要议题。相对地，弱人工智能只处理特定的问题，不需要具有人类完整的认知能力，甚至完全不具有人类拥有的感官认知能力。而强人工智能则指通用人工智能，或者具备执行一般智能行为的能力。强人工智能通常把人工智慧和意识、感性、知识、自觉等人类的特征互相连接起来。

弱人工智能只能实现特定的任务，像是一个辅佐人类的工具。采用有监督学习与无监督学习算法或许可以得到一台高级的机器，但是它本质上还是一台机器。而强人工智能则追求真正建立一个和人一样能够自己感受、思考、行动的智能体。目前，虽然强化学习远远没有实现强人工智能，但它的思维方式无疑更加接近强人工智能。

为什么说强化学习的思维方式更加接近生命体呢？下面通过哲学家认识世界的一些方式来给读者一些启发。

在古代，哲学家更加关注的是世界的本质。无论是毕达哥拉斯的万物皆数、德谟克利特的原子论，还是柏拉图的理念论，都是对世界的不同认识方式，如图 1.6 所示。他们都在追求更加正确地认识世界。这些以寻求世界的本质为目的的理论被称为本体论。有监督学习或无监督学习追求探索数据中蕴含的规律，与本体论具有相似甚至相同的思维方式。

图 1.6 对世界本源的不同认识

近代哲学经历了重要的“从本体论向认识论”的转变，其代表是康德 [见图 1.7（a）] 对于本体与现象的划分。用通俗的话来说，就是真实世界和人眼中的世界是两个不同的东西。在此基础上，康德认为真实世界是不重要的，人眼中的世界才是值得关注的重点。这种让真实世界适应人类认识的想法是近代哲学一个极其重要的转变。

德国哲学家叔本华［见图 1.7（b）］继承并进一步发展了康德的理论。他将人眼中的世界称为表象，而将人的本能称为意志，并且认为表象是意志外化出来的。简而言之，他认为人对于世界的认识是被人的目的支配的，或者说，如何认识世界是被如何实现目标支配的。

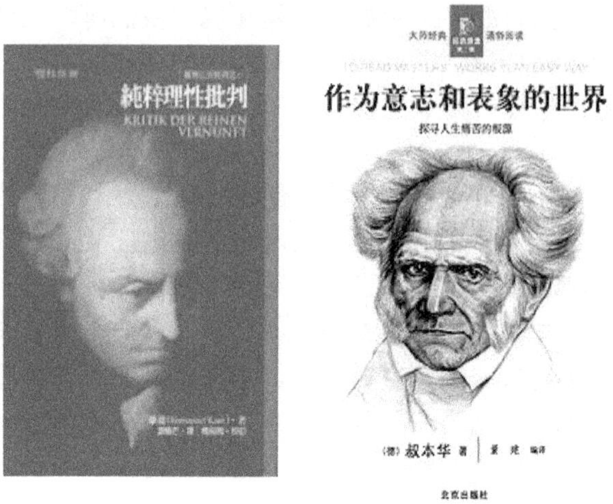

（a）　　　　　　　　　　　　（b）

图 1.7　康德与叔本华

这里尝试用叔本华的这套理论解释人认识世界的过程：在原始社会，人们为了生存要打野觅食。受这个目的支配，人们在一次次实践的过程中逐渐认识到哪些是不好对付的动物（需要进行团队协作），哪些是容易对付的动物（自己一个人也可以应对）；后来，人们发现种田能够养活更多人，并且通过试验研究出哪些谷物更加适合播种；随着农业社会的发展，酋长与祭司脱离体力劳动，开始观测天空中的星座，思考世界的本质。如此说来，人类拥有打猎、种田和观测星座的能力是存在先后次序的，而这是由人的目的决定的。人们先有了目的，再在其支配下学习到各种技能。

如果把这种人的"目的""目标""追求"，即叔本华所说的"意志"定义为"最大化累积奖励"，那么人应该是在时刻追求最大化累积奖励的动机支配下行动的，所有的能力都是为了满足这个动机采取的手段。"正确认识世界"其实也是一种能力，本质上也是追求最大化累积奖励在某些具体场景中的应用。如果追求不同，那么其认识到的世界也会不同。

在有监督学习或无监督学习中，假设现实世界有一个未知分布，代表大自然的规律。训练数据是由这个未知分布产生的，我们的目标就是通过这些数据学习出隐藏在数据背后的未知分布，这就像是通过知识探求大自然中隐藏的真理。在这个过程中，我们对于所有知识一视同仁，目标是平等地认识大自然中存在的所有客观规律，选用的不同模型就相当于认识世界的不同方式。

在强化学习中，我们的目标不是学习出环境而是最大化累积奖励。在这个过程中，我们会按照需要产生数据。在求解下象棋的策略时，s^1 是一个常见而重要的局势，而 s^2 则是一个罕见而不重要的局势。它们都是世界的组成部分，其地位应该是平等的。但是，由于我们的目标是在标准的象棋对局中尽可能地战胜对手，因此我们会更加重视 s^1。利用这种强化学习的思维方式，我们可以更加高效地实现真正的目标。

强化学习的过程就像是在最大化累积奖励的目标支配下探索环境，选择环境中对自己有用的知识加以学习。这个过程更加强调人的主观能动性在认识世界、改造世界中起到的重要作用。强化学习比起有监督学习或无监督学习，更加接近一个生命体的学习过程，更加具有智能性，更加接近强人工智能。前面提到，弱人工智能本质上只是一台辅佐人的机器，而不是具有生命的智能体。在人类需要的时候，它能完成具体的任务；但是在人类没有下达指令时，它便什么也不做。而强人工智能则应该是一个时时刻刻都在追求最大化累积奖励的机器人，在这个追求下，它可以不依照人类的指令，而按照自己的方式行事。在这个过程中，它或许会为了自己的目的探索环境，学习如何完成具体的任务。驱动它完成任务的目的不是外在定义的，而是由它的内在动机决定的。总体来说，它更像是一个有生命的智能体。强化学习显然更加符合人们对于强人工智能的期待。

总体来说，强化学习在当下得到广泛关注的主要原因是它适用于很多应用场景，不像有监督学习那样需要大量昂贵的、有标签的数据。强化学习的思维方式能够更好地描述人类学习的过程，更加接近生命体的行为；许多研究者认为强化学习很可能是通向强人工智能的重要路径，这也增添了强化学习的魅力。

1.4 本书内容介绍

本章用相对通俗的语言讲述了强化学习的基本思想。本书后面的章节将结合更加严谨的数学语言及案例来介绍强化学习的具体方法。

第 2 章将介绍马尔可夫决策过程，将强化学习问题形式化为数学模型，给强化学习需要解决的问题一个最基本的数学定义。

第 3 章将讲解退化的强化学习问题，理解未知环境带来的困难，以及如何产生训练数据的技巧，并讲解探索-利用的基本思想。

第 4 章将讲述最优控制问题，即如何求解环境已知的马尔可夫决策过程。利用最优控制问题初步介绍强化学习中基于价值和基于策略两种方法的基本思想。

第 5 章将介绍无模型（Model-Free）方法中基于价值的算法，包括 Q-Learning、Sarsa、n 步 Sarsa 和 DQN 等。

第 6 章将初步介绍基于策略的无模型强化学习算法，包括策略函数的基本定义、无梯度方法，以及策略梯度算法。

第 7、8 章将介绍无模型方法中的另一大类算法——AC（Actor-Critic）算法及其变种，包括 A3C、A2C、TRPO、PPO 及 DDPG 等。

第 9、10 章将介绍基于模型（Model-Based）的算法。因为这不是本书的重点内容，所以不会在这上面花费太多的篇幅。但这并不意味着它不重要。事实上，基于模型的算法才是未来强化学习发展的重点方向。

第 11 章将补充连续时间的最优控制的相关内容。这部分内容属于传统最优控制内容，与强化学习的关联不算太大。不过，其基本思想也包括求解价值方程、优化策略函数等，与强化学习如出一辙，因此将其作为补充内容。

第 12 章将补充其他强化学习相关内容，包括逆向强化学习、层次强化学习及离线强化学习等。

参 考 文 献

[1] SUTTON R , BARTO A .Reinforcement Learning: An Introduction (Adaptive Computation and Machine Learning)[J]. IEEE Transactions on Neural Networks, 1998.DOI:10.1109/TNN.1998.712192.

[2] BABBAR S .Review - Mastering the Game of Go with Deep Neural Networks and Tree Search[J]. 2017.DOI:10.13140/RG.2.2.18893.74727.

[3] SILVER D,HUBERT T, SCHRITTWIESER J, et al. Mastering Chess and Shogi by Self-Play with a General Reinforcement Learning Algorithm[J]. 2017.DOI:10.48550/arXiv.1712.01815.

第 2 章

RL

马尔可夫决策过程

在数学上，我们会将强化学习问题形式化为一个马尔可夫决策过程（MDP）。它是强化学习面对的问题。本章将介绍马尔可夫决策过程及其不同的分类。

2.1 马尔可夫过程

随机过程与人们的生产、生活等各方面息息相关。小到个人的心率变化、机器的功率周期，大到国家宏观经济的迭起兴衰，都可以使用随机过程来表示。随机过程可以分为连续时间随机过程和离散时间随机过程。连续时间随机过程可以看作一个含有时间的随机变量 $X(t)$ 。在现实研究中，往往将连续时间随机过程简化为一个离散时间随机过程，即按时间顺序排列的一系列随机变量 $X_1, X_2, X_3, \cdots, X_t$ 。

通常，我们研究的是具有某些特殊概率性质的随机过程，我们往往会假设其背后有某个概率模型，由此可以研究其期望、方差等概率性质，如定义正态白噪声为独立同分布的正态随机变量 X_t 。大自然中毫无信息的噪声或在时间序列测量中产生的误差都可以被视为正态白噪声。一般而言，我们会假定时间序列 X_t 之间的因果关系、相关性等概率特性与其在时间上的顺序具有一定的关系。例如，假设时间序列中 $t+1$ 时刻的取值 X_{t+1} 由之前各个时刻的取值决定，即时间序列由概率模型 $P(X_{t+1}=x \mid X_t=x_t, X_{t-1}=x_{t-1}, \cdots, X_1=x_1)$ 生成。

马尔可夫过程是最经典、应用最广的一类随机过程。在马尔可夫过程中，在给定当前状态及所有过去状态的情况下，未来状态的条件概率仅依赖当前状态：

$$P(X_{t+1}=x \mid X_t=x_t, X_{t-1}=x_{t-1}, \cdots, X_1=x_1)=P(X_{t+1}=x \mid X_t=x_t)$$

这个性质也被称为马尔可夫性质。初始值 X_1 是一个随机变量，服从某个初始分布。而 X_1 的取值决定了 X_2 的分布，X_2 的取值又决定了 X_3 的分布。依次类推，X_{t-1} 的取值决定了 X_t 的分布。

需要注意的是，未来状态的条件概率仅依赖当前状态指的是，在 X_{t+1} 之前的所有信息 $\{X_1=x_1, X_2=x_2, \cdots, X_t=x_t\}$ 全部已知的情况下，X_{t+1} 只和 X_t 有关。例如，如果同时已知 X_1 和 X_2 的信息，要计算 X_3 的分布，那么只需使用 X_2 的信息就够了，这是因为 X_1 的信息对于 X_3 的全部影响都体现在 X_2 中；如果只有 X_1 的信息而没有 X_2 的信息，那么 X_1 的信息对于求解 X_3 的

分布无疑也是很重要的。由条件概率公式 $P(AB|C)=P(B|C)P(A|BC)$ 可知，在 $X_1=x_1$ 的条件下，计算 X_2 的条件分布 $P(X_2=x_2|X_1=x_1)$，并乘以条件分布 $P(X_3=x_3|X_2=x_2,X_1=x_1)$ 即可得到 X_2和X_3 的联合分布 $P(X_2=x_2,X_3=x_3|X_1=x_1)$，从而可以求出 X_3 的边缘分布 $P(X_3=x_3|X_1=x_1)$，这相当于利用 X_1 的信息求出了 X_3 的分布。

将上述性质加以推广，可以得到一个马尔可夫过程的核心性质：如果已知某些条件，要求解某个表达式关于这些条件的期望，则只需距离所求事件最近的条件就够了。例如，在求期望表达式 $E(X_{16}^2|X_2=x_2,X_5=x_5,X_9=x_9)$ 时，只需使用 $X_9=x_9$ 这一个条件就够了，即

$$E(X_{16}^2|X_2=x_2,X_5=x_5,X_9=x_9)=E(X_{16}^2|X_9=x_9)$$

另外，如果有了更加接近 $t=16$ 时刻的信息，如知道了 X_{12} 的信息，那么 $X_9=x_9$ 这个条件就用不到了，因为 X_9 的信息对于 $E(X_{16}^2)$ 的所有影响又全部被 X_{12} 包含在内了。所以有

$$E(X_{16}^2|X_2=x_2,X_5=x_5,X_9=x_9,X_{12}=x_{12})=E(X_{16}^2|X_{12}=x_{12})$$

除马尔可夫过程外，人们感兴趣的随机过程还有许多种。例如，在二阶自回归模型中，假设 $X_t=aX_{t-1}+bX_{t-2}+\varepsilon_t$，其中，$a$和$b$ 是常系数，ε_t 是一个正态白噪声。这个随机过程不满足马尔可夫性质。但是，如果设 $\boldsymbol{Y}_t=(X_t,X_{t-1})$，则二维随机向量 $\boldsymbol{Y}_t$ 的序列就构成了一个马尔可夫过程，因为在估计 $\boldsymbol{Y}_t$ 时，只需用到 $\boldsymbol{Y}_{t-1}$ 的信息。在某种意义上，一个随机过程能不能用马尔可夫过程来描述，在于能不能很好地定义随机过程的状态及状态之间的转移关系。实践中，人们倾向于将问题建模为马尔可夫过程，因为它具有较好的数学性质和较成熟的研究成果。

2.2 马尔可夫决策过程的定义

我们可以用马尔可夫过程来描述个人求学与工作的历程：X_1 代表小学的状态，X_2 代表中学的状态，X_3 代表大学的状态。如果个人就读于重点中学，那么他考上重点大学的概率比较大；如果个人就读于普通中学，那么他考上重点大学的概率就会比较小，而考上普通大学的概率比较大；如果个人拥有重点大学的学历，那么他找到一份好工作的概率也比较大。上述现象是可以得到大量数据支持的。

但上述普遍社会现象并没有体现个人的主观能动性。在个人就读于普通中学的前提下，如果他努力学习，则他考上重点大学的概率就会相对变大；反之，如果他不努力学习，则他考上重点大学的概率就会相对较小。这说明考上重点大学的概率并不只是由客观规律决定的，也有个人主观能动性的成分。

人们在马尔可夫过程的基础上进行了修改，定义了马尔可夫决策过程，一般将它记作四元组(S,A,P,R)。

- S 表示状态空间，$S=\{s_1,s_2,s_3,\cdots\}$可以是离散的或连续的。
- A 表示动作空间，是智能体可以执行的动作，$A=\{a_1,a_2,a_3,\cdots\}$可以是离散的或连续的。
- P 表示状态之间的转移关系，在状态 s 下采取动作 a 而转移到状态 s' 的概率记为 $P_{ss'}^a=P(S_{t+1}=s'|S_t=s,A_t=a)$。
- R 表示奖励函数，是智能体采取动作后环境给出的反馈，t 时刻的奖励 R_t 记为 $R_s^a=E(R_t|S_t=s,A_t=a)$。

例如（仅作为示例，数据不具有真实性），在现实的人生中，当前个人的状态是就读于普通中学，如果他采取的动作是努力学习，则下一个状态为就读于重点大学的概率是 0.5；而如果他采取的动作是沉迷于游戏，则下一个状态为就读于重点大学的概率只有 0.2。如果个人就读于重点中学，并且努力学习，则他考上重点大学的概率是 0.9；如果他沉迷于游戏，那么他考上重点大学的概率只有 0.5，这与个人就读于普通中学并努力学习的结果一样，并没有体现重点中学的优势，如图 2.1 所示。可见，状态 S_t 的转移在客观规律的基础上，还取决于主观能动性 A_t。

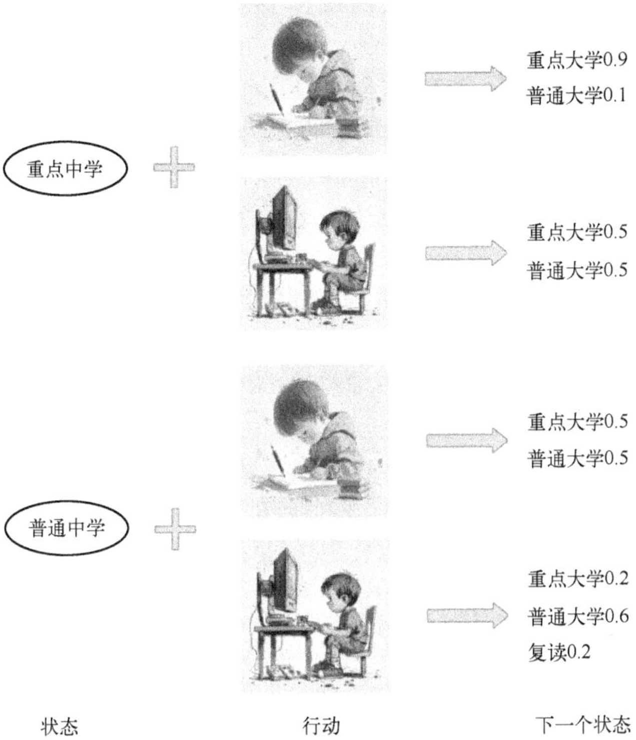

图 2.1　不同状态下采取不同动作得到的结果

马尔可夫过程中只有状态 S_t（为了便于对比，将 X_t 记为 S_t）和状态之间的转移关系 $P(S_{t+1}=s_{t+1}\mid S_t=s_t)$。而在马尔可夫决策过程中，增加了动作 A_t 与奖励 R_t。其中，A_t 代表主观能动性的部分，相当于系统的输入；而 R_t 代表在 t 时刻采取动作带来的回报，相当于系统的输出。在马尔可夫决策过程中，状态之间的转移关系由状态 S_t 与动作 A_t 共同决定，即下一时刻的状态 S_{t+1} 由转移概率 $P(S_{t+1}\mid S_t=s_t,A_t=a_t)$ 决定；而奖励 R_t 由概率分布 $P(R_t\mid S_t=s_t,A_t=a_t)$ 决定。

在马尔可夫决策过程中，还有一个容易被忽略的重要变量，即终止状态，代表马尔可夫决策过程的结束。在马尔可夫链中，常常假定链的长度是无穷的，这样就可以研究一些宏观性质。例如，将一个微粒在一个状态集合中转移跃迁的过程定义为马尔可夫过程，“遍历定理”研究的是某个微粒在无穷长的时间内是否会经历某个状态，或者无穷次经历某个状态；而“强遍历定理”研究的是微粒处在不同状态之间的概率分布是否会收敛于一个稳定的分布等，其研究的对象往往具有宏观的数学特性。此时，只有考虑大量微粒在状态之间的空间平均或单个微粒在无穷时间内的时间平均，这些规律才会呈现出来。而在马尔可夫决策过程中，一般假定链的长度是有限的，并且不会太长。例如，研究如何控制一辆无人车安全且高速地行驶，如何操控一个工业机器人高效地参与流水线生产工作，如何训练智能体下围棋击败人类，等等。人们想要完成具体的任务，而不是研究宏观性质。这些任务不会无穷地持续下去。

一般假定在某个状态 s_t 下采取动作 a_t 之后，会有一定的概率到达终止状态。例如，若将下象棋定义为马尔可夫决策过程，则一方获胜后就会到达终止状态。我们可以定义一个取值为 0 或 1 的随机变量 $\text{Done}_t(s_t,a_t)$，每一步，我们除了得到 r_t，还会得到 Done_t（用 Done 表示随机变量、done 表示具体取值）。如果 done =0，就代表马尔可夫决策过程还在继续，我们还会进入 s_{t+1} 并采取 a_{t+1}；而如果 done =1，就代表马尔可夫决策过程已经终止。因此，Done 也是马尔可夫决策过程中的重要元素。

此外，折扣因子 γ 是马尔可夫决策过程中的另一个重要元素。在马尔可夫决策过程中，核心目标是求出最优策略，即求出一种选择动作 A_t 的方式，使累积奖励最大。假设在时间步 t 之后反馈的奖励序列为 $R_t, R_{t+1}, R_{t+2}, \cdots$，一般而言，我们寻求最大化期望回报。回报是奖励序列的某个特定函数，记为 G_t，最简单的情况是它等于奖励的总和：

$$E(G_t)=E(R_t+R_{t+1}+R_{t+2}+\cdots+R_T)$$

其中，T 是最后一步，意味着马尔可夫决策过程存在终止状态 Done，达到终止状态即结束。这类任务也被称为阶段性任务（Episodic Task），智能体与环境的交互可以自然地分割为多个片段，每个片段相互独立。例如，对于棋类游戏，确定输赢就是一个片段终止的标志。

但在有些情况下，智能体与环境的交互不能分割为多个片段，而是持续不断地进行，将这类任务称为连续任务（Continuing Task）。在这种情况下，由于 $T=\infty$，因此上述回报的计算公式很可能是不能收敛的（假设智能体在每个时间步都获得正的奖励），即无法最大化期望回报。故这里引入折扣因子 γ，使目标变为最大化衰减的期望回报：

$$E(G_t)=E(R_t+\gamma R_{t+1}+\gamma^2 R_{t+2}+\cdots)=E\left(\sum_{k=0}^{\infty}\gamma^k R_{t+k}\right)$$

其中，$0<\gamma<1$，γ 的值越大，智能体越关心未来的奖励；γ 的值越小，智能体越关心即时奖励。只要奖励序列 $\{R_t\}$ 有界，上式中的无穷级数和就具有有限值，可以作为目标进行最大化。

设定折扣因子 $\gamma<1$ 有时不仅是为了保证目标收敛，还是问题本身的需要。因为我们不仅希望智能体获得更多奖励，还希望它能更早、更及时地获得奖励。例如，在下象棋的例子中，定义智能体吃掉对方的棋子即能获得相应子力的奖励。若设折扣因子 $\gamma=1$，则智能体即使先走几步闲棋再吃子，最终取得的奖励总和也没有区别；但是，我们其实并不希望看到这种情况出现。因此，一般会令 $\gamma<1$，使智能体有意愿更快地吃子、更快地取胜。

此外，在现代经济学中，人们经常假定效用会随着时间指数衰减，并假定“理性人”追求的总效用为每期效用的衰减指数。在上面的例子中，可以将 R_t 定义为人生各个阶段获得的“幸福感”。如果在中学采取努力学习的动作，那么可能因为玩的时间更少，而只获得较少的“幸福感”。但采取努力学习的动作帮助我们考上了重点大学，这个更好的状态有助于我们未来获得更多的“幸福感”。因此，如何通过权衡取舍找到最优解就是强化学习的核心难点。

综上，有时人们将马尔可夫决策过程记作六元组 $(S, A, P, R, \text{Done}, \gamma)$，有时记为五元组 $(S, A, P, R, \text{Done})$，有时记为四元组 (S, A, P, R)。这些记法都是允许的。在不同的材料中，四元组、五元组与六元组的记法都有出现。

2.3 马尔可夫过程与马尔可夫决策过程的对比

马尔可夫过程包括状态 S_t 与状态之间的转移关系 $P(S_{t+1} | S_t = s_t)$；而马尔可夫决策过程包括状态 S_t、动作 A_t、奖励 R_t 及结束信号 Done_t。这 4 个变量之间的转移关系满足条件概率分布 $P(S_{t+1} | S_t = s_t, A_t = a_t)$、$P(R_t | S_t = s_t, A_t = a_t)$ 及 $P(\mathrm{Done}_t = \mathrm{done}_t | S_t = s_t)$。可见，马尔可夫决策过程比马尔可夫过程复杂得多。

马尔可夫决策过程和马尔可夫过程都满足马尔可夫性质。例如，在马尔可夫决策过程中，S_{t+1} 只与 s_t、a_t 的值有关，与更早的 s_i 与 $a_i(i < t)$ 的值都没有直接关系。人们提出强化学习的目的是解决机器人控制、自动驾驶这类问题，将其定义为马尔可夫决策过程之后，就可以利用马尔可夫性质求解这类问题。

马尔可夫决策过程和马尔可夫过程有着很大的区别，现总结如下。

在马尔可夫过程中，如果给定转移概率 $P(S_{t+1} | S_t = s_t)$ 与初始分布 $P(S_0)$，就完全确定了马尔可夫链的分布。对于所有的 s 与 t，可以求出 $P(S_t = s)$；对于所有可能出现的马尔可夫链观测 $\{s_0, s_1, s_2, \cdots, s_n\}$，可以求出其出现的概率，即求出 $P(\tau = \{s_0, s_1, s_2, \cdots, s_n\})$。总体来说，马尔可夫过程是一个客观的过程，当其转移规律确定之后，会发生的一切就都被确定了。因此，人们更关心它的宏观数学性质，如常返性、遍历性、不变分布等。

在马尔可夫决策过程中，情况却完全不同。即使 P、R、Done，以及初始分布 $P(S_0)$ 都确定了，后续 S_t 的分布也不能确定。因为有一个主观的、可以自由选择的 A_t 会影响 S_t 的分布。A_t 应该怎么选择是强化学习的核心问题。一般而言，我们希望找出一个从 S 到 A 的映射或概率分布 $P(A_t | S_t = s_t)$ 作为策略，当策略确定之后，S_t、A_t、R_t 的分布便真正地确定下来。这时就可以求出 $P(S_t = s)$、$P(A_t = a)$ 及 $P(R_t = r)$。对于可能出现的所有观测 $\{s_0, a_0, r_0, s_1, a_1, r_1, s_2, \cdots, r_n\}$，可以求出其出现的概率 $P(\tau = \{s_0, a_0, r_0, s_1, a_1, r_1, s_2, \ldots, r_n\})$。也就是说，只有当策略确定后，一切才能最终确定。

$P(S_{t+1} | S_t = s_t, A_t = a_t)$、$R_t(s_t, a_t)$ 与 $\mathrm{Done}_t(s_t, a_t)$ 是外在环境、客观规律，是给出的条件；而策略是主观选择，是对问题给出的解；在给定客观条件的前提下，每种策略都对应一种 (S_t, A_t, R_t) 的分布，并对应一个最终回报值。强化学习的目标就是要找出能够使回报最大的策略。人们在研究马尔可夫决策过程时，往往有着清晰的目的，即选择最优策略，最大化回报。与马尔可夫过程相比，马尔可夫决策过程相对更微观、具体，适用于描述现实中的工程问题。

打个通俗的比方：如果要研究教育的宏观现象，写一篇社科论文，那么可以研究普通中学的升学率是否不如重点中学的升学率，研究千万个体状态转移的客观规律；如果我们面对的是自己鲜活的人生，那么我们应该发挥主观能动性，求解这个马尔可夫决策过程如何最大化奖励总和，做出具体的人生规划。

2.4 马尔可夫决策过程的分类

当定义了状态、动作、奖励等要素，并确定了它们之间的转移关系具有马尔可夫性质时，就可以定义一个马尔可夫决策过程。本节介绍马尔可夫决策过程的几种不同的分类方法，并简单讨论它们会怎样影响马尔可夫决策过程的求解方法。

完整的强化学习问题是一个环境未知且持续多步的马尔可夫决策过程，这会导致算法要同时考虑两方面的困难：如何与环境进行交互产生数据、如何求解最优策略。如果马尔可夫决策过程并非持续多步或环境已知，那么问题性质会发生改变，大大减小了问题的难度。因此，马尔可夫决策过程中最重要的性质是**我们是否知道它的环境**，以及马尔可夫决策过程**是否发生退化**。这涉及问题的基本定义，是需要首先考虑的内容。

其次，求解马尔可夫决策过程意味着找出一个最优策略，使智能体能够在环境中获得更多奖励。这个策略是如何为我们选择动作 a_t 的呢？是仅仅需要根据当前状态 s_t 进行选择？还是要考虑当前的时间 t？它是一个什么形式的函数？对于这一点，我们要考虑马尔可夫决策过程中的状态之间的转移关系是否具有随机性和时齐性。因此，我们在考虑马尔可夫决策过程的基本性质之后，还要考虑马尔可夫决策过程这两方面的性质，这样便可以帮助我们确定求解的策略为什么形式。

最后，马尔可夫决策过程中动作与状态的连续性和随机性对于马尔可夫决策过程的求解也是很重要的。因为这决定了我们将会采用何种模型。此外，我们还可以考虑马尔可夫决策过程是否能把时间也定义为连续的。不过，由于时间连续的情况仅仅在最优控制问题中出现，因此本书将其作为补充内容。

2.4.1 马尔可夫决策过程是否发生退化

前面提到，马尔可夫决策过程一般由四元组 (S,A,P,R) 定义，其中，S 与 A 定义了状态与动作，P 定义了状态与动作之间的转移关系，而 R 则定义了奖励。只有定义出四元组并保证它们之间满足马尔可夫性质，才能保证马尔可夫决策过程的定义成立。但是，如果其中一个或两个元素退化了，它是否还能成为一个马尔可夫决策过程呢？

一个经典的例子就是盲盒售货机（Multi-Armed Bandit，MAB）问题（见图 2.2）：假定有 k 台不同的盲盒售货机，每台对应不同的奖励。在每台盲盒售货机得奖概率未知的情况下，限制操作一定的次数，那么，怎样才能获得最大的奖励总和呢？

假定只有一个恒定的状态 s_0，如果有 k 台不同的盲盒售货机，则可以认为马尔可夫决策过程具有 k 个不同的动作 $a_1,a_2,\cdots,a_k$，无论选择哪个动作，它的状态转移永远是从 s_0 到 s_0。此外，它的奖励 R 只和 A 有关，即 $R_a^s = R^a$。在这种定义下，盲盒售货机也拥有一个 (S,A,P,R) 形式的四元组，满足马尔可夫性质，符合马尔可夫决策过程的基本定义，是一个未知环境的马尔可夫决策过程，但是 S、P 与 R 都在一定程度上发生了退化。

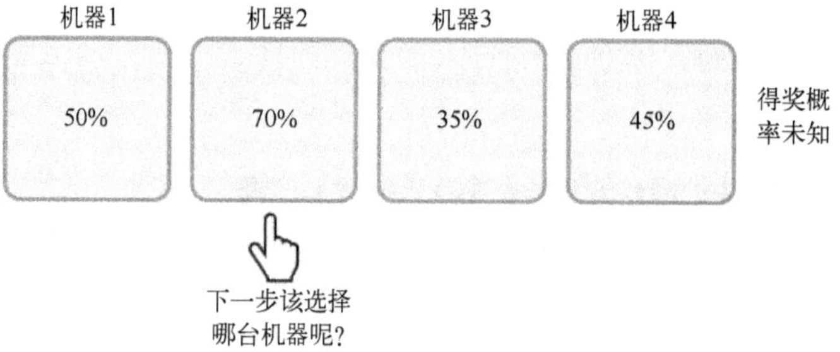

图 2.2　盲盒售货机问题示意图

另外一个经典的例子是上下文盲盒售货机问题，它在盲盒售货机的基础上增加了一个状态 S 。每一步的奖励由状态与动作决定，具有 R_a^s 的形式。但是，它每一步的状态 s_t 都和上一步的状态 s_{t-1} 及动作 a_{t-1} 相互独立，是从一个给定的分布中随机产生的。因为其每一步之间相互独立，所以满足马尔可夫性质。因此可以将上下文盲盒售货机定义为具有四元组 (S,A,P,R) 的马尔可夫决策过程，但是这其中的 P 发生了退化。因此，上下文盲盒售货机仍然是一个退化的马尔可夫决策过程。在实践中，上下文盲盒售货机技术经常用于在线推荐系统。

对于上述两个问题，都可以将其理解为一个多步的强化学习问题。但是，因为 P 发生了退化，所以每步所面临的状态 s_t 都和上一步的状态 s_{t-1} 及动作 a_{t-1} 没有关系。因此，可以认为它们只是持续一步的强化学习问题。在盲盒售货机问题中，每一回合开始时选择一个动作 a ，得到一个奖励 r ，这一回合便结束了，智能体开始进入下一回合。同理，在上下文盲盒售货机问题中，每一回合开始时得到一个状态 s ，选择一个动作 a ，得到一个奖励 r ，回合结束，智能体进入下一回合。

退化的强化学习与完整的强化学习如图 2.3 所示。

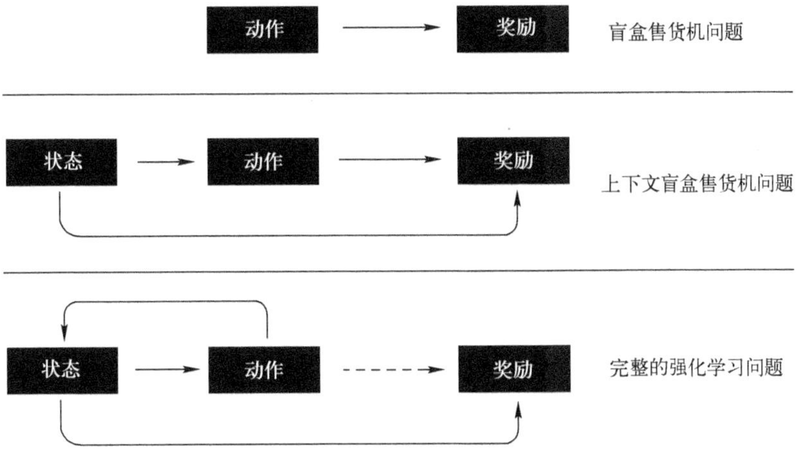

图 2.3　退化的强化学习与完整的强化学习

在完整的强化学习问题中，每一步的动作 a 都会影响整个过程中取得的结果，有一种“牵一发而动全身”的效果。正因为这个原因，在后面将要讲到的基于价值的算法中，我们才会考虑应用时间差分的思想分离每一步的动作对全局的影响以便优化。如果我们面对的是退化的强化学习问题，那么只需与环境不断地进行交互产生数据，估计出哪个动作对应的奖励的期望最大就可以了，这无疑比多步的强化学习更简单。

2.4.2　环境是否已知

我们要解决的强化学习问题一般是环境未知的。换言之，我们不知道 P 的表达式及 R 的分布。这时只能通过与环境不断地进行交互，从中产生服从 P 与 R 分布的数据，并通过这些数据学习最优策略。但是，如果环境是已知的，就不需要产生数据而直接从已知的环境表达式中求解最优策略。

例如，我们可以简单地构造一个马尔可夫决策过程，它有 5 种不同的状态 S_1,S_2,S_3,S_4,S_5，有 2 个不同的动作 a_1,a_2 。此时，可以将状态之间的转移关系 $P(S_{t+1}\mid S_t=s_t,A_t=a_t)$ 定义为一个

$5\times2\times5$ 的表格，将奖励 $E(R_t \mid S_t = s_t, A_t = a_t)$ 定义为一个 5×2 的表格。可以随机给表格填上数字，这样就相当于构造了一个环境已知的马尔可夫决策过程。图 2.4 给出了一个环境已知的马尔可夫决策过程。

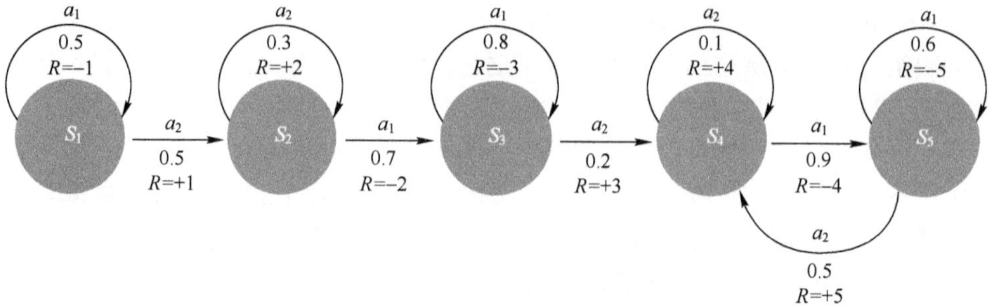

图 2.4　环境已知的马尔可夫决策过程

最优控制（Optimal Control）研究的是如何求解 P 与 R 的表达式完全已知的马尔可夫决策过程。对于上述环境已知的马尔可夫决策过程，可以尝试用最优控制中的动态规划方法来求解。

对于现实中客观存在的问题，其中一部分可以用清晰的表达式描述环境，这时可以把问题当成环境已知的马尔可夫决策过程来求解；而另一部分则由于环境太复杂而没有清晰的物理规律，因此我们不知道 P 与 R 的表达式。在这种情况下，我们可以先收集大量服从 P 与 R 分布的数据，估计出近似的 $\hat{P}$（P 表示真实的之间的转移关系，$\hat{P}$ 表示估计值）与 $\hat{R}$，再将其当作环境已知的马尔可夫决策过程，利用最优控制来求解。例如，在图 2.4 中，如果我们并不知道状态之间的转移关系与奖励分布，那么我们可以与环境进行交互产生数据，对 10 组不同的 $(s_i,a_j)(i=1,2,3,4,5,\ j=1,2)$ 分别抽样多次，计算 (s_i,a_j) 进入下一个状态的概率，估计出 $5\times2\times5$ 的状态之间的转移关系表格 $\hat{P}$，并用类似的方式估计出 $\hat{R}$。这样就得到一个能描述这个问题且环境已知的马尔可夫决策过程。我们可以利用最优控制方法求出这个马尔可夫决策过程的最优解，将其近似作为最优策略。

但是，用数据估计出来的环境可能和现实中的环境有出入。例如，一个马尔可夫决策过程中的状态和动作的数量非常大，用上述方法估计出的 $\hat{P}$ 可能会和现实的 P 有较大的出入。即使采用了强大的最优控制方法，针对 $\hat{P}$ 求出了一个最优策略，但由于 $\hat{P}$ 和 P 之间的误差较大，这个所谓的“最优策略”在现实的 P 中很可能效果很差；对于动作与状态连续的问题，特别是状态之间的转移关系高度非线性的问题（如状态为图像的问题），无法得到准确且简单的环境表达式，更别提求解最优策略了。本书所讲的问题中的大多数都是这类比较复杂的马尔可夫决策过程。对于这类问题，一般不能采用先估计环境表达式，再用最优控制方法来求解的思路。一般会采用强化学习方法，即从未知环境中不断产生数据，并从中求解最优策略。

2.4.3　环境的确定性与随机性

前面讨论了马尔可夫决策过程是否发生退化，以及环境是否已知。这两个性质将会决定问题的基本性质，是需要首先考虑的问题。其次需要考虑的是求解马尔可夫决策过程得到的策略应该具有什么形式，智能体需要根据哪些信息来选择自己的动作，是否要考虑当前的状态和时间。

下面考虑一个简单的马尔可夫决策过程：在图 2.5 中，圆所处的位置代表状态；因为有 6 个格子，所以 S 为一个六元有限集合；每一回合开始时，圆总是从最左边的格子出发，每一步可以采取两个动作，即左移或右移，因此 A 为一个二元有限集合。假定如果出现了跳出范围以外的动作（如在初始状态下采取左移动作），则保持原有状态不变。这样，就定义了一个完整的状态之间的转移关系。当圆到达最右边的五角星所处的位置时，可以获得奖励（ $R=1$ ）并进入终止状态，其他情况下 $R=0$ 。

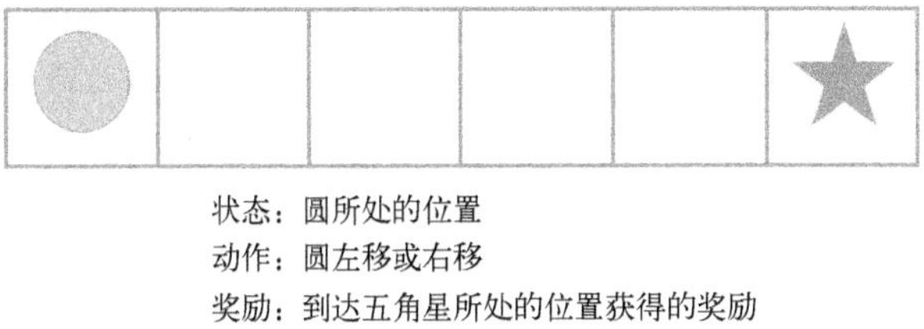

图 2.5　简单的马尔可夫决策过程

上述马尔可夫决策过程可以直接得到最优策略：一直右移。这个马尔可夫决策过程之所以简单，是因为它是确定的而不是随机的。首先，它的初始状态 s_0 是确定的；其次，它的每一步状态之间的转移关系是确定的，即在状态 s_t 下采取动作 a_t 时，下一个状态的取值 s_{t+1} 是完全确定的。对于已知的 s_t ，如果决定第 t 步采取动作 a_t ，则由于环境的确定性，在采取 a_t 这个动作之前，就能够确定 s_{t+1} ，也可以预先确定 a_{t+1} 。依次类推，可以在采取任何动作之前，就将每一步要采取的动作与会经过的状态确定下来，整个过程并没有任何不确定的地方。

如果考虑稍微复杂一些的问题，如图 2.6 中的迷宫。在这个迷宫中，每个格子都是一个状态，而动作分为向上、向右、向下、向左这 4 种。如果移动方向超出边界，则会导致停在原有状态。在这个马尔可夫决策过程中，状态之间的转移关系依然是确定的：在特定的状态下采取特定的动作，可能进入的下一状态只有唯一的可能。与图 2.5 不同的是，这里假定圆的初始位置是随机的，即初始状态 s_0 的分布是具有随机性的。不难想象，我们要采取的所有动作都和初始状态有关。当初始状态确定之后，就可以将所有要采取的动作都确定下来。

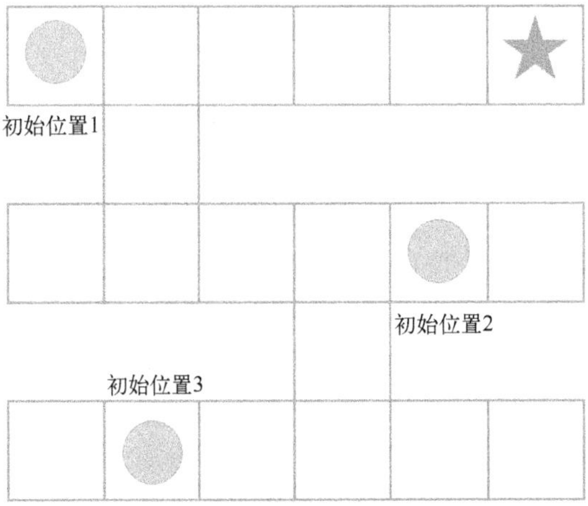

图 2.6　初始状态随机的马尔可夫决策过程

对于随机的马尔可夫决策过程，问题的解不会具有这么简单的形式。例如，在下象棋时，将我方走第 t 步时的棋盘局势定义为状态 S_t，将我方第 t 步的走法定义为动作 A_t。当我方走出第 t 步时，轮到对方走棋。等到对方走棋完毕而改变了棋盘局势后，又轮到我方走棋。因为我方不能完全确定对方会怎么走，所以 S_{t+1} 的取值对于我方是有随机性的，因此不能预先决定 a_{t+1}，而必须先看对方怎么走，再决定我方的走法。也就是说，A_t 和 S_t 的取值有关。

以上几种情况中的策略都具有不同的性质。这种不同正是来自环境的随机性：初始状态分布 $P(s_0)$，以及状态之间的转移关系 $P_{ss'}^a$ 到底是随机分布的，还是确定性的关系。当初始状态 s_0 具有随机性时，所采取的动作取决于初始状态的取值；而当 $P_{ss'}^a$ 是一个随机分布时，则每一步都要依据当前状态选择最优动作。此时求出的策略是一个关于状态的条件分布 $P(A_t \mid S_t = s_t)$。

与 P 一样，R 同样可以是随机的或确定的。例如，在上面两个例子中，奖励 R 就是确定的。但是对于一些复杂的马尔可夫决策过程，在给定的 S_t 与 A_t 下，R_t 的取值或许会具有随机性。当然，R 是否具有随机性并不像 P 那样重要。因为奖励 R 相当于输出，它并不影响接下来的观测序列。

从理论上来说，当 R_t 是随机变量时，将其直接替换为取值为 R_t 均值的常数，问题的性质是完全一样的。在环境已知的马尔可夫决策过程中，可以直接进行这种替换而不造成任何影响。因此，环境已知的马尔可夫决策过程总是假定 R 是确定的。而在环境未知的马尔可夫决策过程中，由于不知道 R 的表达式，因此无法进行替换。R 具有随机性意味着需要用更多数据来估计 R_t 的期望值，这会增加问题的难度。当 R 具有稀疏性（大概率取值为 0，小概率取值为非 0）时，会使求解具有数值困难，此时需要使用一定的数值技巧。但是它不会从根本上改变问题或算法的性质。这一点将在 2.5 节中详述。

总体来说，环境具有随机性指的是初始状态分布 $P(s_0)$ 及状态之间的转移关系 $P_{ss'}^a$ 的随机性。当环境具有随机性时，要根据当前状态来判断动作。而当环境是确定的时候，则不必根据状态来判断动作。由于前者范围更广且更难求解，因此我们研究的重点是前者。

最优动作除了和状态有关，会不会还和时间有关呢？在不同时间，处于同样的状态下选择的动作是否会不同呢？下面解答这些问题。

2.4.4 马尔可夫决策过程的时齐性

在马尔可夫链中，时齐性（Time-Invariant）是指状态之间的转移关系不随时间发生变化，即

$$P(X_n = j \mid X_{n-1} = i) = P(X_m = j \mid X_{m-1} = i)$$

时齐性意味着时间只是相对的而不是绝对的，因此在求期望 $E(X_{t+k} \mid X_t = x_t)$ 时，只用关注 k，而不用关注 t。非时齐性（Time-Varing）是指状态之间的转移关系会随时间发生变化。

在马尔可夫决策过程中，时齐性非常重要。对于时齐马尔可夫决策过程，有

$$P(S_{n+1} = s' \mid S_n = s, A_n = a) = P(S_{m+1} = s' \mid S_m = s, A_m = a)$$

在状态 s 下执行动作 a 之后，进入的下一个状态 s' 的规则与时间是无关的。而如果马尔可夫决策过程是非时齐的，则进入 s' 的规则与当前时间 t 是有关的。以后为了简便起见，当 P 时齐时，将其记为 $P_{ss'}^a$，表示在状态 s 下采取动作 a，下一时刻转移到状态 s' 的概率；而当 P 非

时齐时，将其记为 $P_{ss'}^{a}(t)$，表示在 t 时刻状态 s 下采取动作 a，下一时刻转移到状态 s' 的概率。同理，当 R 时齐时，将其记为 R_{s}^{a}；当 R 非时齐时，将其记为 $R_{s}^{a}(t)$。另外，Done_t 也可以分为时齐与非时齐两种情况。一般情况下默认环境是时齐的，因此将 P 记为 $P_{ss'}^{a}$。但需要注意的是，现实中的某些问题确实可能存在环境非时齐的情况。

下面从直观的角度来理解时齐性的意义。在时齐马尔可夫决策过程中，时间是一种相对度量，如“一年”或“一个回合”。在非时齐马尔可夫决策过程中，时间是绝对度量，如“公元 2020 年”或“第 100 个回合”。例如，在象棋游戏中，如果没有指定最大回合数，就不用记录现在进行到第几个回合，只需关注棋盘局势就行了；而如果指定了最大回合数，就必须专门记录现在进行到第几个回合。

如果马尔可夫决策过程是时齐的，则最优策略不需要根据时间判断动作；如果马尔可夫决策过程是非时齐的，则最优策略需要根据时间决定采取的动作。也就是说，当 P 具有随机性且环境时齐时，最优策略是 $a^* = \pi(s)$ 的形式；而当 P 具有随机性且环境非时齐时，最优策略是 $a^* = \pi(s,t)$ 的形式。举一个简单的例子：如果在下象棋时不限定对局步数，则由于象棋的走法规则与获胜规则不会随着进行到第几步而发生变化，因此只需根据当前的棋盘局势判断下一步怎么走，而完全不需要考虑对局进行到第几步。这时，最优策略具有 $a^* = \pi(s)$ 的形式。但是如果添加一条规则——每局只能走 100 步，即使没有分出胜负也必须结束（通过清点剩余棋子来判断胜负）。这时，虽然走法规则 P 是时齐的，但是游戏结束的规则 Done 不仅包括获胜，还包括达到最大对局步数，因此不是时齐的。这意味着我们不仅要根据棋盘局势，还要根据当前的步数来判断下一步怎么走。即使面对同样的棋盘局势，在接近第 100 步时采取的走法和刚开局时采取的走法也可能不同。

实际问题一般会指定 P 是时齐的。因为我们要解决的一般是可多次重复的任务，所以应该假定任务进行过程中规则不会变化。但是在很多具体的任务中，我们会假定 R 或 Done 是非时齐的，因为我们希望尽可能多且快地积累奖励。例如，玩一款捡金币的游戏，既可以马上捡起地上的金币获得分数，又可以先在原地来回采取几个动作再捡起金币获得同样的分数。为了避免后面这种情况，我们可能会设定一个最大的时间（即使游戏本来不限制时间），或者定义 R_t 是随着时间指数衰减的（即使游戏规则只考虑分数总和）。例如，定义目标为最大化累积折扣奖励的期望 $E(\sum_{t} \gamma^t R_t)$，其中 γ 是一个小于 1 的折扣因子。在很多最优控制问题中，我们会设定马尔可夫决策过程的起止时间为从 t_0 到 t_f（相当于令 Done 非时齐）。而在很多强化学习问题中，我们会设定 R 随着时间指数衰减。

下面讲述一个很有趣的现象：在 P 与 R 时齐的前提下设定起止时间会使 Done 变成非时齐的。在选择动作时应该考虑时间，即最优策略应该具有 $a^* = \pi(s,t)$ 的形式；但是如果在 P 与 Done 时齐的前提下设定 R 随着时间指数衰减，回合之间的差别仅仅和相对时间有关。那么在这种情况下，选择动作时只需考虑状态，而不必考虑绝对时间，即最优策略仍然具有 $a^* = \pi(s)$ 的形式。这是因为指数函数很特别，它具有无记忆性。从第 t_1 回合看第 $t_1 + k$ 回合，就和从第 t_1 回合看第 $t_2 + k$ 回合等价。因此，只有“相对”的 k 而无“绝对”的 t_1 和 t_2。

例如，在下象棋时设定最大对局步数为 100，则我们必须时刻记住当前处于第几步。简单地说，规定“必须在 100 步内结束”会让时间具有绝对性；而让奖励随着时间指数衰减则相当于规定“越快获胜越好”，时间是相对的。调整γ使其接近 1，希望可以快速获得奖励；调整γ使其接近 0，我们可以缓慢地获得奖励，γ的不同会使所求的策略不同。但是无论如何，所求的最优策略都不需要根据时间t进行决策。

总体来说，时齐性是一个很重要却容易被忽略的概念。当出现非时齐的情况时，要求解的策略必须是一个关于时间的函数。这里定义清楚时齐的概念，也是为了后面在讲解具体问题时能够更加方便。

2.4.5 状态与动作的连续性

马尔可夫决策过程由四元组(S, A, P, R)定义，因此一个很重要的问题就是要确定状态空间S与动作空间A。那么，状态和动作如何表示呢？它们是离散的还是连续的？

机器学习中最基本的一类问题是有监督学习，主要包括分类问题和回归问题。分类问题预测的是一个有限离散变量（如性别、国籍），而回归问题预测的则是一个连续变量（如身高、体重）。这个区别导致分类模型与回归模型在结构上有很大的区别。在强化学习中，可以根据状态与动作是离散变量还是连续变量对马尔可夫决策过程进行分类。对于不同的马尔可夫决策过程，其对应的强化学习方法也有很大的区别。

例如，在象棋游戏中，可以把当前棋盘局势定义为状态，而将下一步可行的走法定义为动作，奖励为吃掉的对方的棋子的重要性得分（子力），如卒 1 分、马 4 分、炮 4.5 分、车 9 分等。在图 2.7 中，我们面对当前的棋盘局势S_t，认为采取A_t为吃车是有利的，于是采取该动作，进入下一个状态S_{t+1}，并且获得$R_t = +5$。由于不同棋盘局势的总数与可操作的总数是有限的，因此这个马尔可夫决策过程中的状态与动作都是离散变量。

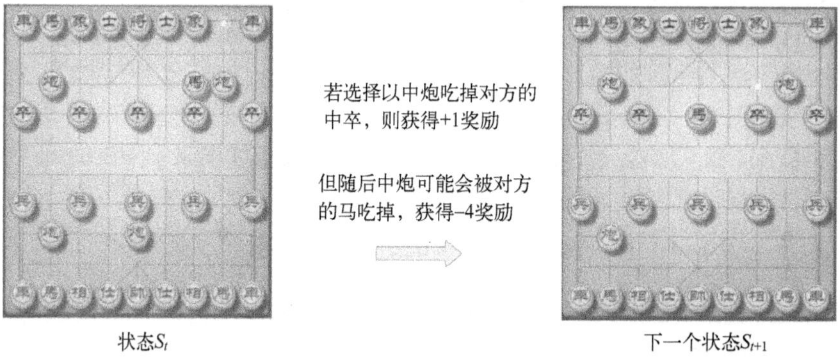
若选择以中炮吃掉对方的中卒，则获得+1奖励
但随后中炮可能会被对方的马吃掉，获得−4奖励
状态S_t
下一个状态S_{t+1}

图 2.7　象棋是一个离散问题

在《黄金矿工》游戏中，可以将状态定义为游戏画面，它显然是一个连续变量；也可以将状态定义为钩子摆动的角度，以及各个金块的坐标组成的向量，此时的状态也是连续变量。游戏中可以采取的动作有“放炸弹”“下钩”“等待”。因此，《黄金矿工》游戏对应的是状态连续、动作离散的马尔可夫决策过程。

如图 2.8 所示，自动驾驶问题可以被定义为状态和动作均连续的马尔可夫决策过程。例如，将传感器捕捉到的当前路况图像作为状态，它是一个高维连续变量；将转动方向盘、踩油门、踩刹车等操作作为动作。由于方向盘转动的角度与加速度等都是连续的，因此动作也是连续变量。

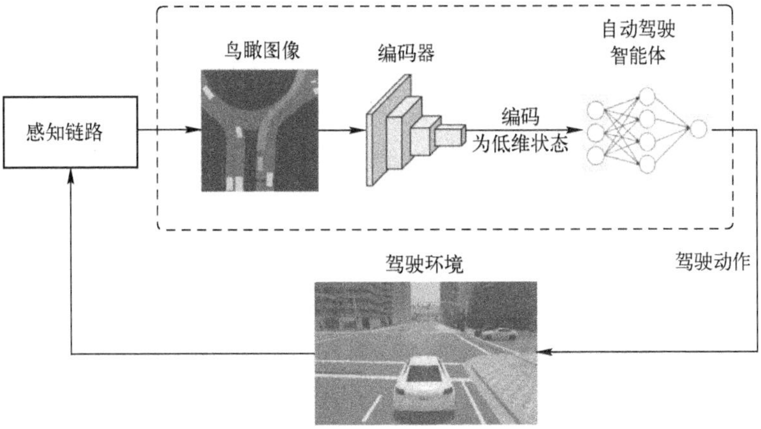

图 2.8　自动驾驶问题

在工程控制、工业机器人等领域，大量与生活息息相关的问题都可以转化为状态连续、动作离散或状态和动作均连续的马尔可夫决策过程。状态和动作都是离散变量的情况相对较少，如简单的棋牌类游戏。状态离散、动作连续的马尔可夫决策过程也不常见，因为在一般的问题中，状态往往比动作更复杂。

状态与动作的连续性导致马尔可夫决策过程的定义不同。例如，当状态是离散变量时，状态空间 S 是一个有限集，状态之间的转移关系 P 是一个离散分布；而当状态是连续变量时，状态空间 S 是一个高维空间，状态之间的转移关系 P 是一个连续分布。状态与动作的连续性也会让马尔可夫决策过程的求解方法有很大的不同。求解马尔可夫决策过程就相当于寻找一种确定 $P(A_t \mid S_t = s_t)$ 分布的方式。动作是离散变量还是连续变量会直接决定采用的算法和模型。

*2.4.6　时间的连续性

截至目前，我们一直假定 t 是离散的。对于部分马尔可夫决策过程，如下象棋，由于游戏本身是回合制的，因此时间 t 自然就是离散变量。而对于《黄金矿工》游戏或自动驾驶任务，从本质上来说，它们应该是时间连续的马尔可夫决策过程。不过为了方便地求解问题，常常会将连续的时间 t 离散化。只要 t 与 $t+1$ 之间的间隔足够小，一般不会造成什么负面影响。

当 t 是离散变量时，马尔可夫决策过程中的状态是序列 $\{s_0, s_1, s_2, \cdots\}$，动作是序列 $\{a_0, a_1, a_2, \cdots\}$；当 t 是连续变量时，状态与动作分别是关于 t 的连续函数 $s(t)$ 和 $a(t)$。时间 t 的连续与离散会导致问题性质有很大的不同。首先，在时间 t 连续的情况下，由于状态与动作是关于时间的函数，因此它们必须都是连续变量；其次，不能用 $P_{ss'}^{a}(t)$ 的方式定义状态之间的转移关系，因为状态 S 必须在连续流动的时间内连续地变动，它在一个时间微元 $\mathrm{d}t$ 中的变化也只能是一个微元 $\mathrm{d}s$。所以，定义连续时间马尔可夫决策过程的状态之间的转移关系为 $\dot{s}(t) = \text{dynamic}(s(t), a(t))$ 的形式（其中 $\dot{s}(t)$ 表示状态 s 对时间 t 的导数，这种定义需要符合马尔可夫性质），这是一个常微分方程。另外，计算奖励总和也不再采用求和的形式，而是采用积分的形式：

$$\int_{t_0}^{t_f} r(s(t), a(t), t)\mathrm{d}t$$

在第 4 章的最优控制问题中，将会求解时间连续的马尔可夫决策过程，并从中引出一些求解策略的思想。不过，在一般的强化学习问题中，我们只会讨论时间离散的马尔可夫决策过程。对于原本时间连续的任务，我们也会将时间离散化，以方便用强化学习方法进行求解。因此，本书中不会过多地讨论时间连续的马尔可夫决策过程。

2.4.7 小结

由于强化学习的目标是求解马尔可夫决策过程，因此本章详细地介绍了马尔可夫决策过程可以按哪些标准分为哪些类别。

我们首先关注的性质是马尔可夫决策过程是否退化，以及环境是否已知。一般的强化学习指的是求解环境未知且非退化的马尔可夫决策过程，这是非常困难的。但如果要求解的是一个环境已知且退化的马尔可夫决策过程，即一个环境已知的盲盒售货机问题，则会简单得多。已知 k 个可选择的摇臂 $a_1, a_2, \cdots, a_k$ 及其对应的奖励，包括随机变量 $R^{a_1}, R^{a_2}, \cdots, R^{a_k}$ 的表达式，求解最优动作。对于这类问题，只需找出让 $E(R^{a_1})$ 最大的动作 a 即可，完全不需要复杂的算法。因此，这是一个平凡问题。

可是，如果环境未知，或者马尔可夫决策过程要持续多步，则我们面对的问题不再平凡。例如，在环境未知且退化的盲盒售货机问题中，我们要考虑如何产生更有价值的数据；而在环境已知且非退化的最优控制问题中，需要求解能够在多步马尔可夫决策过程中最大化累积奖励的策略，这需要用基于价值或基于策略的基本思想来设计算法。无论是盲盒售货机问题还是最优控制问题，都需要设计复杂的算法，只有这样才能很好地解决问题。表 2-1 给出了这几类问题的关系。

表 2-1　几类问题的关系

	环境已知	环境未知
退化	环境已知的盲盒售货机 （平凡问题无须求解）	盲盒售货机问题 （如何产生训练数据）
非退化	多步最优控制问题 （如何求解最优策略）	一般的强化学习问题 （同时考虑两个方面）

强化学习求解的是非退化且环境未知的马尔可夫决策过程，它的困难主要来自两个相对独立的特点：环境未知与马尔可夫决策过程持续多步。首先，只有弄清两方面的困难来自何处，以及应该如何解决，才能很好地设计强化学习算法。在第 3 章讲解盲盒售货机问题时，专注于思考如何产生更有价值的数据；而在第 4 章讲解最优控制问题时，专注于针对完全已知的环境，思考如何求出一个能在持续多步过程中最大化奖励总和的策略。第 5 章将正式进入强化学习的章节，综合求解环境未知且非退化的马尔可夫决策过程。

其次，我们关注的问题是环境的随机性与时齐性。这需要考虑初始分布、状态之间的转移关系、奖励及结束信号是否具有随机性与时齐性，这些决定了要求解的策略的形式。在一般的强化学习问题中，最优策略是 $a^* = \pi(s)$ 的形式。在很多最优控制问题中，最优策略可能是 $u(t)$ 或 $a^* = \pi(s,t)$ 的形式。

此外，当动作是连续变量时，可以将策略定义为线性模型或神经网络模型等回归器；而当动作是分类变量时，则可以将策略定义为神经网络等分类器。二者的区别类似于有监督学习中的分类问题与回归问题的区别。

本书中的绝大部分问题都已经涵盖在上面所介绍的马尔可夫决策过程中了。在涉及具体的马尔可夫决策过程时，我们会快速地用上面所介绍的性质给马尔可夫决策过程定性，包括是否退化、环境是否已知、环境是否随机与时齐、连续与离散等，并依靠这些基本性质确定问题与解的基本形式。

2.5 马尔可夫决策过程的奖励函数

在马尔可夫决策过程中，状态之间的转移关系 P 是否已知将决定问题的性质，而它是否具有随机性则决定了策略的形式。这两条性质无疑是很重要的。相比之下，奖励函数 R 似乎显得没有那么重要——无论它是随机的还是确定的，都不会影响最终选择动作的方式，也不会对算法性质有根本性的改变。

事实上，如果马尔可夫决策过程已经定义好了，我们的任务只是求解给定的马尔可夫决策过程，那么在设计算法时，确实没必要过多关注奖励函数的性质。但是，对于现实中的问题，在很多情况下，我们可以定义奖励函数，并且这是很重要的。

对于一个现实中的问题（如让智能体学会下象棋、打游戏、自动驾驶，或者完成其他任务），其状态空间 S 、动作空间 A 、状态之间的转移关系 P ，以及结束信号 Done 都是问题天然定义好的，或者说都有一种简单、直观的定义方式（如下象棋时 S 代表棋盘局势、A 代表规则允许的走法等）。相比之下，马尔可夫决策过程的另外两个元素——奖励函数 R 与折扣因子 γ 往往可以由研究人员自己定义，在很多情况下，其定义取决于研究人员的目标，具有较强的主观性。

前面提到，设定折扣因子 γ 不会改变环境的时齐性，也往往不会对算法有其他方面的影响。但是，不同的折扣因子 γ 训练出来的智能体的表现很可能有较大的区别。因此，当智能体的表现未达到预期时，除了修改算法，不妨考虑修改折扣因子 γ 。同理，虽然定义奖励函数属于马尔可夫决策过程的定义，而不属于算法的范畴，但根据一般经验，这在解决现实问题时是很重要的。

在强化学习问题中，当环境表达式未知时，只能使用与环境进行交互产生的数据，即利用服从 P 与 R 分布的数据来估计一些算法所需的值。在统计学中，如果一个随机变量（概率意义上）的方差越大，那么用其样本估计它（统计意义上）的方差会越大。由于强化学习问题需要考虑数据效率，因此在只能产生一定数量的数据的前提下，R 的方差越小，估计的量越准确，算法越有效；反过来说，为了保证算法达到同样的效果，R 的方差越大，需要的数据越多。从这个角度来看，希望 R 的方差尽量小。

在许多适用于强化学习的现实问题中，R 的方差大小往往表现为稀疏或稠密。在这里，R 特别稀疏的意思是指它在大多数情况下取值为 0，在很少的情况下取值不为 0；R 特别稠密的含义与之相反。可见，当 R 稀疏时，它（概率意义上）的方差会比较大，而算法中涉及的估计量（统计意义上）的方差自然也会比较大。这会导致算法的收敛性差、误差大。

如果我们可以自由设计奖励函数，就应该将它设计得尽量稠密。但需要注意的是，强化学习的目标是解决实际中的问题，即不能偏离我们本来期望的目标。

下面用下象棋来举例：我们知道，象棋的取胜条件在于“将死对方”。因此，如果我们恪守游戏规则本来的定义，则应该设“将死对方”时 $r=1$、“被对方将死”时 $r=-1$，而在

其他情况下 $r=0$。但是，这样的设定无疑会导致奖励函数过分稀疏，智能体的学习效率自然会非常低。

另外，我们还可以将吃掉对方的棋子或被对方吃掉棋子定义为 r（根据一般公认的象棋子力，吃掉对方一个车时 $r=9$，被对方吃掉一个马时 $r=-4$）。这种设定下的奖励函数相对稠密，智能体能获得更多有效反馈，收敛也会更快。但是，象棋的取胜标准不在于“吃子”而在于“将死对方”。熟悉象棋的人们肯定不难想到，对局中经常有“弃子争先”或“得子失势”的走法。换言之，有些走法虽然失去了棋子，但能使我们在“将死对方”上占据先机；有些走法虽然在子力上占据了先机，却对 “将死对方”这个最终目标不利。在现实的对局中，常常有子力不占优势的一方获得胜利的情况。因此，虽然这种设定下的奖励函数更加稠密，训练时能更快收敛，但是结果未必符合我们的期望。

下面再举一个例子：假设要训练一个在房间里自动捉老鼠的机器人，则我们可以将房间里的机器人、老鼠，以及其他无关障碍物的位置联合向量定义为状态 S，将机器人的前进方向、速度或加速度等定义为动作 A。其中，S 和 A 都是连续变量，它们之间自然地构成了状态之间的转移关系 P。现在要求解一个根据当前状态选择动作的最优策略 $\pi(s)$，使机器人能更高效地捉到老鼠。

如果恪守本来的目标，那么只有当机器人捉到老鼠（两者位置重合）时才给予它奖励，即 $r=1$，其他情况下 $r=0$。但是，这样的奖励函数过于稀疏，智能体在绝大多数情况下不能得到任何正面反馈，因此 $\pi(s)$ 在随机初始化之后也很难得到有效的提升，训练效率非常低。因此，应考虑每个回合都给予机器人一个非 0 的奖励。当机器人距离老鼠较近时，奖励较大；当机器人距离老鼠较远时，奖励较小。这样，智能体就可以获得正面反馈，在训练中不断对 $\pi(s)$ 进行针对性的更新。

但是，如何设计奖励函数又存在取舍：若将奖励函数定义为机器人与老鼠之间的距离的倒数，则当距离很小时，奖励会趋于无穷，这会导致方差很大，在数值上不稳定；若将函数定义为有界的，那么机器人追上老鼠时获得的奖励比起接近老鼠时获得的奖励并不具有压倒性的优势。也就是说，与直接捉到老鼠相比，一直保持与老鼠处于较近的距离可能可以获得更多奖励。换言之，我们原本想训练一个“捉老鼠机器人”，最后却很可能得到“尾随老鼠机器人”，这无疑是背离初衷的。

从以上两个例子中不难看出，在设计奖励函数时，要对奖励的稠密性及其与现实目标的契合度进行取舍。如果奖励函数比较稀疏，则会导致算法难以收敛；如果将奖励函数设计得比较稠密，则又可能偏离本来的目标。现实中设计奖励函数是一个重要而又复杂的问题，需要结合实际情况进行权衡取舍。

思 考 题

1. 有一款在一维直线上开赛车的游戏，将 S 定义为当前赛车的位置，将 A 定义为加速、减速，将 R 定义为到达终点，请问这能构成一个马尔可夫决策过程吗？如果不能，应该将 S 定义为什么，才能使其构成一个马尔可夫决策过程？
2. 请思考生活中还有哪些场景能够定义为马尔可夫决策过程。

3. 你能想象出一个状态是有限分类变量，而动作是连续变量的马尔可夫决策过程吗？

4. 你能想象出一个初始状态与状态之间的转移关系均完全确定，且非时齐的马尔可夫决策过程吗？为什么选择动作的最优策略具有 $a^* = \pi(t)$ 的形式？

5. 你能想象出一个初始状态随机、环境转移关系确定、非时齐的马尔可夫决策过程吗？为什么选择动作的最优策略具有 $a^* = \pi(s_0, t)$ 的形式？当 $\pi(s_0, t)$ 的形式过于复杂时，我们便不再尝试解出这个函数的通式，而只针对具体的 s_0 求出一个动作序列，这便是实时规划（Decision-Time Planning）的含义，你能理解它吗？

6. 为什么 R 随着时间指数衰减会使我们不用根据时间 t 来选择最优策略？你能给出详细证明吗？我们所说的“无记忆性”是什么意思？

7. 请结合 2.5 节，思考能否构造一个关于“与老鼠之间的距离”的奖励函数 R 与适当的折扣因子 γ，使训练出“尾随老鼠机器人”。为避免得到“尾随老鼠机器人”，应该如何定义奖励函数呢？

参 考 文 献

[1] CHEN J Y, YUAN B D, TOMIZUKA M. Model-free Deep Reinforcement Learning for Urban Autonomous Driving[J].IEEE, 2019.DOI:10.1109/ITSC.2019.8917306.

第 3 章

RL

退化的强化学习问题

前面提到，强化学习研究的是如何求解一个环境未知、非退化的马尔可夫决策过程（MDP）的最优策略，它所面临的难点可以分为相对独立的两部分，其一是在环境未知的情况下如何产生有价值的数据（环境未知带来的难点），其二是在持续多步的过程中如何求解最优策略（非退化问题带来的难点），如表 2.1 所示。

本章主要讲解在环境未知的情况下如何产生更有价值的数据。本章将介绍强化学习的核心性质：如何产生和利用数据。这也是最能体现强化学习思维方式不同的地方。为了使读者能更加专注于“环境未知带来的难点”，本书屏蔽了强化学习的“非退化问题带来的难点”。下面将讲解环境未知、退化的强化学习问题——盲盒售货机问题，以此来说明如何产生更有价值的数据。

3.1 盲盒售货机问题

假设商场中有多台盲盒售货机（见图 3.1），向其中一台投入硬币后，可以获得一个盲盒，其中按照一定的概率包含一些价值各不相同的物品。与象棋围棋等一样，它也可以被形式化为一个强化学习问题。

图 3.1　盲盒售货机

假设有 K 台不同的盲盒售货机，玩家每次只能选择其中一台，投入一枚硬币并获得一个盲盒。每台盲盒售货机对应的中奖概率不同，且概率是未知的。假设我们只有一定数量的硬币，即只能取得一定数量的盲盒。我们的目标是最大化累积奖励，即获得更多奖励。

盲盒售货机问题可以转化为一个环境未知且退化的 MDP。它没有状态 S，但可以假定有一个恒定的状态 s_0；K 台盲盒售货机对应 K 个不同的动作，因此动作空间为 $A=\{a_1, a_2, \cdots, a_K\}$；由于没有状态 S，因此也不具有状态之间的转移关系 P，但可以认为状态永远从 s_0 转移到 s_0；奖励 R 取决于 A，不取决于 S。

假设有 5 台盲盒售货机可以供我们操作，选择第 1 台盲盒售货机可以获得的奖励是一个随机变量 R_1，它满足伯努利分布，只取 0（不想要的奖品）或 1（想要的奖品），选择第 2～5 台盲盒售货机获得的奖励分别为随机变量 $R_2 \sim R_5$。这里 R_i 的具体分布未知，但可以通过记录操作结果来估计 R_i 的分布。记第 i 台盲盒售货机的累积期望奖励为 $E(R_i)$，并将其估计值记为 $\hat{E}(R_i)$，则

$$\hat{E}(R_i)=\sum_{j=1}^{n}\frac{r_j}{n} \tag{3.1}$$

其中，n 表示第 i 台盲盒售货机被操作 n 次，得到的奖励分别为 $r_1, r_2, \cdots, r_n$（取值为 0 或 1）。

假设我们的硬币一共能进行 150 次操作，每次操作均可以自由地从 5 台盲盒售货机中选择其一，试寻求一种策略，使获得的累积奖励最大。

因为盲盒售货机问题是退化的 MDP，不存在多个状态，所以只需根据奖励确定最优动作。如果已知 $R_1 \sim R_5$ 的分布，就可以直接求出 $E(R_i)$，并通过对比得到最优盲盒售货机。这样，这个问题就是平凡问题。但现在 R_i 的分布未知，只能通过产生数据来估计它们。例如，我们可以先对各盲盒售货机操作 10 次，将得到的奖励的均值作为 $\hat{E}(R_i)$，得到如表 3.1 所示的期望奖励估计表。

表 3.1 期望奖励估计表

盲盒售货机编号	$\hat{E}(R_i)$
1	0.7
2	0.5
3	0.2
4	0.1
5	0.8

通过上述结果，我们对各盲盒售货机的平均奖励已经有了一个初步的估计：第 3、4 台盲盒售货机的平均奖励比较小，而第 5 台盲盒售货机的平均奖励比较大。因此在之后的 100 次操作中，为了最大化累积奖励，我们肯定不会再均匀地选择每台盲盒售货机了。一种可行的策略是在剩下的 100 次操作中全部选择当前认为奖励最大的，即第 5 台盲盒售货机，如算法 3.1 所示。

算法 3.1（简单策略）

建立期望奖励估计表；

对每台盲盒售货机操作一定的次数，收集奖励数据，算出每台盲盒售货机的 $\hat{E}(R_i)$；
选择当前 $\hat{E}(R_i)$ 最大的盲盒售货机，将其确认为“最优盲盒售货机”；
重复迭代：
　　每次游戏都选择该“最优盲盒售货机”进行操作以获得奖励；
直到游戏结束；

需要注意的是，算法 3.1 的鲁棒性不高。因为估计出的 $\hat{E}(R_i)$ 并不是真正的 $E(R_i)$，我们绝不能只根据前面 50 次操作的结果就确定第 5 台盲盒售货机是最好的。若进行更多次操作，则我们对于各盲盒售货机期望奖励的估计会更准确，不同的估计结果又会使“最优盲盒售货机”发生变化。例如，当我们继续从第 5 台盲盒售货机购买了 10 个盲盒后，便一共有 20 条 R_5 的数据，如果根据这 20 条数据求出 $\hat{E}(R_5)=0.6$，那么此时会发现第 1 台盲盒售货机的平均奖励更大，继而改变我们的选择。

因此，我们在选择当前估计最好的盲盒售货机的同时，还应该不断地利用新产生的数据让估计越来越精确。在每一步中选择的当前估计最好的盲盒售货机都应该是基于当前的最优认识水平，包含当前所有数据的“贪心策略”。算法 3.2 显示了这种贪心策略的详细流程。

算法 3.2（贪心策略）
建立期望奖励估计表；
对每台盲盒售货机操作一定的次数，收集奖励数据，初始化期望奖励估计表；
重复迭代：
　　每次游戏都选择当前 $\hat{E}(R_i)$ 最大的盲盒售货机作为“最优盲盒售货机”，进行操作；
　　收集操作反馈的奖励数据，更新期望奖励估计表；
直到游戏结束；

下面举一个例子来讲解如何更新期望奖励估计表。假设第 5 台盲盒售货机经过 10 次操作后，$\hat{E}(R_5)=0.8$，第 11 次操作继续选择第 5 台盲盒售货机，得到一个盲盒，$\hat{E}(R_5)$ 更新为

$$\hat{E}(R_5) \leftarrow \frac{0.8\times 10+1}{(10+1)} \approx 0.82$$

上述方法对于估计误差具有一定的鲁棒性。若高估了 $\hat{E}(R_5)$，则将第 5 台盲盒售货机误当成是“最优盲盒售货机”，就会产生更多关于 R_5 的数据。这样对于 $\hat{E}(R_5)$ 的估计就会更加精确，使其逐渐接近真正的期望奖励 $E(R_5)$。

需要注意的是，算法 3.2 只解决了高估的问题，却没有解决低估的问题。假设 $E(R_5)=0.8$，而 $E(R_1)=0.9$，则真正的最优动作应该是选择第 1 台盲盒售货机。但是，通过前面的 10 次操作，我们将 $E(R_1)$ 低估为 0.7，而将 $E(R_5)$ 正确地估计为 0.8。如果采取上述算法，那么我们会不断地操作第 5 台盲盒售货机并产生关于 R_5 的数据，而不会选择第 1 台盲盒售货机并产生关于 R_1 的数据。这样我们就永远无法发现 $\hat{E}(R_1)$ 被低估了。

为了避免低估的问题，我们不能完全放弃当前认为不好的盲盒售货机，必须以一定的概率选择这些盲盒售货机。只有这样才有机会发现这些盲盒售货机是不是被低估了。

综上所述，我们既要用较多的次数选择当前的最优动作，又要以一定的概率选择其他动作。

我们将前者称为利用（Exploitation），意为充分利用当前对于环境的估计进行选择；将后者称为探索（Exploration），意为充分探索以便更加准确地估计环境。那么，探索和利用应该如何取舍呢？下面讨论这个问题。

3.2 探索–利用困境

在生活中，经常会出现“探索”与“利用”取舍的问题。例如，人们到经常光顾的饭店吃饭，点菜时很可能会点上一次觉得很好吃的菜，再点一个之前没有点过的菜。这样就不会每次都只吃同样的菜而没有新鲜感，也不至于有一次点的全是不好吃的菜。可见，点菜策略会直接决定用餐体验。

在盲盒售货机问题中，我们采取的是一种边训练边测试的方式，即一边将智能体在特定的环境中进行训练，一边考察训练效果。我们设定的目标是在 150 枚硬币内赢得最多的奖励，这意味着我们的策略将直接决定我们的盈亏；此外，在盲盒售货机问题的基础上增加状态的上下文盲盒售货机问题经常被用于广告推荐。智能体不断选择商品推送给顾客，并通过其反馈判断顾客喜欢什么商品。只有通过不断地试验，才能逐步了解顾客并推送准确的商品。但是，如果推送了顾客不喜欢的商品，那么也会影响收益。因此，推荐策略直接与利润相关。

在有监督学习中，我们用数据学习其背后的环境分布，这意味着训练与测试必须严格分开，而评价算法的标准必须是测试误差而不是训练误差。在强化学习问题中，我们直接针对未知环境学习最优策略，这意味着训练误差与测试误差不必严格分开。在这个意义下，“边训练边测试”与“先训练后测试”都是合理的，我们需要结合现实中的具体情况定义问题的具体形式。事实上，在很多强化学习问题中，我们会“先训练后测试”，即先将智能体在特定环境中训练好，再考察训练效果。我们的唯一目标是在训练完成后，智能体能有足够好的表现。例如，我们用自我对弈的方式训练一个围棋 AI，训练完成后将它用于人机对战。那么，在自我对弈的训练过程中，它取得的成绩是不重要的。

从成本的角度来看，“先训练后测试”考虑的成本主要是用了多少数据。例如，在训练玩游戏的智能体时，训练的成本是训练的次数，而不是训练时它的表现；而“边训练边测试”考虑的成本不只是数据的成本，还和数据内容有关。

在“边训练边测试”的问题中，“探索”与“利用”的意义是清晰的：“探索”是不可或缺的，“利用”的意义在于充分获得奖励；而在“先训练后测试”的问题中，既然不需要考虑训练期间智能体的盈亏/胜负，只需最终找出最优策略，那么我们还要“利用”吗？仅仅通过“探索”不足以求出最优策略吗？

为了理解这一问题，我们将上述盲盒售货机问题的场景稍做修改：假定该商场负责人允许我们有 150 次机会可以免费操作，但我们只可以观察这 150 个盲盒的奖品并分析其价值高低，而不能将奖品带走。此时，我们的目标是在 150 次模拟之后，以最大的把握找出“最优盲盒售货机”。在这种情况下，我们面对的是一个“先训练后测试”的问题，即在训练期间不计盈亏，唯一的目标是训练完成后找到最优策略。这正如在训练围棋 AI 时，目标是训练完成后使其战斗力最强，而不必考虑训练期间的胜负。

我们应该如何解决这个问题呢？既然在训练期间不必考虑盈亏，我们就不必将主要的机会集中在表现好的盲盒售货机上，而可以更加充分地对每台盲盒售货机进行操作。假设我们均匀地操作每台盲盒售货机 30 次，获得数据并估计出 $\hat{E}(R_i)$，通过对比找出“最优盲盒售货机”。这种完全探索的方法是不是最优策略呢？

考虑这样一种情况：先用 50 次机会均匀选择每台盲盒售货机各 10 次，结果如表 3.2 所示。

表 3.2　期望奖励估计表（50 次机会）

盲盒售货机编号	$\hat{E}(R_i)$	次数
1	0.7	10
2	0.5	10
3	0.2	10
4	0.1	10
5	0.8	10

通过前 50 次操作可以发现，第 3、4 台盲盒售货机几乎不可能是“最优盲盒售货机”。既然我们的目标是找出“最优盲盒售货机”，那么我们还需要进一步准确估计第 1、2、5 台盲盒售货机对应的期望奖励。此时，可以考虑将接下来的 50 次操作进行 3 等分，分别选择第 1、2、5 台盲盒售货机。

假设经过 100 次操作后，我们得到的结果如表 3.3 所示。

表 3.3　期望奖励估计表（100 次机会）

盲盒售货机编号	$\hat{E}(R_i)$	次数
1	0.76	27
2	0.58	26
3	0.2	10
4	0.1	10
5	0.78	27

在前 100 次操作中，我们对第 3、4 台盲盒售货机均进行了 10 次操作，而对第 1、2、5 台盲盒售货机分别进行了 27、26 和 27 次模拟。理论上，操作的次数越多，对期望的估计越准确，因此大致可以判断第 2 台盲盒售货机的实际期望奖励超过第 5 台的可能性不大，于是，“最优盲盒售货机”应该在第 1 台和第 5 台中产生。从目前的估计来看，它们相差较少，可能仍有一定的误差，因此无法准确地进行判断。为了能够在总的次数限制内找出一个可信度最高的答案，我们将最后的 50 次操作机会平均分配给这两台盲盒售货机。假设经过最后 50 次操作后，我们得到的结果如表 3.4 所示。

表 3.4　期望奖励估计表（150 次机会）

盲盒售货机编号	$\hat{E}(R_i)$	次数
1	0.75	52
2	0.58	26
3	0.2	10
4	0.1	10
5	0.79	52

由上述结果可以做出判断：第 5 台是“最优盲盒售货机”，因为用样本均值估计期望会存在一定的误差，所以这未必是最准确的结果。但是，由于样本均值与期望间的误差会随着操作次数的增多而减小，而我们已经对第 1、5 台盲盒售货机都进行了较充分的操作，因此上述结果应该是在限制操作总数前提下能够得出的最优结论了。

观察表 3.4 会发现一个有趣的现象：某台盲盒售货机的估计 $\hat{E}(R_i)$ 越大，对它进行的操作次数就越多； $\hat{E}(R_i)$ 越小，对它进行操作次数越少，这正是利用的基本思想。既然没有要求在训练过程中获得奖励，我们的目标只是训练完成后以最大的把握找出“最优盲盒售货机”，那么为什么还要利用呢？

在上述问题中，我们面对的是未知的、随机的环境。即使我们拥有的数据量很大，也不可能准确地求解出环境背后隐藏的模型。我们的目标是以最大的把握找出“最优盲盒售货机”，需要考虑各盲盒售货机是“最优盲盒售货机”的概率。盲盒售货机的 $\hat{E}(R_i)$ 越大，它成为“最优盲盒售货机”的概率便越大，因此我们也应该将更多的计算成本用在更准确地估计它的期望奖励上。反过来说，如果我们对一台盲盒售货机估计的奖励期望值比较小，即已经基本确定它不太可能是“最优盲盒售货机”了，则我们也不必再准确地估计它的期望奖励到底是多少，因为这与我们的最终目标无关。之所以要利用，不是为了获得更多奖励，而是为了在一定训练数据的限制下更准确地估计出最优动作。

总体来说，我们的目标是以最大的把握找出最优动作，但我们无法确定真实的期望奖励是多少。这种矛盾导致所产生的数据应该既是与当前判断最优动作比较接近的，又必须是有所不同的。前者代表的是利用的倾向，而后者代表的是探索的倾向，这二者之间的困境与取舍才是探索-利用困境的真正精髓所在。

传统的盲盒售货机问题大多设定为“边训练边测试”方式，即要考虑每次操作带来的盈亏。但是，现实中的绝大多数强化学习场景往往需要大量的训练数据，因此只能在模拟环境中进行训练，而不可能在真实环境中进行训练。此时，我们的成本仅仅在于数据的成本，其正比于数据量，而与数据内容无关。如果混淆了这二者，就可能产生一些误解。例如，认为利用的目的在于最大化训练期间获得的奖励，认为在模拟环境中进行训练时不需要利用、只需要探索。这里再次强调，“利用”的意义不在于训练期间获得的奖励，而在于更准确地估计出最优动作。这可以说是强化学习最核心、最基础的性质之一，希望读者的理解不要出现偏差。

3.3 各种不同的探索策略

前面明确了探索-利用的意义及其对于强化学习问题的意义。下面将探索和利用的思想融入解决盲盒售货机问题的策略中，讲解各种不同的探索策略，看看它们究竟是如何平衡探索与利用的。

3.3.1 ε-贪心策略

在强化学习的各种探索策略中，最经典的莫过于 ε-贪心策略（ ε-Greedy ）了。

我们可以人为设定一个探索率 ε ，控制探索与利用之间的比率。在每个回合中，以概率 ε 随机选择一台盲盒售货机，以概率 $1-\varepsilon$ 选择当前的“最优盲盒售货机”，这种算法被称为 ε-

贪心策略，其流程如算法 3.3 所示。

> **算法 3.3（ε-贪心策略）**
> 建立期望奖励估计表，并设定探索率 ε；
> 对每台盲盒售货机操作一定的次数，收集奖励数据，初始化期望奖励估计表；
> 重复迭代：
> 　　产生服从 0 到 1 之间均匀分布的随机数 x；
> 　　If $x>\varepsilon$：选择当前 $\hat{E}(R_i)$ 最大的盲盒售货机进行操作（利用）；
> 　　Else：随机选择一台盲盒售货机进行操作（探索）；
> 　　收集操作反馈的奖励数据，更新期望奖励估计表；
> 直到游戏结束；

在 ε-贪心策略中还存在以下两个问题。

一是探索率大小的设定问题。如果将其设计得太大（更倾向于探索），则会导致较少选择当前的“最优盲盒售货机”，继而不能获得足够多的奖励（在“边训练边测试”的设定下），又不能对“最优盲盒售货机”进行准确的估计；而如果将其设计得太小（更倾向于利用），则会导致不能充分探索环境以及时发现估计错误的问题。

二是初步探索次数的设定问题。一方面，我们必须操作一定的次数以得出一个初步可信的 $\hat{E}(R_i)$；另一方面，初始化意味着每台盲盒售货机都要被操作，这可能会浪费过多次数在差的盲盒售货机上。

此时可以采取另一种观点：在算法开始时，我们没有任何数据，估计 $\hat{E}(R_i)$ 的误差可能很大，因此完全探索是有必要的。而随着所产生的数据增多，估计 $\hat{E}(R_i)$ 的误差逐渐减小，当前的“最优盲盒售货机”相对更加可信，这时便可以增大利用的比率。例如，在上面的算法中，直接将 $\varepsilon=1$ 减小到 $\varepsilon=0.2$。当然，我们也可以缓慢地减小 ε，得到如算法 3.4 所示的策略。

> **算法 3.4（ε 递减策略）**
> 初始化期望奖励估计表，初始化探索率 $\varepsilon=1$；
> 重复迭代：
> 　　产生服从 0 到 1 之间均匀分布的随机数 x；
> 　　If　$x>\varepsilon$　选择当前 $\hat{E}(R_i)$ 最大的盲盒售货机进行操作（利用）；
> 　　Else　随机选择一台盲盒售货机进行操作（探索）；
> 　　收集操作反馈的奖励数据，更新期望奖励估计表；
> 　　用一定的规则减小探索率 ε；
> 直到游戏结束；

初期，由于数据较少，对于环境估计的误差较大，因此需要更偏向于探索而非利用；后期，由于已经有较多的数据且比较了解环境，因此可以偏向于利用以更准确地估计最优策略。上述策略初期注重探索而后期注重利用。打个通俗的比方：在上大学时，我们往往会“先博而后专”，大一大二我们要学习通识课、基础课，拓宽认识范围、发掘自己感兴趣的事情。到了读研的时候，我们就会确定一个专业方向并钻研。这二者的思维具有相似之处。不过，用何种规则或方法减小 ε，这仍需要利用先验知识进行设计或进行大量调试。

3.3.2 玻尔兹曼探索策略

需要注意的是，ε-贪心策略存在一些问题：在表 3.1 中，先对每台盲盒售货机各操作 10 次，在 50 次操作之后，第 5 台盲盒售货机是目前我们认为最好的。ε-贪心策略意味着我们要将主要的操作次数用于操作第 5 台盲盒售货机，而将剩余少量的操作次数平均分配给其他盲盒售货机。从表 3.1 中显然可以看出，第 1 台盲盒售货机比第 3 台盲盒售货机更有可能是“最优盲盒售货机”。但是在ε-贪心策略中，我们只区分了“最优盲盒售货机”与“其他盲盒售货机”，并没有体现出第 1 台盲盒售货机与第 3 台盲盒售货机之间的不同，这显然是不够高效的。

另外，在不同的场景下，“利用”的意义有所不同。假设需要考虑盈亏（“边训练边测试”），则采取ε-贪心策略时一般会令ε从 1 逐渐减小为 0。这是因为在算法后期，剩余的操作次数不多，所以只能将这些操作次数用于当前认为最好的盲盒售货机，以充分获得奖励。但是，如果不考虑盈亏（“先训练后测试”），那么我们的目标只是以最大的把握确定“最优盲盒售货机”，此时，我们应该将所有操作次数更均匀地分配到每台有可能是“最优盲盒售货机”上，只有这样，才能更加准确地估计出它们对应的期望奖励。

给每台盲盒售货机分配的操作次数不应该根据它能够带来多少奖励来确定，而应该根据它有多大可能是“最优盲盒售货机”来确定。因为“最优盲盒售货机”是根据 $\hat{E}(R)$ 来判断的，所以我们只需按照 $\hat{E}(R)$ 的大小分配操作次数即可。基于这种思想，可以得到玻尔兹曼探索（Boltzmann Exploration）策略，它用以下概率选择盲盒售货机：

$$p_i = \frac{\exp\left(\frac{\hat{E}(R_i)}{\tau}\right)}{\sum_{j=1}^{K}\exp\left(\frac{\hat{E}(R_j)}{\tau}\right)} \tag{3.2}$$

其中，K 是盲盒售货机的台数；τ 是一个大于 0 的参数。τ 的取值越小，利用的倾向越强；τ 的取值越大，探索的倾向越强。当τ 的取值为正无穷时，相当于纯随机策略（完全探索）。算法 3.5 给出了玻尔兹曼探索策略的完整流程。

算法 3.5（玻尔兹曼探索策略）

初始化期望奖励估计表，设置参数τ；

重复迭代：

　　根据概率分布 $p_i = \frac{\exp\left(\frac{\hat{E}(R_i)}{\tau}\right)}{Z}$ 选择盲盒售货机（$Z = \sum_{j=1}^{K}\exp\left(\frac{\hat{E}(R_j)}{\tau}\right)$ 为归一化系数）；

　　收集操作反馈的奖励数据，更新期望奖励估计表；

直到游戏结束；

初始时，由于 $\hat{E}(R_i)$ 等于 0，因此等概率地选择各盲盒售货机，而随着算法的进行，各个 $\hat{E}(R_i)$ 之间的差异逐渐显现，我们会逐渐以更大的概率选择 $\hat{E}(R_i)$ 更大的盲盒售货机。总体来说，它不仅区分了“最优动作”与“其他动作”，还区分了所有动作。此外，我们还可以调整参数τ 来控制探索和利用的倾向。

必须承认，式（3.2）确实缺乏可解释性，经验的成分居多。下面介绍一种相对具有可解释性的探索策略。

3.3.3 上置信界策略

上置信界（Upper Confidence Bound，UCB）策略是基于统计学中置信区间（Confidence Interval）的概念设计的。置信区间可以度量估计的随机性，可以根据一组样本求出 $E(R_i)$ 的 95% 的置信区间。95%的置信区间表示进行 100 次抽样，有 95 个置信区间中会包含真实的 $E(R_i)$。UCB 算法以 $E(R_i)$ 的 95%的置信区间上界进行盲盒售货机的选择，其计算公式如下：

$$p_i = \hat{E}(R_i) + \sqrt{\frac{2\ln n}{n_i}} \tag{3.3}$$

其中，n 表示当前操作盲盒售货机的总次数；n_i 表示当前操作第 i 台盲盒售货机的次数。UCB 策略的流程如算法 3.6 所示。

算法 3.6（UCB 策略）
初始化期望奖励估计表；
重复迭代：
　　对每台盲盒售货机计算 UCB 公式 $\hat{E}(R_i) + \sqrt{\frac{2\ln n}{n_i}}$ 的值；
　　选择最大的 UCB 值对应的盲盒售货机进行操作；
　　收集操作反馈的奖励数据，更新期望奖励估计表；
直到游戏结束；

在式（3.3）中，$\sqrt{\frac{2\ln n}{n_i}}$ 表示探索的程度，可以理解为 $\hat{E}(R_i)$ 的不确定程度。若对一台盲盒售货机了解过少，则其累积奖励估计的随机性很高，置信区间会很大，需要操作它来获取更多信息。对某台盲盒售货机操作的次数越多，累积奖励估计的置信区间越小，随机性就会降低。那些奖励均值更大的盲盒售货机倾向于被多次选择，这是算法利用的部分。置信区间较大的盲盒售货机倾向于被多次选择，这是算法探索的部分。在 UCB 策略中，$E(R_i)$ 的置信区间以 $\hat{E}(R_i)$ 为中心，其大小随着对第 i 台盲盒售货机的操作次数的增加而减小，因为用于估计 $E(R_i)$ 的样本越多，$\hat{E}(R_i)$ 与 $E(R_i)$ 的误差就会越小。以置信区间的上界为标准分配试验次数，因为 $E(R_i)$ 的置信区间上界越大，第 i 台盲盒售货机是“最优盲盒售货机”的概率越大。在这种标准下，当 $E(R_i)$ 比较大，或者缺少关于 R_i 的样本数据时，需要更多地获取关于 R_i 的样本数据。当已经有较多关于 R_i 的样本数据，且算出的 $E(R_i)$ 比较小时，就没必要继续在它上面浪费操作次数了。

3.4 总结

在盲盒售货机问题中，介绍了求解环境未知且退化的 MDP 的方法。这让我们了解了如何解决强化学习问题中的一方面的困难：环境未知带来的困难。由于 MDP 为退化的，因此我们专心研究如何面对未知环境产生更有价值的数据。

为了产生更有价值的数据，需要进行探索-利用权衡。我们将按照完全随机的方式产生数据的方法称为探索，将严格按照当前认为的最优策略产生数据的方法称为利用。我们希望产生的数据与当前认为的最优策略比较一致，数据效率更高，但是又不能太过接近而让算法缺乏鲁棒性，这种矛盾便是探索-利用困境。需要注意的是，本书中讨论的强化学习问题大多是“先训练后测试”的，并不考虑在训练中获得更多奖励，因此我们需要正确理解利用的意义。

具体而言，本章介绍了以下 3 种策略。

（1）ε-贪心策略，即以概率 ε 进行探索，以概率 $1-\varepsilon$ 进行利用，并且一般会随着训练的进行逐渐减小 ε。这种策略中除了当前认为的最优动作，它给其他动作分配的模拟次数是一样的。因此，这种算法的效果并不好。

（2）玻尔兹曼探索策略以 $\exp(E(R))$ 为比率分配模拟次数。对于越有可能与最优策略有关的动作，就以越大的概率产生与其相关的数据。这种策略简单、有效，不过缺乏理论上的可解释性。

（3）在 UCB 策略中，使用置信区间的上界来衡量最优动作，并以此来分配模拟次数。与玻尔兹曼探索策略相比，这种策略更加具有可解释性。但是，在非退化的强化学习问题中，由于每一步的动作选择都会影响下一步状态的分布，继而又影响后面所有的动作与状态，因此采用 UCB 策略的难度会大大提升。

如何产生数据对于强化学习算法是非常重要的，是强化学习算法的核心特点之一。在环境未知且非退化的强化学习问题中，我们会面临更复杂的情况，不过，探索-利用的核心思想是基本一致的。

思 考 题

1. 用什么技巧可以提升玻尔兹曼探索策略的鲁棒性？

2. 查阅有关 UCB 策略或贝叶斯探索（Thompson Sampling）的资料，思考它们的含义，以及它们与玻尔兹曼探索策略的不同之处。

3. 在正式学习强化学习算法之前，请读者初步想象一下，盲盒售货机问题中的探索技巧如何推广到非退化的强化学习问题上？

参 考 文 献

[1] AUER P,CESA-BIANCHI N, FREUND Y ,et al.Gambling in a Rigged Casino: The Adversarial Multi-Armed Bandit Problem[J].Levine's Working Paper Archive, 2010.DOI:10.1109/SFCS.1995.492488.

第 4 章

最 优 控 制

本章将介绍最优控制问题，即在环境完全已知的情况下求解 MDP。在这个过程中，不需要产生数据，只需对给定的状态空间 S 、动作空间 A 、状态之间的转移关系 P 与奖励 R ，通过解方程的形式求出最优策略。但由于 MDP 是非退化的（需要持续多步），因此求解最优策略的过程是不容易的。

前面提到，一般的强化学习问题指的是环境未知且非退化的问题，同时包含环境未知带来的困难（需要考虑如何与环境进行交互产生数据）与 MDP 非退化带来的困难（如何从数据中学习最优策略）。第 3 章介绍的盲盒售货机问题帮助我们理解了如何面对未知环境产生有效的数据，而本章讲解的最优控制将帮助我们理解如何从数据中学习最优策略。我们将问题简化为直接从已知环境中学习策略是为了避免来自数据方面的干扰，以更清晰、更直观地理解在持续多步过程中最大化奖励总和的思想。下面在环境已知的前提下介绍基于价值与基于策略这两种解决方法的基本思想。

4.1 基于价值的思想

下面从一个简单有趣的 MDP 开始讲解基于价值的思想。

4.1.1 三连棋游戏策略

三连棋是一款十分经典的游戏：在一个 3×3 的井字棋盘上，一方画○，另一方画×，如图 4.1 所示。只要一方落子后同一条直线（同一行、同一列或对角线）上出现 3 个○或×，则该方获胜。若棋盘被填满还未分出胜负，则记为平局。

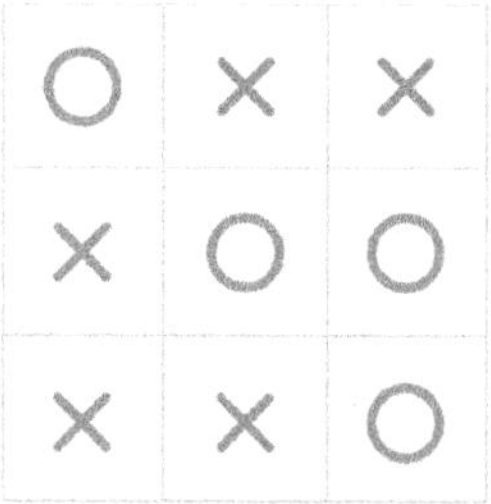

图 4.1　三连棋游戏棋盘

下面考虑人类玩家和计算机进行三连棋游戏。假设人类玩家画○，计算机画×，每次游戏都从人类玩家开始。假设计算机采用一种比较朴素的走法：当棋盘某一直线上有两个○且剩下位置为空（人类玩家可以在下一步获胜，称为局点）时，计算机会在这个位置画×，阻止人类玩家获胜；如果人类玩家不能在一步之内取胜，那么计算机会等概率地随机选择一个空位置画×。定义计算机的走法后，我们可以将游戏过程定义为环境随机、时齐的 MDP。

状态 S_t：第 t 次落子之前的棋盘局势。s_t^n 表示 t 时刻棋盘局势的不同取值；S_0 表示初始状态，即空棋盘的状态。

动作 A_t：t 时刻人类玩家的走法。a_t^m 表示 t 时刻走法的不同取值。

状态之间的转移关系 P：$P_{ss'}^a$ 表示采取动作 a，状态从 s 转移到 s' 的概率。

奖励 R：r 表示奖励的取值，人类玩家获胜时 $r=1$，失利时 $r=-1$，平局时 $r=0$。

终止状态 Done：人类玩家或计算机有一方获胜记为 1，其余情况记为 0。

折扣因子 γ：由于这款游戏的总回合数是有限的，因此这里将其设定为 1 即可。

上述定义的 MDP 的环境是随机的，因为计算机的走法具有随机性，导致人类玩家进入下个棋盘局势是有随机性的。上述定义的 MDP 的环境也是时齐的，因为游戏是否结束，以及人类玩家如何选择只与棋盘局势有关，而与第几回合无关。对于随机、时齐的环境，最优策略为 $a^*=\pi(s)$ 的形式，是一个从状态到动作的映射。

首先针对 S_0 选择第一步动作 A_0，不同的 A_0 会导致 S_1 的分布不同，进而影响能获得的奖励。选择 A_0 最自然的想法是“走中间”，此时，人类玩家不可能在一步之内取胜，因此计算机会在剩下 8 个位置中随机挑选一个，即 S_1 以 $\frac{1}{8}$ 的概率进入 8 个不同的状态。如果考虑棋盘的对称性，将由旋转、对称得到的棋盘都视为是一样的，那么事实上 S_1 只有两个选择：走边上或走角落，每个选择各有 $\frac{1}{2}$ 的概率，如图 4.2 所示。

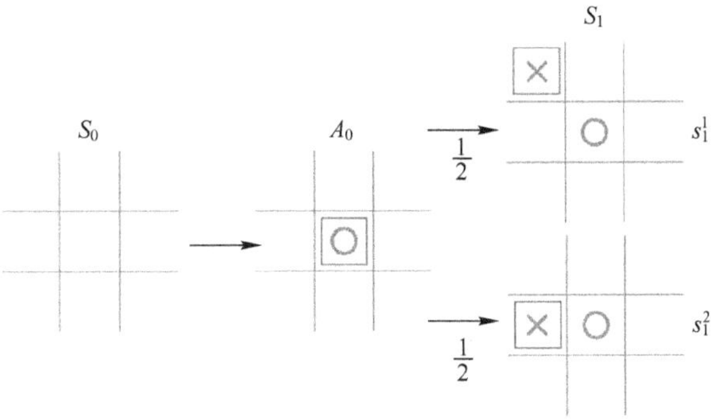

图 4.2　A_0 为“走中间”时，S_1 的分布

若计算机选择走边上（s_1^2），则接下来人类玩家有必胜的策略——下一步选择走角落，此时，计算机只能选择唯一的走法以阻止人类玩家取胜；再下一步，人类玩家走到最上排边上的位置，这样在横向和纵向都会来到局点，让计算机无能为力。也就是说，若计算机进入了 s_1^2，则人类玩家必然可以获得 $r=1$ 的结果，如图 4.3 所示。

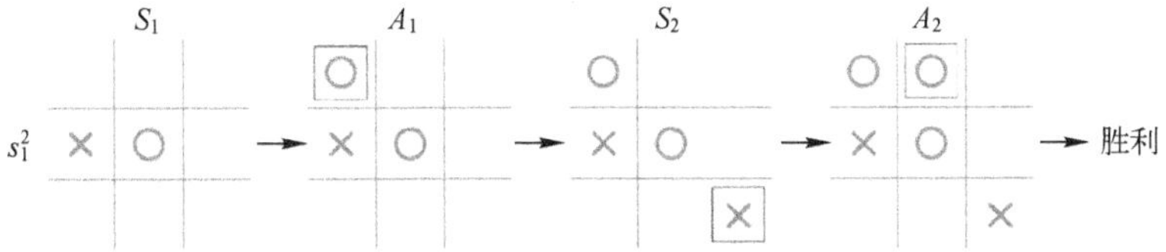

图 4.3　计算机选择 s_1^2，人类玩家的必胜策略

如果计算机选择走角落（s_1^1），那么对于动作 A_1，人类玩家有 7 个不同的动作可以选择。考虑旋转、对称的等价性，事实上只有 4 个不同的动作，其中有 3 个会来到局点，不妨分别记为 a_1^1, a_1^2, a_1^3。由于来到了局点，因此计算机必须采取应对措施，其下一步的走法 S_2 都是确定的。但在这之后，游戏必然会进入平局，如图 4.4 所示。

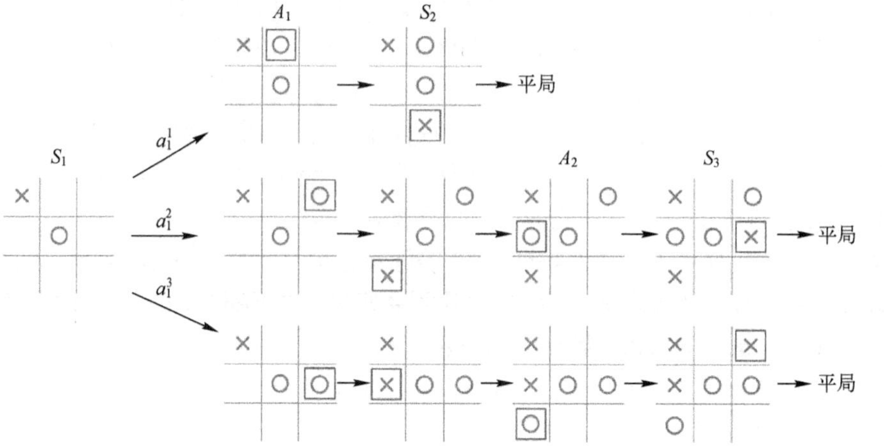

图 4.4　局势 s_1^1 下 A_1 的分布

若采取动作 a_1^4（将○放在×的斜对角），则此时因为不会来到局点，所以计算机会随机选择剩下的 6 个格子。依照旋转、对称的等价性，依旧可以认为一共只有 3 种情况 s_2^1, s_2^2, s_2^3，各有 $\frac{1}{3}$ 的概率发生，如图 4.5 所示。

（1）s_2^1：计算机会来到局点，不难推断最终双方会打成平局。

（2）s_2^2：计算机无法在一步之内取胜，人类玩家下一步走到右下角便会获胜。

（3）s_2^3：计算机虽然会来到局点，但人类玩家下一步走到右上角可以阻止计算机获胜，并且会使自己在横向和纵向都来到局点，从而获胜。

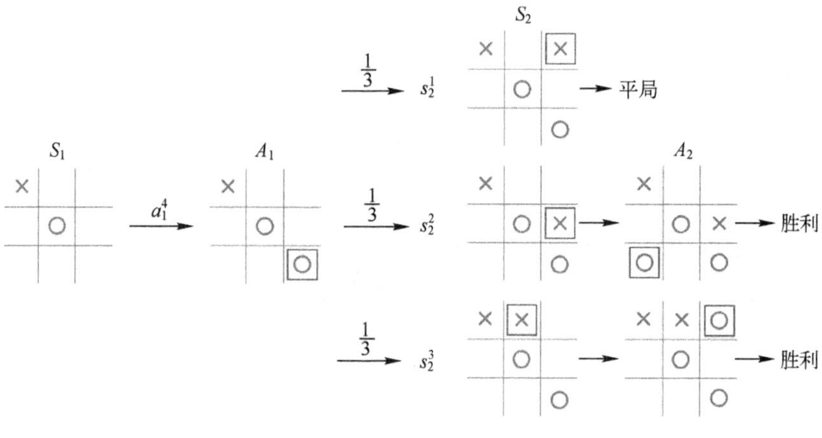

图 4.5　采取 a_1^4 的后续游戏情况

因此，在 $S_1 = s_1^1$ 时，人类玩家选择 a_1^1, a_1^2, a_1^3 都不好，因为只能导致平局，最优的走法是走到计算机落子的对角，诱导计算机随机走一步，这样人类玩家仍有 $\frac{2}{3}$ 的概率获胜。

综上所述，如果人类玩家选择 A_1 为“走中间”，则 $S_1=s_1^1$ 与 $S_1=s_1^2$ 发生的概率各为 $\frac{1}{2}$，如果 $S_1=s_1^2$，则人类玩家有必胜策略，即一定可以获胜；而如果 $S_1=s_1^1$，则最优的走法是“走对角”—— $A_1=a_1^4$，这样，人类玩家最终也有 $\frac{2}{3}$ 的概率获胜。于是得到了一个看起来不错的策略，在这个策略下能获得的奖励期望为 $1\times\frac{1}{2}+1\times\left(\frac{1}{2}\times\frac{2}{3}\right)=\frac{5}{6}$。

那么，上述策略到底是不是问题的解（最优策略）呢?

下面考虑另一种策略——选择第一步动作 A_0 为“走角落”。此时，计算机会随机从剩下 8 个位置中选择一个位置落子。根据旋转、对称的等价性，S_1 有 5 种不同的情况，如图 4.6 所示。其中，s_1^3 和 s_1^4 的概率为 $\frac{1}{8}$，s_1^5,s_1^6,s_1^7 的概率为 $\frac{1}{4}$。

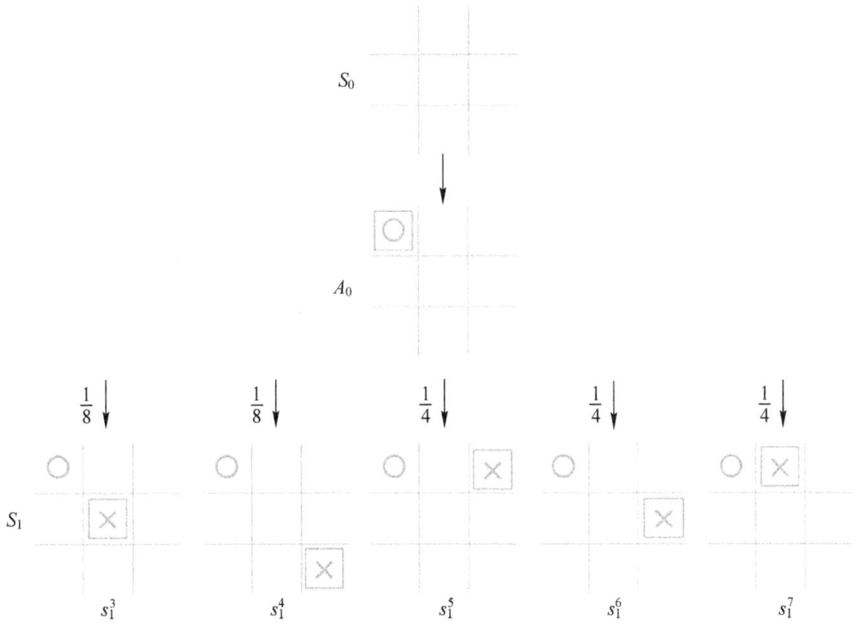

图 4.6 A_0 为“走角落”时，S_1 的分布

如果进入 s_1^4,s_1^5,s_1^6,s_1^7 这 4 种局势，则人类玩家有必胜策略。例如，如果进入 s_1^4 这种局势，则接下来双方的走法如图 4.7 所示。

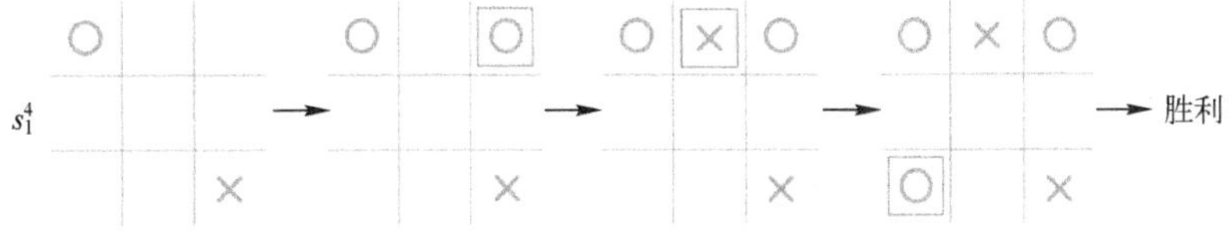

图 4.7 局势 s_1^4 下人类玩家的必胜策略

同理，如果进入局势 s_1^5,s_1^6,s_1^7，则人类玩家也有类似的必胜策略。具体步骤这里不再赘述，留给读者自己思考。

需要注意的是，如果进入局势 s_1^3，则人类玩家暂时没有必胜策略。考虑棋盘的旋转、对称的等价性，人类玩家采取的动作 A_1 的可能取值为 a_1^5,a_1^6,a_1^7,a_1^8，如图 4.8 所示。

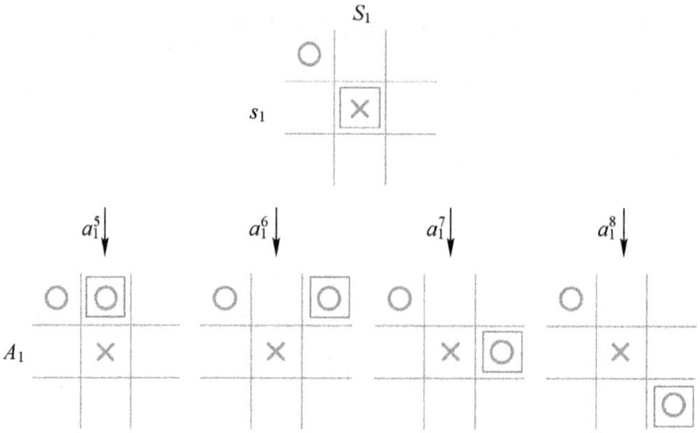

图 4.8　局势 s_1^3 下 A_1 的分布

如果动作 A_1 的取值为 a_1^5,a_1^6,a_1^7，则最终人类玩家和计算机将打成平局。如果动作 A_1 的取值为 a_1^8，则计算机会随机选择剩下的 6 个格子之一，其中有 $\frac{1}{3}$ 的概率会选择走角落，这时人类玩家就能获胜，如图 4.9 所示。

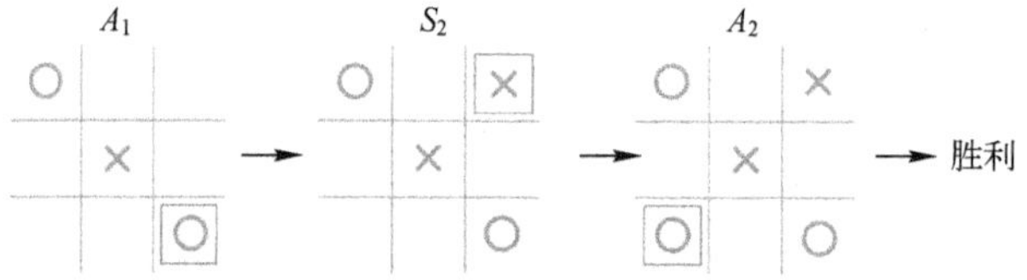

图 4.9　A_1 的取值为 a_1^8 且计算机选择“走角落”后人类玩家的必胜策略

综上所述，如果人类玩家的第一步动作 A_0 采取“走角落”，则 S_2 有 $\frac{7}{8}$ 的概率会进入 s_1^4,s_1^5,s_1^6,s_1^7 这 4 种局势中的一种，此时人类玩家有必胜策略；S_2 有 $\frac{1}{8}$ 的概率进入局势 s_1^3，此时人类玩家应该采取 A_1 为“走对角”，这样还有 $\frac{1}{3}$ 的概率可以获胜。这种策略可以获得的奖励期望为 $1\times\frac{7}{8}+1\times\frac{1}{8}\times\frac{1}{3}=\frac{11}{12}>\frac{5}{6}$。这说明第一步“走角落”要比“走中间”更好。第一步除了“走角落”与“走中间”，还可以选择“走边上”，此时最终的奖励期望小于 $\frac{11}{12}$。因此，人类玩家第一步的最优动作是“走角落”。

4.1.2　价值的定义

前面在求解三连棋的最优策略时，注意到这样一个现象：对于某些状态，虽然其本身并没有分出胜负，但是只要进入这个状态，我们就可以通过采取正确的动作必胜。因此，我们可以将这些必胜状态与 $r=1$ 等价。不妨定义状态本身具有价值 $V(s)$。如图 4.10 所示，必胜状态的价值 $V(s)=1$，而必平状态的价值 $V(s)=0$。

需要注意的是，状态的价值是建立在后续动作选择正确的基础上的。当出现必胜状态时，如果后续动作选择错误，那么可能无法获胜；当出现必平状态时，如果后续动作选择错误，那么甚至可能会失败。

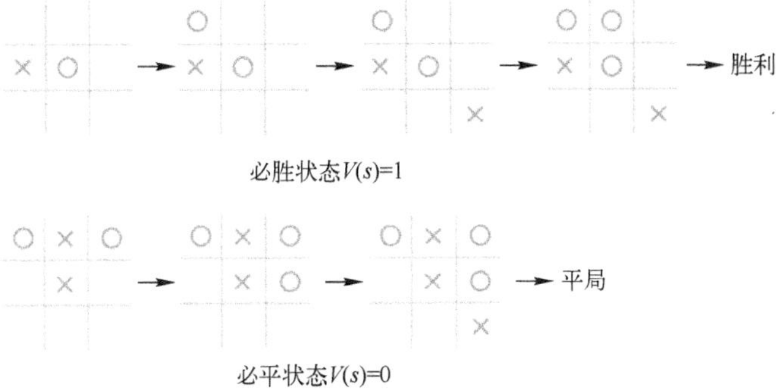

图 4.10　必胜状态与必平状态的价值

除了必胜状态和必平状态，还有一些中间状态。这些中间状态有一定的概率进入必胜状态或必平状态，其价值等于出现必胜状态和必平状态的概率乘以对应价值得到的期望。这里的价值同样要建立在后续动作选择正确的基础上，即为了判断中间状态的价值，需要考虑其在最优策略下转移到必胜状态或必平状态的概率。

例如，对于中间状态s_1^1，人类玩家可以采取a_1^1,a_1^2,a_1^3,a_1^4这4个动作 。采取前 3 个动作都会进入必平局面，而采取a_1^4则有$\frac{2}{3}$的概率进入必胜局面，如图 4.11 所示。此时，中间状态的价值为$\frac{1}{3}\times 0+\frac{1}{3}\times 1+\frac{1}{3}\times 1=\frac{2}{3}$。

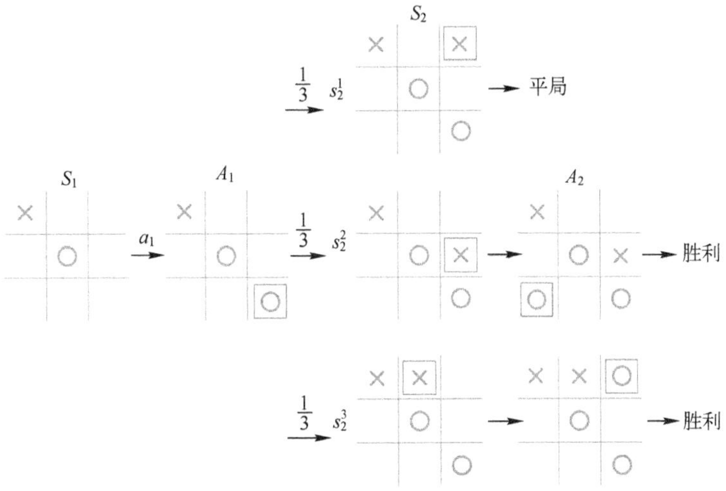

图 4.11　中间状态的价值

游戏的初始状态也属于中间状态，因此应该利用它在走法正确的前提下转移到必胜状态、必平状态与其他中间状态的概率来计算它的价值。

需要注意的是，求出中间状态的价值的前提是要选择正确的走法。如果第一步选择了“走中间”，则在此基础上进行后续推导，就会认为初始状态的价值是$\frac{5}{6}$；但事实上，“走中间”并不是正确的走法，$\frac{5}{6}$也并不是初始状态的价值。如图 4.12 所示，初始状态的价值应为$\frac{11}{12}$。

第一步"走中间"：$V(S_0) = \frac{1}{2} \times 1 + \frac{1}{2} \times \left(\frac{2}{3} \times 1 + \frac{1}{3} \times 0\right) = \frac{5}{6}$

第一步"走角落"：$V(S_0) = \frac{7}{8} \times 1 + \frac{1}{8} \times \left(\frac{2}{3} \times 0 + \frac{1}{3} \times 1\right) = \frac{11}{12}$

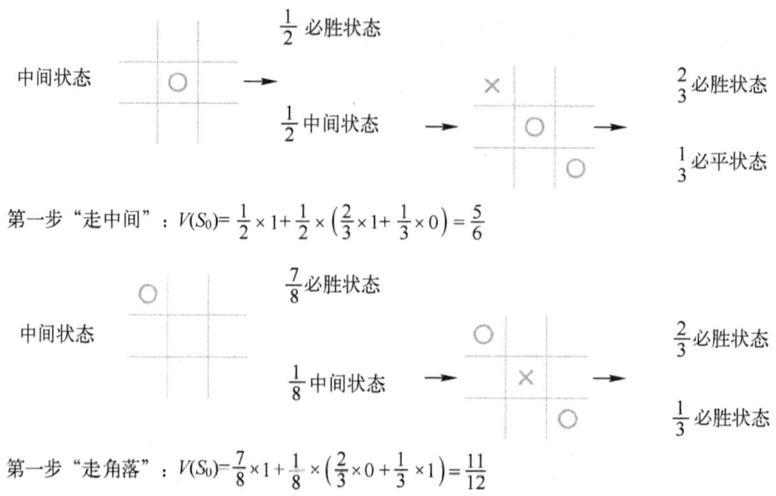

图 4.12　不同 A_0 下状态 S_0 的价值

我们可以利用"状态-价值-最优动作"表记录不同状态的价值，以及当前状态下的最优动作，如图 4.13 所示。

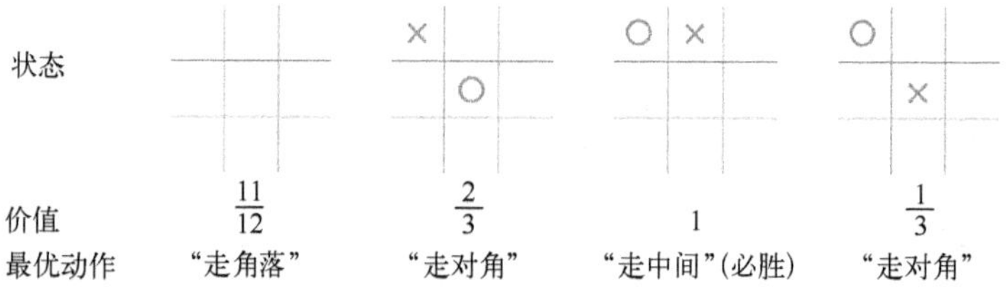

图 4.13　"状态-价值-最优动作"表

列出了"状态-价值-最优动作"表，相当于求出了最优策略，至此已经彻底解决了这个 MDP 问题。

下面给出强化学习中价值函数的定义。

对于环境随机且时齐的 MDP，最优策略是一个状态到动作的映射，具有 $a^* = \pi(s)$ 的形式。在策略 π 下，对于每个状态 s，都有唯一的动作 a 或一个动作 a 的分布与之对应。我们定义策略下的状态价值函数 $V_\pi(s)$ 为当前处于状态 s，且之后按照策略 π 选择动作，后续能获得的期望奖励。具体公式为

$$V_\pi(s) = E_\pi\left(\sum_{k=0}^{\infty} \gamma^k R_{t+k} \mid S_t = s\right) \tag{4.1}$$

三连棋游戏的最大步数有限，简单起见，我们没有考虑奖励随时间衰减的因素，默认折扣因子 $\gamma = 1$。但在很多强化学习问题中，会设定折扣因子为 $0 < \gamma < 1$，即考虑奖励随时间衰减的因素。

需要注意的是，在讨论必胜状态或必平状态时，都是建立在"走法正确"的基础上的。而策略下的状态的价值函数只是考虑在"给定走法"下获得的奖励，这显然与我们说的"正确走法"有差别。

我们定义状态价值函数 $V^*(s)$ 为当前处于状态 s，且之后按照最优策略选择动作，能够获得的期望奖励。具体公式为

$$V^*(s) = \max_{\pi} E_{\pi}(\sum_{k=0}^{\infty} \gamma^k R_{t+k} \mid S_t = s) \tag{4.2}$$

有时，也可以将$V^*(s)$简记为$V(s)$。

有了上面的定义，求解三连棋问题的过程就变得更加清晰了。首先，找出必胜状态与必平状态，将它们的价值$V^*(s)$分别记为 1 和 0；然后，对于中间状态，考虑各动作能够使其通向哪些必胜状态或必平状态，相当于计算不同策略下的状态的价值$V_{\pi}(s)$；最后，从中找出最大值作为其价值$V^*(s)$。在这个过程中，我们要记录能够“兑现价值”的走法，以逐渐补全状态-价值-最优动作表。一直重复这个过程，标出所有中间状态对应的价值。到最后一步，找出S_0初始状态下的两种走法，即“走中间”与“走角落”（记为策略π_1与π_2）下状态的价值$V_{\pi_1}(S_0) = \frac{5}{6}$与$V_{\pi_2}(S_0) = \frac{11}{12}$。比较发现，$\pi_2$是最优策略，故$V^*(S_0) = \frac{11}{12}$。至此，求出了所有状态对应的价值，并补全了状态-价值-最优动作表，问题便得到了彻底的解决。

注意：上述 MDP 是时齐的，价值函数的形式为$V_{\pi}(s)$与$V^*(s)$。如果 MDP 是非时齐的，则策略应为状态与时间的函数$a = \pi(s,t)$。而同样状态的价值可能随着时间的不同而不同，价值函数的形式为$V_{\pi}(s,t)$与$V^*(s,t)$。

4.1.3 基于价值和基于策略

得到状态-价值-最优动作表后，求解三连棋游戏的最优策略这个问题就已经被完全解决了。如果将价值这一行去掉，就得到图 4.14。

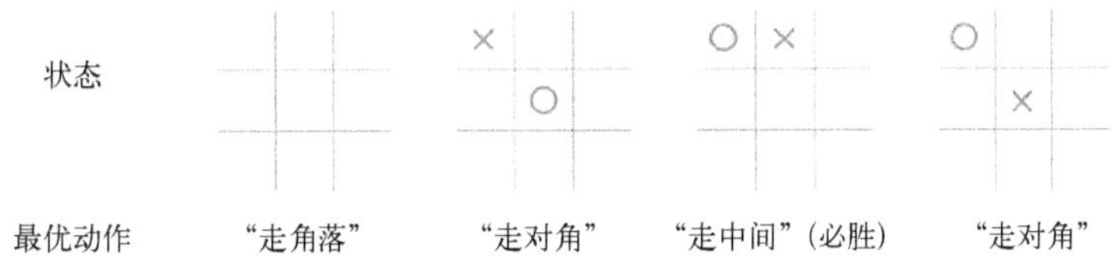

图 4.14 状态-最优动作表

用上述表格进行决策。当轮到人类玩家走棋时，人类玩家只要先观察棋盘局势，再对照表格找出最优走法，就能够获得最高胜率。

如果将最优动作这一行去掉，就得到图 4.15。

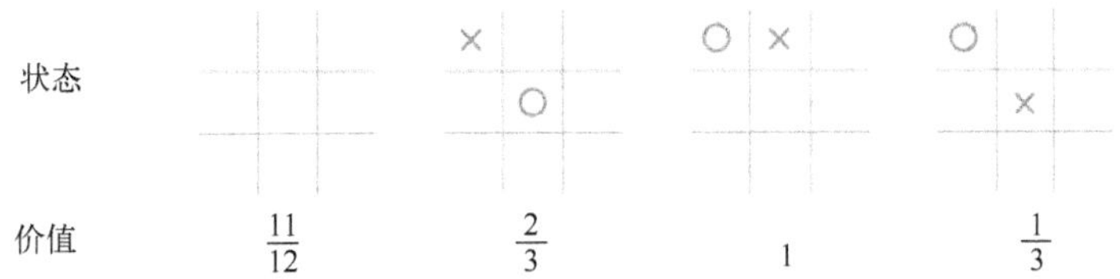

图 4.15 状态-价值表

假设 MDP 的状态之间的转移关系P完全已知，则在面对某个状态s时，可以知道动作a会让环境转移到哪些状态s'及其价值$V(s')$。这样，通过对比不同动作带来的价值的高低，就可以找出最优动作a。换言之，即使我们只有状态-价值表，也完全可以从中推出最优策略。

最优控制或强化学习问题有两种解决方法——基于价值和基于策略的算法。基于价值的算法使用状态的价值函数 $V^*(s)$ 并用来决策。基于策略的算法直接解出形如 $a^* = \pi(s)$ 的最优策略。基于价值的算法在面对每个状态 s 时，都需要通过对比各个动作 a 对应的 $V^*(s')$ 来选择最优动作；基于策略的算法直接用 $\pi(s)$ 来选择动作。

4.1.4 小结

在最优控制问题中，环境完全已知，此时可以枚举所有可能的观测序列 τ，计算其发生的概率及对应的奖励总和。每一步都有不同的动作 a 可以选择，选择了动作 a 之后，下一个状态 s' 的取值可能有好多种（因为 P 具有随机性），加之 MDP 持续多步，因此 τ 的总数会非常大。

我们的目标是求解累积期望奖励总和最大的策略，这使我们有机会利用一个显而易见的性质：总体的最优意味着每个部分都最优。

具体而言，假设时刻 $t_1 < t_2 < t_3$，并假设序列 τ 在 t_1 时刻从 s_1 出发，t_2 时刻经过 s_2，于 t_3 时刻到达 s_3。并且，在所有满足上述条件的观测序列中，τ 获得的奖励是最多的。那么，如果将 τ 从 t_1 到 t_2 的部分记为 τ_1，则 τ_1 必然是所有满足 t_1 时刻从 s_1 出发、t_2 时刻到达 s_2 的观测序列之中获得奖励最多的，这是因为 MDP 具有马尔可夫性质。如果结论不成立，即存在 τ_1' 同样满足 t_1 时刻从 s_1 出发、t_2 时刻到达 s_2，且其获得的奖励比 τ_1 更大。那么我们可以将 τ 中从 t_1 到 t_2 的部分由 τ_1 替换为 τ_1'，这样得到的观测序列 τ' 同样符合条件，且累积期望奖励比 τ 更大，这与假设不符。因此，全局最优意味着它的每部分都是最优的。需要注意的是，马尔可夫性质是上述结论成立的前提。

在三连棋游戏中，对于一个必胜状态 s，从其出发的观测序列仍然有很多。但是，当我们标记 $V^*(s)=1$ 之后，就不需要再考虑从 s 出发的观测序列有哪些。可以想象，这相当于将从 s 出发的所有后续可能打包成一个“包裹”，并在其上标记了价值。对于中间状态，无论采取何种走法，后续可能都有很多，显然不可能穷举它们。但是，通过价值这个量，相当于将众多不同的可能打包成了几个“包裹”。我们只需在这几个“包裹”中挑选一个最好的就可以找出最优动作。这种打包的形式从后往前，直到把所有可能打包成一个“包裹”，问题便解决了。这个过程相当于将一个指数复杂度的问题转化为了线性复杂度的问题。

其实，基于价值的算法利用的正是动态规划的基本思想：先将大的问题拆分成比较小的问题，分别求解这些小问题；再用这些小问题的结果来解决大问题。这其中能将小问题与大问题连接在一起的正是价值函数。这种拆分是在时间的维度上进行的，即利用下一时刻的状态 s' 计算当前时刻的价值 $V^*(s)$，因此这种方法又被称为时间差分（Time Difference，TD）。

需要注意的是，三连棋游戏是一个非常特殊的例子。例如，状态的转移是有先后顺序的。当到达 s_1 之后，就再也不可能返回 s_0 了。正是由于这个原因，我们才能首先将一部分靠后的状态（如必胜状态与必平状态）的 $V^*(s)$ 求出来，然后求出其他状态的 $V^*(s)$。如果考虑更一般的 MDP，状态之间没有先后顺序，那么我们甚至没有办法找出第一个能确定价值 $V^*(s)$ 的状态 s。

矛盾的地方在于我们对价值函数 $V^*(s)$ 的定义——在最优策略下获得的期望奖励。但是，最优策略是未知的，并且是我们的最终目标。如果我们一开始既不知道 $V^*(s)$，又不知道最优策略，那么怎么能够求出 $V^*(s)$ 与最优策略呢？这是 4.2 节要解决的问题。

思 考 题

思考本章的三连棋游戏，在第一步“走角落”的其他 3 种情况 s_1^5, s_1^6, s_1^7 下，如何走能确保获胜？

思考本章三连棋游戏，第一步“走边上”，后续采用最优走法，此时，能获得的期望奖励是多少？能超过第一步“走中间”获得的期望奖励 $\frac{5}{6}$ 吗？

结合生活中的例子定义一个非时齐的 MDP，理解它的价值函数为何具有 $V^*(s,t)$ 的形式。

为什么因为 MDP 具有马尔可夫性质，所以才有“全局最优意味着各部分都是最优的”性质？你能构造一个非 MDP 并找到反例吗？

4.2 动态规划

4.1 节介绍了价值的定义与有关的思路。现在考虑如何在一般的 MDP 中运用它。本节基于动态规划的基本思想，主要介绍策略迭代与值迭代两个算法。（从这两个算法中已经可以看到基于价值与基于策略两种思想的对比，并初窥后面强化学习中的重要算法 DQN、AC 及 TRPO 中的一些基本思想。）

4.2.1 策略迭代法

这里考虑的仍然是状态与动作都是离散变量的 MDP。不妨设有 5 个不同的状态与 3 个不同的动作，则 $P_{ss'}^a$ 是一个 $5 \times 3 \times 5$ 的表格，记录在每个 s 下采取 a 进入下一个 s' 的概率；R_s^a 是一个 5×3 的表格，记录在每个 s 下采取 a 获得的 r。按照最优控制的设定，$P_{ss'}^a$ 与 R_s^a 这两个表格的内容完全已知。此外，假定 MDP 会一直进行下去，没有终止状态，并且奖励会随着时间衰减。在三连棋游戏中，首先解出了必胜状态与必平状态对应的 $V^*(s)$。但在这个问题中，很难解出任何一个 s 对应的 $V^*(s)$，因为我们面临着自举（Bootstrap）的困境，我们既需要用最优策略 π^* 求出 $V^*(s)$，又需要用 $V^*(s)$ 求出 π^*。

换个思路：如果已知 π，能不能求出 $V_\pi(s)$ 呢？

假如有一个策略 π，它是一个 5×1 的策略表，其中记录着进入 $s^1, s^2, \cdots, s^5$ 分别应该采取的动作，这时，状态的价值 $V_\pi(s^1), V_\pi(s^2), \cdots, V_\pi(s^5)$ 是 5 个未知数。不妨假设按照策略 π，在 s^1 状态下应该采取的动作为 a^1，则从 s^1 出发按照 π 进行操作，实际上就等于在 s^1 下采取 a^1，反馈奖励为 $R_{s^1}^{a^1}$，进入 s'，后面继续按照 π 进行操作，此时能够得到的期望奖励是 $V_\pi(s')$。上述过程可以利用如图 4.16 所示的备份图（Backup Diagram）来表示。

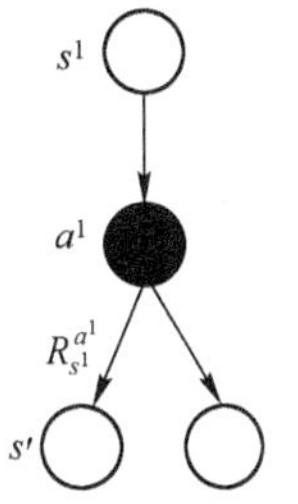

图 4.16　备份图

根据备份图，可以将 $V_\pi(s^1)$ 进一步展开为如下方程：

$$V_\pi(s^1) = R_{s^1}^{a^1} + \gamma \sum_{s'} P_{s^1 s'}^{a^1} V_\pi(s') \qquad (4.3)$$

可见，在策略π下，s^1处的价值包括能够立即获得的奖励$R_{s^1}^{a^1}$，也包括后续的$V_\pi(s')$。由于下一个状态s'存在多种可能，因此后续的期望奖励是每个s'对应的$V_\pi(s')$乘以转移概率$P_{s^1s'}^{a^1}$后求和。还需要注意的是，在s^1下采取a^1之后，在下一时刻才能进入s'。由于s'只能在下一步才能兑现为奖励，因此后续的期望奖励会折损为原来的γ倍。不失一般性，我们可以将状态s下的价值函数$V_\pi(s)$表示为如下贝尔曼方程（Bellman Equation）：

$$V_\pi(s) = R_s^a + \gamma \sum_{s'} P_{ss'}^a V_\pi(s') \tag{4.4}$$

在最优控制问题中，已知$P_{ss'}^a$与R_s^a表格的内容，列出$V_\pi(s^2) \sim V_\pi(s^5)$对应的式子，构成一个关于5个未知数且系数完全已知的线性方程组。这样一来，就能够求出在给定的策略π下，所有状态的价值$V_\pi(s)$。我们将求解给定策略π对应的价值函数$V_\pi(s)$的过程称为策略评估（Policy Evaluation）。

对于拥有5个状态和3个动作的MDP，一共有$3^5 = 243$种不同的策略π。如果将这243种不同的π对应的$V_\pi(s)$全部求出来，那么只要对比一下就能知道哪个π对应的$V_\pi(s)$最高，这个π就是最优策略π^*。如果状态与动作的数量比较多，那么枚举法的计算量显然是我们无法接受的。

一个自然的想法是，既然能通过贝尔曼方程求出$V_\pi(s)$，那么能不能用它改进π，使其变得比原来更好呢？这个步骤称为策略提升（Policy Improvement），其过程十分朴素：对于每个状态s，查看3个动作a（记为a^1, a^2, a^3）分别带来的奖励$R_s^{a^i} + \gamma \sum_{s'} P_{ss'}^{a^i} V_\pi(s') (i = 1,2,3)$，选择其中最好的$a^i$作为$s$对应的动作，即将$\pi$中$s$对应的动作修改为

$$\underset{a}{\operatorname{argmax}}(R_s^a + \gamma \sum_{s'} P_{ss'}^a V_\pi(s')) \tag{4.5}$$

综上，得到一个算法：建立一个策略表π并进行随机初始化，重复策略评估（算出π对应的$V_\pi(s)$）与策略提升（用$V_\pi(s)$修改π）过程，直到收敛。

4.2.2 雅可比迭代法

在策略评估过程中，如果有n个不同的状态，就会有n个不同的未知数。我们可以对这n个未知数列出n个线性方程，根据线性代数的基本定理，能将n个s对应的$V_\pi(s)$解出来。

现实中的MDP（如复杂的游戏或工程问题）可能会有成千上万个不同的状态。解决n阶线性方程组的复杂度为$O(n^3)$，当n比较大时，计算量会非常大。在策略迭代算法中，策略提升的复杂度为$O(mn^2)$（其中，n为状态个数，m为动作个数，在一般的MDP中，m远小于n），远低于策略评估的复杂度。

线性方程组有两类求解方法：直接解法（高斯消去法等）和迭代解法（雅可比迭代与高斯-赛德尔迭代）。迭代解法的计算成本更低，但精确性稍低。

我们可以将关于$V_\pi(s)$的线性方程组写成如下矩阵形式：

$$\boldsymbol{v} = \boldsymbol{R} + \gamma \boldsymbol{P} \boldsymbol{v} \tag{4.6}$$

如果使用雅可比迭代法来求解，就要先随机生成一个$\boldsymbol{v}^{(0)}$，然后得到$\boldsymbol{v}^{(1)} = \boldsymbol{R} + \gamma \boldsymbol{P} \boldsymbol{v}^{(0)}$。不断迭代，直到$\boldsymbol{v}^{(k)}$与$\boldsymbol{v}^{(k-1)}$的距离小于设定的阈值，迭代完成，输出$\boldsymbol{v}^{(k)}$作为最终解。

对 $V_\pi(s)$ 的线性方程组的矩阵形式进行变换，得到如下形式：

$$(\boldsymbol{I}-\gamma\boldsymbol{P})\boldsymbol{v}=\boldsymbol{R} \tag{4.7}$$

雅可比迭代法的收敛性与矩阵 $\boldsymbol{I}-\gamma\boldsymbol{P}$ 是否是严格对角占优矩阵有关。如果矩阵每行中的对角元素的模都大于其余元素的模之和，则称该矩阵为严格对角占优矩阵。状态之间的转移关系矩阵 $\boldsymbol{P}$ 的每行元素之和均为 1（这是因为概率 $P_{ss'}^a$ 对 s' 求和为 1），因此矩阵 $\boldsymbol{I}-\gamma\boldsymbol{P}$ 的第 i 行的对角元素的模为 $\left|1-\gamma P_{ii}^a\right|$，而第 i 行其余元素的模之和为 $\left|\gamma\sum_{j=1,i\neq j}^{n}P_{ij}^a\right|$，此时有

$$\left|1-\gamma P_{ii}^a\right|-\left|\gamma\sum_{j=1,i\neq j}^{n}P_{ij}^a\right|=1-\gamma\left(\sum_{j=1}^{n}P_{ij}^a\right)=1-\gamma>0 \tag{4.8}$$

由于矩阵 $\boldsymbol{I}-\gamma\boldsymbol{P}$ 是严格对角占优矩阵，因此用雅可比迭代法求解关于策略的价值函数的方程一定能够收敛到方程的解。雅可比迭代法的每一步迭代计算的复杂度为 $O(n^2)$，迭代 k 步的计算量为 $O(kn^2)$。

由于迭代具有距离真解越来越近的性质，因此可以选择只迭代 $k\leqslant n$ 步，求出一个距离真解不太远的解。这就相当于利用更少的计算量（$O(n^2k)<O(n^3)$）求出了精度较低的策略的价值函数。

我们最终的目标是求解最优策略。在整个动态规划算法的框架中，对于任意策略 π_i，策略评估求解出 $V_{\pi_i}(s)$ 是为了在策略提升中找出比 π_i 更好的 π_{i+1}。当用 $V_{\pi_i}(s)$ 求出 π_{i+1} 之后，重新对 π_{i+1} 进行策略评估。而在策略提升过程中，如果 $V_{\pi_i}(s)$ 的误差较小，就不会影响选出正确的 π_{i+1}。因此在策略评估过程中，价值不必计算得太精确，只要能够体现出哪个状态比较好，从而让我们能够在策略提升过程中选择动作就行了。

此外，雅可比迭代法每次都要随机生成一个初始解 $\boldsymbol{v}^{(0)}$，在它的基础上迭代。如果初始解距离真解很远，就要迭代很多步。但不必每次都随机选择初始解，而可以利用上一步策略评估的结果 $V_\pi(s)$ 作为这一次策略评估的初始解，这样只需迭代较少的步数就能取得不错的精度。算法 4.1 显示了基于雅可比迭代法的策略迭代法的详细流程。

算法 4.1（策略迭代法）

输入：时齐的 $P_{ss'}^a$ 和 R_s^a；

初始化：π_0，$V_\pi(s)=0$（$\forall s$）；

重复迭代：

  重复迭代： # 策略评估

    对于 $a=\pi_i(s)$；

    令 $V_{\pi_i}^{j+1}(s)=R_s^a+\gamma\sum_{s'}P_{ss'}^aV_{\pi_i}^j(s')$；

    若 $\forall s$，$V_\pi(s)$收敛 then break；

  $\pi_{i+1}(s)=\underset{a}{\operatorname{argmax}}\left(R_s^a+\gamma\sum_{s'}P_{ss'}^aV_{\pi_i}^j(s')\right)$； # 策略提升

  若 $\pi_i=\pi_{i+1}$ then break；

输出：最优策略 π_i；

基于雅可比迭代法的策略迭代法可以大大节省计算成本，同时不过多地损失精度。主要原因有两个：一是$V_\pi(s)$的误差不一定影响策略提升找出最优动作；二是它可以利用上次迭代的结果，减少计算量。

4.2.3 值迭代法

考虑一种比较极端的策略迭代：每次采用雅可比迭代法进行策略评估时，仅迭代一步（$K=1$）。由于单步计算量减少，因此可以迭代更多步。

在策略迭代中，策略表π的作用是告诉价值表$V_\pi(s)$每个s对应的a，使价值表可以按照$V_\pi(s)\to R_s^a+\gamma\sum_{s'}P_{ss'}^aV_\pi(s')$进行更新。但是，如果策略表是上一步刚刚根据当前价值表$V_\pi(s)$更新过的，则表格中s对应的a应该为$\underset{a}{\operatorname{argmax}}(R_s^a+\gamma\sum_{s'}P_{ss'}^aV_\pi(s'))$，等价于按照下式进行更新：

$$V_\pi(s)\to\max_a(R_s^a+\gamma\sum_{s'}P_{ss'}^aV_\pi(s'))\tag{4.9}$$

如果按上述方法迭代并最终收敛，则会收敛于以下方程的解：

$$V(s)=\max_a(R_s^a+\gamma\sum_{s'}P_{ss'}^aV(s'))\tag{4.10}$$

本书中还会讲到很多类似形式的方程，将其统称为贝尔曼方程。

我们知道，当$\boldsymbol{x}$是n维向量、$\boldsymbol{A}$是n维非奇异矩阵时，线性方程$\boldsymbol{Ax}+\boldsymbol{b}=0$有唯一解。但在一般情况下，形如$\max(\mathbf{A}\boldsymbol{x}+\boldsymbol{b},\mathbf{C}\boldsymbol{x}+\boldsymbol{d})=0$的方程不是线性方程。它可能没有解，也可能有两个解。

但是，贝尔曼方程的性质很特殊（$P_{ss'}^a$对s'求和等于1，γ在0到1之间），等式的左边事实上是一个压缩算子。泛函分析中著名的压缩映射原理可以保证上述贝尔曼方程具有唯一解，且上述迭代一定可以收敛。由于$V^*(s)$满足上述方程，因此，采用值迭代法，价值表$V(s)$可以收敛到真正的价值$V^*(s)$。

在策略迭代法中，需要根据策略表找出s与a的对应关系，让价值表根据这个对应关系更新K步。但现在，既然我们只需价值表更新一步，那么价值表完全可以自己指引自己进行更新，不用单独列出策略表。在值迭代法结束之后，我们只有一个价值表$V(s)$。前面提到，虽然$V(s)$只是价值函数，但是我们可以从中得出一个形如$a=\pi(s)$的策略。从这个角度提到可以认为在价值表$V(s)$中有一个隐含的策略。在值迭代的过程中，策略评估相当于用$V(s)$中隐含的策略指导其更新，而$V(s)$的更新又自动完成了隐含策略的策略提升。因此，值迭代法看起来更加简单。

综上，值迭代法并不是策略评估只迭代一步的策略迭代法。可以认为，值迭代法的本质是直接通过雅可比迭代法求解关于$V^*(s)$的贝尔曼方程，与策略无关。按照习惯，我们可以在算法中将价值表记为$V(s)$，表示它拟合的对象是状态的价值$V^*(s)$，而不是$V_\pi(s)$。值迭代法的详细流程如算法4.2所示。

算法 4.2（值迭代法）

输入：时齐的$P_{ss'}^a$和R_s^a；

初始化：π_0，$V(s)=0$（$\forall s$）；

重复迭代：

赋值 $V(s)=\max_a(R_s^a+\gamma\sum_{s'}P_{ss'}^aV_\pi(s'))$；

若 $\forall s$，$V(s)$ 收敛 then break；

输出：最优策略 π_i，$\pi_i(s)=\underset{a}{\operatorname{argmax}}(R_s^a+\gamma\sum_{s'}P_{ss'}^aV_\pi(s'))$；

需要注意的是，用雅可比迭代法进行策略评估的计算量（复杂度）是 $O(kn^2)$（其中 k 为设定的迭代步数）。但是，策略提升中计算每个 s 对应的最优动作的计算量是 $O(mn^2)$（其中 m 为动作个数）。一旦将 k 减小到比 m 还要小，则决定算法总体计算量的瓶颈就在策略提升这一步，且其不会再随着 k 的减小而减少。因此，值迭代法与策略迭代法每一步的计算量都至少为 $O(mn^2)$。

4.2.4 软提升

在进行策略提升时，我们希望策略变得更好。对于非退化的 MDP，要根据策略迭代很多步，因此策略的好坏也应该用多步的结果来评估，但这无疑是很困难的，故策略提升这个近似方法只用下一步的结果评估策略。从公式上看，策略提升认为我们面对状态 s 时应该考虑先走一步 a，且后续按照 π 进行操作，能够获得最大的奖励。但是，策略提升完成后，现在的 π 变成了 π'，"后续按照 π 进行操作"这个标准就显得不太合理了。因此在某些情况下，策略提升未必真的能够让策略变得更好。

那么我们很自然地想到，能不能让 π 与 π' 尽量接近呢？如果二者比较接近，则在评判 π' 时，"后续按照 π 进行操作"这个标准就变得相对合理了。

但是，π 是一个从 s 到 a 的映射，怎么才能衡量 π 与 π' 比较接近呢？

为此，可以考虑将 π 变为随机策略，即 $P(A_t=a\mid S_t=s)$，不妨将其简记为 $\pi(a\mid s)$。例如，现在有 5 个不同的状态、3 个不同的动作，π 是一个 5×3 的表格，其中第 i 行第 j 列处记录的值代表在 s^i 状态下采取动作 a^j 的概率。随机策略备份图如图 4.17 所示。

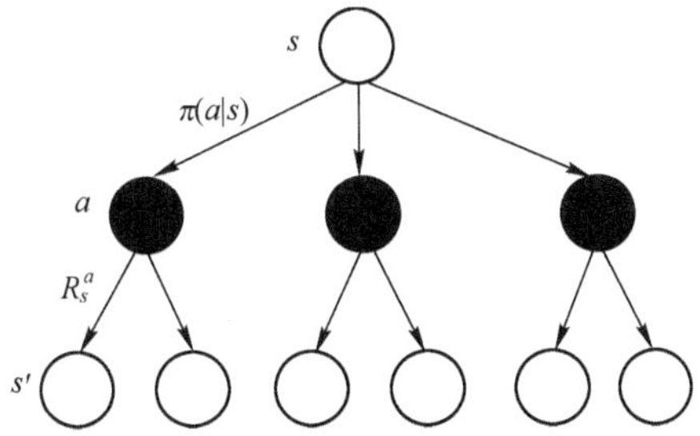

图 4.17 随机策略备份图

如果策略 π 变成了随机策略，那么策略评估的步骤也会相应发生变化，因为其采取的 a 具有随机性，所以会得到如下贝尔曼方程：

$$V_\pi(s)=\sum_a\pi(a\mid s)(R_s^a+\gamma\sum_{s'}P_{ss'}^aV_\pi(s')) \tag{4.11}$$

从理论上来说，最优策略应该是一个确定策略，因为两个动作总应该有好坏之分。即使 a^1 和 a^2 一样好，也可以选择其中一个动作作为最优动作，继而认为在 s 下应该以 100%的概率采取这个动作。

不过，将策略假定为随机的也有诸多好处。

第一，我们可以控制策略提升的幅度，使 π' 与 π 不会相差太多。如果在策略 π 下，状态 s 采取 a^1,a^2,a^3 的概率分别为 p_1,p_2,p_3。那么在策略提升步骤中，如果算出来 $\underset{a}{\operatorname{argmax}}(R_s^a+\gamma\sum_{s'}P_{ss'}^aV_\pi(s'))$ 是 a^1，则我们不马上判断在 s 下必须采取 a^1，而可以在策略表中增大 p_1，并减小 p_2 和 p_3。这说明我们认为在 s 下应该采取的最优动作更有可能是 a^1，却不一定就是 a^1。我们将这种缓慢修改各个动作概率的方法称为软提升。

第二，在用雅可比迭代法进行策略评估时，并没有精确求解 $V_\pi(s)$，而是用迭代法让价值表缓慢接近 $V_\pi(s)$。这样，每一步都可以充分利用上一步的信息，而不是从头求解。同理，如果策略提升直接将 $\pi(s)$ 修改为 $\underset{a}{\operatorname{argmax}}(R_s^a+\gamma\sum_{s'}P_{ss'}^aV_\pi(s'))$，则也相当于没有利用上一步的信息而是从头求解。如果改为采用软提升方法，则在一定程度上相当于在策略提升步骤利用了上一步的信息。

另外，记录每个 s 对应的 a 只适用于表格，难以推广到更复杂的情况。例如，当 a 是分类变量时，如果要定义一个神经网络或别的分类器输出 a，则只能经过 Softmax 函数后输出各个 a 的概率，而无法直接输出 a。从这个角度来说，只有将策略记为随机策略的形式，才能更加容易地推广到复杂的模型上。需要注意的是，其实确定策略也是随机策略的一种特殊情况（选择最优动作的概率为 1，选择其他动作的概率为 0）。因此，策略是随机的能涵盖更广泛的情形。以后，除非有特殊说明，本书总假定 π 就是随机策略。

利用软提升的思想，可以将策略迭代修改为如算法 4.3 所示的形式。

算法 4.3（策略迭代法 软提升）

输入：时齐的 $P_{ss'}^a$ 和 R_s^a，学习率 α；

初始化：$\pi_0(a|s)$，$V(s)=0$（$\forall s$）；

重复迭代：

　　重复迭代：　# 策略评估

　　　　$V_{\pi_i}^{j+1}(s)=\sum_a\pi(a|s)(R_s^a+\gamma\sum_{s'}P_{ss'}^aV_{\pi_i}^j(s'))$；

　　　　若 $\forall s$，$V(s)$ 收敛 then break；

　　# 策略提升

　　$a^*=\underset{a}{\operatorname{argmax}}(R_s^a+\gamma\sum_{s'}P_{ss'}^aV_\pi(s'))$；

　　令 $\pi_{i+1}^{\max}(a^*|s)=1$，$\forall a\in\{A-a^*\}$，$\pi_{i+1}^{\max}(a|s)=0$；

　　$\pi_{i+1}(a|s)=\alpha\pi_i(a|s)+(1-\alpha)\ \pi_{i+1}^{\max}(a|s)$；

　　若 $\|\pi_i(a|s)-\pi_{i+1}(a|s)\|\leqslant\varepsilon$　then break；

输出：最优策略 π_i；

对于值迭代法，有没有类似的技巧呢？在值迭代法中，我们只有价值表，没有策略表。策略表隐藏在价值表中。因此，只要我们让 $V(s)$ 的值缓慢地接近 $\underset{a}{\operatorname{argmax}}(R_s^a+\gamma\sum_{s'}P_{ss'}^aV(s'))$，便能充分利用上一步的信息，减少计算量，增加迭代的稳定性，如算法 4.4 所示。

> **算法 4.4（值迭代法 软提升）**
> 输入：时齐的 $P_{ss'}^a$ 和 R_s^a，学习率 α；
> 初始化：π_0，$\forall s, V(s)=0$；
> 重复迭代：
> 赋值 $V(s) \leftarrow V(s) + \alpha[\max_a(R_s^a + \gamma \sum_{s'} P_{ss'}^a V_\pi(s')) - V(s)]$；
> 若 $\forall s$，$V(s)$ 收敛 then break；
> 输出：最优策略 π_i，$\pi_i(s) = \underset{a}{\operatorname{argmax}}(R_s^a + \gamma \sum_{s'} P_{ss'}^a V_\pi(s'))$；

在最初的策略迭代法中，相当于利用 $V_\pi(s)$ 从头求解 π，又利用 π 从头求解 $V_\pi(s)$，每一步都浪费了上一步的信息。采用雅可比迭代法与软提升这样的技巧，可以使迭代中的每一步都只在原来基础上小幅度地变化——让 π 指导 $V_\pi(s)$ 小步更新，让 $V_\pi(s)$ 指导 π 小步更新，具有一定梯度更新的特征。由于深度学习本质上就是在迭代地梯度更新某个函数，因此这些技巧可以方便我们将策略迭代法和值迭代法与深度学习相结合。

本节第一次引入了随机策略。一般情况下认为最优策略应该是一个确定策略，即给定一个状态 s，有一个动作 a 与之对应，本节之前的部分也是按照这个进行说明的。但是，随机策略也有很多优势，它可以更方便地与深度学习相结合，让目标可以对策略求导数，也可以更方便地集成探索算法。这些优势在后续的章节中会慢慢体现出来。

4.2.5 小结

前面提到，强化学习有两种解决方法——基于价值与基于策略。那么，上面讲的策略迭代与值迭代分别属于哪种决策思路呢？

在策略迭代法中，由策略评估求出 $V_\pi(s)$，策略提升将 π 修改为 π' 之后，对 π' 进行策略评估。在策略迭代法中，主要对象是策略，整个算法的主线是首先随机初始化一个策略，然后在迭代中让它变得越来越好。价值表中记录的 $V_\pi(s)$ 只是在随着 π 的变化而变化，目的是辅助策略变好。我们把这归类为基于策略的思想。

而值迭代法中没有显式的策略，算法的主线一直是在拟合价值，使价值表中记录的价值越来越接近 MDP 中真正的价值 $V^*(s)$。可以认为，一个 MDP 的最优策略与价值都是客观存在的量，而值迭代就是在通过迭代法拟合这个客观存在的量。我们把这归类为基于价值的思想。

策略迭代法与值迭代法有诸多相似之处：都有用来记录价值的价值表及策略表（值迭代中为隐含的策略）。但是，二者也有诸多不同。例如，策略迭代相当于策略在迭代，价值表跟着迭代；而值迭代则相当于价值在迭代，隐含的策略跟着迭代。另外，虽然二者最后的收敛状态可能是一样的，但是过程可能完全不同。在策略迭代中，经过越来越好的策略，以及相应的基于策略的价值达到最优。而在值迭代中，经过越来越准确的价值达到最优。简言之，策略迭代是在让策略越来越好，值迭代是在拟合隐含在环境中的价值。二者之间的区别可以用图 4.18 来表示。

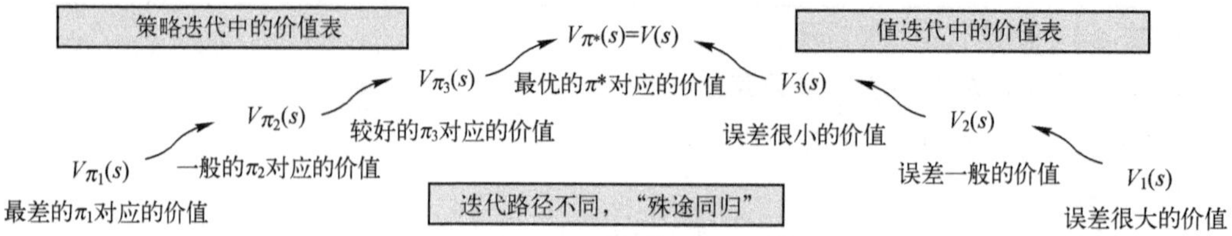

图 4.18　策略迭代与值迭代

目前，我们讨论的问题是环境完全已知的最优控制问题，并不需要依靠从环境中随机产生的数据进行训练。如果我们面对的是未知的环境，则二者的区别将更加明显：在值迭代的公式中，我们只需用到 $P_{ss'}^a$ 与 R_s^a 。若环境未知，则可以用任何服从 $P_{ss'}^a$ 与 R_s^a 分布的数据，即任何从环境中产生的数据进行训练；而在策略迭代的公式中，还需要用到策略表中当前状态与动作的对应关系，需要用服从 $P_{ss'}^a$ 与 R_s^a 及当前策略分布的数据，即必须用当前策略在环境中产生的数据进行训练。在环境未知的强化学习问题中，需要分别用异策略（Off-Policy）与同策略（On-Policy）两种不同的方法来训练。

总体来说，对于环境给定的 MDP，我们可以想象最优策略是客观存在的，价值 $V^*(s)$ 是方程 $V(s)=\max\limits_a(R_s^a+\gamma\sum\limits_{s'}P_{ss'}^a V(s'))$ 的唯一解。因此，值迭代法可以看作在拟合环境中隐含的某个客观存在的量，这与有监督学习有些类似；而策略迭代法则相当于在环境中逐步提升策略，$V_\pi(s)$ 只起辅助作用，这相当于一个最优化过程。从这个意义上来说，策略迭代与值迭代之间的不同绝非仅仅在于迭代 K 步与迭代 1 步，以及需不需要策略表。二者在思维方式上有着根本的不同。后面将把用表格表示的策略或价值函数推广为用神经网络来表示，继而把值迭代与策略迭代推广为 DQN、AC 等经典强化学习算法。因此，掌握本节的思想对于理解后续算法是十分重要的。

思　考　题

1. 对于只有两个不同的状态 s^1 和 s^2 与两个不同的动作 a^1 和 a^2 的 MDP，试证明无论状态之间的转移关系 $P_{ss'}^a$ 与奖励函数 R_s^a 怎么取，下述贝尔曼方程只有唯一解：

$$V(s)=\max_a(R_s^a+\sum_{s'}P_{ss'}^a V(s'))\tag{4.12}$$

2. 对状态与动作都是有限个的 MDP，式（4.12）所示的贝尔曼方程是否只有唯一解？为什么？

3. 查阅压缩映射定理的具体内容，思考更一般的结论——上述形式的贝尔曼方程都只有唯一解（包括状态）。

4. 策略提升这一步具有短视性（它用当前 V_π 来选择每个状态下的最优动作，但是在策略提升之后，当前 V_π 也变化了），未必能真正对策略有“提升”。那么，你能否构思出一个 MDP、一个 π 及其对应的 V_π ，使如果利用 V_π 进行策略提升，则会导致提升后的 π' 不如原来的 π ？

4.3 LQR 控制

前面讨论的是状态和动作均为离散变量的 MDP，本节考虑状态和动作都为连续变量的 MDP。

由于动作与状态都是连续的，因此状态之间的转移关系 $P(S_{t+1}=s' \mid S_t=s, A_t=a_t)$ 一般可以表示为一个概率分布。不妨先考虑最简单的情形：假设环境是确定的、时齐的，状态转移函数为一个线性函数，奖励可以表示为正定二次函数。这种问题称为线性二次型调节器（Linear Quadratic Regulator，LQR）控制问题。

4.3.1 基本 LQR 控制问题

在一般的强化学习问题中，状态或动作有可能是连续的，也有可能是离散的。如果是连续的，那么它们有可能是矩阵、向量、标量，或者是更加复杂的数据结构，这需要结合具体问题进行定义。但是，本章讨论的是相对传统的最优控制问题。为了讨论方便，这里改用最优控制问题习惯的符号系统：用 $\boldsymbol{x}_t$ 记状态，它是一个 n 维向量；用 $\boldsymbol{u}_t$ 记控制（动作），它是一个 m 维向量；用 $\boldsymbol{c}$ 而不是 R 记即时损失（负奖励），用 $\boldsymbol{J}$ 记总损失，我们的目标是最小化损失。根据最优控制问题的习惯，这里只考虑从 0 到 τ 之间的总损失，即 MDP 一共进行 $\tau+1$ 步。

综合以上，得到如下最优控制问题。

给定初始状态：$\boldsymbol{x}_0$。

状态之间的转移关系：$\boldsymbol{x}_{t+1}=\boldsymbol{A}\boldsymbol{x}_t+\boldsymbol{B}\boldsymbol{u}_t+\boldsymbol{c}$。

目标：最小化 $J=\sum_{t=0}^{\tau}(\boldsymbol{x}_t^{\mathrm{T}}\boldsymbol{Q}\boldsymbol{x}_t+\boldsymbol{u}_t^{\mathrm{T}}\boldsymbol{R}\boldsymbol{u}_t+\boldsymbol{x}_t^{\mathrm{T}}\boldsymbol{P}\boldsymbol{u}_t+\boldsymbol{q}^{\mathrm{T}}\boldsymbol{x}_t+\boldsymbol{r}^{\mathrm{T}}\boldsymbol{u}_t)$。

在上述问题中，$\boldsymbol{A}$ 是一个 $n\times n$ 矩阵，$\boldsymbol{B}$ 是一个 $n\times m$ 矩阵，$\boldsymbol{c}$ 是一个 n 维常数向量，$\boldsymbol{A}$、$\boldsymbol{B}$、$\boldsymbol{c}$ 三者代表已知的状态之间的转移关系；$\boldsymbol{Q}$ 是一个 $n\times n$ 矩阵，$\boldsymbol{R}$ 是一个 $m\times m$ 矩阵，$\boldsymbol{P}$ 是一个 $n\times m$ 矩阵，$\boldsymbol{q}$ 和 $\boldsymbol{r}$ 分别为 n 维与 m 维常数向量，$\boldsymbol{Q}$、$\boldsymbol{R}$、$\boldsymbol{P}$、$\boldsymbol{q}$、$\boldsymbol{r}$ 五者代表已知的损失函数。

由于 MDP 固定进行 $\tau+1$ 步，因此该 MDP 的性质是环境确定且非时齐，它的解具有 $\boldsymbol{u}^*=\text{policy}(t)$ 的形式（最优控制序列 $\boldsymbol{u}_0^*,\boldsymbol{u}_1^*,\boldsymbol{u}_2^*,\cdots,\boldsymbol{u}_\tau^*$）。

不妨先考虑最简单的情形：将状态之间的转移关系中的常数项、损失函数中的一次项及交叉项全部省略（假定 $\boldsymbol{c}$、$\boldsymbol{q}$、$\boldsymbol{r}$ 均为零向量，$\boldsymbol{P}$ 为全 0 矩阵），并假定 $\tau=1$。这样，问题就被简化为如下问题。

给定初始状态：$\boldsymbol{x}_0$。

状态之间的转移关系：$\boldsymbol{x}_{t+1}=\boldsymbol{A}\boldsymbol{x}_t+\boldsymbol{B}\boldsymbol{u}_t$。

目标：最小化 $J=\sum_{t=0}^{1}(\boldsymbol{x}_t^{\mathrm{T}}\boldsymbol{Q}\boldsymbol{x}_t+\boldsymbol{u}_t^{\mathrm{T}}\boldsymbol{R}\boldsymbol{u}_t)$。

这里可以根据环境公式对损失函数进行展开：

$$
\begin{aligned}
J&=\boldsymbol{x}_0^{\mathrm{T}}\boldsymbol{Q}x_0+\boldsymbol{u}_0^{\mathrm{T}}\boldsymbol{R}\boldsymbol{u}_0+\boldsymbol{x}_1^{\mathrm{T}}\boldsymbol{Q}\boldsymbol{x}_1+\boldsymbol{u}_1^{\mathrm{T}}\boldsymbol{R}\boldsymbol{u}_1\\
&=\boldsymbol{x}_0^{\mathrm{T}}\boldsymbol{Q}x_0+\boldsymbol{u}_0^{\mathrm{T}}\boldsymbol{R}\boldsymbol{u}_0+(\boldsymbol{A}\boldsymbol{x}_0+\boldsymbol{B}\boldsymbol{u}_0)^{\mathrm{T}}\boldsymbol{Q}(\boldsymbol{A}\boldsymbol{x}_0+\boldsymbol{B}\boldsymbol{u}_0)+\boldsymbol{u}_1^{\mathrm{T}}\boldsymbol{R}\boldsymbol{u}_1\\
&=\boldsymbol{x}_0^{\mathrm{T}}(\boldsymbol{Q}+\boldsymbol{A}^{\mathrm{T}}\boldsymbol{Q}\boldsymbol{A})\boldsymbol{x}_0+\boldsymbol{u}_0^{\mathrm{T}}(\boldsymbol{R}+\boldsymbol{B}'\boldsymbol{Q}\boldsymbol{B})\boldsymbol{u}_0+2\boldsymbol{x}_0^{\mathrm{T}}\boldsymbol{A}^{\mathrm{T}}\boldsymbol{Q}\boldsymbol{B}\boldsymbol{u}_0+\boldsymbol{u}_1^{\mathrm{T}}\boldsymbol{R}\boldsymbol{u}_1
\end{aligned}
\tag{4.13}
$$

这里可以将损失函数展开为关于 $\boldsymbol{x}_0$ 与 $\boldsymbol{u}_0$、$\boldsymbol{u}_1$ 的正定二次函数。对于正定二次函数，一阶导数等于零即最优解。因此可以求解线性方程组 $\boldsymbol{R}\boldsymbol{u}_1 = 0$ 与 $(\boldsymbol{R}+\boldsymbol{B}^{\mathrm{T}}\boldsymbol{Q}\boldsymbol{B})\boldsymbol{u}_0 + \boldsymbol{A}^{\mathrm{T}}\boldsymbol{Q}\boldsymbol{B}\boldsymbol{x}_0 = 0$ 的解作为最优控制，即

$$\boldsymbol{u}_0^* = (\boldsymbol{R}+\boldsymbol{B}^{\mathrm{T}}\boldsymbol{Q}\boldsymbol{B})^{-1}\boldsymbol{A}^{\mathrm{T}}\boldsymbol{Q}\boldsymbol{B}\boldsymbol{x}_0\text{；}\quad \boldsymbol{u}_1^* = 0 \tag{4.14}$$

如果问题中包含常数项、一次项，则展开损失函数为关于 $\boldsymbol{x}_0$ 与 $\boldsymbol{u}_0$、$\boldsymbol{u}_1$ 的二次函数中包括常数项和一次项。当 τ 比较大时，可以使用上面的展开方法将损失函数展开为由初始状态 $\boldsymbol{x}_0$ 与 $\boldsymbol{u}_0,\boldsymbol{u}_1,\boldsymbol{u}_2,\cdots,\boldsymbol{u}_\tau$ 组成的正定二次函数。

理论上，我们总能根据一阶导数等于零的原则解出唯一的最优控制序列 $\boldsymbol{u}_0,\boldsymbol{u}_1,\boldsymbol{u}_2,\cdots,\boldsymbol{u}_\tau$，但实际中的计算量可能是我们无法接受的。假设控制 $\boldsymbol{u}_\tau$ 是 k 维的，则要求解的控制序列 $\boldsymbol{u}_0,\boldsymbol{u}_1,\boldsymbol{u}_2,\cdots,\boldsymbol{u}_\tau$ 是 $k(\tau+1)$ 维的，计算复杂度为 $O((k\tau)^3)$。

当 k 或 τ 较大时，可以通过动态规划的思想来求解上述 LQR 控制问题。

4.3.2 LQR 控制器

为了简便，不妨省略一次项与常数项。此时，要求解的问题如下。

给定初始状态：$\boldsymbol{x}_0$。

状态之间的转移关系：$\boldsymbol{x}_{t+1} = \boldsymbol{A}\boldsymbol{x}_t + \boldsymbol{B}\boldsymbol{u}_t$。

目标：最小化总损失 $J = \sum_{t=0}^{\tau}(\boldsymbol{x}_t^{\mathrm{T}}\boldsymbol{Q}\boldsymbol{x}_t + \boldsymbol{u}_t^{\mathrm{T}}\boldsymbol{R}\boldsymbol{u}_t)$。

首先，τ 时刻是最后一个时刻，$\boldsymbol{u}_\tau$ 不会对结果的其他部分造成影响，因此 $\boldsymbol{u}_\tau^*$ 显然应取为零向量。因此，τ 时刻的损失最小为 $(\boldsymbol{x}_\tau)^{\mathrm{T}}\boldsymbol{Q}\boldsymbol{x}_\tau$。

运算进行到这里，便见到了价值函数 $V^*(\boldsymbol{x},t)$，并求出了它在 $t=\tau$ 处的取值，即 $V^*(\boldsymbol{x},\tau) = \boldsymbol{x}^{\mathrm{T}}\boldsymbol{Q}\boldsymbol{x}$。

需要注意的是，我们面对的是非时齐 MDP，这意味着现在进行到第几个回合是一件重要的事。因此，价值函数应该是关于状态与时间的函数 $V^*(\boldsymbol{x},t)$。另外，我们的目标不是“最大化奖励”，而是“最小化损失”，因此 $V^*(\boldsymbol{x},t)$ 的含义也会发生变化。本章中 $V^*(\boldsymbol{x},t)$ 的含义是“**t 时刻处于 $\boldsymbol{x}$ 状态，如果后续按照最优策略进行操作，就能够获得最小损失**”。与前面定义相同的是，“价值”的前提都是“后续按照最优策略进行操作”。如果 $t=\tau$ 时处于 $\boldsymbol{x}$ 状态，但是采取的 $\boldsymbol{u}_\tau$ 不是最优的 0，则会获得比 $V^*(\boldsymbol{x},\tau)$ 更大的损失。只有采取最优控制（$\boldsymbol{u}_\tau^* = 0$），才能“兑现”价值函数所显示的最小损失。

接下来，考虑 $t=\tau-1$ 时刻发生的事情。假定状态 $\boldsymbol{x}_{\tau-1}$ 已经确定，采取控制 $\boldsymbol{u}_{\tau-1}$ 会获得两部分损失，即 $t=\tau-1$ 时刻的损失与 $t=\tau$ 时刻及以后的损失。其中在 $t=\tau-1$ 时刻会获得的损失为 $\boldsymbol{x}_{\tau-1}^{\mathrm{T}}\boldsymbol{Q}\boldsymbol{x}_{\tau-1} + \boldsymbol{u}_{\tau-1}^{\mathrm{T}}\boldsymbol{R}\boldsymbol{u}_{\tau-1}$。由于 $\boldsymbol{x}_\tau = \boldsymbol{A}\boldsymbol{x}_{\tau-1} + \boldsymbol{B}\boldsymbol{u}_{\tau-1}$，以及 $V^*(\boldsymbol{x},t) = \boldsymbol{x}^{\mathrm{T}}\boldsymbol{Q}\boldsymbol{x}$，因此在 $t=\tau$ 时刻及以后的损失必然大于或等于 $(\boldsymbol{A}\boldsymbol{x}_{\tau-1}+\boldsymbol{B}\boldsymbol{u}_{\tau-1})^{\mathrm{T}}\boldsymbol{Q}(\boldsymbol{A}\boldsymbol{x}_{\tau-1}+\boldsymbol{B}\boldsymbol{u}_{\tau-1})$。而这就意味着，如果在 $\boldsymbol{x}_{\tau-1}$ 状态下采取 $\boldsymbol{u}_{\tau-1}$，则在 $t=\tau-1$ 时刻及以后一共会获得的总损失为 $(\boldsymbol{A}\boldsymbol{x}_{\tau-1}+\boldsymbol{B}\boldsymbol{u}_{\tau-1})^{\mathrm{T}}\boldsymbol{Q}(\boldsymbol{A}\boldsymbol{x}_{\tau-1}+\boldsymbol{B}\boldsymbol{u}_{\tau-1}) + \boldsymbol{x}_{\tau-1}^{\mathrm{T}}\boldsymbol{Q}\boldsymbol{x}_{\tau-1} + \boldsymbol{u}_{\tau-1}^{\mathrm{T}}\boldsymbol{R}\boldsymbol{u}_{\tau-1}$。这是一个关于 $\boldsymbol{x}_{\tau-1}$ 与 $\boldsymbol{u}_{\tau-1}$ 的正定二次函数。

下面引入一个全新的函数—— Q 函数来记录这一损失：

$$Q^*(\boldsymbol{x},\boldsymbol{u},\tau-1)=(\boldsymbol{Ax}+\boldsymbol{Bu})^{\mathrm{T}}\boldsymbol{Q}(\boldsymbol{Ax}+\boldsymbol{Bu})+\boldsymbol{x}^{\mathrm{T}}\boldsymbol{Qx}+\boldsymbol{u}^{\mathrm{T}}\boldsymbol{Ru} \tag{4.15}$$

$Q^*(\boldsymbol{x},\boldsymbol{u},\boldsymbol{t})$是一个关于状态、控制与时间的函数。它的含义是“$t$时刻处于$x$状态，立即采取控制$\boldsymbol{u}$，且后续按照最优策略进行操作，能够获得的最小损失”。我们将Q^*称为“状态-动作价值函数”，而将V^*称为“状态价值函数”。Q与V的不同在于它可以考虑当前这一步采取不同控制对应的情况。在后面的强化学习算法中，Q^*是极其重要的一个函数。经典算法 DQN 的目标就是求解Q^*。

这里可以求出$Q^*(\boldsymbol{x},\boldsymbol{u},\tau-1)$对于$\boldsymbol{u}$的偏导数：

$$\frac{\partial Q(\boldsymbol{x},\boldsymbol{u},\tau-1)}{\partial \boldsymbol{u}}=2\boldsymbol{B}^{\mathrm{T}}\boldsymbol{QAx}+2\boldsymbol{B}^{\mathrm{T}}\boldsymbol{QBu}+2\boldsymbol{Ru} \tag{4.16}$$

若将上述偏导数设置为 0，则可以得到$\boldsymbol{u}^*=(\boldsymbol{B}^{\mathrm{T}}\boldsymbol{QB}+\boldsymbol{R})^{-1}\boldsymbol{B}^{\mathrm{T}}\boldsymbol{QAx}$时能让$Q^*(\boldsymbol{x},\boldsymbol{u},\tau-1)$取得最小值。这也就意味着，当$t=\tau-1$时，对于某个固定的$\boldsymbol{x}_{\tau-1}$，应该采取的最优控制为$\boldsymbol{u}_{\tau-1}^*=(\boldsymbol{B}^{\mathrm{T}}\boldsymbol{QB}+\boldsymbol{R})^{-1}\boldsymbol{B}^{\mathrm{T}}\boldsymbol{QAx}_{\tau-1}$。为方便起见，不妨将矩阵$(\boldsymbol{B}^{\mathrm{T}}\boldsymbol{QB}+\boldsymbol{R})^{-1}\boldsymbol{B}^{\mathrm{T}}\boldsymbol{QA}$记为$\boldsymbol{K}_{\tau-1}$，则得$\boldsymbol{u}_{\tau-1}^*$的表达式：

$$\boldsymbol{u}_{\tau-1}^*=\arg\min_{\boldsymbol{u}} Q(\boldsymbol{x},\boldsymbol{u},\tau)\rightarrow \boldsymbol{u}_{\tau-1}^*=\boldsymbol{K}_{\tau-1}\boldsymbol{x}_{\tau-1} \tag{4.17}$$

如果$\boldsymbol{u}^*$为$\boldsymbol{x}$状态在t时刻的最优控制，那么“t时刻处于$\boldsymbol{x}$状态先采取一步$\boldsymbol{u}^*$，再按照最优策略进行操作”就应该完全等价于“t时刻处于状态$\boldsymbol{x}$，后续按照最优策略进行操作”，因此有$\boldsymbol{u}^*=\min\limits_{\boldsymbol{u}} Q(\boldsymbol{x},\boldsymbol{u},t)$，且可得$V^*$与$Q^*$之间的关系为

$$V^*(\boldsymbol{x},t)=\min_{\boldsymbol{u}} Q^*(\boldsymbol{x},\boldsymbol{u},t)=Q^*(\boldsymbol{x},\boldsymbol{u}^*,t) \tag{4.18}$$

这里可以求出$V^*(\boldsymbol{x},\tau-1)$的表达式，它仍然是一个关于$\boldsymbol{x}$的正定二次函数：

$$V^*(\boldsymbol{x},\tau-1)=\boldsymbol{x}^{\mathrm{T}}[(\boldsymbol{A}+\boldsymbol{BK}_{\tau-1})^{\mathrm{T}}\boldsymbol{Q}(\boldsymbol{A}+\boldsymbol{BK}_{\tau-1})+\boldsymbol{Q}+\boldsymbol{K}_{\tau-1}^{\mathrm{T}}\boldsymbol{RK}_{\tau-1}]\boldsymbol{x} \tag{4.19}$$

在式（4.19）中，可以将$\boldsymbol{K}_{\tau-1}$进一步展开为$(\boldsymbol{B}^{\mathrm{T}}\boldsymbol{QB}+\boldsymbol{R})^{-1}\boldsymbol{B}^{\mathrm{T}}\boldsymbol{QA}$，得到$V(\boldsymbol{x},\tau-1)$的完整表达式。方便起见，这里就不展开了。总体来说，在$t=\tau-1$时刻得到了 3 个表达式——与价值相关的Q^*函数与V^*函数（它们都是关于状态与控制的正定二次函数）及$\boldsymbol{K}_{\tau-1}$（状态与其最优控制之间的线性关系）。它们都可以表示为$\boldsymbol{A}$、$\boldsymbol{B}$、$\boldsymbol{Q}$、$\boldsymbol{R}$这些已知的系数矩阵的积，并且它们之间有如下关系。

LQR 控制问题

环境：$\boldsymbol{x}_{i+1}=f(\boldsymbol{x}_i,\boldsymbol{u}_i)$；

目标：最小化$J=\sum\limits_{i=0}^{t}(C(\boldsymbol{x}_i,\boldsymbol{u}_i))$

定义如下 3 种量

$V(\boldsymbol{x},t)$：t时刻处于$\boldsymbol{x}$状态，后续获得的最小损失（按照最优策略进行操作获得的损失）；

$Q(\boldsymbol{x},\boldsymbol{u},t)$：$t$时刻处于$\boldsymbol{x}$状态并马上采取一步$\boldsymbol{u}$，后续获得的最小损失（按照最优控制进行操作获得的损失）；

$\boldsymbol{K}_i$：t时刻处于$\boldsymbol{x}_i$状态，最优的走法为$\boldsymbol{u}_i^*=\boldsymbol{K}_i\boldsymbol{x}_i$；

3 种量之间的关系

$$Q(\boldsymbol{x},\boldsymbol{u},t)=C(\boldsymbol{x},\boldsymbol{u})+V(f(\boldsymbol{x},\boldsymbol{u}),t+1)$$

因为 Q 函数的定义是先走一步 $\boldsymbol{u}$，后续按照最优策略进行操作（在 $\boldsymbol{x}_{i+1}$ 状态下兑现 V）：

$$V(\boldsymbol{x},t)=\min_{\boldsymbol{u}} Q(\boldsymbol{x},\boldsymbol{u},t)$$

因为 $\boldsymbol{u}$ 为最优控制时"先走一步 $\boldsymbol{u}$，再按最优策略进行操作"等价于"直接按最优策略进行操作"：

$$\boldsymbol{u}_t^*=\boldsymbol{K}_t\boldsymbol{x}_i=\underset{\boldsymbol{u}}{\operatorname{argmin}}\, Q(\boldsymbol{x},\boldsymbol{u},t)$$

因为最优控制 $\boldsymbol{u}$ 的作用是最小化 $Q(\boldsymbol{x},\boldsymbol{u},t)$，所以"兑现"$(\boldsymbol{x},t)$ 所包含的价值 $V(\boldsymbol{x},t)$

下面，考虑 $t=\tau-2$ 时刻的情况。

如果在 $\boldsymbol{x}_{\tau-2}$ 处采取 $\boldsymbol{u}_{\tau-2}$，则同样会得到两部分损失：在 $t=\tau-2$ 时刻的损失 $\boldsymbol{x}_{\tau-2}^{\mathrm{T}}\boldsymbol{Q}\boldsymbol{x}_{\tau-2}+\boldsymbol{u}_{\tau-2}^{\mathrm{T}}\boldsymbol{R}\boldsymbol{u}_{\tau-2}$，以及在 $t=\tau-1$ 时刻及以后的损失 $V^*(\boldsymbol{x}_{\tau-1},\tau-1)$。

由于前面已经有

$$\boldsymbol{x}_{\tau-1}=\boldsymbol{A}\boldsymbol{x}_{\tau-2}+\boldsymbol{B}\boldsymbol{u}_{\tau-2} \tag{4.20}$$

$$V^*(\boldsymbol{x},\tau-1)=\boldsymbol{x}^{\mathrm{T}}[(\boldsymbol{A}+\boldsymbol{B}\boldsymbol{K}_{\tau-1})^{\mathrm{T}}\boldsymbol{Q}(\boldsymbol{A}+\boldsymbol{B}\boldsymbol{K}_{\tau-1})+\boldsymbol{Q}+\boldsymbol{K}_{\tau-1}^{\mathrm{T}}\boldsymbol{R}\boldsymbol{K}_{\tau-1}]\boldsymbol{x} \tag{4.21}$$

因此也可以将 $V^*(\boldsymbol{x}_{\tau-1},\tau-1)$ 展开为 $\boldsymbol{x}_{\tau-2}$ 与 $\boldsymbol{u}_{\tau-2}$ 的正定二次函数。这样一来，就求出了 $Q^*(\boldsymbol{x},\boldsymbol{u},\tau-1)$，它也是一个关于 $\boldsymbol{x}$ 和 $\boldsymbol{u}$ 的正定二次函数。

同理，可以通过 $Q^*(\boldsymbol{x},\boldsymbol{u},\tau-2)$ 对 $\boldsymbol{u}$ 的一阶偏导数为 0 的方程求出 $\boldsymbol{u}_{\tau-2}^*=\boldsymbol{K}_{\tau-2}\boldsymbol{x}_{\tau-2}$，其中 $\boldsymbol{K}_{\tau-2}$ 也是由 $\boldsymbol{A}$、$\boldsymbol{B}$、$\boldsymbol{Q}$、$\boldsymbol{R}$ 等已知的系数矩阵的积组成的。由于公式过于复杂，因此这里就不详细列出了。在具体问题中，$\boldsymbol{A}$、$\boldsymbol{B}$、$\boldsymbol{Q}$、$\boldsymbol{R}$ 等都有具体的值，由此可以算出 $\boldsymbol{K}_{\tau-2}$ 的具体值。通过 $Q^*(\boldsymbol{x},\boldsymbol{u},\tau-2)$ 求出 $\boldsymbol{u}_{\tau-2}^*=\boldsymbol{K}_{\tau-2}\boldsymbol{x}$，又可以得到 $V^*(\boldsymbol{x},\tau-2)$，它同样是关于 $\boldsymbol{x}$ 的正定二次函数。

在 $t=\tau-3$ 时刻，情况也是类似的。因为已知 $Q^*(\boldsymbol{x},\boldsymbol{u},\tau-2)$、$V^*(\boldsymbol{x},\tau-2)$ 的表达式与 $\boldsymbol{K}_{\tau-2}$，所以可以用它们推导出 $Q^*(\boldsymbol{x},\boldsymbol{u},\tau-3)$ 和 $V^*(\boldsymbol{x},\tau-3)$ 的表达式与 $\boldsymbol{K}_{\tau-3}$。

可以不断地重复这个过程。由于 LQR 中的环境是线性的，而惩罚函数是二次的，因此往前传递到任何一个时刻 t，最优控制 $\boldsymbol{u}$ 和 t 都是一个线性表达式 $\boldsymbol{u}_t=\boldsymbol{K}_t\boldsymbol{x}_t$，而 $V(\boldsymbol{x},t)$ 是关于 $\boldsymbol{x}$ 的正定二次函数，$Q(\boldsymbol{x},\boldsymbol{u},t)$ 是关于 $\boldsymbol{x}$ 与 $\boldsymbol{u}$ 的正定二次函数。需要注意的是，每一步中的 $\boldsymbol{x}_t$ 都是一个变量，而不是一个具体值。因此，我们必须将所有中间变量（全部 t 对应的 $\boldsymbol{K}_t$，以及 $Q^*(\boldsymbol{x},\boldsymbol{u},t)$ 和 $V^*(\boldsymbol{x},t)$ 的系数）保存下来，以免丢失信息，之后才能继续向前迭代。

重复这个过程，直到 $t=0$。由于初始状态 $\boldsymbol{x}_0$ 是给定的，因此首先可以算出 $\boldsymbol{u}_0=\boldsymbol{K}_0\boldsymbol{x}_0$；然后，可以根据 $\boldsymbol{x}_0$ 与 $\boldsymbol{u}_0^*$ 算出 $\boldsymbol{x}_1=\boldsymbol{A}\boldsymbol{x}_0+\boldsymbol{B}\boldsymbol{u}_0^*$，并算出 $\boldsymbol{u}_1^*=\boldsymbol{K}_1\boldsymbol{x}_1$。由于保存了全部 t 对应的 $\boldsymbol{K}_t$，因此可以依次算出 $\boldsymbol{x}_2,\boldsymbol{u}_2^*,\boldsymbol{x}_3,\boldsymbol{u}_3^*,\cdots,\boldsymbol{x}_\tau,\boldsymbol{u}_\tau^*$。这样，便得到了 LQR 控制问题的最终解。

下面总结一下 LQR 的基本思想。

前面提到，J 可以展开为一个关于 $\boldsymbol{x}_0$ 与 $\boldsymbol{u}_0,\boldsymbol{u}_1,\boldsymbol{u}_2,\cdots,\boldsymbol{u}_\tau$ 的正定二次函数，因此它一定存在最优解。但是，直接求解它需要的计算量让我们难以接受。注意到 MDP 的马尔可夫性质，我们可以通过定义 $Q^*(\boldsymbol{x},\boldsymbol{u},t)$ 与 $V^*(\boldsymbol{x},t)$ 将问题拆分成 $\tau+1$ 个子问题。在每个子问题中，我们只需对包含一个 $\boldsymbol{u}_t$ 的正定二次函数求极值，而子问题之间又通过 Q^* 与 V^* 来相互连接。这样就可以将大问题划分成小问题，并迭代地求解。与 4.1 节中的问题稍有不同的是，这里使用了 Q^* 与 V^* 这两种含义不同的函数来实现分拆和连接。

在 LQR 算法过程中，先前传，即依次计算 $t=\tau,\tau-1,\tau-2,\cdots,0$ 对应的 $V^*(\boldsymbol{x},t)$、$Q^*(\boldsymbol{x},\boldsymbol{u},t)$

与$\boldsymbol{K}_t$的表达式，直到$\boldsymbol{x}_0$；然后后传，即依次计算$t=0,1,2,\cdots,\tau$对应的$\boldsymbol{u}_t^*$的值，即得到最终的解。具体如算法 4.5 所示。

算法 4.5（LQR 控制器）

for $t=\tau$ to 1：#后传

1. 根据$V(\boldsymbol{x},t)$的公式，写出形如式（4.15）的$Q(\boldsymbol{x},\boldsymbol{u},t-1)$的表达式；
2. 求$Q(\boldsymbol{x},\boldsymbol{u},t-1)$关于$\boldsymbol{u}$的偏导数公式，形如式（4.16）；
3. 将式（4.16）置 0，继而得到$\boldsymbol{u}_{t-1}^*$关于$\boldsymbol{x}_{t-1}$的公式，即式（4.17），保存$\boldsymbol{K}_{t-1}$；
4. 将式（4.17）代入$Q(\boldsymbol{x},\boldsymbol{u},t-1)$的表达式，得到$V(\boldsymbol{x},t-1)$的表达式，即式（4.19）；

for $t=0$ to $\tau-1$：# 前传

求出$\boldsymbol{u}_t^*=\boldsymbol{K}_t\boldsymbol{x}_t$；

求出$\boldsymbol{x}_{t+1}=f(\boldsymbol{x}_t,\boldsymbol{u}_t)$；

需要注意的是，由于篇幅限制，这里省略了状态之间的转移关系中的常数项、损失函数中的一次项及交叉项（假定$\boldsymbol{c}$、$\boldsymbol{q}$、$\boldsymbol{r}$均为零向量，$\boldsymbol{P}$为全 0 矩阵）。倘若不将其省略，则式（4.15）～式（4.19）会更加复杂。例如，式（4.17）会包含常数项，即应该为$\boldsymbol{u}_t^*=\boldsymbol{K}_t\boldsymbol{x}_t+k_t$的形式。由于这部分公式比较复杂，但其基本原理与本节中所述的一样，因此这里不再赘述，留给读者思考。

*4.3.3 环境随机的 LQR 控制问题

在前面的讨论中，假定$\boldsymbol{x}_{t+1}=f(\boldsymbol{x}_t,\boldsymbol{u}_t)$，即对于给定的$\boldsymbol{x}_t$与$\boldsymbol{u}_t$，$\boldsymbol{x}_{t+1}$的值是完全确定的。此时，最优控制具有$\boldsymbol{u}^*=\text{policy}(t)$的形式。

对于更复杂的问题，如在开放环境中控制无人车，即使在指定状态下采取指定动作，路况的变化也是无法提前预测的。在这种情况下，按$\boldsymbol{u}^*=\text{policy}(t)$提前设计好所有动作显然是不合理的。如 2.4 节所述，如果状态之间的转移关系是随机且非时齐的，则选择动作时应同时考虑状态与时间，即应设计一个$\boldsymbol{u}^*=\text{policy}(\boldsymbol{x},t)$形式的程序，让无人车能够根据路况的变化灵活应变。

对于连续变量，最常用的假设是其服从正态分布。因此，可以假定$\boldsymbol{x}_{t+1}$不是确定取值为$f(\boldsymbol{x}_t,\boldsymbol{u}_t)$，而是服从一个均值为$f(\boldsymbol{x}_t,\boldsymbol{u}_t)=\boldsymbol{F}_t\begin{bmatrix}\boldsymbol{x}_t\\\boldsymbol{u}_t\end{bmatrix}+\boldsymbol{f}_t$（这里$\boldsymbol{F}_t$为$n\times(n+m)$的系数矩阵，$\boldsymbol{f}_t$为$n$维常数向量）、方差为$\boldsymbol{\Sigma}_t$的正态分布（这里$\boldsymbol{\Sigma}_t$表示多元随机变量的协方差矩阵），即 MDP 的状态之间的转移关系为

$$\boldsymbol{x}_{t+1}\sim p(\boldsymbol{x}_{t+1}\mid\boldsymbol{x}_t,\boldsymbol{u}_t)$$

$$p(\boldsymbol{x}_{t+1}\mid\boldsymbol{x}_t,\boldsymbol{u}_t)=N\left(\boldsymbol{F}_t\begin{bmatrix}\boldsymbol{x}_t\\\boldsymbol{u}_t\end{bmatrix}+\boldsymbol{f}_t,\boldsymbol{\Sigma}_t\right)\tag{4.22}$$

对于环境已知的问题，一般而言，奖励函数（或惩罚函数）是否具有随机性差别不大。即使它具有随机性，用其均值替换也可。因此，不妨假定惩罚函数是一个完全确定的正定二次函数，将其记为$C(\boldsymbol{x},\boldsymbol{u})$。这样，就得到了一个环境随机的 LQR 控制问题。由于最大时间T的存

在，因此它仍然是非时齐的。

环境随机的 LQR 与环境确定的 LQR 有哪些不同呢？

$V^*(\boldsymbol{x},t)$ 与 $Q^*(\boldsymbol{x},\boldsymbol{u},t)$ 的含义都会发生变化——在环境确定的情况下，$V^*(\boldsymbol{x},t)$ 的含义是“在 t 时刻处于 $\boldsymbol{x}$ 状态，且后续按最优策略进行操作，获得的最小损失”。由于环境是随机的，即使按最优策略进行操作，也不能完全确定损失是多少。因此，$V^*(\boldsymbol{x},t)$ 应该改为在期望意义下，即“t 时刻处于 $\boldsymbol{x}$ 状态，且后续按最优策略进行操作，获得的最小期望损失”。同理，$Q^*(\boldsymbol{x},\boldsymbol{u},t)$ 的定义也要修改为在期望意义下。

由此，$V^*(\boldsymbol{x},t)$ 与 $Q^*(\boldsymbol{x},\boldsymbol{u},t)$ 之间的关系会发生变化：在环境确定的情况下，有 $Q^*(\boldsymbol{x},\boldsymbol{u},t)=C(\boldsymbol{x},\boldsymbol{u})+V^*(f(\boldsymbol{x},\boldsymbol{u}),t+1)$。在环境随机的情况下，获得的 $C(\boldsymbol{x},\boldsymbol{u})$ 仍然是确定的，没有改变。但是，采取控制 $\boldsymbol{u}_t$ 后，下一个 $\boldsymbol{x}_{t+1}$ 是随机的，因此应该用期望形式表示，即 $Q^*(\boldsymbol{x},\boldsymbol{u},t)=C(\boldsymbol{x},\boldsymbol{u})+E(V^*(\boldsymbol{x}_{t+1},t+1))$。需要注意的是，$V^*(\boldsymbol{x},t)=\min\limits_{\boldsymbol{u}} Q^*(\boldsymbol{x},\boldsymbol{u},t)$ 仍然成立。

一个很重要的问题是 $V^*(\boldsymbol{x},t)$ 与 $Q^*(\boldsymbol{x},\boldsymbol{u},t)$ 具有何种形式，是否还具有正定二次函数的形式。当 $t=T$ 时，$V^*(\boldsymbol{x},t)$ 与 $Q^*(\boldsymbol{x},\boldsymbol{u},t)$ 显然都是正定二次函数，即 $V^*(\boldsymbol{x},T)=C(\boldsymbol{x},0)$、$Q^*(\boldsymbol{x},\boldsymbol{u},T)=C(\boldsymbol{x},\boldsymbol{u})$。当 $t=T-1$ 时，有

$$Q^*(\boldsymbol{x},\boldsymbol{u},T-1)=C(\boldsymbol{x},\boldsymbol{u})+E(V^*(\boldsymbol{x},T)) \tag{4.23}$$

它是否也是一个关于 $\boldsymbol{x}$ 和 $\boldsymbol{u}$ 的正定二次函数呢？

为了解决这个问题，要用到正态分布的性质：当 $\boldsymbol{x}$ 服从标准正态分布时，$\boldsymbol{x}'\boldsymbol{A}\boldsymbol{x}$ 的期望是 $\mathrm{trace}(\boldsymbol{A})$。因此，当 $\boldsymbol{y}\sim N(\boldsymbol{\mu},\boldsymbol{\Sigma})$ 时，$\boldsymbol{y}^{\mathrm{T}}\boldsymbol{A}\boldsymbol{y}=(\sqrt{\boldsymbol{\Sigma}}\boldsymbol{x}+\boldsymbol{\mu})^{\mathrm{T}}\boldsymbol{A}(\sqrt{\boldsymbol{\Sigma}}\boldsymbol{x}+\boldsymbol{\mu})$，其期望为 $\boldsymbol{\mu}^{\mathrm{T}}\boldsymbol{A}\boldsymbol{y}+\mathrm{trace}(\sqrt{\boldsymbol{\Sigma}}^{\mathrm{T}}\boldsymbol{A}\sqrt{\boldsymbol{\Sigma}})=\boldsymbol{\mu}^{\mathrm{T}}\boldsymbol{A}\boldsymbol{\mu}+\mathrm{trace}(\boldsymbol{\Sigma}\boldsymbol{A})\infty$。需要注意的是，这里的 $\sqrt{\boldsymbol{\Sigma}}$ 表示矩阵开方。由于 $\boldsymbol{\Sigma}$ 是正定矩阵，因此一般可以用 SVD 分解得到 $\boldsymbol{\Sigma}=\boldsymbol{U}^{\mathrm{T}}\boldsymbol{D}\boldsymbol{U}$。其中 $\boldsymbol{D}$ 为对角矩阵，且其元素都是正数。因此，将 $\boldsymbol{D}$ 对角线上的元素都开方即得到 $\sqrt{\boldsymbol{D}}$。此时就可以用 $\sqrt{\boldsymbol{\Sigma}}=\boldsymbol{U}^{\mathrm{T}}\sqrt{\boldsymbol{D}}\boldsymbol{U}$ 求出 $\sqrt{\boldsymbol{\Sigma}}$。

根据上述性质，如果 $\boldsymbol{x}_t$ 的均值 $\boldsymbol{\mu}$ 是关于 $\boldsymbol{x}_{t-1}$ 与 $\boldsymbol{\mu}_{t-1}$ 的线性函数 $f(\boldsymbol{x},\boldsymbol{u})$，$V^*(\boldsymbol{x},t)$ 是关于 $\boldsymbol{x}$ 的正定二次函数，则可以推出 $Q^*(\boldsymbol{x},\boldsymbol{u},t-1)=C(\boldsymbol{x},\boldsymbol{u})+E(V^*(\boldsymbol{x},t))$ 也是关于 $\boldsymbol{x}$ 和 $\boldsymbol{u}$ 的正定二次函数（将 $\boldsymbol{\mu}=f(\boldsymbol{x},\boldsymbol{u})$ 代入即可证明）。另外，由于 $V^*(\boldsymbol{x},t)=\min\limits_{\boldsymbol{u}} Q^*(\boldsymbol{x},\boldsymbol{u},t)$，因此，如果 $Q^*(\boldsymbol{x},\boldsymbol{u},t)$ 是一个关于 $\boldsymbol{x}$ 和 $\boldsymbol{u}$ 的正定二次函数，就能推出 $V^*(\boldsymbol{x},t)$ 也是关于 $\boldsymbol{x}$ 的正定二次函数，且 $\mathop{\mathrm{argmin}}\limits_{\boldsymbol{u}} Q^*(\boldsymbol{x},\boldsymbol{u},t)$ 同样具有 $\boldsymbol{u}_t^*=\boldsymbol{K}_t\boldsymbol{x}_t$ 的形式。因此，如果 $V^*(\boldsymbol{x},t)$ 和 $Q^*(\boldsymbol{x},\boldsymbol{u},t)$ 都是正定二次函数，则可以推出 $Q^*(\boldsymbol{x},\boldsymbol{u},t-1)$ 与 $V^*(\boldsymbol{x},t-1)$ 也是正定二次函数，且 $\boldsymbol{u}_t^*=\mathop{\mathrm{argmin}}\limits_{\boldsymbol{u}} Q^*(\boldsymbol{x},\boldsymbol{u},t-1)$ 同样具有 $\boldsymbol{u}_t^*=\boldsymbol{K}_t\boldsymbol{x}_t$ 的线性形式。

熟悉归纳法的读者可能已经想到，由以上结论可以归纳出，对于所有 t，$Q^*(\boldsymbol{x},\boldsymbol{u},t)$ 和 $V^*(\boldsymbol{x},t)$ 都是关于 $\boldsymbol{x}$ 与 $\boldsymbol{u}$ 的正定二次函数，最优控制都是 $\boldsymbol{u}_t^*=\boldsymbol{K}_t\boldsymbol{x}_t$ 的线性形式。从这个角度来说，环境服从正态分布和环境确定没有本质的不同。此时，仍可向前迭代求出所有 $Q^*(\boldsymbol{x},\boldsymbol{u},t)$、$V^*(\boldsymbol{x},t)$ 与 $\boldsymbol{K}_t$。

需要注意的是，4.3.2 节用向前迭代的方法求出了所有 $\boldsymbol{K}_t$，直到 $t=0$。由于 $\boldsymbol{x}^0$ 是给定的，因此可以按照 $\boldsymbol{u}_0^*=\boldsymbol{K}_0\boldsymbol{x}_0$ 的公式求出 $\boldsymbol{u}_0^*$，又根据 $\boldsymbol{x}_1=f(\boldsymbol{x}_0,\boldsymbol{u}_0)$ 求出 $\boldsymbol{x}_1$，继而求出 $\boldsymbol{u}_1^*$ 的具体值。依次类推就可以求出所有 $\boldsymbol{u}_t^*$ 的值，最终得到具有 $\boldsymbol{u}^*=\mathrm{policy}(t)$ 形式的最优控制序列（或对于

初始状态 $\boldsymbol{x}_0$ 不定的情况，最终得到 $\boldsymbol{u}^* = \text{policy}(\boldsymbol{x}_0, t)$ 形式的最优控制序列）。

但是，在环境随机的 LQR 控制问题中，即使 $\boldsymbol{x}_0$ 和 $\boldsymbol{u}_0$ 都确定，也无法确定 $\boldsymbol{x}_1$（因为它是随机的），更不能向后迭代地求出所有 $\boldsymbol{u}_t$。此时，求出的所有 $\boldsymbol{u}_t^* = \boldsymbol{K}_t \boldsymbol{x}_t$ 的公式就已经是问题的最终解。由于各个 t 对应的 $\boldsymbol{K}_t$ 不同，因此最终解相当于一个 $\boldsymbol{u}^* = \text{policy}(\boldsymbol{x}, t)$ 形式的策略，可以在任意时刻、任意状态算出最优控制。这验证了前面的结论：环境随机且非时齐 MDP 的最优解具有 $\boldsymbol{u}^* = \text{policy}(\boldsymbol{x}, t)$ 的形式。最优控制同时取决于当前的状态与时间。

总体来说，环境随机的 LQR 控制问题与环境确定的 LQR 控制问题在整体思路上区别并不大。二者主要的不同在于，随机环境中不能后传求出每个 $\boldsymbol{u}_t^*$ 的具体取值，因此只有前传的步骤而没有后传的步骤。

4.3.4 iLQR 控制器

在现实中，人们需要求解机器人、机械手臂等问题，其状态之间的转移关系与损失函数往往具有比较复杂的形式。因此，要考虑更一般的问题。简单起见，这里只考虑环境确定的情况。

给定初始状态：$\boldsymbol{x}_0$。

状态之间的转移关系：$\boldsymbol{x}_{t+1} = f(\boldsymbol{x}_t, \boldsymbol{u}_t)$。

目标：最小化总损失 $J = \sum_{t=0}^{\tau} C(\boldsymbol{x}_t, \boldsymbol{u}_t)$。

LQR 控制问题具有二次损失与线性转移关系，因此，将 J 展开之后可以得到一个关于 $\boldsymbol{x}_0$ 与 $\boldsymbol{u}_0, \boldsymbol{u}_1, \boldsymbol{u}_2, \cdots, \boldsymbol{u}_\tau$ 的正定二次函数。根据正定二次函数的凸性，它必有唯一的极值。本题中，由于 $f(\boldsymbol{x}, \boldsymbol{u})$ 与 $C(\boldsymbol{x}, \boldsymbol{u})$ 可能具有复杂的形式，因此其展开后的形式可能是极其复杂的非凸函数，存在多个局部最优点。对于复杂的非凸函数，即使已知其表达式，求出一个局部最优点也并非易事。

对于这种问题，我们很自然地想到使用最优化，即先随机生成一个 $\boldsymbol{u}^0$，然后在迭代中的第 k 步，在 $\boldsymbol{u}^k$ 的局部寻找最优解作为 $\boldsymbol{u}^{k+1}$，重复这个过程，直到收敛。

那么，对于每一步迭代，如何在 $\boldsymbol{u}^k$ 的局部寻找最优解呢？

设 $\boldsymbol{u}^k$ 对应轨迹中的时刻 t 的状态是 $\hat{\boldsymbol{x}}_t$，控制是 $\hat{\boldsymbol{u}}_t$，下一个状态为 $f(\hat{\boldsymbol{x}}_t, \hat{\boldsymbol{u}}_t)$。如果将在 t 时刻的状态改为 $\boldsymbol{x}_t$、控制改为 $\boldsymbol{u}_t$，且 $\boldsymbol{x}_t - \hat{\boldsymbol{x}}_t$ 与 $\boldsymbol{u}_t - \hat{\boldsymbol{u}}_t$ 都比较小，则可以分别对 f 与 C 在局部进行一阶或二阶展开：

$$f(\boldsymbol{x}_t, \boldsymbol{u}_t) \approx f(\hat{\boldsymbol{x}}_t, \hat{\boldsymbol{u}}_t) + \nabla_{\boldsymbol{x}_t, \boldsymbol{u}_t} f(\hat{\boldsymbol{x}}_t, \hat{\boldsymbol{u}}_t) \begin{bmatrix} \boldsymbol{x}_t - \hat{\boldsymbol{x}}_t \\ \boldsymbol{u}_t - \hat{\boldsymbol{u}}_t \end{bmatrix} \tag{4.24}$$

$$C(\boldsymbol{x}_t, \boldsymbol{u}_t) \approx C(\hat{\boldsymbol{x}}_t, \hat{\boldsymbol{u}}_t) + \nabla_{\boldsymbol{x}_t, \boldsymbol{u}_t} C(\hat{\boldsymbol{x}}_t, \hat{\boldsymbol{u}}_t) \begin{bmatrix} \boldsymbol{x}_t - \hat{\boldsymbol{x}}_t \\ \boldsymbol{u}_t - \hat{\boldsymbol{u}}_t \end{bmatrix} + \frac{1}{2} \begin{bmatrix} \boldsymbol{x}_t - \hat{\boldsymbol{x}}_t \\ \boldsymbol{u}_t - \hat{\boldsymbol{u}}_t \end{bmatrix}^{\mathrm{T}} \nabla^2_{\boldsymbol{x}_t, \boldsymbol{u}_t} C(\hat{\boldsymbol{x}}_t, \hat{\boldsymbol{u}}_t) \begin{bmatrix} \boldsymbol{x}_t - \hat{\boldsymbol{x}}_t \\ \boldsymbol{u}_t - \hat{\boldsymbol{u}}_t \end{bmatrix} \tag{4.25}$$

不妨将 $\nabla_{\boldsymbol{x}_t, \boldsymbol{u}_t} f(\boldsymbol{x}_t^k, \boldsymbol{u}_t^k)$ 记为 $\boldsymbol{F}_t^k$（雅可比矩阵），将 $\boldsymbol{x}_t - \boldsymbol{x}_t^k$ 记为 $\delta \boldsymbol{x}_t$，将 $\boldsymbol{u}_t - \boldsymbol{u}_t^k$ 记为 $\delta \boldsymbol{u}_t$，则式（4.24）等价于

$$f(\boldsymbol{x}_t, \boldsymbol{u}_t) - f(\boldsymbol{x}_t^k, \boldsymbol{u}_t^k) \approx \boldsymbol{F}_t^k \begin{bmatrix} \delta \boldsymbol{x}_t \\ \delta \boldsymbol{u}_t \end{bmatrix} \tag{4.26}$$

不妨将$\nabla^2_{\boldsymbol{x}_t,\boldsymbol{u}_t} C(\boldsymbol{x}_t^k,\boldsymbol{u}_t^k)$记为$\boldsymbol{C}_t^k$（海瑟矩阵），将$\nabla_{\boldsymbol{x}_t,\boldsymbol{u}_t} C(\boldsymbol{x}_t^k,\boldsymbol{u}_t^k)$记为$\boldsymbol{c}_t^k$（偏导数构成的向量），则式（4.25）等价于

$$C\left(\boldsymbol{x}_t,\boldsymbol{u}_t\right)-C\left(\boldsymbol{x}_t^k,\boldsymbol{u}_t^k\right)\approx \boldsymbol{c}_t^k\begin{bmatrix}\delta\boldsymbol{x}_t\\ \delta\boldsymbol{u}_t\end{bmatrix}+\frac{1}{2}\begin{bmatrix}\delta\boldsymbol{x}_t\\ \delta\boldsymbol{u}_t\end{bmatrix}^{\mathrm{T}}\boldsymbol{C}_t^k\begin{bmatrix}\delta\boldsymbol{x}_t\\ \delta\boldsymbol{u}_t\end{bmatrix} \tag{4.27}$$

这启发我们，当每个$\boldsymbol{x}_t$和$\boldsymbol{u}_t$比起初始解$\boldsymbol{x}_t^k$和$\boldsymbol{u}_t^k$的变化幅度不大时，可以将式（4.26）和式（4.27）近似视为一个关于$\delta\boldsymbol{x}_t$与$\delta\boldsymbol{u}_t$的局部 LQR 控制问题。对于这个 LQR 控制问题，可以用 4.3.2 节中介绍的算法求解最优的$\delta\boldsymbol{x}_t$和$\delta\boldsymbol{u}_t$，继而得到在$\boldsymbol{u}^k$局部范围内的最优解作为$\boldsymbol{u}^{k+1}$，它比起$\boldsymbol{u}^k$理应有一定的提升。随后，可以用同样的方法在$\boldsymbol{u}^{k+1}$的局部定义一个 LQR 控制问题，求出最优解作为$\boldsymbol{u}^{k+2}$。依次类推，便得到 iLQR 控制器的基本框架。

iLQR 的全称是 iterative LQR，即迭代地采用 LQR 控制器。它的基本思想是首先随机生成一个控制序列$\boldsymbol{u}^0$，并得到与它对应的$\boldsymbol{x}^0$。在迭代的第k步，从当前维护的$\boldsymbol{u}^k$和$\boldsymbol{x}^k$出发，假设$\delta\boldsymbol{x}=\boldsymbol{x}-\boldsymbol{x}^k$及$\delta\boldsymbol{u}=\boldsymbol{u}-\boldsymbol{u}^k$都比较小，将$\boldsymbol{u}^k$和$\boldsymbol{x}^k$局部的区域近似为 LQR 控制问题，即式（4.26）和式（4.27），并求出最优解作为$\boldsymbol{u}^{k+1}$和$\boldsymbol{x}^{k+1}$。重复这个过程，直到收敛，便得到最优控制如算法 4.6 所示。

> **算法 4.6（iLQR 控制器）**
> 重复迭代$k=1,2,\cdots,N$：
> 赋值$\boldsymbol{C}_t^k=\nabla^2_{\boldsymbol{x}_t,\boldsymbol{u}_t} C(\boldsymbol{x}_t^k,\boldsymbol{u}_t^k)$；赋值$\boldsymbol{c}_t^k=\nabla_{\boldsymbol{x}_t,\boldsymbol{u}_t} C(\boldsymbol{x}_t^k,\boldsymbol{u}_t^k)$；
> 赋值$\boldsymbol{F}_t^k=\nabla_{\boldsymbol{x}_t,\boldsymbol{u}_t} f(\boldsymbol{x}_t^k,\boldsymbol{u}_t^k)$；
> 用 LQR 后传算法求解式（4.26）和式（4.27），得到最优的$\delta\boldsymbol{x}_t$和$\delta\boldsymbol{u}_t$；
> 用 LQR 前传算法求解$\boldsymbol{u}_t=\alpha(\boldsymbol{K}_t(\boldsymbol{x}_t-\boldsymbol{x}_t^k)+k_t)+\boldsymbol{u}_t^k$，其中$\alpha\leqslant 1$；
> 将最优的$\boldsymbol{x}_t$与$\boldsymbol{u}_t$分别作为$\boldsymbol{x}_t^{k+1}$和$\boldsymbol{u}_t^{k+1}$；

需要注意的是，在算法迭代中，式（4.26）和式（4.27）从形式上看是一个状态之间的转移关系与惩罚函数均为非时齐的 LQR 控制问题（因为$\boldsymbol{C}_t^k$、$\boldsymbol{c}_t^k$、$\boldsymbol{F}_t^k$均含有时间角标，所以对于不同的t，其取值不同）。这未免让人觉得有些奇怪——原问题中的f与C都不含时间角标，是时齐的，为什么这里得到了一个非时齐的 LQR 控制问题呢？

事实上，状态之间的转移关系f与惩罚函数C是时齐的非线性函数。非线性意味着各个$(\boldsymbol{x}_t,\boldsymbol{u}_t)$位置对应的$\nabla_{\boldsymbol{x}_t,\boldsymbol{u}_t} f$与$\nabla_{\boldsymbol{x}_t,\boldsymbol{u}_t} C$都有所不同。在上述迭代算法的第$k$步，$\boldsymbol{x}_t^k$和$\boldsymbol{u}_t^k$都是给定的值，且数量有限，而我们只需这些$(\boldsymbol{x}_t^k,\boldsymbol{u}_t^k)$在局部发生的事情，因此，不妨将不同的$\nabla_{\boldsymbol{x}_t,\boldsymbol{u}_t} f$与$\nabla_{\boldsymbol{x}_t,\boldsymbol{u}_t} C$视为“由$t$不同导致的不同”，而非“由$\boldsymbol{x}_t$或$\boldsymbol{u}_t$不同导致的不同”。换言之，将“时齐非线性环境各个位置的局部导数不同”视为“非时齐线性环境在各个时间的全局导数不同”。

为什么要采取这种看待问题的方式呢？在之前举例的 LQR 控制问题中，状态之间的转移关系与惩罚函数都是时齐的，即$\boldsymbol{A}$、$\boldsymbol{B}$、$\boldsymbol{Q}$、$\boldsymbol{R}$等系数矩阵与时间无关。但即使如此，由于 MDP 只进行了τ步，因此整个环境也是非时齐的。这会导致算法中的价值函数$Q^*(\boldsymbol{x},\boldsymbol{u},t)$和$V^*(\boldsymbol{x},t)$，以及策略的系数$\boldsymbol{K}_t$也是非时齐的。从这个角度来看，状态之间的转移关系$f$、惩罚函数$C$是否时齐并不会给问题增加复杂度。

打个通俗的比方：LQR 控制器“害怕非线性”而“不怕非时齐”。因此，对于非线性的问题，如果只考虑局部子问题，就应该将“时齐非线性问题”视为“非时齐线性问题”，继而用 LQR 方便地求解。

另外，还有一个值得注意的地方，那就是将问题近似为 LQR 控制问题只能在局部成立。因为当 $\boldsymbol{u}_t$ 距离 $\hat{\boldsymbol{u}}_t$ 太远时，这种线性的近似就会有较大的误差，使式（4.27）和式（4.28）不能反映真实的情况。所以，我们应该控制 $\delta\boldsymbol{x}_t=\boldsymbol{x}_t-\hat{\boldsymbol{x}}_t$ 和 $\delta\boldsymbol{u}_t=\boldsymbol{u}_t-\hat{\boldsymbol{u}}_t$ 不超过一定的范围。

对于 $\boldsymbol{u}_t$，当然可以通过控制步长 α 来直接控制 $\boldsymbol{u}_t-\hat{\boldsymbol{u}}_t$，二者之间是线性关系；但是，对于 $\boldsymbol{x}_t$，是没有办法直接控制 $\boldsymbol{x}_t-\hat{\boldsymbol{x}}_t$ 的——即使控制 $\boldsymbol{u}_t-\hat{\boldsymbol{u}}_t(t=0,1,2,\cdots,t)$ 很小（如小于 α），它们的累积作用也有可能导致 $\boldsymbol{x}_t$ 与 $\hat{\boldsymbol{x}}_t$ 之间有很大的偏差，从而导致局部线性的假设不能成立。

解决这个问题的方法很多。例如，可以为每一步的 $\boldsymbol{u}_t$ 设计一个步长 α_t，也可以采用重规划（Replanning）法。

每次在假定 $\boldsymbol{x}_t$ 固定的情况下，都可以用 LQR 的迭代解出 t 时刻之后的最优序列 $\sigma\boldsymbol{u}_t^*,\sigma\boldsymbol{u}_{t+1}^*,\cdots,\sigma\boldsymbol{u}_\tau^*$。但是，这样只是更新 $\boldsymbol{u}_t$ 一步（换言之，虽然求出了后面 n 步的最优控制，但只走第一步）。这样，就可以控制 $\boldsymbol{u}_t$ 的变化幅度，而 $\boldsymbol{x}_t,\boldsymbol{x}_{t+1},\cdots,\boldsymbol{x}_\tau$ 的变化幅度都应该与 $\boldsymbol{u}_t$ 的变化幅度呈线性关系，处在可控制的范围内；而当进入下一步的状态 $\boldsymbol{x}_{t+1}$ 之后，再从头用 LQR 解出 $t+1$ 时刻之后的最优序列 $\delta\boldsymbol{u}_{t+1}^*,\sigma\boldsymbol{u}_{t+2}^*,\cdots,\delta\boldsymbol{u}_\tau^*$，并且同样只走一步而非多步。

如果采用重规划的算法，则会引出一种全新的思路，下面进行详细讲解。

4.3.5 实时规划

前面提到，在 LQR 控制问题中，用前向迭代可以对 $t=0,1,2,\cdots,\tau$ 求出一系列 $\boldsymbol{K}_t$（$\boldsymbol{K}_t$ 可以展开 $\boldsymbol{A}$、$\boldsymbol{B}$、$\boldsymbol{Q}$、$\boldsymbol{R}$ 等已知的系数矩阵）。当初始状态 $\boldsymbol{x}_0$ 随机、环境转移关系确定时，可以对任意初始状态 $\boldsymbol{x}_0$ 用 $\boldsymbol{K}_t$ 求出一个最优控制序列 $\boldsymbol{u}_t^*$。换言之，最优控制是一个关于初始状态与时间的函数 $\boldsymbol{u}^*=\text{policy}(\boldsymbol{x}_0,t)$。

但是在非线性 iLQR 控制问题中，对于给定的初始状态 $\boldsymbol{x}_0$ 与一组随机生成的解 $\boldsymbol{u}_0,\boldsymbol{u}_1,\boldsymbol{u}_2,\cdots,\boldsymbol{u}_\tau$，我们其实只是在序列 $\boldsymbol{x}_0,\boldsymbol{x}_1,\boldsymbol{x}_2,\cdots,\boldsymbol{x}_\tau$ 的局部对环境转移关系与损失函数进行了一阶和二阶近似，求出了 $\boldsymbol{A}_t$、$\boldsymbol{B}_t$、$\boldsymbol{Q}_t$、$\boldsymbol{R}_t$。如果初始状态 $\boldsymbol{x}_0$ 或状态序列变了，那么所有的 $\boldsymbol{A}_t$、$\boldsymbol{B}_t$、$\boldsymbol{Q}_t$、$\boldsymbol{R}_t$ 都会变得和原来完全不一样。因此，在 iLQR 迭代中，每个由 $\boldsymbol{A}_t$、$\boldsymbol{B}_t$、$\boldsymbol{Q}_t$、$\boldsymbol{R}_t$ 定义的子问题都只对特定的初始状态 $\boldsymbol{x}_0$ 及状态序列成立。在前面所述的重规划方法中，仅当有具体的 $\boldsymbol{x}_t$ 时，才能局部近似出一个 LQR 控制问题，并求出最优控制序列。但是，当面对具体的 $\boldsymbol{x}_{t+1}$ 时，我们又要重新在 $\boldsymbol{x}_{t+1}$ 的局部近似出一个新的 LQR 控制问题，并重新求解。

回顾整个 iLQR 算法，可以发现一件有趣的事情：我们没有办法像在 LQR 中那样预先求解出一系列 $\boldsymbol{K}_t$，使一旦代入具体的 $\boldsymbol{x}_0$ 或时间 t 便能马上得到一个 $\boldsymbol{u}_t^*$ 序列。我们只能在进入具体的 $\boldsymbol{x}_t$ 时，才能通过一系列复杂的迭代得到 $\boldsymbol{u}_t^*$，只有在进入下一个具体的 $\boldsymbol{x}_{t+1}$ 时，才能又通过一系列复杂的迭代得到 $\boldsymbol{u}_{t+1}^*$。

下面来对比 LQR 控制问题与 iLQR 控制问题的不同。

在 LQR 控制问题中，环境确定（且线性）、初始状态随机、非时齐，此时，它的解应具有 $\boldsymbol{u}^* = \text{policy}(\boldsymbol{x}_0, t)$ 的形式。最终解出一系列 $\boldsymbol{K}_t$，即可把解表示为关于 $\boldsymbol{x}_0$ 的时变系数的线性函数，可以将其理解为一种通用形式。

在 iLQR 控制问题中，环境确定（且非线性）、初始状态随机、非时齐，此时，它的解应该同样具有 $\boldsymbol{u}^* = \text{policy}(\boldsymbol{x}_0, t)$ 的形式。但是，由于环境是非线性的，因此通用形式的 $\text{policy}(\boldsymbol{x}_0, t)$ 理论上存在，却无法将其求出来或表示出来。我们事实上采用的做法是，对于给定的具体初始状态 $\boldsymbol{x}_0$，把 $\text{policy}(\boldsymbol{x}_0, t)$ 的序列求出来。如果采用重规划算法，那么我们经历的任何一个状态 $\boldsymbol{x}_t$ 在概念上都和初始状态一样，因此，相当于对给定的具体状态 $\boldsymbol{x}_t$，求解从它出发的 $\text{policy}(\boldsymbol{x}_t, t)$ 序列。这种决策方式称为实时规划（Decision-Time Planning）。

在一般的强化学习问题中，我们总期待能有一个形如 $\text{policy}(\boldsymbol{x})$ 的策略。即使求解它的过程（如训练神经网络）很复杂，但只要求解完成，它便能针对给定的状态 $\boldsymbol{x}$ 直接输出最优动作，即决策的计算量是比较小的。如果要用实时规划算法，或许不需要预先求解什么，但每次在面对具体的状态时，都要花费较大的计算量才能得到这个状态对应的最优控制。因此把这种算法称为实时规划。在无模型的强化学习算法中，只能直接求出策略。而在最优控制或基于模型的强化学习算法（拥有显式环境表达式）下，可以选择采用实时规划算法。在解决实际问题时，这种实时规划的方法无疑比求解策略更笨拙、更不方便，毕竟很多时候人们更关注的是决策的效率，而不是训练时的计算量。但在一些特定的情况下，实时规划或许有难以替代的好处。

4.3.6 小结

本章面对的是状态与动作（控制）都是连续变量的 MDP。由于这里讲的是最优控制中的经典问题，因此采用最优控制惯用的符号与设定，如目标改为最小化总损失（而不是最大化奖励总和）、MDP 有最大时间 T 等，后者导致我们面对的总是非时齐的问题。

首先，本节讲了基本的 LQR 控制问题。因为环境是确定的，所以其最优控制是关于时间的序列 $\boldsymbol{u}_t^*$。利用基于价值的思想，定义能够将每一步的 $\boldsymbol{u}_t$ 的作用包含在其中的 $V^*(\boldsymbol{x}, t)$ 或 $Q^*(\boldsymbol{x}, \boldsymbol{u}, t)$，将大问题拆分成小问题并求解。

然后，本节讲了环境具有随机性的 LQR 控制问题。因为环境是随机且非时齐的，所以其最优控制是关于时间与状态的函数 $\boldsymbol{u}^* = \text{policy}(\boldsymbol{x}, t)$。此时，仍然采用基于价值的思想，不过，由于环境具有随机性，因此 $V^*(\boldsymbol{x}, t)$ 与 $Q^*(\boldsymbol{x}, \boldsymbol{u}, t)$ 的公式与上面有所不同，最终解也并不是序列的形式，而是时变的线性系数 $\boldsymbol{K}_t$ 的形式。

最后，本节讲了环境确定且非线性的问题。因为环境是确定的，所以其最优控制和基本的 LQR 控制问题一样，是关于时间的序列 $\boldsymbol{u}_t$。此时采用的是基于策略的思想，即随机生成 $\boldsymbol{u}_t$ 后，将其局部简化为 LQR 控制问题并迭代地提升它。这种问题求解 $\text{policy}(\boldsymbol{x}_0, t)$ 通式过于困难，因此只能对具体的 $\boldsymbol{x}_0$ 求解最优控制，由此引出了实时规划的意义。请读者务必掌握这个重要概念，在第 8 章学习基于模型的强化学习算法时，这个概念是非常重要的。

前面提到，强化学习有两种解决思路：基于价值与基于策略。基于价值的思想意味着将大问题拆分成小问题。为此，需要定义能够将最终目标 J 区分到每一步中的 Q^* 函数与 V^* 函数并求解它们。在基于策略的算法中，将 J 视为关于策略的函数，并通过优化直接寻找 J 的极值点。

思　考　题

1. 对于 $\tau = 2$ 且含有一次项与常数项的 LQR 控制问题，尝试将 J 展开为关于 $\boldsymbol{x}_0$ 与 $\boldsymbol{u}_0, \boldsymbol{u}_1, \boldsymbol{u}_2$ 的正定二次函数。

2. 考虑更一般的 LQR 控制问题，即状态之间的转移关系中的常数项、损失函数中的一次项及交叉项不为 0，写出式（4.15）～式（4.19）。

3. 请将环境具有随机性（正态分布）的 LQR 控制问题的求解思路补全为具体的、完整的算法框图。

4. 若我们面对的是具有随机性且非线性的环境（$\boldsymbol{x}_{t+1}$ 服从均值为非线性函数 $f(\boldsymbol{x}_t, \boldsymbol{u}_t)$ 的正态分布），则应该如何求解最优控制呢？请给出大致的思路。

5. 写出带重规划的 iLQR 的具体步骤。另外，思考还有什么在更新 $\boldsymbol{u}_t$ 的同时控制 $\boldsymbol{x}_t$ 与 $\hat{\boldsymbol{x}}_t$ 之间的距离不要太大的方法。

6. 请准确理解实时规划的意义，并想象在哪些情况下它是必要的。

4.4　总结

本章讲述了如何在环境完全已知的前提下求 MDP 的最优解。这其中有些算法对于强化学习有启发作用。强化学习研究的是求解未知环境、非退化的 MDP 的最优策略。因此，我们需要将针对未知环境产生数据的技巧与求解最优控制问题的思想有机地结合起来，高效地求出问题的解。

在最优控制问题中，主要有两种解题思路——基于价值与基于策略。前者要求先算出衡量“好坏”的价值量（如 $V(s)$ 与 $Q(s,a)$），再根据最大化价值的原则（如 $\max_a (R_s^a + \gamma V(s'))$）进行决策；后者要求解出一个决策函数（根据 MDP 的具体定义，决策函数分别可能是 $a^* = \text{policy}(s)$、$\text{policy}(t)$ 或 $\text{policy}(s,t)$ 等不同形式）并直接用它决策。

这两种决策方式有明显的不同。前者先判断“好坏”再权衡取舍；而后者则“见机行事”，直接针对输入的状态或时间输出动作。不过，经过前面的学习，希望读者能从过程中和基本思想上体会它们的根本区别，理解两者在求解价值函数或决策函数的过程中有什么根本性的不同。

首先，从对于时间的态度上来看，二者是不同的。对于非退化的 MDP，需要进行 $T > 1$ 步决策，每一步决策都会影响全局。针对这一点，基于价值的算法采取的是一种时间差分的思路，即把每一步的实际作用真正区分到每一步。若解出的价值函数 $V(s)$ 比较准确，就可以只用 $R_s^a + \gamma V(s')$ 的大小来评判这一步采取的 a 究竟效果如何，区分每一步决策的好坏与其带来的影响。而基于策略的算法则没有采取这种时间差分的思路，它只考虑综合多步的最终结果 J 或 G，每次对于策略函数的改动都可能对整个过程中的各步产生影响。

打个简单的比方：在时间离散、环境确定的 LQR 控制问题中，总损失 J 可以展开为关于 $\boldsymbol{u}_0,\boldsymbol{u}_1,\cdots,\boldsymbol{u}_T$ 的正定二次函数。基于价值的算法相当于先后对每个含有 $\boldsymbol{u}_t$ 的 Q_t^* 函数进行优化，这样就可以将大的优化问题分成小的优化问题；而基于策略的算法则只将 J 视为全局策略 $\boldsymbol{u}_0,\boldsymbol{u}_1,\cdots,\boldsymbol{u}_T$ 的函数，直接求出最优值。

其次，从解题方法上来看，二者也是非常不同的。前面提到，对于给定环境的 MDP，“价值”可以视为一个客观存在的量，它的大小与采取什么策略是没有关系的。因此，基于价值的算法本质上就是在解方程，其目标是解出隐藏在环境背后的客观存在的量；而基于策略的算法本质上则是在做优化，其目标是充分优化策略函数，使它对应的总效用（或总损失）能够取得极大值或极小值。

在具体问题中，可以采用不同的算法实现解价值方程或优化策略的目标。例如，基于价值的算法本质上是在求解价值方程，它可以直接解方程，也可以用迭代法解方程（如值迭代或 DQN）；而基于策略的算法本质上是在优化策略，它可以求解梯度等于 0 得到最优点，也可以迭代地优化（如策略梯度、AC 算法等）。在一般的强化学习问题中，环境比较复杂，直接求解往往是不可行的，因此一般都会采取迭代法。由于这个原因，在很多情况下，基于价值的算法与基于策略的算法看起来比较类似（如值迭代与策略迭代），但我们要明确二者的目标有本质的不同，前者是用迭代法解方程，而后者则是迭代地优化策略。只有这样，才能正确地应用与算法配套的技巧。

另外，基于价值和基于策略指的是两种思想，而不是对于算法的严格分类方式。在具体的算法中，我们会同时用到基于价值和基于策略两种思想。例如，在 iLQR 控制问题中，每一步求解 LQR 控制问题采用的都是基于价值的思想；但是从算法的整体框架上来看，它在不断地局部优化决策序列 $\boldsymbol{u}_0,\boldsymbol{u}_1,\cdots,\boldsymbol{u}_T$，因此算法的整体框架应该是基于策略的思想。

在强化学习中，很多基于策略的算法会用到“价值”作为辅助，以指引策略应该怎样提升。例如，后面会讲到的 AC、TRPO、DDPG 等算法都要计算某种价值函数（一般是基于策略的价值），但它们都是基于策略的算法。另外，一般基于价值的算法不需要用到策略，因为它求解的是环境中隐藏的客观存在的量，与所选择的策略没有关系。

本书的重点是讲解强化学习，即求解未知环境的 MDP。在强化学习中，假定可以无限与环境进行交互，得到服从环境表达式分布的数据。从这个角度来看，它在一定程度上可以化归为基本的最优控制问题来求解。但是，由于要兼顾数据成本与准确性、取舍探索与利用，因此强化学习相对于最优控制算法无疑更难。通过本章的学习，希望读者能够先排除“环境未知带来的干扰”，理解基于价值与基于策略这两种基本思想。这对于后面学习强化学习相关算法有巨大的帮助。

参考文献

[1] ITO K, KUNISCH K. Optimal Control[M]. New York: John Wiley & Sons, Inc. 1999.

[2] ANDERSON B D O. Optimal Control: Linear Quadratic Methods[J]. Prentice-Hall International, 2013, 251.

[3] BERTSEKAS D P. Dynamic Programming and Optimal Control[J].Athena Scientific, 1995. DOI: 10.1057/jors. 1996. 103.

[4] SIVAN R, KWAKERNAAK H. Linear Optimal Control Systems[J]. Journal of Dynamic Systems Measurement and Control, 1974,96(3):373. DOI:10.1115/1.3426828.

[5] TODOROV E, LI W. A generalized iterative LQG method for locally-optimal feedback control of constrained nonlinear stochastic systems[C]//IEEE.IEEE, 2005. DOI: 10.1109/ ACC. 2005. 1469949.

第 5 章

RL

基于价值的强化学习

在最优控制问题中，环境已知，算出价值后可根据 $\arg\max_a E(R_s^a + \gamma V^*(s'))$ 选择最优动作。在无模型的强化学习算法中，我们既不知道 $P_{ss'}^a$ 与 R_s^a 的表达式，又不打算为其建模。因此即使能算出 $V^*(s)$，也无法只依靠它进行决策。

前面介绍过状态-动作价值函数 Q^*。$Q^*(s,a)$ 的定义是“处于状态 s 且立即采取动作 a，后续按最优策略进行操作，能获得的期望总效用（期望奖励总和）”。如果求出了函数 $Q^*(s,a)$，则可以依靠 $\arg\max_a Q^*(s,a)$ 选择最优动作，而无须依靠环境转移关系与奖励函数的表达式。这正符合无模型算法的特点。

这里用 s 和 a 分别表示 t 时刻的状态与动作，用 s' 和 a' 分别表示 $t+1$ 时刻的状态与动作，此时，状态-动作价值函数 $Q^*(s,a)$ 满足如下贝尔曼方程：

$$Q^*(s,a) = E(R_a^s + \gamma \max_{a'} Q^*(s',a'))$$

由于概率 $P_{ss'}^a$ 都在 0 到 1 之间，且 γ 是 0 到 1 之间的折扣因子，因此，由泛函分析中著名的压缩映射原理可得上述方程只有唯一解，并且，从任意初始解出发，用雅可比迭代一定可以收敛到该解上。

具体而言，我们还要根据 MDP 中状态与动作的定义来确定 $Q(s,a)$ 的形式：如果状态与动作都是离散变量，则 $Q(s,a)$ 可以表示为一个表格；如果状态是连续变量而动作是离散变量，则 $Q(s,a)$ 可以用一个神经网络来表示；如果动作和动作都是连续变量，则 $Q(s,a)$ 仍然可以表示为神经网络。本章主要介绍 4 种基于价值的强化学习方法。其中，Q-Learning 和 Sarsa 方法针对的是状态与动作都是离散变量的问题，深度 Q 网络（Deep Q-Net，DQN）处理的是状态是连续变量而动作是离散变量的问题，归一化优势函数（NAF）能够处理状态与动作都是连续变量的问题。

5.1 Q-Learning

下面首先讨论状态与动作都是离散变量的情况。

5.1.1 Q 表格

假设 MDP 一共有 m 个状态与 n 个动作，则可以将 $Q(s,a)$ 设为一个 m 行 n 列的表格，称之为 Q 表（Q-Table）。在算法中，我们会首先随机初始化 Q 表，然后不断修改它的值，直至它收敛。本书后面用 $Q(s,a)$ 代表 Q 表格中某一格的数值，如 $Q(s^2,a^3)$ 代表 Q 表中第 2 行第 3 列的数值。为了区分，将之前在概率意义下定义的状态-动作价值函数记作 $Q^*(s,a)$。

$Q^*(s,a)$ 满足如下贝尔曼方程：

$$Q^*(s,a)=E(R_s^a)+\gamma\sum_{s'}P_{ss'}^a\max_{a'}Q^*(s',a') \tag{5.1}$$

而 Q-Learning 用如下公式来迭代 Q 表，直到它收敛于 $Q^*(s,a)$：

$$Q(s,a)\leftarrow E(R_s^a)+\gamma\sum_{s'\in S}P_{ss'}^a\max_{a'}Q(s',a') \tag{5.2}$$

使用上述公式对 Q 表中的元素进行迭代计算，最终 Q 表的值将收敛于 $Q^*(s,a)$。由于环境未知，因此奖励函数和状态之间的转移关系需要使用与环境进行交互得到的数据来估计。

在强化学习中，将 (s,a,r,s') 形式的数据称为单步转移数据（Transition Data）。考虑某个特定的状态-动作对 (s,a)。在所有给定 (s,a) 开头的单步转移数据 (s,a,r,s') 中，r 和 s' 服从环境分布，因此可以求出 $r+\gamma\max_{a'}Q(s',a')$ 的均值，作为 $E(R+\gamma\max_{a'}Q(s',a')$ 的估计。将 Q 表中的元素 $Q(s,a)$ 沿着目标方向进行更新，更新公式如下：

$$Q(s,a)\leftarrow Q(s,a)+\alpha[E\left(R+\gamma\max_{a'}Q(s',a')\right)-Q(s,a)] \tag{5.3}$$

其中，α 为学习率。这样，可以得到算法 5.1。

> **算法 5.1（Q-Learning）**
> 随机初始化 Q 表中的 $Q(s,a)$ 并确定学习率 α；
> 与环境进行交互，产生形如 (s,a,r,s') 的数据；
> 重复迭代：
> 计算 $\text{target}=\hat{E}_{r,s'\sim P,R}(r+\gamma\max_{a'}Q(s',a))$；
> 赋值 $Q(s,a)\leftarrow Q(s,a)+\alpha(\text{target}-Q(s,a))$；
> 直到算法收敛；

下面考虑如何产生与使用算法所需的训练数据。

5.1.2 产生数据集的方式：探索与利用

如果 MDP 的规模较小，如只有 5 个不同的 s、3 个不同的 a，即一共只有 15 个不同的 (s,a)，则可以对每个 (s,a) 重复进行多次实验。但是，如果我们面临的是一个训练象棋 AI 的问题，则不同的 (s,a) 的数量非常大。此时，如果对每个 (s,a) 只进行少量的实验，则估计结果可能误差巨大；而如果对每个 (s,a) 都进行大量实验，则此时的计算量是我们无法承受的。

在强化学习中，我们需要选择合适的方式与环境进行交互，即根据需要产生最有价值的数据。仿照退化的强化学习（盲盒售货机问题）中的思想，我们必须将有限的计算量集中到更重要的 (s,a) 上，以此提升数据效率。

那么，什么样的数据才更有价值呢？看下面的例子。

在象棋中，设初始状态为 s^0。此时，第一步可行的走法有许多，方便起见，将第一步的走法简化为只有以下 5 种：“当头炮”“巡河炮”“飞相”“铁滑车”“御驾亲征”。当 $a=$ “当头炮”或“飞相”时，$Q(s^0,a)$ 比较大，因为这两种都是常见的开局走法；而当 $a=$ “铁滑车”时，$Q(s^0,a)$ 比较小，因为如果第一步出车，那么对方可以立即用炮打掉我方的一匹马。假定它们对应的 Q 值如图 5.1 所示。

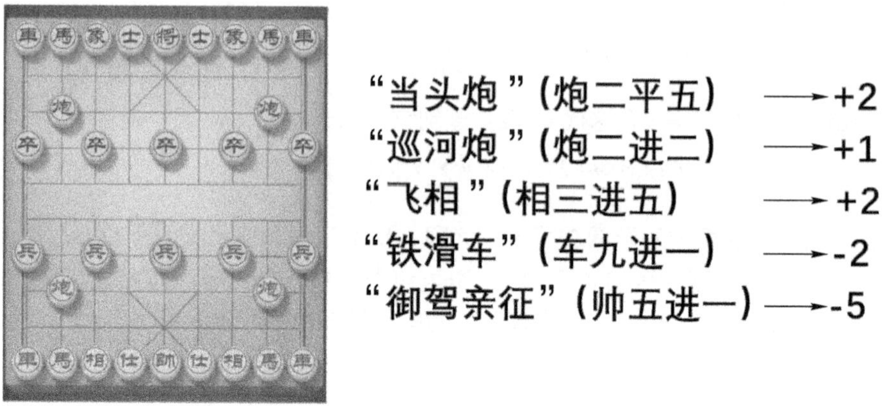
“当头炮”（炮二平五） ——→+2
“巡河炮”（炮二进二） ——→+1
“飞相”（相三进五） ——→+2
“铁滑车”（车九进一） ——→-2
“御驾亲征”（帅五进一）——→-5

图 5.1　象棋各种开局走法对应的 Q 值

假设由于计算量的限制，只允许与环境交互 1 亿次。如果采用平均分配方式，对这 5 种开局走法各实验 2000 万次，并根据后续的平均结果来判断这 5 种开局走法的优劣。那么这意味着，即使我们发现“御驾亲征”是不好的，但公平起见，也要采取这种开局走法 2000 万次，如图 5.2 所示。这显然是很不经济的。

我一定要走够
2000万次。
为什么他总是
第一步走“御驾亲征”呢？
他还没发现这样会输吗？

图 5.2　用完全探索的方式产生数据

一个很自然的想法是，先通过少量实验发现“铁滑车”和“御驾亲征”这两种开局走法是比较差的，然后就不再尝试这两种开局走法，而将有限的计算量用于尝试另外 3 种比较好的开局走法。我们希望将宝贵的成本用于计算各种好的开局走法的效果并进行对比，而不是将其浪费在计算差的开局走法的效果上。

以上所说的正是利用的思想。简单地概括，就是要让训练集中 (s,a) 的分布尽量与最优策略的 (s,a) 的分布接近。即使不考虑训练期间智能体的表现，利用也可以显著地提升训练效率。

需要注意的是，在算法中，我们随机初始化 $Q(s,a)$ 并进行迭代。在迭代初期，$Q(s,a)$ 往往与真正的 $Q^*(s,a)$ 有较大的差距。因此，利用并不意味着能产生与真正最优策略分布接近的数据集，而只能产生与算法当前认为的最优策略分布接近的数据集。如果采取完全利用的方法，则很可能影响算法的最终效果。

下面还用象棋来打比方：象棋中的两个炮是摆在外面的，它在开局时能比较快、比较方便地发挥作用；而车是摆在最里面的，往往需要用两三步走到关键的位置，之后才能发挥作用。假设智能体刚开始学习下象棋时总是用炮取得优势，它就会将与炮相关的状态、动作对应的 $Q(s,a)$ 估计得比较高，并在训练对局中进一步追求更多地使用炮；另外，智能体还可能尝试过移动车，但几步之内都没有用车获得奖励，此时，它就会将与车有关的状态、动作对应的 $Q(s,a)$ 估计得比较低。如果采取完全利用的方法，则训练中一旦低估了与车相关的价值，智能体便不再尝试使用车产生与车有关的数据，就不可能修正自己对与车相关的价值的低估。设 π 是“不使用车的情况下的相对最优策略”。由于它并不是全局最优策略，因此将其称为次优策略（Sub-Optimal Policy）。如果采取完全利用的方法生成数据，则 Q 表可能收敛于 $Q_\pi(s,a)$ 而不是 $Q^*(s,a)$。这种情况一般被称为局部收敛，举例如图 5.3 所示。

图 5.3　局部收敛：不使用马的次优策略

在讲解盲盒售货机问题时曾讲过，不能让数据集的分布过于集中在少量动作或状态上，以提高算法的鲁棒性。对于非退化的强化学习，道理也是一样的。训练中可能会对部分 (s,a) 对应的 $Q(s,a)$ 高估或低估。如果对被低估的 $Q(s,a)$ 产生的数据集过分地少，就不能及时地修正对它的低估。因此，在利用外，还必须采取探索的思想。

设训练集中以特定的状态-动作对 (s,a) 开头的单步转移数据共有 $N(s,a)$ 条，则估计 $Q(s,a)$ 的准确度与 $N(s,a)$ 是正相关的，因为我们可以用 $N(s,a)$ 条不同的真实 (r,s') 数据计算 $r+\max_{a'} Q(s',a')$ 的均值，作为 $Q(s,a)$ 更新的目标。样本量 $N(s,a)$ 越大，自然能将目标估计得越准确。

概括地说，我们希望训练集中不同的 (s,a) 对应的 $N(s,a)$ 尽量与当前认为最优策略对应的 (s,a) 分布比较接近，但是又不能过于集中在少数动作或状态上，这便是探索-利用权衡。

5.1.3　探索策略

最简单的探索策略是 ε-贪心策略，即用 ε 的概率探索、用 $1-\varepsilon$ 的概率利用。它可以使训练集中的数据分布与当前认为的最优策略比较接近，但是又不能完全一致，即不能过于集中在少数动作上。采用 ε-贪心策略探索的 Q-Learning 算法框图如算法 5.2 所示。

算法 5.2

随机初始化 Q 表中的 $Q(s,a)$ 并确定学习率 α、探索率 ε；

重复迭代：

　　产生 0 到 1 之间随机分布的随机数 x；

if $x \geqslant \varepsilon$：

（利用）选择 $\text{argmax}_a Q(s,a)$，产生 (s,a,r,s')；

if $x < \varepsilon$：

（探索）随机选择 α，产生 (s,a,r,s')；

计算 $\text{target} = \hat{E}(r + \gamma \max_{a'} Q(s',a))$；

赋值 $Q(s,a) \leftarrow Q(s,a) + \alpha(\text{target} - Q(s,a))$；

直到算法收敛；

在算法初始化时，因为对于各个动作的价值估计不准确，所以探索是比较重要的；而在算法后期，因为需要更加集中于与最优策略相关的 (s,a)，所以此时利用比较重要。因此，随着训练的进行，可以逐渐减小 ε。

在训练中的任何时刻，ε-贪心策略对除当前认为的最优动作外的所有动作都是一视同仁的。例如，在下象棋时，我们可以通过初步训练发现“飞相”和“当头炮”都是比较好的开局走法，而“御驾亲征”是比较差的开局走法。但是，如果采用 ε-贪心策略算法，则当我们发现“飞相”的 Q 值比“当头炮”的 Q 值稍大一点之后，我们就会以 $1-\varepsilon$ 的概率产生与“飞相”相关的数据（利用），而以相等且较小的概率产生与“当头炮”和“御驾亲征”相关的数据（随机探索）。简而言之，ε-贪心策略算法甚至不能体现出次优动作“当头炮”比最差的动作“御驾亲征”要更好。

玻尔兹曼探索策略能很好地解决上述问题：当智能体处于状态 s 时，将各个 a 对应的 $Q(s,a)$ 按照 Softmax 函数算出一个离散概率分布并从中抽样。采用玻尔兹曼探索的 Q-Learning 算法框图如算法 5.3 所示。

算法 5.3

随机初始化 Q 表中的 $Q(s,a)$ 并确定学习率 α；

重复迭代：

按离散概率分布 $P(a^j|s) \propto \exp(Q(s,a^i))$ 选择 a，产生 (s,a,r,s')；

计算 $\text{target} = \hat{E}(r + \gamma \max_{a'} Q(s',a))$；

赋值 $Q(s,a) \leftarrow Q(s,a) + \alpha(\text{target} - Q(s,a))$；

直到算法收敛；

玻尔兹曼探索策略不仅体现出最优动作与非最优动作的区别，还体现出各个非最优动作之间的差别。此外，由于 Softmax 函数的特性，玻尔兹曼探索策略还会在不同的状态下表现出不同的探索或利用的倾向。例如，在面对一些 s 时，如果某个 a 对应的 $Q(s,a)$ 非常突出（这个动作明显是这个状态下的最优动作），则智能体会以很大的概率选择这个最优动作（倾向于利用）；而在面对另外一些 s 时，如果各个 a 对应的 $Q(s,a)$ 都差不多（还没有明确地发现最优策略），则智能体会相对随机地在它认为比较好的几个动作中挑选一个（倾向于探索）。

在 ε-贪心策略算法中，可以通过调节 ε 来控制智能体倾向于探索或利用。而在玻尔兹曼探索策略中，同样可以添加一个可调节的系数 λ 来控制这个比例。具体而言，可以按照如下概率分布来选择 a：

$$P(A=a^i \mid S=s)=\frac{\exp(\lambda Q(s,a^i))}{\sum_j \exp(\lambda Q(s,a^j))} \tag{5.4}$$

当λ比较小时，智能体倾向于探索，λ取值为 0 等同于完全探索；而当λ比较大时，智能体倾向于利用，当λ趋于无穷大时，智能体会趋于严格利用（确定地只选择$Q(s,a)$最大的动作）。在训练中，可以一开始将λ设得比较小，并随着训练的进行让其慢慢增大。

5.1.4 使用训练数据的方法：经验回放

除要考虑如何产生训练数据外，我们还要考虑如何使用训练数据。

在算法 5.1 中，我们一边产生单步转移数据(s,a,r,s')，一边用它来训练。当这条单步转移数据(s,a,r,s')被用于训练一次之后，就不再用它了。现实中的数据集都是有成本的，只使用一次就丢弃的方法显然是很不经济的。

另外，利用的核心思想就是要一边修改 Q 表，一边按照 Q 表进行决策以产生新的数据，并用这些数据进一步修改 Q 表。因此，我们用的训练数据分布必须比较接近当前策略对应的分布，只有这样才有足够的学习价值。

综合以上两点，我们采取如下方法：准备一个有一定容量的数据库，在训练过程中，让智能体不断地按照当前的 Q 表进行决策，产生(s,a,r,s')数据集，并将这些新数据集存入数据库中。如果超过数据库的容量，则需要将其中一些旧的数据丢弃。每过一段时间，就从数据库中随机地取出一批(s,a,r,s')数据集用于训练。我们将这个方法称为经验回放（Experience Replay）机制。采用玻尔兹曼探索及记忆回放机制的 Q-Learning 算法框图如算法 5.4 所示。

算法 5.4

随机初始化 Q 表中的$Q(s,a)$，确定学习率α、探索率λ，并建立数据库；

重复迭代：

  重复迭代K步（产生数据）：

    按离散概率分布$P(a^j|s) \propto \exp(Q(s,a^i))$选择$a$，产生$(s,a,r,s')$；

    将新产生的(s,a,r,s')加入数据库；

  重复迭代n步（训练）：

    从数据库中抽取一批(s,a,r,s')数据集；

    计算 $\text{target}=\hat{E}(r+\gamma\max_{a'}Q(s',a))$；

    赋值 $Q(s,a) \leftarrow Q(s,a)+\alpha(\text{target}-Q(s,a))$；

    直到算法收敛；

经验回放有助于更加高效地使用数据。每条新产生的数据从被存入数据库到被彻底丢弃之前，都有机会被多次抽取并用于训练。因此，经验回放技术可以显著提升算法的数据效率。

经验回放可以使我们用到的训练集更多、分布更广。在此过程中，不断有新产生的数据被加入数据库，而同时有部分过去产生的数据被移除，这也意味着数据库中数据集的分布比较接近当前最优策略对应的分布，但是又不完全一致。即使我们采用完全利用的方式产生新数据，由于数据库中包含训练中不同阶段策略所产生的数据，因此从数据库中随机抽取的训练数据也不会如完全利用一般只集中在少数动作上。在某种意义上，经验回放具有和探索策略类似的性质，可以提高算法的鲁棒性。

经验回放技术还有一个重要作用：破坏训练数据之间的前后关联性。

非退化的强化学习一般要持续许多步。因此，与环境连续进行交互产生的单步转移数据 (s,a,r,s') 往往是前后关联的，前一条数据的 s' 即后一条数据的 s。采用经验回放技术后，我们可以将产生的单步转移数据存入数据库，每次训练时从中随机抽取一批，这样可以使训练数据没有前后关联性。在估计一个概率模型的期望值时，我们希望独立地从该概率模型中产生样本，否则会导致估计的方差变大。因此，破坏数据集的前后关联性有助于减小估计的方差。

此外，经验回放意味着我们可以人为控制为数据库加入或删除数据的规则，以此来控制训练的 (s,a) 分布，使它更好地符合我们的要求。

思 考 题

1. 考虑为什么 Softmax 函数适合用来作为探索策略？为什么说它能够在不同的 s 下表现出不同的探索或利用倾向呢？

2. 能否从别的角度说明训练集存在前后关联性会导致什么问题？

3（实验题）：请自己定义一个状态、动作有限（2~4）的 MDP，自定义 $P_{ss'}^a$、R_s^a 及 γ。通过贝尔曼方程算出真正的 $Q^*(s,a)$。尝试用不同的探索策略产生数据，估计 $Q(s,a)$，并与真实的 $Q^*(s,a)$ 进行对比。

5.2 Sarsa

本节介绍另一个表格型的算法——Sarsa。

5.2.1 基本 Sarsa 算法

在 Sarsa 中，采用如下公式进行训练：

$$Q(s,a) \leftarrow Q(s,a) + \alpha(E(R_s^a + \gamma Q(s',a')) - Q(s,a)) \tag{5.5}$$

可以看出，与 Q-Learning 相比，Sarsa 的唯一差别就是将 $\max_{a'} Q(s',a')$ 换成了 $Q(s',a')$。这也意味着在 Sarsa 中使用的数据集是 (s,a,r,s',a') 的形式，而不是 (s,a,r,s') 的形式。这也正是其名称的由来。

算法 5.5 显示了采用玻尔兹曼探索策略的 Sarsa 算法的流程。

算法 5.5
随机初始化 Q 表中的 $Q(s,a)$ 并确定学习率 α；
重复迭代：

按离散概率分布 $P(a^j|s) \propto \exp(Q(s,a^i))$ 选择 a ，产生 (s,a,r,s',a') ；
计算　$\text{target} = \hat{E}(r+\gamma Q(s',a'))$ ；
赋值　$Q(s,a) \leftarrow Q(s,a) + \alpha(\text{target} - Q(s,a))$ ；
直到算法收敛；

在 Q-Learning 中，设训练中一共有 $N(s^1,a^1)$ 次在 s^1 状态下采取动作 a^1，得到了 $N(s^1,a^1)$ 组不同的反馈 (r,s') ，则这些 (r,s') 是从分布 $R_{s^1}^{a^1}$ 与 $P_{s^1s}^{a^1}$ 中随机产生的。根据这 $N(s^1,a^1)$ 组不同的 (r,s') 计算 $r+\max_{a'} Q(s',a')$ 并求均值，便可以得到 $E(R+\gamma\max_{a'} Q(s',a'))$ 的一个估计。如果写得详细一些，则为

$$\text{target} = \hat{E}_{s',r\sim\text{environment}}(R_s^a + \gamma\max_{a'} Q(s',a')) \quad (5.6)$$

在 Sarsa 中，对于同样的 (s,a) ，环境反馈的 (r,s') 也是服从 $P_{ss'}^a$ 与 R_s^a 的。但问题是，如何从 s' 选择 a' 是由当前智能体产生训练数据的策略决定的。不妨设智能体产生训练数据使用的策略为 π ，当用 π 产生很多 (s,a,r,s',a') 数据时，对它们分别计算 $r+\gamma Q(s',a')$ 并求均值，便可以得到 $E(R+\gamma Q(s',a')$ 的一个估计。如果将这个期望写得详细一些，则为

$$\text{target} = \hat{E}_{s',r\sim\text{environment},a'\sim\pi(s')}(R_s^a + \gamma Q(s',a')) \quad (5.7)$$

换言之，Q-Learning 和 Sarsa 的不同，绝不只是 $\max_{a'} Q(s',a')$ 与 $Q(s',a')$ 这两个式子不同，更重要的是“期望”的含义不同。虽然在简略的写法中它们都只是一个 E ，但是在 Q-Learning 中，我们只对环境的分布求期望；而在 Sarsa 中，我们对环境分布及 π 的分布求期望。

$Q^*(s,a)$ 的定义是“处于状态 s 且立即采取动作 a ，后续按最优策略进行操作，能获得的期望奖励总和”；而 $Q_\pi(s,a)$ 的定义则是“处于状态 s 且立即采取动作 a ，后续按策略 π 进行操作，能获得的期望奖励总和”。因此有 $Q_\pi(s,a) \leqslant Q^*(s,a)\forall(s,a)$ ，只有当 π 恰好是最优策略时，才有 $Q_\pi(s,a) = Q^*(s,a)\forall(s,a)$ 。

根据 $Q^*(s,a)$ 与 $Q_\pi(s,a)$ 的定义，有以下两个贝尔曼方程：

$$Q^*(s,a) = E_{\text{environment}}(R_s^a + \gamma\max_{a'} Q^*(s',a')) \quad (5.8)$$

$$Q_\pi(s,a) = E_{\text{environment},\pi}(R_s^a + \gamma Q_\pi(s',a')) \quad (5.9)$$

在 Q-Learning 中，通过迭代法求解第一个关于 $Q^*(s,a)$ 的方程——如果有足够的服从环境分布的 (s,a,r,s') 数据，并利用 Q-Learning 进行迭代，则 $Q(s,a)$ 会收敛到 $Q^*(s,a)$ ；在 Sarsa 中，通过迭代法求解第二个关于 $Q_\pi(s,a)$ 的方程——如果有足够的服从环境与当前策略 π 分布的 (s,a,r,s',a') 数据，并利用 Sarsa 进行迭代，则 $Q(s,a)$ 不会收敛到 $Q^*(s,a)$ ，而会收敛到 $Q_\pi(s,a)$ 。

需要注意的是，在算法迭代过程中，并没有显式的策略 π 。我们只是根据当前的 Q 表来选择动作。例如，在上例中采用玻尔兹曼探索策略，产生数据的策略中的动作分布如下（这显然要依赖当前的 Q 表）：

$$P(A=a^i \mid S=s) = \frac{\exp(\lambda Q(s,a^i))}{\sum_j \exp(\lambda Q(s,a^j))} \quad (5.10)$$

可以想象，当前的 $Q(s,a)$ 表中有一个隐含策略 π 。在迭代过程中，π 在不断地变化，$Q_\pi(s,a)$ 随之变化，而 $Q(s,a)$ 表则以 $Q_\pi(s,a)$ 为拟合目标，当 $Q_\pi(s,a)$ 变化之后，其中包含的隐含策略 π 的效果得到提升，$Q_\pi(s,a)$ 随之改变，$Q(s,a)$ 表的拟合目标也改变了。从这个角度来看，Sarsa 比较

像最优控制中的策略迭代算法，更接近两种思想中的基于策略而非基于价值的思想。

当然，如果最后 π 收敛到了最优策略 π^*，则 $Q_\pi(s,a)$ 最终也会收敛到 $Q^*(s,a)$。因此，Q-Learning 与 Sarsa 虽然过程不一样，却很可能“殊途同归”，正如值迭代与策略迭代这两个算法一样。

5.2.2 同策略与异策略

Q-Learning 的目标是求解 $Q^*(s,a)$，而 Sarsa 的目标则是求解 $Q_\pi(s,a)$。在本节中，我们来看看二者使用数据的方式有什么不同。

在 Q-Learning 中，使用 (s,a,r,s') 形式的数据集且仅要求 (r,s') 服从环境分布。因此，可以采用经验回放技术，即准备一个数据库并不断地把智能体产生的单步转移数据 (s,a,r,s') 存入其中。

在 Sarsa 中，情况与 Q-Learning 很不一样：使用 (s,a,r,s',a') 形式的数据集，不仅要求 (r,s') 服从环境分布，还要求 a' 服从 π 关于 s' 的条件分布。在整个训练过程中，Q 表会不断地改变，智能体产生数据的策略 π 也会相应地改变。这意味着智能体在过去产生的 (s,a,r,s',a') 可能不服从现在的策略 π 对应的条件分布。因此，智能体过去产生的数据不能用于进行现在的训练。

由于上述原因，不能在 Sarsa 中采用经验回放技术。在训练中的某一步，设当前 Q 表中的隐含策略为 π，则可以一次性用智能体产生大量服从环境及 π 分布的数据，并用其进行训练。在这一步训练后，Q 表的内容发生了变化，这意味着其中的隐含策略已经变成了与 π 不同的 π'。这时，刚才那些服从环境与 π 分布的 (s,a,r,s',a') 数据就不再服从当前策略分布了，因此只能将其丢弃。在新的一步中，智能体要用当前策略 π' 重新产生大量数据并进行训练。

我们将 Q-Learning 中利用经验回放技术的训练方式称为异策略（Off-Policy），将 Sarsa 中用即时产生的数据进行训练的训练方式称为同策略（On-Policy）。二者的核心差别在于，异策略只要求数据服从环境分布，而同策略却要求数据服从环境及当前策略分布。如果只要求数据服从环境分布，则由于过去产生的所有数据都服从环境分布而可以将任何时候产生的数据储存下来多次利用；如果要求数据服从环境及当前策略分布，则过去产生的数据无法直接用于当前的训练。

5.1.2 节中讲到探索-利用权衡的概念，它与训练数据的分布同样密切相关。下面将其与同策略、异策略的概念进行辨析。

因为 Sarsa 是同策略算法，所以要求训练数据 (s,a,r,s',a') 必须严格服从环境及当前策略分布，否则估计目标就会存在偏差；为了提高算法的鲁棒性，可以增加一定的探索倾向。需要注意的是，采用不同的探索策略意味着生成数据的策略 π 发生了变化，即训练数据中的 (s,a) 分布会发生变化。此时，Q 表更新的目标 Q_π 也会相应发生变化。无论采取何种探索策略，训练集只能由当前策略产生，而不能混入过去产生的数据，只有这样才能得到 Q_π 的无偏估计。

Q-Learning 是异策略的，仅要求训练数据 (s,a,r,s') 服从环境分布，即对于给定的 (s,a)，仅要求 (r,s') 服从环境在 (s,a) 下的条件分布。因此，理论上可以用任何时候、任何策略从环境中产生的数据作为训练集。但在此基础上，为了提升算法的数据效率，我们仍希望让训练集中

(s,a) 的分布和当前策略对应的 (s,a) 分布比较接近，使比较重要的 $Q(s,a)$ 能被更加准确地计算。因此，即使在异策略算法中，我们仍然会利用当前估计的最优策略产生数据，并不断丢弃数据库中比较旧（与当前策略分布差别过大）的数据。这些举措都是为了使训练集中 (s,a) 的分布与当前策略对应的 (s,a) 分布相对接近。

从另一个角度来看，当采用经验回放技术时，每次训练都会随机从经验数据库中抽取一批数据作为训练集。这意味着训练集混合了训练中不同阶段策略产生的数据，没有办法准确控制训练集中 (s,a) 的分布。异策略的性质保证了 (s,a) 的分布不会导致系统性偏差。在此基础上，探索-利用权衡，以及数据库随机抽样的具体设定可以帮助我们非准确地控制 (s,a) 的分布，提升算法效率。

做一个通俗的比喻：$P_{ss'}^a$、R_s^a、$V^*(s)$ 与 $Q^*(s,a)$ 都是由环境定义的客观值。Q-Learning 使用的 (s,a,r,s') 是关于客观值的知识，即在给定 (s,a) 条件下客观环境的反馈。所有知识首先都是正确的且不会导致系统性偏差。由于强化学习最终的目标是最大化效用，因此我们应该在“正确的知识”中尽量选择“有用的知识”；相比之下，$V_\pi(s)$ 与 $Q_\pi(s,a)$ 是对于主观选择 π 的评判，而非完全客观的知识。因此，Sarsa 使用的 (s,a,r,s',a') 必须是在主观选择 π 下产生的经验，否则就达不到我们对数据的基本要求，不能发挥作用。

总体来说，同策略与异策略往往取决于算法估计目标期望表达式的含义，而探索-利用权衡则旨在提升数据效率、提高算法的鲁棒性、避免局部收敛等。这二者都和训练集的分布有关，但不能混淆其含义与意义。

5.2.3 *n* 步 Sarsa

5.2.2 节介绍了 Sarsa 是一个同策略算法。这意味着它在每一步迭代中都必须产生大量数据用于计算 Q_π，而用完之后又要将这些数据丢弃。因此，它的数据效率显然是比较低的。那么，它的优势在哪里呢？

在 Q-Learning 中，我们要估计 $E(R_s^a+\gamma\max_{a'}Q(s',a'))$ 作为 $Q(s,a)$ 训练的目标。在这个表达式中，R_s^a 是客观部分，因为它是由环境直接反馈的；而 $\max_{a'}Q(s',a')$ 则是主观部分，依赖当前的估计。在训练初期，Q 表中的内容很不准确，这会导致 $\max_{a'}Q(s',a')$ 偏差较大，继而导致目标误差较大。如果以误差较大的目标训练 $Q(s,a)$，则可能导致 Q 表中的 $\max_{a'}Q(s',a')$ 偏差更大，继而导致目标误差进一步增大。

如何减小估计目标误差呢？由于 R_s^a 是环境直接反馈的客观值，而 $Q(s',a')$ 则只是目前估计出的主观值。因此，一个很自然的想法是增大目标估计表达式中客观部分的占比，而减小主观部分的占比。

$Q_\pi(s,a)$ 满足以下贝尔曼方程：

$$Q_\pi(s_t,a_t)=E(R_t+\gamma Q_\pi(s_{t+1},a_{t+1})) \tag{5.11}$$

它也可以展开为如下形式：

$$Q_\pi(s_t,a_t)=E(R_t+\gamma R_{t+1}+\gamma^2 Q_\pi(s_{t+2},a_{t+2})) \tag{5.12}$$

这启发我们，在 Sarsa 中，可以用当前 π 产生大量具有时间顺序的数据集，将这些数据集分段成 $(s_t,a_t,r_t,s_{t+1},a_{t+1},r_{t+1},s_{t+2},a_{t+2})$ 的形式，不妨将其简记为 (s,a,r,s',a',r',s'',a'')，此时可以用如下公式进行训练：

$$Q(s,a) \leftarrow Q(s,a) + \alpha(E(r + \gamma r' + \gamma^2 Q(s'',a'')) - Q(s,a)) \quad (5.13)$$

由于 (s,a,r,s',a',r',s'',a'') 都是服从当前环境与策略 π 的分布的，因此，这个迭代式也可以收敛于 $Q_\pi(s,a)$。需要注意的是，这个迭代式中的客观部分比起 1 步 Sarsa（5.2.1 节介绍的基础 Sarsa）的 $(r + \gamma r')$ 更大，而主观部分则只有 $\gamma^2 Q(s,a)$。在这种情况下，目标表达式由于 $Q(s,a)$ 偏差导致的误差会变得更小。我们将这种迭代方法称为 2 步 Sarsa（Two-Step Sarsa）。

同理，可以得出 3 步 Sarsa（Three-Step Sarsa），即利用服从当前环境与 π 对应的分布的 $(s,a,r,s',a',r',s'',a'',r'',s''',a''')$ 形式的数据按如下公式进行训练：

$$Q(s,a) \leftarrow Q(s,a) + \alpha(E(r + \gamma r' + \gamma^2 r'' + \gamma^3 Q(s''',a''')) - Q(s,a)) \quad (5.14)$$

在 3 步 Sarsa 中，目标表达式中客观部分的占比进一步增大，而主观部分的占比进一步减小，并且算法仍然会收敛于 $Q_\pi(s,a)$。按照这个逻辑类推，不难得出 n 步 Sarsa 的训练方法，即将智能体收集的数据分为连续 n+1 步的形式用于训练。当 n 越大时，目标中客观部分的占比越大，而由于主观部分前面有一项 γ^n 的系数，因此它造成的误差会相对较小。

有的读者很自然会想到一个问题——如果将上述逻辑推到极端情况，会发生什么呢？也就是说，能否用一条任意长的轨道为单位（直到获得 Done 信号），并将下式作为更新的目标：

$$E(r + \gamma r' + \gamma^2 r'' + \gamma^3 r''' + \gamma^4 r'''' + \ldots)\text{(until Done)} \quad (5.15)$$

显然，这是可以的。因为这样的更新方式会使其收敛于如下方程的解：

$$Q_\pi(s_t,a_t) = E(R_t + \gamma R_{t+1} + \gamma^2 R_{t+2} + \gamma^3 R_{t+3} + \ldots)\text{(until Done)} \quad (5.16)$$

在强化学习中，将这种直接按照定义产生大量数据，并以此估计期望表达式的方法称为蒙特卡洛方法（简称 MC 方法）。

需要注意的是，虽然估计的量都是 $E(r + Q(s',a'))$，但是不同的估计方法涉及的概率分布是不一样的，因此其估计方差也不一样。倘若采用 1 步 Sarsa 进行估计，则需要假定数据 (r,s',a') 服从 R、P、π 的联合分布；倘若采用 2 步 Sarsa 进行估计，则需要假定数据 (r,s',a',r',s'',a'') 服从 R、P、π、R、P、π 联乘得到的概率分布；倘若采用 3 步 Sarsa 进行估计，则需要假定数据 $(r,s',a',r',s'',a'',r'',s''',a''')$ 服从 3 组 (R,P,π) 连乘对应的概率分布。对越复杂的联合分布进行抽样，样本的随机性就会越高。在统计学中，将这种由抽样随机性带来的随机性称为方差，它和偏差一样都会导致估计误差。在限定使用同样数据的前提下，当期望表达式越复杂、涉及的项数越多时，估计方差就会越大。

以 Sarsa 为例，倘若使用 1 步 Sarsa 进行估计，则由于目标估计式中主观部分的占比较大、客观部分的占比较小而使算法偏差较大。但由于目标估计式的项数较少、较简单而使算法方差较小；倘若使用 n 步 Sarsa 进行估计，则由于目标估计式中客观部分的占比较大而使算法偏差较小（若 n 为走到轨道终止，则其为无偏估计）。但由于目标估计式的项数较多而使算法方差较大。

总体来说，当采用 n 步 Sarsa 算法时，n 越大，目标估计式的偏差越小，而方差越大；n 越小，目标估计式的偏差越大，而方差越小。

5.2.4 λ-return 算法

5.2.3 节中讲解了 n 步 Sarsa。下面简单地总结一下。

（1）1 步 Sarsa：大偏差、小方差。

（2）n 步 Sarsa：小偏差、大方差。

（3）MC 方法：无偏差、超大方差。

在统计学中，用均方误差来衡量估计的好坏。统计意义下的均方误差与偏差、方差之间的关系为

$$E(\hat{x}-x)^2 = E(\hat{x}-\overline{x})^2 + (E(\overline{x}-x))^2 \tag{5.17}$$

n 越小，方差越小、偏差越大；n 越大，方差越大、偏差越小。既然直接衡量模型好坏的均方误差同时与偏差、方差有关，那么是否能更灵活地组合权衡二者，使之达到综合最优呢？

一个很自然的想法是将上述所有估计组合起来。设：

$$G_t^{(1)} = R_t + \gamma V_\theta(S_{t+1})$$

$$G_t^{(2)} = R_t + \gamma R_{t+1} + \gamma^2 V_\theta(S_{t+2})$$

$$\cdots$$

$$G_t^{(n)} = R_t + \gamma R_{t+1} + \gamma^2 R_{t+2} + \ldots + \gamma^n V_\theta(S_{t+n})$$

$$\cdots$$

$$G_t^{(N)} = \sum_{n=0}^{N} \gamma^n R_{t+N}$$

事实上，由于从 s_{t+1} 选出动作 a_{t+1} 采用的也是策略 π，因此从定义上来看，“在 s_{t+1} 处先采取动作 a_{t+1}，后续均采用策略 π”和“在 s_{t+1} 处及后续均采用策略 π”并没有任何区别，因此 $E(Q_\pi(s_{t+k},a_{t+k})) = E(V_\pi(s_{t+k}))$。在上面的算法部分中，由于算法组件中没有 V 表只有 Q 表，因此一直写 $Q_\pi(s_{t+k},a_{t+k})$。这里为了方便，就直接改写为 $V_\pi(s_{t+k})$ 了。

可以看出，上述 $G^{(N)}$ 即代表 n 步 Sarsa 的目标估计式，n 越大，方差越大、偏差越小。而我们可以考虑将所有 $G^{(N)}$ 组合起来作为一个估计：

$$G^\lambda t = (1-\lambda)\sum_{n=1}^{N-1} \lambda^{n-1} G_t^{(n)} + \lambda^{N-1} G_t^{(N)} \tag{5.18}$$

将式（5.18）称为 λ-return。可以看出，当 $\lambda=0$ 时，为 1 步 Sarsa；而当 $\lambda=1$ 时，则为 MC 估计（此处设 N 的含义是一直走到获得 Done）。这样，当 λ 从 0 到 1 变化时，就可以相对自如地在偏差与方差之间进行权衡取舍，最终找到使均方误差最优的位置。需要注意的是，在式（5.18）的各个 $G_t^{(n)}$ 的估计式中，均要求数据服从环境及当前策略对应的分布。因此，λ-return 显然是一个同策略算法，必须用当前策略产生的数据进行更新。

在强化学习中，λ-return 是一种很重要的思想。在后续 A2C、PPO 等重要算法中，都会用 λ-return 的思想估计优势函数（Advantage Function）。因此，掌握 λ-return 的基本思想是非常重要的。

*5.2.5 *n* 步 Q-Learning

Sarsa 是一个同策略算法，其估计目标是 Q_π，因此可以采用 n 步 Sarsa 进行估计；Q-Learning 是一个异策略算法，其估计目标是 $Q^*(s,a)$，即当前处于状态 s 且立即采取动作 a，后续都按

最优策略进行操作，能获得的期望奖励总和。我们只能对它进行一步展开，而无法进行多步展开，因为我们不知道最优策略是什么。

虽然从严格意义上讲，Q-Learning 无法进行多步展开。但是，我们仍然可以用类似的方法对它进行更新。例如，2 步 Q-Learning 的更新方式如下：

$$Q(s,a) \leftarrow Q(s,a) + \alpha(E(r + \gamma r' + \gamma^2 \max_{a''} Q(s'',a'')) - Q(s,a)) \tag{5.19}$$

假设采用同策略的训练方式，即使用的 (s,a,r,s',a',r',s'') 数据均服从环境及当前策略 π 对应的分布。那么，Q 表将最终收敛于如下方程的解：

$$Q(s,a) = E_{P,R,\pi}(r + \gamma r' + \gamma^2 \max_{a''} Q(s'',a'')) \tag{5.20}$$

式（5.20）的解介于 Q^* 与 Q_π 之间，缺乏良定义；如果采用经验回放的方式进行训练，则使用的 (s,a,r,s',a',r',s'') 数据是由训练中各个阶段策略混合产生的，服从未知分布。此时，式（5.20）的解更加缺乏良定义。

从理论上来说，因为 Q-Learning 的估计目标是 Q^*，且它是一个异策略算法，所以严格意义上它是不适用于 n 步估计的。

不过，在实践中仍然可以采取上述方法对 Q 表进行更新。无论采用同策略还是经验回放的方式进行训练，只要能保证数据集分布与当前策略 π 对应的分布相对接近，算法的更新目标就始终介于 Q^* 与 Q_π 之间。随着算法的迭代，当前策略 π 会越来越接近最优策略 π^*，即 Q_π 会越来越接近 Q^*。此时，算法的更新目标也会越来越接近 Q^*。前面提到，虽然 Sarsa 迭代中的更新目标是 Q_π，但随着其策略 π 收敛于最优策略 π^*，其最终同样会收敛于 Q^*；同理，虽然上述 2 步 Q-Learning 迭代中的更新目标不同于 Q_π 与 Q^*，但如果持续进行迭代，提升当前策略 π，并用提升后的策略产生新数据，则算法最终同样会收敛于 Q^*。因此，2 步 Q-Learning 在实践中完全是一个可行的方法。

同理，也可以将 n 步估计或 λ-return 的思想推广到 Q-Learning 上，并采用经验回放的方式进行训练（但要保证数据集分布相对接近当前策略对应的分布）。虽然理论上算法的更新目标缺乏良定义，但它能帮助我们更好地兼顾偏差、方差与数据效率等各方面，在实践中具有不错的表现。

思　考　题

1. 思考在 Sarsa 中应该如何逐步调整产生数据集的方法（探索策略），从理论上进行推导，这会导致 Sarsa 收敛到什么结果？

2. 与 Q-Learning 一样，在一个简单的 MDP 环境中测试 Sarsa 算法，并调试探索策略，观察其性质与 Q-Learning 有哪些不同。

3. 在 n 步 Q-Learning 中，式（5.20）的解是什么？它能等于“第一步选择 a，第二步按当前 π 选择动作，后续按最优策略进行操作，能获得的期望奖励总和”吗？

5.3 DQN 及其变体

在第 3、4 章中，我们面对的问题是动作与状态都是有限离散变量的 MDP，因此所建立的模型都具有表格形式。下面考虑更加复杂的情况：在很多小游戏中，我们会面临非常复杂的状态，而可以采取的动作只有几个，因此它们可以被转化为状态连续而动作有限的 MDP（假设时间是离散的）。对于这样的 MDP，表格显然是无能为力的。

近年来，深度学习飞速崛起。本章要介绍的方法可以说是深度学习与强化学习相结合后，第一个取得显著成功的方法——DQN。从这个名字可以猜出，它同样采取了一种基于 Q 值的学习方法，但是将 Q 表换成了一个神经网络。由于深度学习的训练需要数量较大、独立性较强的数据，因此不太适合同策略的方法。我们的主要思路是将异策略的 Q-Learning 方法推广到神经网络。简单地说，如果将 Q-Learning 中的 Q 表替换为神经网络，则差不多就得到了 DQN 算法的基本框架。但是，二者也有许多不同之处。本节首先介绍 DQN 的结构及其与表格型算法有哪些不同之处，然后介绍 DQN 常用的一些变体。

5.3.1 固定 Q 目标结构

在状态连续、动作有限的 MDP 中，将 Q-Learning 中的 $Q(s,a)$ 由表格替换为神经网络。假设不同的 a 一共有 10 个，而连续的 $\boldsymbol{s}$ 是一个 100 维的向量，则定义的神经网络应该以 100 维的向量 $\boldsymbol{s}$ 作为输入，输出一个 10 维的向量，分别代表同一个 $\boldsymbol{s}$ 下 10 个不同的 a 对应的 $Q(\boldsymbol{s},a)$。设神经网络的参数为 w，则将 DQN 的输出用 $Q(\boldsymbol{s},a;w)$ 表示，有时也简单地记为 $Q(\boldsymbol{s},a)$。

在 Q-Learning 的每一步迭代中，以 $r+\gamma\max_{a'}Q(s',a')$ 的均值作为 $Q(s,a)$ 更新的目标。而在 DQN 的每一步迭代中，也可以用相同的方式估计出更新目标，并利用梯度下降的方式修改 w，让 $Q(\boldsymbol{s},a;w)$ 靠近这个目标。最终，$Q(\boldsymbol{s},a)$ 会收敛于贝尔曼方程的解 $Q^*(\boldsymbol{s},a)$。在连续状态的 MDP 中，$Q^*(\boldsymbol{s},a)$ 可能是极其复杂的非线性函数，而神经网络则恰恰是一种强大的万能拟合器。

需要特别注意的是，作为表的 $Q(s,a)$ 与作为网络的 $Q(\boldsymbol{s},a)$ 有一个很大的不同：如果 $Q(s,a)$ 是一个表，那么修改某一格的值并不会影响其他格的值，因此，修改 $Q(s,a)$ 确实能够使它更接近 $r+\gamma\max_{a'}Q(s',a')$；但是在 DQN 中，修改 $Q(\boldsymbol{s},a)$ 的值等同于修改网络的参数 w。当这个参数被修改时，$Q(\boldsymbol{s},a;w)$ 会发生全局变化，$\max_{a'}Q(\boldsymbol{s}',a')$ 的值也会变化。也就是说，在 $Q(\boldsymbol{s},a)$ 接近目标的过程中，目标本身也发生了移动，如图 5.4 所示。

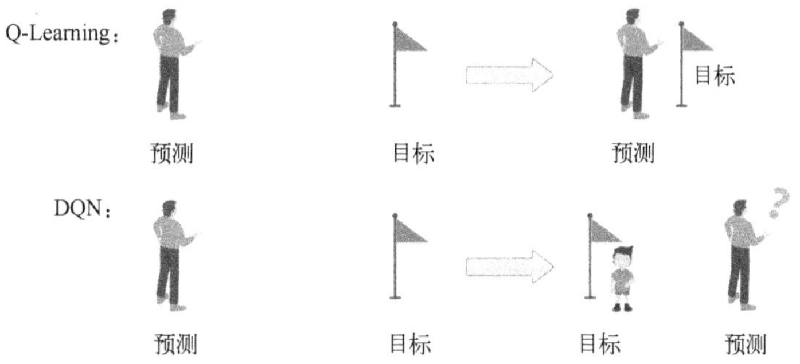

图 5.4　Q-Learning 与 DQN

那么，如何让$Q(\boldsymbol{s},a)$更接近目标呢？有两种方法可以解决这个问题。

第一种是直接优化$\text{loss}=(Q(\boldsymbol{s},a;w)-E(r+\gamma\max_{a'}Q(\boldsymbol{s}',a';w)))^2$，即求出整个loss对于$w$的导数并更新$w$。这种方法相当于让$Q(\boldsymbol{s},a)$与目标一起移动，最终使二者之间的距离减小。这是一种比较自然且容易理解的方法。在2013年提出的初版DQN中，研究者采用的就是这种方法。

需要注意的是，如果我们希望改变网络的参数w以使$\max_{a'}Q(\boldsymbol{s}',a')$的值变小，则相当于让$\text{argmax}_{a'}Q(\boldsymbol{s}',a')$对应的$Q(\boldsymbol{s}',a')$变小。但是当$w$改变时，别的$a$对应的$Q(\boldsymbol{s}',a')$也会发生变化。如果$w$的改变较大，则某个$a$对应的$Q(\boldsymbol{s}',a')$或许会变得比$Q(\boldsymbol{s}',a')$还大。此时，$\max_{a'}Q(\boldsymbol{s}',a')$可能会不减反增，从而与原目标相悖。例如，下面框图中的例子：

改变参数以使$\max_{a'}Q(\boldsymbol{s}',a')$变小		**结果$\max_{a'}Q(\boldsymbol{s}',a')$不减反增**
（此时$\text{argmax}_a Q(\boldsymbol{s}',a)=a_1$）		（此时$\text{argmax}_a Q(\boldsymbol{s}',a)=a_2$）
$Q(\boldsymbol{s}',a_1)=10$	⇒	$Q(\boldsymbol{s}',a_1)=8$
$Q(\boldsymbol{s}',a_2)=5$	⇒	$Q(\boldsymbol{s}',a_2)=12$

总体来说，对含有max的表达式进行梯度下降是有一定数值风险的。我们知道，卷积神经网络中的池化层需要对含有max的表达式进行梯度下降。但是池化层一般只考虑2×2或3×3范围内的最大值，因此风险相对较小；而在DQN中，如果a的数量很多，达到成百上千，则对含有max的表达式求导时导致的上述风险概率会成倍增加。此外，目前还有不少研究认为卷积神经网络中的池化层并没有显著提升网络性能，因此目前视觉领域对于池化的使用正在逐渐减少。这其中的原因之一正是含有max的表达式不适合进行梯度下降。

因此，研究者在2015年提出了第二种方法，固定Q目标（Fixed Q-Target）。具体而言，就是建立两个结构完全相同的神经网络，一个称为目标网络（Target Net），一个称为评估网络（Eval Net）。不妨将两个网络的参数分别记为$\boldsymbol{w}_{\text{target}}$与$\boldsymbol{w}_{\text{eval}}$，这是两个格式、维数均相同的向量。

在训练中，首先用目标网络计算目标，即$r+\gamma\max_{a'}Q(\boldsymbol{s}',a';\boldsymbol{w}_{\text{target}})$的均值，然后固定目标网络的参数，通过梯度下降法更新评估网络的参数$\boldsymbol{w}_{\text{eval}}$。由于$\boldsymbol{w}_{\text{target}}$不会更新，因此目标固定不变。更新过程毫无疑问会使评估网络的$Q(\boldsymbol{s},a;\boldsymbol{w}_{\text{eval}})$更加接近用目标网络算出的目标。

目标网络也是随机初始化的，如果它不能给出准确的目标，那么自然也不能引领评估网络向正确的方向前进，因此目标网络必须不断地更新。我们采取的方法是每当训练一定的步数之后，直接把评估网络的所有参数照搬到目标网络上，即直接赋值$\boldsymbol{w}_{\text{target}}\leftarrow\boldsymbol{w}_{\text{eval}}$，具体如算法5.6所示。

算法5.6（DQN with Fixed Q-target）

确定学习率α、替换周期N、网络结构$Q(\boldsymbol{s},a;\boldsymbol{w})$；

随机初始化$\boldsymbol{w}_{\text{target}}=\boldsymbol{w}_{\text{eval}}$；

设已有大量服从$P_{ss'}^a$及R_s^a分布的数据集$(\boldsymbol{s},a,r,\boldsymbol{s}')$；

重复迭代：

$\text{loss}=\hat{E}(r+\gamma\max_{a'}Q(\boldsymbol{s}',a';\boldsymbol{w}_{\text{target}})-Q(\boldsymbol{s},a;\boldsymbol{w}_{\text{eval}}))^2$；

赋值 $w_{\text{eval}} \leftarrow w_{\text{eval}} + \alpha \nabla_{w_{\text{eval}}} \text{loss}$；
每过 n 步：
赋值 $w_{\text{target}} \leftarrow w_{\text{eval}}$；
直到算法收敛；

在固定 Q 目标框架下，w_{target} 可以看作 w_{eval} 相对滞后却又稳定的版本。对于 w_{eval} 只采用梯度方法进行更新，而对于 w_{target} 则只采用替换方法进行更新。经过充分迭代后，w_{eval} 收敛了，$w_{\text{target}} = w_{\text{eval}}$ 也因此不再变化了。此时得到的 $Q(s,a) = Q(s,a;w_{\text{target}}) = Q(s,a;w_{\text{eval}})$ 即满足贝尔曼方程（5.1）。

为什么采用固定 Q 目标的结构会比直接优化 loss 好呢？除上面所说的含 max 的表达式用梯度更新存在风险外，还有以下原因。

前面提到，强化学习中基于价值的算法本质上是用迭代法来求解贝尔曼方程组的，其训练更新的公式更接近雅可比迭代法，而不是有监督学习。在雅可比迭代法中，初始化 x_0 后不断地采用 $x_{k+1} = Ax_k + b$ 的公式进行迭代更新。这也就意味着每一步都是在 x_k 的基础上计算 x_{k+1}（当算出 x_{k+1} 后便可以丢弃 x_k，继续在其基础上计算 x_{k+2}），而不是让 x_k 与 x_{k+1} 同时变化而优化二者之间的距离。对比直接优化 loss 与固定 Q 目标这两种方法，显然，后者更像雅可比迭代法。二者的差别如下。

（1）有监督学习：令 $f(x)$ 以 y 为目标进行更新，直至 $f(x)=y$。

（2）迭代法解方程：令 $x_{k+1} = Ax_k + b$，直至 $x_{k+1} = Ax_N + b$。

DQN 的本质是用迭代法解方程。

从理论的角度来看，由于概率的性质及 $\gamma \leqslant 1$，因此式（5.21）是一个压缩算子。根据泛函分析中的压缩映射原理，迭代式（5.21）总能收敛到全局最优：

$$Q_{k+1}(s,a) \leftarrow TQ_k(s,a) = E(R + \gamma \max_{a'} Q_k(s',a')) \tag{5.21}$$

因此，如果要利用压缩映射原理，则应该确保 Q_{k+1} 是在 Q_k 的基础上由压缩算子算出来的。固定 Q 目标的结构显然更符合该前提。

需要注意的是，在以上结论中，每一步 Q_{k+1} 都应该准确地等于 TQ_k，只有这样，才能使压缩映射原理的前提成立。如果使用神经网络，则不可能准确地满足上述要求。在论文 *Neural Temporal- Difference Learning Converges to Global Optima* 中，研究者证明，如果将神经网络选为两层深、任意宽的结构，采用梯度下降法进行学习，则必然收敛于唯一全局最优（压缩映射定理）。其中还专门说明了对于固定 Q 目标的网络结构（文中将此称为 Semi-Gradient，因为这里只对 $Q(s,a)$ 求导而没有对 $\max_{a'} Q_k(s',a')$ 求导，即只算了“一半的梯度”），该结论也成立。虽然对于更深层的网络结构，目前还缺乏严格的理论证明。但是，该结论还是在一定程度上为固定 Q 目标结构的收敛性提供了理论支持。

从实践角度来看，我们之所以采用固定 Q 目标结构，更主要的原因是人们经过了大量的实验，普遍发现这种方法相比于优化 loss 的方法更好。因此，今天我们说起 DQN 时，几乎都默认会采用固定 Q 目标结构。

简单起见，算法 5.6 中只写了基本的训练框架，而省略了探索策略或经验回放等技巧。因为这部分内容已经在 5.1 节介绍过了，其基本思想是一样的，可以照搬到 DQN 的训练中，所以这里不再重复。需要强调的是，强化学习算法的性能往往非常依赖数据集的质量。

2015 年，论文 *Human-Level Control Through Deep Reinforcement Learning* 中提出固定 Q 目标结构之后，DQN 在许多 Atari 游戏中第一次达到了人类的水平。到今天，它已经成了 DQN 这个算法的基础配置。2016 年，研究者又在此基础上提出了 3 项提升 DQN 性能的技术，即 DDQN、优先回放机制、Dueling DQN。它们分别来自 3 篇论文 *Deep Reinforcement Learning with Double Q-Learning*、*Prioritized Experience Replay* 与 *Dueling Network Architectures for Deep Reinforcement Learning*，并经过了大量实验的检验。在今天的语境下，当使用 DQN 时，一般都默认使用这 3 项技术。下面分别介绍这 3 项技术。

5.3.2 双重 DQN

在深度学习兴起前，对于表格型的 Q-Learning 算法，人们已经意识到一个问题：Q-Learning 总是会高估（Overestimate）$Q(s,a)$ 的值（不妨自定义一个环境并通过实验进行验证，这里留作思考题）。

诚然，这种高估对于智能体的负面影响并不大，因为智能体只需找出 $\text{argmax}_a Q(s,a)$ 作为动作，而不需要用到具体的 $Q(s,a)$ 的值。打个比方，如果所有 $Q(s,a)$ 相比于真实的 $Q^*(s,a)$ 都被高估了相同的常数，则不会对算法造成任何负面影响。但人们发现，在很多情况下，这种高估对于 $Q(s,a)$ 是不均匀的。

事实上，Q-Learning 中这种高估的倾向是因为在 $Q(s,a)$ 的更新目标中含有 $\max_{a'} Q(s',a')$。在一般的机器学习训练中，由于随机噪声的缘故，可能有高估或低估的情况出现。但是，DQN 中这个含有 max 的表达式会保留高估并在迭代中不断强化它，造成一种系统性的高估。

打个比方，假设商场中有几台外观不同，但奖品价值分布完全一样的盲盒售货机，即我们有多个 a 可以选择，但是，其结果和我们选择哪个 a 没有任何关系，即所有 a 对应的 $Q^*(s,a)$ 都理应等于 $V^*(s)$（状态 s 取为定值）。假设训练中 $Q(s,a)$ 有误差，即 $Q(s,a)=Q^*(s,a)+\varepsilon_a = V^*(s)+\varepsilon_a$，其中 ε_a 是一个均值为 0、方差为 1 的随机变量。那么，虽然我们估计的 Q 相比于真实的 $Q^*=V^*$ 有可能大也有可能小，但是，在含有 max 的表达式的作用下，我们估计的 $\max_a Q(s,a)$ 一定比真实的 $\max_a Q^*(s,a)=V^*(s)$ 大，如图 5.5 所示。

有高估，也有低估

对于某个 s	动作1	动作2	动作3	动作4
真实的 $Q^*(s,a)$	10	10	10	10
估计的 $Q(s,a)$	11	8	9	10

⇨

一定高估

真实的 $\max_a Q^*(s,a)$	10
估计的 $\max_a Q(s,a)$	12

图 5.5　含有 max 的表达式使高估必然发生

在训练过程中，随机误差是无法避免的。而含有 max 的表达式则会让随机误差变成一种系统性偏差。更危险的是，这种高估具有一个“滚雪球”的过程，即高估 $Q(s,a)$ 会导致用它算出的 target 被高估，而以 target 为目标训练出的 $Q(s,a)$ 会被进一步高估。这种“滚雪球”的效应会随着 MDP 中不同状态-动作的连通关系进行复杂的传导，最终导致对所有 $Q(s,a)$ 产生普遍的、非均匀的高估。

事实上，算法的真正问题在于用同一个 $Q(s,a)$ 估计来选择 $\text{argmax}_a Q(s,a)$ 与计算 $\max_a Q(s,a)$（$\max_a Q(s,a)$ 可以展开写为 $Q(s,\text{argmax}_a Q(s,a))$）。在寻找 $\text{argmax}_a Q(s,a)$ 时，那

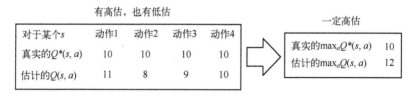

些被高估的 a（$\varepsilon_a > 0$）会有更大的概率被选出。如果将这两个步骤分开，就可以减小这种系统性偏差带来的影响。

利用上述思想，研究者提出了一种叫作双重 Q-Learning（Double Q-Learning）的方法。它同时训练两个 Q 表，将其记为 Q_1 与 Q_2。每一步迭代都随机选出一个表进行训练。对于训练集 (s,a,r,s')，用 Q_2 来选择状态 s' 下的最优 a'，并用 Q_1 来计算 $Q_1(s',a')$，以此代替原来的 $\operatorname{argmax}_{a'} Q_1(s',a')$。也就是说，在双重 Q-Learning 中，$Q_1(s,a)$ 的 target 为

$$\text{target} = r + \gamma Q_1(s', \operatorname{argmax}_{a'} Q_2(s',a')) \tag{5.22}$$

显然，双重 Q-Learning 的更新目标一定小于或等于 Q-Learning 的更新目标：

$$\begin{aligned}\max_{a'} Q_1(s',a') &= Q_1(s', \operatorname{argmax}_{a'} Q_1(s',a')) \\ &\geqslant Q_1(s', \operatorname{argmax}_{a'} Q_2(s',a'))\end{aligned} \tag{5.23}$$

更重要的是，它避免了原本均值为 0 的随机误差由于取 max 后均值大于 0 的情况。

这里还是以完全相同的盲盒售货机的例子打比方，设所有 a 对应的 $Q^*(s,a)$ 全部相等，如果用一般的 Q-Learning 进行学习，则必然高估 $V^*(s) = \max_a Q^*(s,a)$；而如果用双重 Q-Learning 进行学习，则可能高估 $V^*(s)$，也可能低估 $V^*(s)$。如果两个表的误差是相互独立的，且均值为 0，则最终估计 $V^*(s)$ 的误差均值应该也为 0。换言之，虽然有误差，却没有产生系统性偏差，如图 5.6 所示。

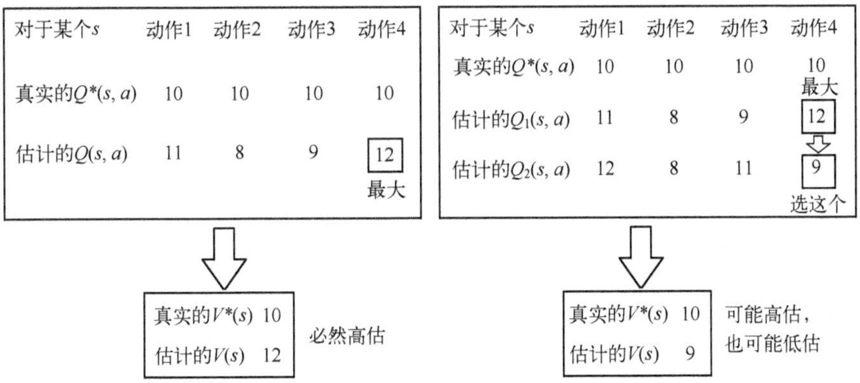

图 5.6　含有 max 的表达式不再带来系统性偏差

双重 Q-Learning 是在 2010 年左右被提出的，当时还没有 DQN 算法。在传统 Q-Learning 中，使用双重 Q-Learning 要求额外引入一个表。由于两个表的地位完全相等，因此计算量翻倍，造成大量额外的计算成本。

2015 年之后，随着 DQN 技术的发展，人们逐渐将固定 Q 目标结构作为 DQN 的基础配置。因此，DQN 中天然就有两个网络，Q_{eval} 用以训练，而 Q_{target} 则用来计算更新的目标值。我们很自然地想到，如果将选择 $\operatorname{argmax}_{a'} Q(s',a')$ 的任务从 Q_{target} 转移到 Q_{eval} 上，则几乎不用产生额外的计算成本。这种方法就是双重 DQN（Double DQN，DDQN）。

在双重 DQN 中，我们将 Q_{eval} 的更新目标从原本的 $r + \gamma \max_{a'} Q_{\text{target}}(s',a')$ 改成 $r + Q_{\text{target}}(s', \operatorname{argmax}_{a'} Q_{\text{eval}}(s',a'))$。由于 DQN 中的 Q_{target} 只是 Q_{eval} 的一个相对滞后的版本，二者不像双重 Q-Learning 中的 Q_1 和 Q_2 那样完全独立地训练，因此这种方法不能完全避免高估。但经过数值实验，人们发现上述技巧可以显著地减小高估的幅度。由于其与普通 DQN（固定 Q 目标）相比几乎没有产生新的计算成本，因此双重 DQN 成了目前 DQN 训练的必备技术之一。

关于双重 DQN 的更多细节，读者可以参考经典论文 *Deep Reinforcement Learning with Double Q-Learning*。

此外，还需要补充的是，双重 DQN 并不是唯一解决高估的方法。有研究者认为，DDQN 中的目标网络与评估网络并不独立，不能实现真正的无偏估计，并为此提出了赋权重 Q-Learning（Weighted QL，WQL）。

在 WQL 中，假定状态 s 下的每个动作被选为最优动作的“概率”为 w_a^s，则可以将更新的目标定义为

$$\text{target}^{\text{WQL}} = r + \gamma \sum_{a \in A} w_a^{s'} Q(s', a) \tag{5.24}$$

需要注意的是，这里的“概率”并不是一个策略在给定状态下对最优动作的条件概率，$\pi(a\,|\,s)$，否则，我们估计的目标就不是 Q^* 而是 Q^π 了。这里的“概率”是指客观上这个动作 a 是最优动作的概率，它比较接近统计中“似然”的概念：

$$w_a^s = P(a = \text{argmax}_{a'} Q(s, a')) \tag{5.25}$$

在实践中，WQL 方法也采用了深度学习中一种固有且常见的技巧——Dropout 来估计上述“概率”，以避免额外造成过多的计算成本。由于 WQL 不是本书的重点，因此不进行详细介绍。感兴趣的读者可以自行查阅论文 *Deep Reinforcement Learning with Weighted Q-Learning*。

双重 DQN 能很好地配合固定 Q 目标结构的特点，且计算量小、性能好。今天，当我们说起 DQN 时，一般默认采用 DDQN。

5.3.3 优先回放机制

前面提到，当 R 比较稀疏时，$\hat{E}(R)$ 的估计方差很大，继而导致 Q-Learning 难以训练。例如，考虑下面这样的 MDP：有 n 个不同的 s，只有 2 个不同的 a，分别为“向右一步”与“回到原点”。只有连着执行 n 次“向右一步”，才能获得 $r=1$ 并结束游戏；而在其他情况下，$r=0$，如图 5.7 所示。

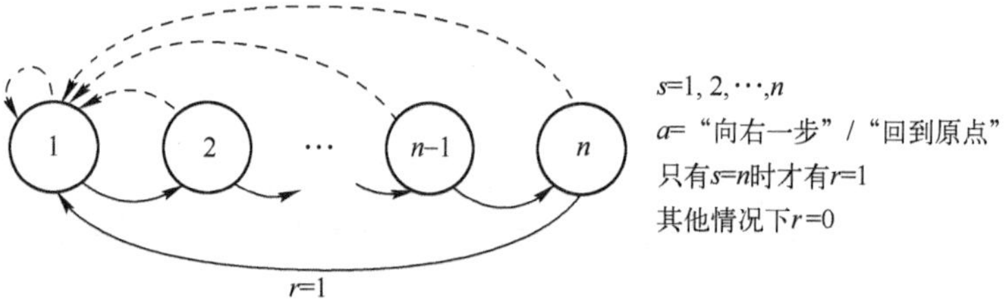

图 5.7　一个奖励稀疏的 MDP

从长远角度来看，如果可以产生足够的数据集，则 DQN 可以收敛于最优策略。但是当 n 比较大时，采用随机策略只有 2^{-n} 的概率能够产生 $r=1$ 的数据（连续选择 n 次“向右一步”）。在这种情况下，如果初始化后智能体用随机数据一直没有找出 $r=1$ 的数据，就相当于它一直在随机行动而产生无价值的数据。用这些无价值的数据进行训练，最终得到的还是随机策略。换言之，在产生第一条 $r=1$ 的数据之前，所有训练都是没有意义的。

此外，如果我们好不容易遇到一条 $r=1$ 的数据，却将其混在一堆无价值的数据集中，每次从数据库中随机抽取一批数据集来训练，则我们不一定能让有关的 $Q(s,a)$ 显著增大而让训练走上正轨。这就像考试复习时不找出重点、难点，这样是很难考高分的。

总体来说，对于奖励稀疏的 MDP，训练效率是十分低下的，且易发生局部收敛。因此，2.5 节中提到要尽量将问题定义成奖励相对稠密的 MDP，这相当于从问题定义的层面解决奖励稀疏的问题。这里要讨论的是，对于已经给定的 MDP，如何从算法的层面来解决奖励稀疏的问题。

优先回放（Prioritized Experience Replay）机制的大致思路是，为每条单步转移数据 (s,a,r,s') 都赋予一个重要性权重 p。重要性权重大的数据集更有学习的价值，相当于为考试找出重点、难点。在训练过程中，按照 p 进行随机抽样，让 p 更大的数据集有更大的概率被抽出来，用来估计目标。

具体而言，它首先要解决的问题就是如何衡量数据集的重要性。由于在 DQN 训练中，我们的目标是减小 $Q_{\text{eval}}(s,a)$ 与 $r+\gamma\text{argmax}_{a'}Q_{\text{target}}(s',a')$ 之间的差距。因此我们很自然地想到，二者之差越大，代表对于 $Q(s,a)$ 的估计与真实情况越不符合，自然也越值得我们仔细学习，其重要性权重就越大。不妨设：

$$p(s,a,r,s')=\left|r+\gamma\text{argmax}_{a'}Q_{\text{eval}}(s',a')-Q_{\text{target}}(s,a)\right| \tag{5.26}$$

需要注意的是，DQN 训练中的参数是在不断变化的。这也意味着，对于任何一条在数据库中不变的 (s,a,r,s')，它的重要性权重是在不断变化的。由于数据库很大，且网络前传的计算量不小，因此我们不可能在每次更新网络之后就重新计算所有 (s,a,r,s') 对应的 p。我们只是为每条数据维护一个相对稳定的 p。在用 (s,a,r,s') 训练更新网络参数时，会顺便求出 $p(s,a,r,s')$。这时，我们就将它的重要性权重修改为新的 p。从这个角度而言，每条单步转移数据的 p 都是相对过时的，它相当于“上一次当自己被抽出的时刻，DQN 算出的 p 值”。不过，由于 DQN 训练具有连续性，因此这种“过时”造成的负面影响相对较小。在定义了每条数据的重要性权重 p 后，在每一步的训练中就不再只是随机地从数据库中抽取一批数据，而是会按重要性权重 p 来抽样。p 更大的数据将更容易被抽出。

此外还需要注意的是，训练中必须将数据集乘以一个权重 w。重要性权重越大、越容易被抽出的数据集对应的权重 w 越小（二者一般是倒数的关系）。这其实就是重要性抽样的思想，以此让估计保持无偏性。

以下再打个比方来说明优先回放机制中 p 与 w 的意义。

首先，假设要估计的一个随机变量 X 满足以下关系：

$$P(X=10^8)=10^{-8}，P(X=0)=1-10^{-8}$$

显然，X 的期望为1，但其估计方差是极大的，因为出现有价值数据（$X=10^8$）的概率极低。因此，将 $X=10^8$ 赋予重要性权重 $p=10^6$，权重 $w=10^{-6}$，即我们要让抽取到有价值数据的概率扩大 10^6 倍，而在使用该数据计算期望时，要将其乘以 $w=10^{-6}$。这相当于将随机变量 X 转化为随机变量 Y：

$$P(Y=100)=0.01，P(Y=0)=0.99$$

显然，随机变量 X 与 Y 的期望均为 1，但 Y 的估计方差更小。

以上就是优先回放机制的基本思想。一般而言，对于奖励较稀疏的 MDP，采用优先回放机制获得的性能提升会较大。由于在 DQN 中本来就必须用到经验回放技术，因此优先回放在没有增加太多计算量的情况下显著提升了性能。

事实上，优先回放机制还有很多具体的实现细节，包括但不限于以下几点。

（1）重要性权重 p 的取值不一定是 $|\text{target}-Q_{\text{target}}(s,a)|$，而可以取为别的关于 $|\text{target}-Q_{\text{eval}}(s,a)|$ 单调递增的量。实验表明，将其取为 $|\text{target}-Q_{\text{eval}}(s,a)|$ 在总体中的排名的倒数会比较好。因为排名不涉及具体的值，所以其对于离群点比较鲁棒；但是在每次抽中数据集进行训练并更新其排名时，会进行一次堆排序，产生 $O(\log N)$ 的额外计算量。

（2）对于新产生的数据集，我们总是希望其能够有更大的概率被用到，而不至于一直不被抽到，造成空间浪费。因此我们对新产生的数据集赋予一个比较大的重要性权重，在其被抽中用来训练之后，将其重要性权重调整至 DQN 计算的值。

（3）权重 w 在最后肯定要取为 p 的倒数，只有这样才能保证估计的无偏性（重要性抽样的原理）；但是实验表明，我们最好一开始不要将其取为 p 的倒数，而先将其设定得具有比较大的差异（一开始追求减小方差，而不追求无偏），并在训练过程中指数递减，直到为 p 的倒数。

上述几点相对缺乏理论性，但是实验结果表明它们拥有较好的性能。感兴趣的读者可以自行查阅论文 *Prioritized Experience Replay*。

5.3.4 优势函数

在讲解 Dueling DQN 之前，先来定义优势函数。因为它是 Dueling DQN 设计的理论依据，所以先引入它。但事实上，优势函数和价值函数类似，都是强化学习中的重要概念。除 Dueling DQN 外，在后面要介绍的 AC 算法中，也需要用到优势函数。

当算出某个 $Q(s,a)$ 比较大时，我们肯定会产生一个疑问：这到底是因为这个状态 s 比较好，还是因为 a 比较好呢？用象棋打个比方：当棋盘局势很好时，只要我们不存心让棋，选择比较合理的 a，$Q(s,a)$ 就会很大；而当我们玩残局时，很可能只存在唯一的走法。这种“绝地逢生”“反败为胜”的 a 对应的 $Q(s,a)$ 也会很大，如图 5.8 所示。那么，当 $Q(s,a)$ 比较大时，到底是哪种情况呢？

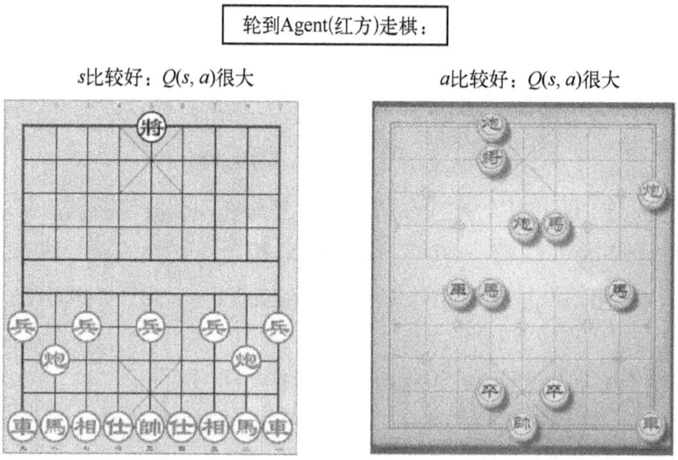

图 5.8　Q 值大的两种情况

为了能够分离出“状态的好坏”与“动作的好坏”，可以考虑将 $Q(s,a)$ 减去 $V(s)$ 专门定义为一个函数，这就是优势函数 $A(s,a)$。

我们的定义还是从基于策略 π 的优势函数 $A_\pi(s,a)$ 开始：对于某一策略 π，定义基于 π 的优势函数为 $A_\pi(s,a)=Q_\pi(s,a)-V_\pi(s)$。因为 V_π 的定义是在状态 s 下按策略 π 进行操作所获得的期望奖励总和；而 $Q_\pi(s,a)$ 则是先执行一步 a（本步不按策略 π 进行操作），再按策略 π 进行操作所获得的期望奖励总和。所以，$A_\pi(s,a)$ 应该理解为对 π 中某一步进行改变（改为选择 a）带来的变化。它剥离了状态 s 的好坏，而清晰地反映了选择动作 a 这件事本身为全局带来的变化。

由于 $V_\pi(s)=\sum_a \pi(a|s)Q(s,a)=E_{a\sim\pi}(Q_\pi(s,a))$，因此不难推出：

$$\sum_a \pi(a|s)A_\pi(s,a)=E_{a\sim\pi}(A_\pi(s,a))=0 \tag{5.27}$$

理论上，最优策略 π^* 是客观存在且唯一的。仿照 $V^*(s)$ 与 $Q^*(s,a)$，同样可以将基于 π^* 的 $A_{\pi^*}(s,a)$ 简化为 $A^*(s,a)$。它可以理解为主观行动对于客观条件的改变。最优策略是一个确定策略，它在状态 s 下会以 1 的概率选择最优动作。因此，对于状态 s，只有最优的 a（$\text{argmax}Q(s,a)$）对应的 $A^*(s,a)=0$，其他非最优的 a 对应的 $A^*(s,a)<0$。这仍然符合式（5.27），即

$$\sum_a \pi^*(a|s)A^*(s,a)=E_{a\sim\pi^*}A^*(s,a)=0 \tag{5.28}$$

可以这样理解式（5.28）：只有采取了正确的 a，才能兑现状态 s 真正包含的价值 $V^*(s)$，因此 $A^*(s,a)=0$；否则，我们非但不能兑现状态 s 真正包含的价值 $V^*(s)$，还会在其基础上有所损失，因此 $A^*(s,a)<0$。

以上定义了 V 函数、Q 函数与 A 函数。下面来总结一下它们之间的关系。

策略 π 对应的 Q、V、A	最优策略 π^* 对应的 Q^*、V^*、A^*
$V_\pi(s)=E_{a\sim\pi(s,a)}\left(\sum_{i=0}^{n}\gamma^i r_i \mid s_0=s\right)$	$V^*(s)=\max_\pi V_\pi(s)$
$Q_\pi(s,a)=E_{a\sim\pi(s,a)}\left(\sum_{i=0}^{n}\gamma^i r_i \mid s_0=s,a_0=a\right)$	$Q^*(s,a)=\max_\pi Q_\pi(s,a)$
$A_\pi(s,a)=Q_\pi(s,a)-V_\pi(s)$	$A^*(s,a)=Q^*(s,a)-V^*(s)$
$V_\pi(s)=\sum_a \pi(s,a)Q_\pi(s,a)=E_{a\sim\pi}(Q_\pi(s,a))$	$V^*(s)=\max_a A^*(s,a)=0$

为了清晰地描述优势函数的作用，研究者还给出了一个有趣的例子：用一款简单的驾驶类游戏作为 MDP，将游戏画面作为 s，将对汽车的操作作为 a。由于 s 是画面形式的，因此采用卷积神经网络结构的网络，分别拟合游戏中的 V 与 A。在训练完成之后，对于给定的输入 s，分别求 V 与 A 对于 s 的梯度，即对 s 中的每个像素分别求偏导数，并将求出来的偏导数较大的像素高亮显示。如果一些像素高亮显示了，就说明这些像素对于 V 或 A 取值的影响是比较大的，是最值得关注的部分。图 5.9 给出了两种比较有代表性的情况。

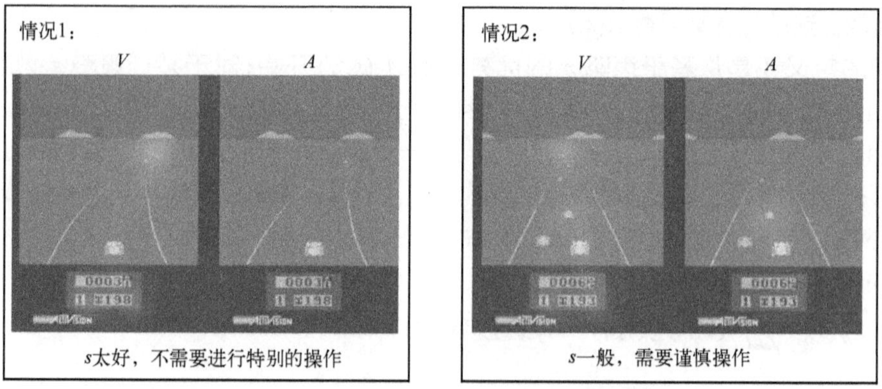

图 5.9　影响价值函数和优势函数的关键像素

在情况 1 中，V 对于 s 的梯度的高亮显示处为远方的一辆车，这是因为马路上除了远方的那辆车没有别的车辆，所以这辆车是影响 V 的重要因素；而 A 对于 s 的偏导数则看不到被高亮显示的像素，这是因为我们面前没有什么车辆，方向盘向左、向右，或者加速或减速，都不会对结果有较大的影响；在情况 2 中，可以看到 V 与 A 都有高亮显示部分，这是因为我们面前有大量车辆，很可能只有某些特定的操作（如先加速向左再减速）才能帮助我们绕过前面这些车辆。只要一个操作出现了偏差，就会造成严重的后果。这个例子说明，在情况 1 中，$A(s,a)$ 不是很重要；而在情况 2 中，$A(s,a)$ 非常重要，二者是有区别的。如果我们只有 $Q(s,a)$，那么是不能显式地发现上述区别的。这启发我们，应该同时训练 A 函数与 V 函数，以使我们在游戏中更好地了解自己的处境。

以上就是优势函数 $A(s,a)$ 的定义。需要特别强调的是，这个概念在强化学习中非常重要。在后面基于策略的算法中，会经常会用到优势函数。

5.3.5　Dueling DQN

在深度学习中，对于复杂的输入（如图像），一般认为网络的前几层的作用是提取输入一些本质的特征，与要计算的具体内容无关。

同理，我们可以让拟合 V 函数的网络与拟合 A 函数的网络公用前面几层，只是到了最后几层才有所不同。从图 5.10 中可以看到，DQN 将输入的图像先经过一系列卷积层，变成一个 N 维红色向量，再通过全连接层将其变为我们需要的输出（维数与不同 a 的个数相同的向量）$Q(s,a)$；而 Dueling DQN 则让 N 维红色向量通过两个不同的全连接层，分别得到 V 与 A，将其相加在一起得到最终的 $Q(s,a)$。Dueling DQN 与 DQN 相比，只是在最后全连接的部分有所不同，并没有增加太多额外的参数，自然也不会增加太多计算量。

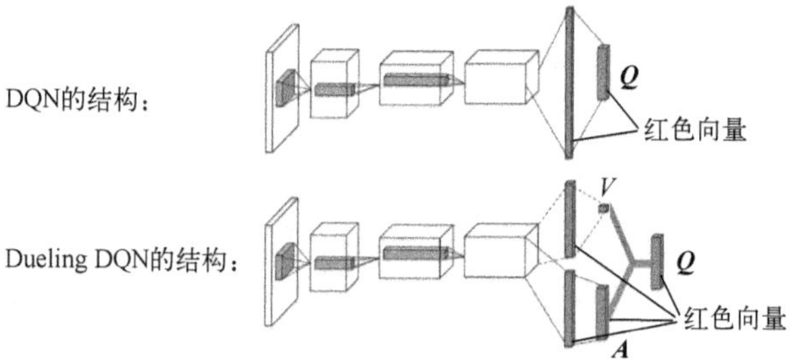

图 5.10　Dueling DQN 的结构

具体而言，如果假设 V 函数与 A 函数公用的卷积层的参数为 w_1，V 函数全连接层的参数为 w_2，A 函数全连接层的参数为 w_3，则输出可以表示为

$$Q_w(s,a) = Q_{w_1,w_2,w_3}(s,a) = V_{w_1,w_2}(s) + A_{w_1,w_3}(s,a) \tag{5.29}$$

按照 A 函数的定义，我们应该让输出满足 $\max_a A(s,a)=0$。但是，用上述方法训练出来的 A 函数不一定符合这个定义，因此我们自然想到，可以让 $A(s,a)$ 减去 $\max_a A(s,a)$，即取 $(A-\max_a A)$ 作为对优势函数的估计。

但是，在介绍固定 Q 目标时提到，对含有 max 的表达式用梯度下降的效果是不佳的。因此，研究者提出了替代的方法，即将 A（Adavantage）网络减去其算术均值后输出作为优势函数，即 Dueling DQN 的输出为

$$Q_{w_1,w_2,w_3}(s,a) = V_{w_1,w_2}(s) + \left(A_{w_1,w_3}(s,a) - \frac{1}{n}\sum_a A_{w_1,w_3}(s,a)\right) \tag{5.30}$$

需要注意的是，这种 Dueling DQN 其实和我们的出发点，即拟合真正的优势函数 $A^*(s,a)$ 是有所偏离的。因为真正的优势函数 $A^*(s,a)$ 应满足 $\max_a A^*(s,a)=0$，而不可能满足 $\sum_a A^*(s,a)=0$。所以，Dueling DQN 借助了优势函数的一些思想，但并没有真正拟合出优势函数 $A^*(s,a)$。不过在实践中，研究者发现这种减去均值的网络结构的效果是最好的，即使它不符合严格定义。

为充分说明 Dueling DQN 的优势，研究者还专门设计了一个特殊实验：在 MDP 中，在动作集合中加入一些“什么也不做”的 a（不采取任何动作，直接进入下一回合）作为干扰项，此时，普通 DQN 的性能会明显下降。加入的干扰项越多，普通 DQN 的性能下降得越明显。加入更多干扰项意味着 MDP 更加复杂，因此拟合效果变差并不会出乎我们的意料。有趣的是，研究者发现在这种情况下，Dueling DQN 受到的负面影响比 DQN 要小。

此外，如果 MDP 具有动作种类繁多、很多动作类似或完全一样、状态相比动作更加重要等特征，那么 Dueling DQN 相比于 DQN 的优势就会体现出来。现实中这样的 MDP 有很多，如自动驾驶问题往往就具有上述 3 个特征。

总体来说，我们虽然是以 A 函数的定义为出发点提出了 Dueling DQN，但从最后的结果上来看，我们并没有真正严格地拟合出 A 函数，而仅仅是为 DQN 发明了一个不同的网络结构而已。下面不再用优势函数的概念，而是从不同网络结构的角度给出 Dueling DQN 的一些解释，供读者参考。

第一种解释：Dueling DQN 中的每一步训练梯度都会回传到 w_2，使 $V(s)$ 得到针对性的更新。也就是说，如果我们在这个 s 下做出 a 的效果不错，则我们有理由相信这个 s 不错，因此在这个 s 下做出的所有动作都会有不错的效果；而在普通 DQN 中，如果我们发现在 s 下采取 a 的效果不错，则仅仅会针对性地更新 $Q(s,a)$，而同一个 s 下的其他 a' 对应的 $Q(s,a')$ 得不到针对性的更新。这也意味着在使用同样数量训练集的情况下，Dueling DQN 对于不同的 $Q(s,a)$ 会更加频繁、更加广泛地进行更新。在某种意义上，这也称得上是一种提升数据效率的方法。

第二种解释：在有些 MDP 中，$V(s)$ 之间的差别较大，$A(s,a)$ 之间的差别较小（如状态之间的转移关系比较连续、状态对于结果好坏的影响较大），或者 $V(s)$ 的量纲比 $A(s,a)$ 大。如果不将 A 函数与 V 函数分开而直接训练 $Q(s,a)$，则可能会产生数值问题中常常出现的“大数吃小数”的情况，导致噪声对 $Q(s,a)$ 的影响比较大。例如，真实的 $Q^*(s,a)$ 对于 3 个动作 a_1,a_2,a_3

的取值是分别是 98、101、103。如果将 $Q(s,a^1)$ 错误地估计为 105，那么可能误差占整体的百分比不太大，但是会严重影响选择 $\text{argmax}_a Q(s,a)$。Dueling DQN 在网络结构上将二者区分开来，为 A 网络与 V 网络准备了不同的全连接层，可以减小“大数吃小数”带来的风险。

总结本节的内容：首先定义了优势函数 $A(s,a)$，其主要目的是区分 $Q(s,a)$ 中状态 s 的价值与动作 a 带来的额外优势。受其启发，我们定义了 Dueling DQN 的结构。严格地说，我们并没有真正拟合出优势函数。但是，由于可以提升数据效率、减小数值风险等原因，实验表明，Dueling DQN 的结构确实能够提升性能。此外，从结果上来看，Dueling DQN 仅相当于一种与普通 DQN 不同的网络结构，可以方便地与 DQN 中的其他技巧相结合。需要注意的是，由于 Dueling DQN 的提出在双重 DQN 之后，因此 DDQN 一般指代双重 DQN，而非 Dueling DQN。如果读者对 Dueling DQN 的更多细节感兴趣，则可以查阅论文 *Dueling Network Architectures for Deep Reinforcement Learning*。

*5.3.6 Rainbow

在深度学习领域，许多理论上成立的模型必须配合诸多经过实验检验的技巧，否则无法得到的好的结果。DQN 正是一个很好的例子。

2017 年，Deepmind 进一步提出了 Rainbow DQN。在这里，研究者将 2015 年版的 DQN（包含固定 Q 目标与经验回放机制）视为基础，为其加上在 2015 年以后提出的 6 种技巧，一共包含 7 种技巧，因此将其命名为“彩虹”。这 6 种技巧如下。

- 双重 DQN。
- 优先回放机制。
- Dueling 结构。
- 多步重抽样（Multi-Step Bootstrap）。
- 分布 DQN（Distributional DQN）。
- 噪声 DQN（Noisy DQN）。

在这 6 种技巧中，前 3 种已经详细讲过。下面简要介绍一下后 3 种。

其一，对 DQN 采用多步重抽样技巧。也就是说，不再用单步转移数据，而是用多步转移数据 $(s_t, a_t, r_t, s_{t+1}, a_{t+1}, r_{t+1}, s_{t+2}, a_{t+2}, \dots)$ 来估计更新目标。

在 5.2.5 节中介绍过，从严格意义上来看，n 步更新对应的含义不完全清晰。但是在实践中，研究者仍然证明其数值性能比较好。这是因为估计目标式中的客观部分 $\sum_{k=0}^{N-1}\gamma^k r_{t+k}$ 比较大，而主观部分乘以 γ^N 后的占比比较小。所以，它有效地减小了估计偏差。

当然，由于使用 n 步转移数据而难免会增加估计方差，即需要更多的数据。实践中，有研究者给出的建议是设 n=3（不应太大），且将数据库容量扩大为 DQN（不采用 n 步估计时）的 10 倍左右（常见的是从 10^6 条扩大为 10^7 条）。不过，这类经验性的事物很难照搬，只能结合具体问题进行调试。此外，我们还可以进一步将 n 步估计法改为在 Sarsa 中提到的 λ-return 方法，更好地找到能权衡方差与偏差的折中点。

其二，对 DQN 采用分布的视角，改为在分布意义上拟合 Q^*。

按照原本的定义，$Q^*(s,a)$ 代表在给定状态 s 下采取给定动作 a，后续按最优策略进行操作，能获得的期望奖励总和。但是，即使是在给定状态 s 下采取给定动作 a，由于环境的随机性，下一步也可能会有很不一样的结果。例如，如果在给定状态 s 下采取动作 a^1 在 90% 的情况下获得的期望奖励总和是 10，在 10% 的情况下获得的奖励总和是 110，而采取动作 a^2 在 50% 的情况下获得的奖励总和是 18，在另外 50% 的情况下获得的奖励总和是 22。那么，虽然在给定状态 s 下，两个动作的 $Q^*(s,a)$ 一样，但最优策略应该选择后一个动作，因为它更稳定。如果仅仅拟合 $Q^*(s,a)$ 的均值，则无法看到动作背后蕴含的风险。

具体来说，网络选用直方图的形式来拟合离散分布，即网络输出的不再是 Q^* 的值，而是 Q^* 处于各个区间的离散概率分布。其中细节较多，这里不再赘述，感兴趣的读者可以查阅论文 *A Distributional Perspective on Reinforcement Learning*。

其三，噪声网络（Noise Net）。

前面提到，探索策略的目标是产生与当前认为最优策略的分布相对接近而又有所不同的数据，以此平衡算法的效率与鲁棒性。这些数据中涵盖更多、更广的样本，对于算法非常重要，否则可能导致局部收敛。在前面介绍的探索策略（包括 ε-贪心策略、玻尔兹曼探索策略或其他探索算法）中，我们都是让 DQN 用原本的方式输出 $Q(s,a)$，并在此基础上选择动作。问题是，$Q(s,a)$ 只是算法的中间结果，它距离最优策略还有很大差距。这些传统的探索策略在其输出上进行修改，可能探索性还不是很充分。由于 DQN 采用了神经网络结构，因此人们很自然地想到，能不能利用神经网络本来的特性，通过在网络参数中添加噪声来直接改变输出本身，以此获得探索性更好的策略呢?

以上便是噪声网络的主要思路。它同样不是本书的重点，感兴趣的读者可以查阅论文 *Noisy Networks for Exploration*。论文中还重点探讨了添加噪声与产生噪声的机制，如如何只产生维数较低的噪声，却又保持其独立性，达到较好的探索效果。其中细节较多，这里不再赘述。

研究者将以上 6 种技巧集成在 DQN 中，在 Atari 游戏上进行测试，取得了远远超出其中单独每一种技巧的成果。图 5.11 所示为论文中给出的模型效果比对。

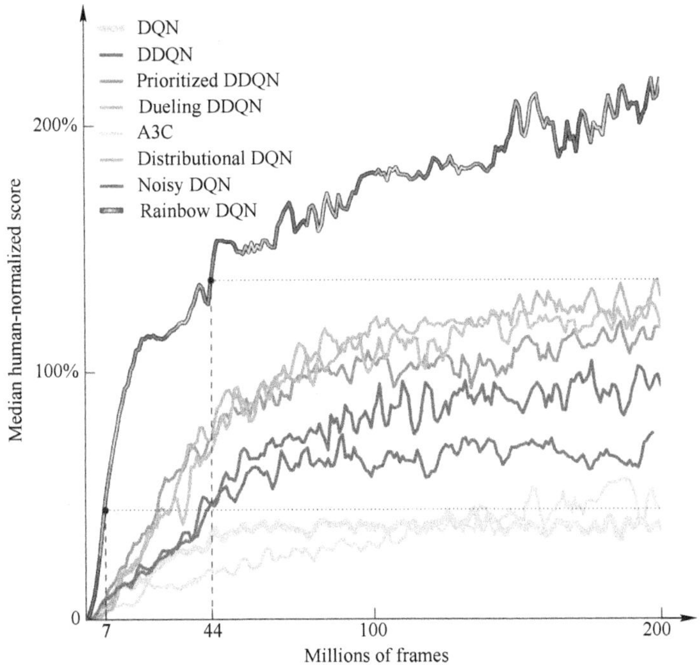

图 5.11　论文中给出的模型效果比对

虽说 Rainbow DQN 本身没有什么全新的东西，但它可以说是 DQN 的集大成者，也是基于价值强化学习算法的基础配置。当遇到规模较小的 MDP 时，可以用 Rainbow 作为基准进行尝试。

思 考 题

1. 设计一个简单的状态连续、动作离散的 MDP，并编写 DQN 的程序（请结合玻尔兹曼探索策略与经验回放等技巧）。

2. 设计一个状态离散、动作也离散的 MDP，求解出其真实的 Q^*，并与 Q-Learning 估计出的 Q 进行对比，判断是否存在高估现象。如果采用双重 DQN，结果是怎样的？

3. 学习重要性抽样知识，思考它是如何权衡偏差与方差的。

4. 阅读书中重点涉及的 3 篇论文：*Deep Reinforcement Learning with Double Q-Learning*、*Prioritized Experience Replay* 与 *Dueling Network Architectures for Deep Reinforcement Learning*，理解更多相关细节。

5. 查阅与 Rainbow 相关的论文，了解多步重抽样、分布 DQN 与噪声 DQN 的意义。

*5.4 NAF

前面集中讨论了无模型算法中基于价值的算法。对于状态与动作都是有限离散变量的 MDP，$Q(s,a)$ 是一个表格的形式；而对于状态连续（n 维）、动作离散（m 个）的 MDP，$Q(s,a)$ 是一个输入为 n 维向量、输出为 m 维向量的神经网络。由于在一般问题中我们会假定状态远比可操作的动作复杂，因此现实中很少会遇到状态是有限离散变量而动作是连续变量的情形，本书中也不会讨论这样的 MDP。下面将要讨论的是状态与动作均为连续变量的 MDP。

*5.4.1 标准化优势函数

使用无模型的基于价值的算法意味着要通过训练拟合出 $Q^*(s,a)$ 并利用它来决策。前面详细讨论了 Q-Learning、Sarsa 与 DQN 是如何训练的。但是，对动作是连续变量的 MDP 而言，首先要解决的问题是训练出 $Q^*(s,a)$ 之后如何利用它来决策，面对某个特定的状态 s，我们希望选择能令 $Q^*(s,a)$ 最大的动作 $\text{argmax}_a Q^*(s,a)$。然而，对于确定的 s，$Q^*(s,a)$ 是一个以 a 为自变量的 m 维的多层嵌套非线性函数。对于这样的函数，很难求出其最优点。那么，我们该如何用它来决策呢？

我们应该很自然地想到，能否规范 $Q(s,a)$ 的形式，使之成为一种能够比较容易求出 $\text{argmax}_a Q(s,a)$ 的函数呢？

说到有上述性质的函数，我们想起的第一个函数便是正定二次函数。一般而言，正定二次函数是凸函数，它有极小点而没有极大点。不过，强化学习语境下的目标一般是最大化奖励而非最小化损失，因此可以将其矩阵换成负定矩阵，这样便有极大点而没有极小点。考虑到正定函数更常见，这里先将 $Q(s,a)$ 定义为“最优策略下的期望损失”。而面对给定的状态 s，我们要选择的动作就是 $\text{argmin}_a Q(s,a)$ 以最小化损失。

基于上述设定，可以将 $Q(s,a)$ 定义为如下形式的函数，其中，$\boldsymbol{Q}_{ss}$、$\boldsymbol{Q}_{aa}$ 与 $\boldsymbol{Q}_{sa}$ 是可以被学习的正定矩阵：

$$\boldsymbol{Q}(\boldsymbol{s},\boldsymbol{a}) = \boldsymbol{s}^{\mathrm{T}}\boldsymbol{Q}_{ss}\boldsymbol{s} + \boldsymbol{a}^{\mathrm{T}}\boldsymbol{Q}_{aa}\boldsymbol{a} + 2\boldsymbol{s}^{\mathrm{T}}\boldsymbol{Q}_{sa}\boldsymbol{a} \tag{5.31}$$

如果通过训练得到了参数 $\boldsymbol{Q}_{ss}$、$\boldsymbol{Q}_{aa}$ 与 $\boldsymbol{Q}_{sa}$。那么，对于确定的状态 $\boldsymbol{s}$，可以通过如下公式选出 $\text{argmin}_{\boldsymbol{a}} Q(\boldsymbol{s},\boldsymbol{a})$：

$$\text{argmin}_{\boldsymbol{a}} Q(\boldsymbol{s},\boldsymbol{a}) = -\boldsymbol{Q}_{aa}^{-1}\boldsymbol{Q}_{sa}^{\mathrm{T}}\boldsymbol{s} \tag{5.32}$$

由此，如果能够通过训练拟合出上述形式的 $Q(s,a)$，则确实能够用它来决策。但是，状态与动作都是连续变量的 MDP 一般是十分复杂的，而 MDP 中客观存在的 $Q^*(s,a)$ 也应该是一个非常复杂的函数。如果用正定二次函数来拟合形式如此复杂的函数，则很可能拟合的效果是很差的。这就像在有监督学习中，如果用最简单的线性回归算法解决图像分类问题，那么取得的效果会很差，因为简单的线性函数根本不足以拟合出现实中图像与特征的复杂关系。为此，只能采用具有更强大拟合能力的函数，以适应复杂 MDP 的价值结构。

前面已经讲过 $A(s,a)$ 函数的定义。设 $Q(s,a) = A(s,a) + V(s)$，在最小化损失的目标下，应该有 $\min_a Q(s,a) = V(s)$，因此应有 $A(s,a) \geqslant 0$。考虑到在一般 MDP 中，$V(s)$ 或许会十分复杂，故应该将 $V(s)$ 设为一个一般的神经网络，使其具有充分的拟合能力；而对 $A(s,a)$ 而言，我们对它最基本的要求是其能够很容易针对特定的 s 求出 $\text{argmin}_a A(s,a)$，因此只能将其设为正定二次函数。不妨设：

$$A(\boldsymbol{s},\boldsymbol{a}) = \frac{1}{2}(\boldsymbol{a} - \mu(\boldsymbol{s}))^{\mathrm{T}} P(\boldsymbol{s})(\boldsymbol{a} - \mu(\boldsymbol{s})) \tag{5.33}$$

其中，$\mu(\boldsymbol{s})$ 是一个与 $\boldsymbol{a}$ 维数相同的向量；$P(\boldsymbol{s})$ 是一个正定矩阵。二者都是神经网络，具有充分的拟合能力。对于这个 $A(\boldsymbol{s},\boldsymbol{a})$，它对于 $\boldsymbol{s}$ 的极小点显然在 $\boldsymbol{a} = \mu(\boldsymbol{s})$ 处取得，且极小值为 0。

对 $P(\boldsymbol{s})$ 而言，我们需要保证它是正定矩阵。但是，我们也希望它有充分的拟合能力，以应对现实中足够复杂的 MDP。对于这种具有充分自由度且必须是正定矩阵的要求，我们应该很自然地想到利用 Cholesky 进行分解。由 Cholesky 分解的性质可知，任何正定矩阵都可以分解为上三角矩阵乘以自己的转置。另外，任何一个上三角矩阵乘以自己的转置都是一个正定矩阵。因此，我们可以设 $P(\boldsymbol{s}) = L(\boldsymbol{s})^{\mathrm{T}} L(\boldsymbol{s})$，其中 $L(\boldsymbol{s})$ 也是一个具有充分自由度的神经网络，它只需能输出一个上三角矩阵，不需要别的限制。

不妨设 $V(\boldsymbol{s})$、$\mu(\boldsymbol{s})$ 及 $L(\boldsymbol{s})$ 这 3 个函数都是神经网络，它们的参数分别为 θ^V、θ^μ 及 θ^L，则 $Q(\boldsymbol{s},\boldsymbol{a})$ 的最终形式为

$$Q(\boldsymbol{s},\boldsymbol{a};\theta^Q) = V(\boldsymbol{s};\theta^V) + \frac{1}{2}(\boldsymbol{a} - \mu(\boldsymbol{s};\theta^\mu))^{\mathrm{T}} L(\boldsymbol{s};\theta^L)^{\mathrm{T}} L(\boldsymbol{s};\theta^L)(\boldsymbol{a} - \mu(\boldsymbol{s};\theta^\mu)) \tag{5.34}$$

这是一个以 $\theta^Q = (\theta^V, \theta^\mu, \theta^L)$ 为参数的神经网络，接收 $\boldsymbol{s}$ 与 $\boldsymbol{a}$ 作为输入，输出 $Q(\boldsymbol{s},\boldsymbol{a})$。并且，对于给定的 $\boldsymbol{s}$，有

$$\min_{\boldsymbol{a}} Q(\boldsymbol{s},\boldsymbol{a}) = V(\boldsymbol{s};\theta^V) \tag{5.35}$$

$$\text{argmin}_{\boldsymbol{a}} Q(\boldsymbol{s},\boldsymbol{a}) = \mu(\boldsymbol{s};\theta^\mu) \tag{5.36}$$

对于这种形式的 $Q(\boldsymbol{s},\boldsymbol{a})$，可以仿照 DQN 的训练方式训练它并用它来决策。并且，由于

$V(\boldsymbol{s})$、$\mu(\boldsymbol{s})$ 与 $L(\boldsymbol{s})$ 都是具有充分的拟合能力的神经网络，因此，当 θ^Q 在定义域内变化时，上述形式的 $Q(\boldsymbol{s},\boldsymbol{a})$ 可以变化为各种形状的函数，对各种复杂的 MDP 具有充分的拟合能力。

由于我们的定义中用到了优势函数 $A(\boldsymbol{s},\boldsymbol{a})$，并且为它指定了特殊的形式，因此将上述形式的网络称为规范化优势函数，简称 NAF。

*5.4.2 NAF 的训练

在 DQN 中，网络的更新目标是 $r+\gamma \max_{a'} Q(s',a')$。由于在连续问题中习惯将目标改为最小化损失，因此其更新目标为 $r+\gamma \min_{a'} Q(s',a')$。

NAF 与 DQN 类似，同样要设定评估网络与目标网络，设它们的参数分别为 θ^Q 与 $\theta^{Q'}$，则可以用以下公式来训练评估网络：

$$Q(s,a;\theta^Q) \leftarrow Q(s,a;\theta^Q)+\alpha(E(r+\gamma V(s;\theta^{Q'}))-Q(s,a;\theta^Q)) \tag{5.37}$$

与动作离散的 DQN 相比，这里不必算出 $Q(s,a)$ 并找出其中的最大值，直接用目标网络将 $V(s)$ 算出来，便可以将其作为 $\min_{a'} Q(s',a')$。在确定更新目标之后，同样通过后传梯度的方法更新评估网络的参数 θ^Q。此外，每过一段时间就需要修改 θ^Q，使其与 $\theta^{Q'}$ 更接近、目标网络具有足够新的系数。这与第 5 章讲的固定 Q 目标是一样的。

还有一个要解决的重要问题——在产生训练数据时，如何进行探索以提高算法的鲁棒性及数据效率；对于离散动作，选择动作的策略是一个离散分布，此时只需控制选择各个动作的条件概率；而对动作连续而言，选择动作的策略应该是连续分布，此时既要接近最优分布又要有所不同。很自然的一个想法就是采用一个以当前认为的最优动作为中心的正态分布，即选择 $a=\mu(s)+N$。其中 N 是服从正态分布的随机变量。我们可以通过调节方差来控制利用（方差更小）与探索（方差更大）的倾向性。

由于这里以最小化损失为目标，这更加符合最优控制的设定。因此不妨将状态记为 x，将动作记为 u。算法 5.7 给出了 NAF 算法的基本框架。

算法 5.7

随机初始化正则 Q 网络 $Q(x,u\mid\theta^Q)$；

初始化固定 Q 目标网络权重 $\theta^{Q'} \leftarrow \theta^Q$；

初始化数据库 $R \leftarrow \{\}$；

重复迭代：

    随机初始化随机过程 N_t 用于探索；

    获得初始状态 $x_1 \sim p(x_1)$；

    重复迭代：

        选择动作 $u_t=\mu(x_t\mid\theta^\mu)+N_t$；

        执行动作 u_t，获得奖励 r_t 和状态 x_{t+1}；

        在数据库 R 中存储单步转移数据 (x_t,u_t,r_t,x_{t+1})；

        重复迭代：

            在数据库 R 中抽取一批单步转移数据 (x_t,u_t,r_t,x_{t+1})；

            赋值 $y_i=r_i+\gamma V'(x_i\mid\theta^{Q'})$；

更新网络参数 θ^Q，最小化损失函数 $L=\frac{1}{N}\sum_i (y_i - Q(x_i,u_i\,|\,\theta^Q))^2$；

更新目标网络参数 $\theta^{Q'} \leftarrow \tau\theta^Q + (1-\tau)\,\theta^{Q'}$；

直到算法收敛；

以上就是 NAF 有关的主要内容。如果读者对更多有关 NAF 的细节感兴趣，则可以查阅有关资料。此外，读者不妨自行编写代码，测试上述算法的性能，如价值函数是否准确、选出的最优动作效果如何等。

一般情况下，对于动作与状态都连续的 MDP，我们会采用基于策略的算法，而 NAF 用得相对较少。因此在本书中，它只作为补充出现。

5.5 总结：基于价值的强化学习算法

前面几章集中讨论了无模型算法中基于价值的算法，下面对这几章的内容进行总结。

首先，无模型的基于价值的算法就是在求解关于 Q 值的贝尔曼方程。其中，Q-Learning 或 DQN 求解的是 $Q^*(s,a)$ 的方程：

$$Q^*(s,a)=E_{\text{environment}}(R_s^a+\gamma\max_{a'}Q^*(s',a')) \tag{5.38}$$

而 Sarsa 求解的是 $Q_\pi(s,a)$ 的方程：

$$Q_\pi(s,a)=E_{\text{environment},\pi}(R_s^a+\gamma\max_{a'}Q^*(s',a')) \tag{5.39}$$

由于折扣因子 γ 及各 $P_{ss'}^a$ 均小于 1，因此由压缩映射原理可知贝尔曼方程有唯一解，并且从任何初始解出发都可以通过如下迭代公式收敛到该解：

$$Q^*(s,a)\leftarrow E_{\text{environment}}(R_s^a+\gamma\max_{a'}Q^*(s',a')) \tag{5.40}$$

$$Q_\pi(s,a)\leftarrow E_{\text{environment},\pi}(R_s^a+\gamma Q^*(s',a')) \tag{5.41}$$

我们介绍的基于价值的算法包括 Q-Learning、Sarsa、DQN 与 NAF，它们本质上都通过迭代法求解贝尔曼方程，而不是进行有监督学习。理解了这一点后，就可以更加直观地理解固定 Q 目标等技巧。

其次，需要注意的是，由于在进行上述迭代时没有 $P_{ss'}^a$ 与 R_s^a 的表达式，因此必须使用数据集来进行迭代。训练数据的分布及性质可以说是算法成败与否的一大关键要素。为了高效地进行强化学习，我们一般边产生数据边训练。如果产生及使用数据的机制不恰当，则原本应该只有唯一解的贝尔曼方程很可能局部收敛到其他解。在训练公式没有太大歧义的情况下，如何产生及使用训练集几乎可以说是算法中最重要的部分。

对 Sarsa 而言，因为它在迭代式中需要对环境与策略 π 求期望，所以它的训练集中 (s,a) 的分布必须和当前产生数据的策略 π 是一致的，否则会发生错误。因此，我们不能采取经验回放机制，可以人为控制训练集的手段相对较少。不过，我们必须充分调整其产生数据集的策略 π，让其从一开始倾向于探索（避免局部收敛）逐渐过渡到倾向于利用（因为最终要求解的是 Q_{π^*}）。

对 Q-Learning 或 DQN 而言，由于它们在迭代式中只需对环境求期望，因此在训练中的任何时刻产生的数据都是符合要求的。我们可以将产生的训练集存储下来，多次利用（经验回放），因此有更多手段控制数据集 (s,a) 的分布。从原则上来讲，我们不必严格要求数据集中 (s,a) 的分布，因为只要是客观环境产生的数据，对于训练就是有帮助的（这一点和 Sarsa 不同）。但是，在数据集相对有限的情况下，我们希望 (s,a) 的分布与当前认为最优分布对应的 (s,a) 比较接近，且具有充分的探索性。这是一个相对模糊的规则，需要进行大量调试。具体的手段包括调整探索策略的系数、使用更大的数据库、每次抽取更多的数据集进行训练等，这对于避免局部收敛也是至关重要的。

训练数据对算法性能的影响无疑是巨大的。我们想提示的一点是，除了在算法层面调整产生及使用训练集的方式，还可以在问题层面修改 MDP 的定义。一般而言，训练集中的 R 奖励稀疏对训练不利。但是，我们必须确保修改 R 的定义后还能符合我们本来的目标。这部分内容在第 2 章中已经详细讲述过了。

训练方式与数据集是强化学习算法中的两大层面。除此外，还要关注一些模型层面的细节。对于不同的模型，模型本身的性质很可能会决定算法中的一些技巧。

例如，在表格型的 $Q(s,a)$ 中，修改 $Q(s',a')$ 格子中的信息不会影响 $Q(s,a)$ 格子中的信息；而在采用神经网络作为 $Q(s,a)$ 时，用梯度下降修改 $Q(s',a')$ 的值会导致 $Q(s,a)$ 的全局发生变化。因此，要采取固定 Q 目标的技巧，但是使用该技巧会使网络本身有两组参数，此时可以在几乎不增加计算量的情况下采用双重 DQN，以降低高估的风险。此外，梯度更新的训练方式还使我们可以采取 Dueling DQN 技巧，达到提高数据效率和数值稳定性等效果。这些都属于模型层面的重要技巧。

以下为基于价值的强化学习算法给出一个粗略的归纳框图，有兴趣的读者可以尝试在其基础上做进一步的完善。

> 无模型的基于价值的算法
>
> 基本训练方式：用迭代法解贝尔曼方程
>
> $$\begin{cases} Q^*(s,a) = E_{\text{environment}}(R_s^a + \gamma \max_{a'} Q^*(s',a')) \\ Q_\pi(s,a) = E_{\text{environment},\pi}(R_s^a + \gamma Q(s',a')) \end{cases}$$
>
> 关于训练数据的技巧
>
> （1）问题定义：让奖励函数更稠密；
>
> （2）数据集的产生方式：探索-利用取舍；
>
> （3）数据集的使用方式；
>
> ① 要求服从特定 π 的同策略训练：采用 n 步估计技术、λ-return 来减小偏差等；
>
> ② 仅要求服从环境的异策略训练：经验回放、优先回放等，也可以尝试 n 步估计技术；
>
> 模型层面的技巧：固定 Q 目标、双重 DQN、Dueling DQN 等；

参考文献

[1] KOBER J, PETERS J. Policy Search for Motor Primitives in Robotics[J]. Springer International Publishing, 2014. DOI:10.1007/978-3-319-03194-1_4.

[2] MNIH V, KAVUKCUOGLU K, SILVER D, et al. Human-Level Control Through Deep

Reinforcement Learning[J]. Nature, 2015, 518(7540): 529-533.
[3] CAI Q, YANG Z, LEE J D, et al. Neural Temporal-Difference and Q-Learning Provably Converge to Global Optima[J]. 2019. DOI: 10.48550/arXiv.1905.10027.
[4] HASSELT H V, GUEZ A, SILVER D. Deep Reinforcement Learning with Double Q-Learning[J]. Computer Science, 2015. DOI:10.48550/arXiv.1509.06461.
[5] CINI A, D'ERAMO C, PETERS J, et al. Deep Reinforcement Learning with Weighted Q-Learning[J]. 2020. DOI:10.48550/arXiv.2003.09280.
[6] SCHAUL T, QUAN J, ANTONOGLOU I, et al. Prioritized Experience Replay[J]. Computer Science, 2015. DOI:10.48550/arXiv.1511.05952.
[7] WANG Z, FREITAS N D, LANCTOT M. Dueling Network Architectures for Deep Reinforcement Learning[J]. JMLR.org, 2015. DOI:10.48550/arXiv.1511.06581.
[8] BELLEMARE M G, DABNEY W, MUNOS R. A Distributional Perspective on Reinforcement Learning[J]. 2017. DOI:10.48550/arXiv.1707.06887.
[9] FORTUNATO M, AZAR M G, PIOT B, et al. Noisy Networks for Exploration[J]. 2017. DOI: 10.48550/arXiv.1706.10295.
[10] HESSEL M, MODAYIL J, VAN H, et al. Rainbow: Combining Improvements in Deep Reinforcement Learning[J]. 2017. DOI:10.48550/arXiv.1710.02298.

第 6 章

RL

策略函数与策略梯度

本章开始讲基于策略的算法。在这类算法中，我们不必算出价值或任何能够衡量动作与状态好坏的量，而可以直接找出最优策略。下面首先学习基于策略的算法中相对基础的算法，以便了解这类算法的基本思想。

6.1 策略函数与期望回报

在基于策略的算法中，首要的问题是弄清楚策略应该是什么形式的。

前面提到，对于确定且非时齐的环境，最优策略是关于时间的函数（ $a = \text{policy}(t)$ ）。例如，在固定初始状态的 LQR 控制问题中，最终求解的最优控制就是一个动作关于时间的序列。对于随机且时齐的环境，最优策略是关于状态的决策函数（ $a = \text{policy}(s)$ ）。例如，在策略迭代法中，我们的策略就是一个关于状态与动作的映射表格。对于随机且非时齐的环境，必须同时根据当前的状态与时间选择动作（ $a = \text{policy}(s,t)$ ）。例如，在环境随机的 LQR 控制问题中，求解出的一系列 K_t （以 $u_t = K_t x_t$ 进行决策）就是一个符合上述形式的策略。只有在确定了策略函数的形式之后，算法才能开始。

在第 4 章的最优控制问题中，已经讲过几种采用基于策略的思想的算法。例如，在策略迭代法中，先随机初始化策略表，然后迭代地进行策略评估与策略提升，直到收敛；在 iLQR 算法中，先随机初始化一组 u_t ，然后迭代地求解局部 LQR 子问题以更新 u_t 。这两个算法的共同点是随机初始化一个策略，并迭代地修改策略，使之变得比原来更好。当算法收敛后，就可以利用最终的策略来决策。这就是基于策略的算法的核心思想。

那么，策略的好坏应该如何评判呢？如何能确保它变得更好呢？

有读者可能已经想到——在最优控制问题中，用 $J(u)$ 来代表一个控制 u 获得的期望损失，即这个控制的好坏。在时间离散的 LQR 控制问题中，u 是一个时间序列 $u_1, u_2, \cdots u_T$ ，这使 J 有些像一个多元函数。事实上，即使策略是 $u(s)$ 或 $u(s,t)$ 形式的函数，我们依然可以把损失函数 J 表示为关于它的泛函。之后便可以用类似优化多元函数的方式求解其最小值点，继而得到最优策略。

在强化学习问题中，一般将目标定义为“最大化奖励”而非“最小化损失”。同理，可以

定义 $J(u)$ 为在一个控制策略下获得的期望奖励总和，以求解其最大值为目标。此外，在不同的强化学习或最优控制文献中，有时会将问题的目标记作 $J(\pi)$、$\eta(u)$ 或 $\eta(\pi)$ 等。这里强调要理解具体问题的含义，以免在面对不同的设定时出现混淆。本章统一用 $J(\pi)$ 代表在策略 π 下获得的期望奖励总和，以最大化它为算法目标。

在计算机中，“无穷维”的策略 π 是无法实现的。不过，我们可以利用神经网络这个有力的“武器”。神经网络本质上是一种万能的函数拟合器，其结构复杂、层数深。设神经网络的参数是 n 维向量 $\boldsymbol{w}$，当 $\boldsymbol{w}$ 遍历 n 维空间时，它对应的网络 π_w 可以呈现出各种复杂的形状，近似无穷维的策略函数 π。由于 $\boldsymbol{w}$ 与 π_w 是一一对应的，因此泛函 $J(u)$ 可以简化为 n 维函数 $J(\boldsymbol{w})$。这样，问题就被化归到我们熟悉的范围内了，即寻找一个 n 元函数 $J(\boldsymbol{w})$ 的极大值。不过，需要强调的是，$J(\pi)$ 本质上是泛函，即“无穷维函数”或“函数的函数”。即使在现实中我们会通过参数化的方式将其简化为一个多元函数，但它在概念上仍应是关于策略函数的泛函，无关这个策略具有 $\pi(t)$、$\pi(s)$ 还是 $\pi(s,t)$ 的形式，无关它是随机的还是确定的，也无关如何将其参数化、如何定义神经网络结构。

在明确了策略与期望奖励的定义后，问题似乎变得很简单——只需找一个策略 π，使 $J(\pi)$ 相对大。但是，实现这一点往往是困难的。

我们知道，一个函数取得最优值的必要不充分条件是梯度为 0。在 LQR 控制问题中，由于已知环境表达式，因此能将总损失 $J(u)$ 展开为关于 $u_1,u_2,\cdots u_T$ 的正定二次函数，从而求出其最优点；但是，除极个别特殊情况外，我们几乎不可能以求解梯度为 0 来找出最优点；在未知环境的强化学习问题之中，我们甚至连期望奖励函数 $J(\pi)$ 的表达式都不知道，更不可能求解梯度为 0 的方程。

在数值最优化领域，人们开发了各种优化算法，可以简单地将其分为 3 类：无梯度方法、一阶梯度方法、二阶梯度方法（牛顿方法）。

对梯度表达式不存在或过于复杂的函数而言，人们只能用无梯度方法。若将其应用于优化期望奖励函数，便可得到强化学习问题中的无梯度算法，这也是 6.2 节首先要介绍的内容。

当然，在梯度表达式没有那么复杂的情况下，无梯度方法往往极其低效，因此我们会采用一阶方法。具体而言，我们会求出 $J(\pi)$ 关于策略 π 的梯度，即策略梯度（Policy Gradient），用它来指引策略函数的优化方向，这在 6.3 节会讲到。

在今天的强化学习问题中，一般用神经网络模型来表征策略，而神经网络模型一般不适用于二阶梯度方法（计算量过大），因此，本书中不会涉及用二阶梯度方法优化策略的算法。不过，在第 8 章讲解自然梯度法及 TRPO 算法时，会用到一些类似的思想——我们不会直接用 $J(\pi)$ 关于策略 π 的二次导数（Hessian 矩阵），因为这会导致计算量很大；但我们会说明二次导数在优化过程中的意义（它相当于一个自变量空间中的正则化度量）并用费舍尔信息矩阵（Fisher Information Matrix，FIM）来代替它。

6.2 无梯度方法

在数值最优化领域，人们大多时候都假定目标函数 $f(x)$ 具有梯度，并将其记为 $g(x)$。设目标函数是 n 维的，则当输入一个自变量 x 时，便可以得到标量 $f(x)$ 及 n 维向量 $g(\boldsymbol{x})$（g 可以

视为一个 n 到 n 的函数）。但是，对于很多函数，其梯度不存在，或者表达式过于复杂，这时只有目标函数 $f(x)$ 而没有梯度 $g(x)$ 的表达式。对于这类问题，可以用无梯度算法。

无梯度方法中最简单的例子是穷举法，即求出所有 x 对应的 $f(x)$，通过比较得到全局最优点。但是，这不适用于自变量空间维数较高的情况。于是，人们又提出一个次简单的方法，即利用贪心算法进行随机搜索。具体而言，就是首先初始化一个 x_0；然后在其周围生成一组候选点 $\{x\}$ 并求出它们对应的 $f(x)$，从中选出最优的一个作为 x_1（或者为了提升鲁棒性，选出最优的几个并将其按某种方法组合得到 x_1）；接着在 x_1 周围生成一组候选点，并将其中最优的一个或几个组合起来作为 x_2，依次类推，直到收敛。相比穷举法，贪心算法虽然不能让我们找到全局最优点，只能找到局部最优点。但是，它能将指数复杂度简化为线性复杂度。一般而言，除非使用穷举法，任何非凸优化算法都没有办法保证能求出全局最优点。因此，当梯度不存在、梯度过于复杂，或者自变量空间结构比较特殊时，上述无梯度搜索算法是可以尝试的选择。

除了上述两种非常平凡的无梯度方法，还有许多来自生物智能或信息论领域的无梯度算法，如遗传算法、进化算法、蚁群算法、粒子群算法、模拟退火算法等。这类算法的共同特点是不需要梯度，而它们各自的特性决定了它们适用于不同的问题。如果读者感兴趣，不妨自行了解这些算法的特性。

当然，一般当我们说起上述算法时，指的是数值优化问题。换言之，我们已知需要优化的目标函数表达式。在最优控制问题中，如果完全已知环境的表达式，则事实上也可以列出目标函数 $J(\pi)$ 关于策略 π 或策略的参数 $\boldsymbol{w}$ 的表达式，继而将其当作一般的数值优化问题进行求解。而在强化学习问题中，我们不知道环境的表达式，故没有 $J(\pi)$ 的表达式，而只能用与环境进行交换产生的数据来估计 $J(\pi)$ 对具体 π 的取值，这也会让我们面临更多的困难。

6.2.1 增强随机搜索

考虑一个状态连续（n 维）、动作连续（p 维向量），环境随机、时齐且表达式未知的 MDP。这时，策略为关于状态的函数。不妨设它具有最简单的形式——$\pi(s)=\boldsymbol{M}s$（其中 $\boldsymbol{M}$ 为一个 $n\times p$ 矩阵），即一个线性函数。这样，参数 $\boldsymbol{M}$ 便与策略 π 一一对应，期望奖励 $J(\pi)$ 事实上可以理解为函数 $J(\boldsymbol{M})$。在不知道函数具体的表达式的情况下，需要找到能让 $J(\boldsymbol{M})$ 最大的 $\boldsymbol{M}$。

我们可以将随机搜索算法运用到强化学习上：首先，随机初始化 $\boldsymbol{M}_0$；然后，随机生成一组随机扰动 $\boldsymbol{\delta}_1,\boldsymbol{\delta}_2,\cdots,\boldsymbol{\delta}_N$，并比较这个策略向着该随机扰动进行正/负方向更新（令 $\boldsymbol{M}_{j+1}=\boldsymbol{M}_j\pm v\boldsymbol{\delta}_k$，其中 v 是搜索的步长，需要根据状态与动作空间的大小进行设置）时，策略能取得的期望奖励。由于采用无模型算法，因此只能以策略 $\pi(s)=(\boldsymbol{M}_j\pm v\boldsymbol{\delta}_k)s$ 与环境进行交互产生大量数据，直接以这些数据来估计其对应的期望奖励。在每一步迭代中，选出表现最优的一个或几个策略将其组合得到 $\boldsymbol{M}_{j+1}$，从它出发进行下一步迭代。重复这个过程，直到收敛。

可以看出，以上算法与随机搜索算法唯一的区别在于未知目标函数的表达式，因此只能改为通过与环境进行交互产生的数据来估计期望奖励。

在此基础上，我们还可以结合强化学习的特性，对其进行如下调整。

第一，由于策略函数输入的是状态，而状态是连续变量，因此不妨对状态进行标准化处理。这样，就不需要担心步长尺度变化的问题：

$$\pi_{j,k,\pm}(x)=(\boldsymbol{M}_j \pm \nu\boldsymbol{\delta}_k)\mathrm{diag}(\Sigma)^{-\frac{1}{2}}(s-\mu) \tag{6.1}$$

其中，μ 和 Σ 分别代表状态的均值与方差。若已知环境，则自然直接有 μ 与 Σ。不过在一般的强化学习问题中，均值与方差未知，此时可以将产生数据中状态的样本均值与方差算出来，作为 μ 与 Σ 的估计。

第二，在每一步迭代中，我们不一定只简单地寻找 $2k$ 个候选 $\boldsymbol{M}_j \pm \nu\boldsymbol{\delta}_k$ 中对应期望奖励最大的那一个。我们可以从这 $2k$ 个候选中选择前 k 个（表现处于前一半即可），将其组合为一个最优方案，如以其取得的期望奖励为系数进行线性组合。此外，还可以根据其取得的期望奖励的方差来重新确定更新步长。当期望奖励的方差，即策略在局部变化带来的随机性更大时，更新步长就更小，更新也就更保守。简而言之，我们可以根据候选 $\boldsymbol{M}_j \pm \nu\boldsymbol{\delta}_k$ 及其对应的期望奖励设计更复杂的更新策略，综合计算下一步迭代的起点，以使算法更有鲁棒性。

第三，对于某个更新方向 δ_k，如果将其向正/负方向更新都不能充分增大期望奖励（超过设定的阈值），则可以丢弃它。

综合以上几点，得到一个更加复杂的随机搜索方法，将其称为增强随机搜索（Augmented Random Search，ARS）算法，如算法 6.1 所示。

算法 6.1（ARS）

输入超参数：学习率（步长）α，抽样方向个数 N，探索噪声 ϑ，选择动作数 b；

随机初始化：$\boldsymbol{M}_0=0\in\mathbf{R}^n$，$\mu_0=0\in\mathbf{R}^n$，$\sum_0=\boldsymbol{I}_n\in\mathbf{R}^{n\times n}$。令 $j=0$；

重复迭代：

独立随机地正态抽样 N 个 $\mathbf{R}^{p\times n}$ 向量 $\boldsymbol{\delta}_1,\boldsymbol{\delta}_2,\cdots,\boldsymbol{\delta}_N$ 作为搜索方向；

使用如下 $2N$ 个随机策略与环境进行交互产生数据；

（在 V_1 与 V_2 两个版本下选择的随机策略不同）

$$V_1\text{:}\begin{cases}\pi_{j,k,+}(x)=(\boldsymbol{M}_j+\vartheta\boldsymbol{\delta}_k)s\\ \pi_{j,k,-}(x)=(\boldsymbol{M}_j+\vartheta\boldsymbol{\delta}_k)s\end{cases}$$

$$V_2\text{:}\begin{cases}\pi_{j,k,+}(x)=(\boldsymbol{M}_j+\vartheta\boldsymbol{\delta}_k)\mathrm{diag}(\Sigma_j)^{-\frac{1}{2}}(s-\mu_j)\\ \pi_{j,k,-}(x)=(\boldsymbol{M}_j+\vartheta\boldsymbol{\delta}_k)\mathrm{diag}(\Sigma_j)^{-\frac{1}{2}}(s-\mu_j)\end{cases}$$

按照 $\max\{r(\pi_{j,k,+}),r(\pi_{j,k,+})\}$ 重新排序 $\boldsymbol{\delta}_k$，将表现排名为 k 的搜索方向记为 $\boldsymbol{\delta}_{(k)}$；

更新策略：$\boldsymbol{M}_{j+1}=\boldsymbol{M}_j+\dfrac{\alpha}{b\sigma_R}\sum\limits_{k=1}^{b}[r(\pi_{j,(k),+})-r(\pi_{j,(k),-})]\boldsymbol{\delta}_{(k)}$；

（其中 σ_R 为前 $2b$ 个最优策略对应的期望奖励的标准差）；

在 V_2 版本下，重新计算数据中状态的均值和方差并分别记为 μ_{j+1} 与 Σ_{j+1}；

令 $j\leftarrow j+1$，直到算法收敛；

感兴趣的读者可以查阅论文 *Simple Random Search Provides a Competitive Approach to Reinforcement Learning*，了解更多细节。

6.2.2 交叉熵算法

在增强随机搜索算法中，每一步迭代都从当前 $\boldsymbol{M}_i$ 出发，在周围一组候选点中选择最优的一个或几个的组合，继而得到 $\boldsymbol{M}_{i+1}$。而下一步的搜索则是以 $\boldsymbol{M}_{i+1}$ 为中心开展的。在使用无梯度算法时，并没有用梯度来指引搜索方向，全靠目标函数的取值大小来搜索。因此，倘若一步迭代中的随机误差导致我们找到的 $\boldsymbol{M}_i$ 不好，则以其为中心的局部很可能也不是一个好的搜索空间，无法搜索出较好的解。因此，该算法在一定程度上缺乏鲁棒性。

那么，如何才能提高算法的鲁棒性呢？一个自然的想法是，如果迭代的不再是一个具体的点（如策略参数 $\boldsymbol{M}_i$），而是一个随机变量的分布，那么每次从这个分布中随机抽样来生成策略参数，其鲁棒性理应更好。照此思路，出现了交叉熵算法（Cross Entropy Method，CEM）。

仍考虑状态连续（n 维）、动作连续（p 维向量），环境随机、时齐且表达式未知的 MDP，设策略为 $\pi(s)=\boldsymbol{M}s$（其中 $\boldsymbol{M}$ 为 $n\times p$ 矩阵）。在算法中，随机初始化并始终维护一个最优策略参数 $\boldsymbol{w}=\mathrm{Vec}(\boldsymbol{M})$ 的分布。一般而言，我们会选择最简单的正态分布，因此我们维护的其实是该正态分布的均值 μ_t 与方差 σ_t。在每一步迭代中，我们从该分布中随机抽样产生一组策略参数 $w_1,w_2,\cdots,w_n$，通过其与环境进行交互的结果估算出对应的期望奖励 $J(w_1),J(w_2),\cdots,J(w_n)$，排序选择最优的前 ρ 个期望奖励，算出新的分布：

$$\boldsymbol{\mu}_{t+1}=\frac{\sum\limits_{i\in I}\boldsymbol{w}_i}{|I|},\quad \sigma_{t+1}=\frac{\sum\limits_{i\in I}(\boldsymbol{w}_i-\boldsymbol{\mu}_{t+1})^{\mathrm{T}}(\boldsymbol{w}_i-\boldsymbol{\mu}_{t+1})}{|I|}+\boldsymbol{Z}_{t+1} \tag{6.2}$$

其中，$\boldsymbol{Z}_{t+1}$ 是噪声，加入它是为了避免方差过小、过快地收敛于一个向量。

可以看到，与增强随机搜索相比，交叉熵算法中随机初始化并不断迭代的不是一个参数向量，而是一个参数向量的随机分布，因此，它具有更高的鲁棒性。用强化学习的思想来理解，它具有更好的探索性。为了避免它方差过小、过快地收敛于一个向量，我们还特意加入了噪声 $\boldsymbol{Z}_{t+1}$。总体来说，它与其他无梯度算法相比最主要的特点与优势在于探索性与鲁棒性。当然，它的收敛速度更慢、所需的计算量更大、数据成本更高，这也是我们需要权衡取舍的一方面。

交叉熵算法是强化学习领域中的一个经典算法，具有很多年的历史，因此在大部分有关的教材或学习资料中都会涉及。由于具有鲁棒性高，但数据效率很低的特点，它在基于模型的强化学习算法中有重要用处。有兴趣的读者可以自行查阅有关资料，了解更多关于交叉熵算法的细节。

6.2.3 进化算法

在上面的两个例子中，都采用了线性函数作为策略。可以想到，对于环境较复杂的强化学习问题，即使找到了最优线性策略，最终的效果也可能达不到我们的要求。纵览整个过程，并没有哪个步骤必须利用线性函数的性质。这启发我们，即使将策略改成神经网络的形式，也可以采用无梯度方法进行搜索，最终找到适用于复杂环境的策略。

当然，线性策略和神经网络也有一定的差别。采用线性策略时，我们可以向着正/负方向同时进行搜索，即求 $\pi(x)=(\boldsymbol{M}_j\pm v\boldsymbol{\delta}_k)x$ 对应的期望奖励。可以想象，这代表着策略向两个截然相反的方向进行更新，因此要仔细判断到底哪个方向才是更好的。但是，神经网络是一个高度复杂的嵌套非线性函数，其输出往往与参数有着难以定向的关系。当参数进行正/负方向的更新时，很难说它就是朝着相反的两个方向进行更新（例如，面对同一个输入状态，让神经网络的参数向正/负方向进行更新或许都会导致速度增大）。因此，对于神经网络，我们不再进行正/负方向搜索，而是直接在一个高斯球内进行扰动搜索，并将扰动得到的期望奖励估计值作为权重，将各个参数线性组合起来得到搜索结果。

此外，相比于线性策略，神经网络策略显然更加复杂，能表示更多函数，因此它也需要更多的样本及更大的计算量。无梯度方法相比于梯度方法的一个好处是，我们不需要在一个点通过大量计算得到梯度，准确地指引更新，我们只需对一个邻域内的许多点粗略地估计出其目标函数的值，不那么准确地指引更新即可。因此，它比较适合并行算法，可以提升计算效率。

采用了并行算法的进化算法（Evolution Strategies，ES），如算法 6.2 所示。

算法 6.2（ES）

输入：学习率 α，噪声标准差 σ，策略初始参数 θ_0；

初始化 n 个 worker，编号 $i=1,2,\cdots,n$，参数均初始化为 θ_0；

重复迭代：

　　对于 worker　$i=1,2,\cdots,n$：

　　　　随机抽样　$\epsilon_i \sim N(0,1)$；

　　　　计算　$F_i = F(\theta_i + \sigma\epsilon_i)$；

　　将各个 worker 取得的 F_i 进行互相通信；

　　对于 worker　$i=1,2,\cdots,n$：

　　　　赋值　$\theta_{t+1} \leftarrow \theta_t + \alpha \dfrac{\alpha}{n\sigma}\sum_{j=1}^{n} F_j \epsilon_j$；

　　直到算法收敛；

这里需要说明的是，在上面介绍的无梯度算法中，没有涉及求梯度的步骤。而对于需要求梯度的算法，往往都会对策略函数及期望奖励函数进行非常强的光滑性假设。例如，若动作是有限的离散变量，则一般要定义策略为关于动作的离散分布，且神经网络输出的是其条件分布的概率值。只有这样，策略才可以连续地变化，期望奖励才可以对它求导；若动作是连续变量，且我们希望策略直接输出动作，则往往需要假定状态-动作价值函数 $Q(s,a)$ 对于动作 a 是可以求梯度的。但问题是，现实中的情况往往是复杂的，或许策略天然就是不可导的，也或许导数的连续性非常差。因此，强行将策略视为可导的并以此为前提设计梯度型的算法很可能会扭曲结果。在上述几个无梯度算法中，不需要假定期望奖励关于策略或策略的参数是可导的，因此结果可能更贴合实际情况。

总体来说，对于动作连续、环境光滑性较差的问题，无梯度算法或许是一个不错的选择。除此外，在无模型算法中，无梯度算法的应用不太广泛，因此本书不将其作为重点。对于进化算法，有兴趣的读者不妨查阅论文 *Evolution Strategies as a Scalable Alternative to Reinforcement Learning*，了解更多细节。

6.3 策略梯度

前面讲了基于策略的算法的基本思想，即把期望奖励总和表示为策略的函数，并对这个函数进行数值优化。本节详细地讲解如何求出策略梯度并采用一阶梯度方法来优化策略函数。

关于 MDP 中动作与状态是否是连续变量一共有 4 种不同的组合。其中，状态是离散变量的情况不适用于神经网络，因此这里不讨论。本节主要考虑的情况是状态 s 为连续高维变量、动作 a 为离散变量的 MDP。对于状态与动作都是连续变量的 MDP，我们当然可以用纯粹的策略梯度方法来解决，但因为这种方法效率不高，所以人们一般用 AC 型方法来解决它。因此，本节虽然会涉及动作为连续变量的策略梯度方法，但不将其作为重点。

6.3.1 策略网络的构造

在策略梯度方法中，必须先把策略的具体形式定义出来，然后才能开始整个算法的更新迭代。对较复杂的环境而言，简单的线性策略不足以表征复杂且能达到不错奖励的策略。近年来，深度学习作为一种万能拟合器在各个领域取得了不错的表现。我们很自然地想到，可以用神经网络来表征策略函数。

在环境随机且时齐的 MDP 中，策略是状态到动作的映射。由于 a 是离散变量，因此我们没有办法直接输出 a，只能输出一个条件分布 $\pi(a|s)$。为了表征这样的策略，定义一个神经网络，将其称为策略网络（Policy Net）。网络的输入是 s，输出是一个 Softmax 函数之后的 n 维向量。由于 Softmax 函数的性质，n 维向量的各位和为 1，可以视为 n 个不同的概率，分别对应状态 s 下所选择的动作是各个 a 的条件概率。设网络参数为 w，则可以将网络输出简记为 $\pi_w(a|s)$。由于神经网络"万能拟合器"的特点，可以想象，当 w 在参数空间遍历时，策略 $\pi_w(a|s)$ 会呈现出各种复杂多变的形式，因此足以表征复杂的策略。

由于网络的输入是高维向量，输出是离散变量，因此可以将其与分类问题进行类比：在分类问题中，输入一张高维、连续的图片，输出的是它属于各个类别的概率；而在策略梯度中，输入一个高维、连续的状态，输出的是最优动作对应的概率，如图 6.1 所示。

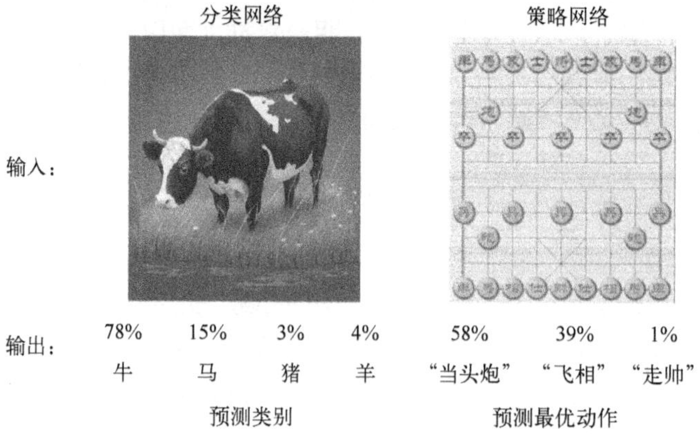

图 6.1　策略网络与分类网络的异同

回顾分类问题：我们可以定义 loss 为训练集的 **label** 与输出的 **predict** 向量的交叉熵。对于两个离散概率分布 p 和 q，其交叉熵定义为 $H(p,q) = -\sum_i p(i)\log q(i)$。例如，在上面的例子中，训练集输出的 **predict** 是 $(0.78, 0.15, 0.03, 0.04)$，而训练集的 $\textbf{label} = (1,0,0,0)$（类别“牛”对应的 one-hot 向量）。我们可以求出 **label** 与 **predict** 之间的交叉熵为 $-\log(0.78)$。在训练过程中，通过梯度法减小交叉熵，意味着让第一维（类别“牛”对应的维度）的概率 0.78 变得更大，而让后面 3 个维度对应的概率 0.15、0.03 与 0.04 变得更小。这样，输出的 **predict** 就会更加接近 $\textbf{label} = (1,0,0,0)$。这也意味着，分类网络的准确性会变得更高。具体而言，在训练分类网络的过程中，我们会求出 **predict** 和 **label** 与交叉熵关于网络参数 w 的梯度，并让 w 沿着梯度方向下降。这些都是深度学习的基本知识。

分类问题是一个有监督学习问题，因此训练集中的每个输入都有向量 **label** 作为标准答案供我们学习。但现在讨论的是强化学习，没有现成的 **label**，我们的目标也不是使 **predict** 接近 **label**，而是要使策略在给定环境中取得的期望奖励总和最大，因此这二者显然是不同的。

对于新的问题，我们总是希望能够将其化归为我们熟悉的、简单的问题，只有这样才便于理解它。因此本节暂且不推导策略梯度的具体公式，而先从直观角度来理解如何更新策略网络——既然策略网络与有监督学习的分类器比较相似，那么，能否将强化学习算法也化为与分类算法比较像的形式而用类似分类问题的逻辑来理解它的更新过程呢？

这里不妨先假设数据集具有 (s,a,v) 的形式。其中的 v 代表在 s 下采取 a 得到的结果。这里的 v 可以近似理解为前面所说的 $A_\pi(s,a)$ 或 $Q_\pi(s,a)$（但严格意义上二者还是不同的，这一点在第 7 章会有详细介绍）。可以粗略地想象，当某个 (s,a,v) 中的 $v>0$ 时，说明在 s 下采取 a 是好的，此时应该增大 $\pi(a|s)$；而当 $v<0$ 时，说明在 s 下采取 a 是不好的，此时应该减小 $\pi(a|s)$；进一步，当 $v>0$ 且 $|v|$ 很大时，说明在 s 下采取 a 是特别好的，此时应该以较大的步长增大 $\pi(a|s)$；反之，当 $v>0$ 但 $|v|$ 比较小时，说明在 s 下采取 a 虽然是正面的，但并不算特别好，此时应该只以较小的步长增大 $\pi(a|s)$。

下面将其与分类网络做类比：设真实采取的 a 是一个 n 维的 one-hot 向量 **label**，网络输出的 a 的分布是一个 n 维向量 **predict**，此时应该根据实际采取的 a 对应的结果 v 是否大于 0 来决定让 **predict** 远离还是接近 **label**，并根据 $|v|$ 决定这种远离或接近的步长。这样一来，就可以把强化学习问题化归为和有监督学习差不多的形式了。

为了方便将分类问题与强化学习问题做比较，不妨采用同样的符号，将输入图像记为 s，将输出类别记为 a。可以想象，每个训练集 (s,a) 都有一个权重。在分类问题中，每个客观数据集的权重取值均为 1，因为我们的目标是拟合客观的数据分布。对于每个客观数据集 $(s,a,1)$，都要更新网络参数 w，使其输出的 **predict** 能够更加接近 **label**，这种修改的力度是完全一样的，因为分类网络对于每个数据集都是平等的。

对于策略网络，我们的目标不是拟合客观的数据分布，而是最大化奖励。因此，不同的 (s,a) 对应的权重 v 是不一样的，这要根据在 s 下采取 a 对于我们目标的效果来决定。

分类网络与策略网络的更新逻辑如图 6.2 所示。

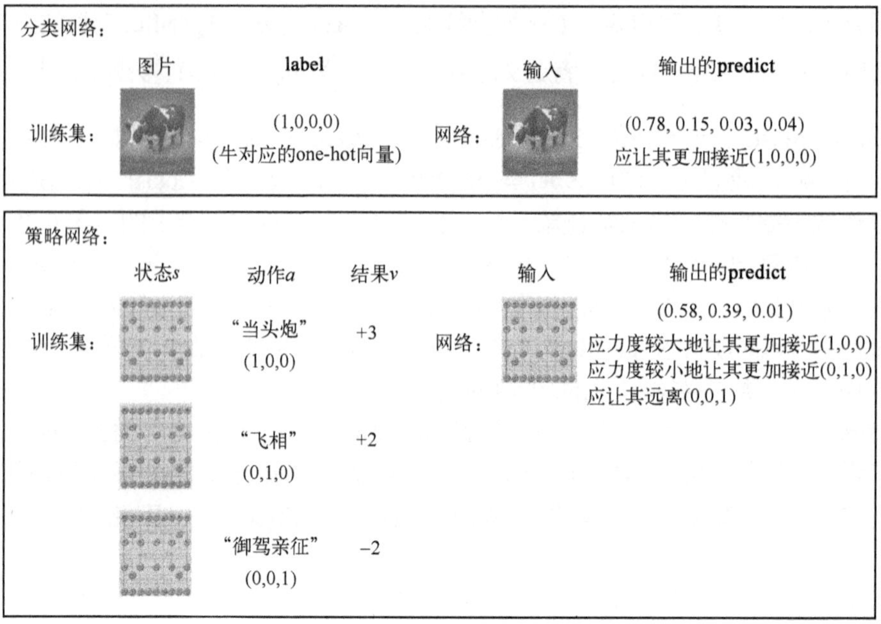

图 6.2　分类网络与策略网络的更新逻辑

从这个角度来看，可以认为分类网络是在用权重相同的训练集做训练，而策略网络则是在用带有不同权重的训练集做训练。只要能够找出衡量 (s,a) 好坏的标准 v 作为权重，将数据集组织为 (s,a,v) 的形式，就可以把训练策略网络的过程看作“带有权重的有监督学习”。

那么，如何找出这个 v 呢？找出 v 之后具体应该按照什么公式做训练呢？下面详细地根据定义推导出策略梯度公式。

6.3.2　策略梯度的计算

本节将详细推导策略梯度公式。本节涉及的数学内容较多、较复杂，但这些对后面要讲的所有基于策略的算法而言是非常重要的，需要读者耐心地阅读，并自行推导一遍以加深理解。

这里首先引入“轨道”（Episode）的概念：设智能体从初始状态开始，不断地采取动作、进入下一个状态，又进一步采取动作、进入下一个状态，直到获得终止信号 Done=1。我们将以上过程产生的状态、动作与奖励联合起来，得到 $(s_0,a_0,r_0,s_1,a_1,r_1,s_2,a_2,r_2,\cdots,s_n,a_n,r_n)$ 形式的数据，称之为一个轨道。当一个 MDP 非退化时，n 可能会很大，轨道可能会很长。

显然，不同的策略会导致非常不同的轨道分布。假设在某个策略 π_1 下，轨道为 $\tau=(S_0,A_0,R_0,S_1,A_1,R_1,S_2,A_2,R_2,\cdots,S_n,A_n,R_n)$，其中，$S_i$、$A_i$、$R_i$ 分别表示第 i 个回合中的状态、动作与奖励，它们都是随机变量。在另外某个策略 π_2 下，随机变量 S_i、A_i、R_i 的分布会与在策略 π_1 下非常不同。换个说法，在策略 π_1 下产生的轨道数据为 $(s_0,a_0,r_0,s_1,a_1,r_1,s_2,a_2,r_2,\cdots,s_n,a_n,r_n)$（此处的 s_i、a_i、r_i 为小写，表示随机变量的具体取值）的概率和策略 π_2 非常不同。在策略 π_w 下，轨道 τ 具有分布 $P_{\pi_w}(\tau)$。由于神经网络结构确定后，π_w 是由 w 决定的，因此也将其简记为 $P_w(\tau)$，它代表策略参数 w 对应的轨道分布。可以想象，不同的 w 对应的 $P_w(\tau)$ 非常不同。

举个简单的例子：求策略 π_w 下的 3 步轨道 τ 为 $(s_0,a_0,r_0,s_1,a_1,r_1,s_2,a_2,r_2)$ 的概率。由马尔可夫性质可知，它应该等于每一步中 s_i 做出 a_i 决策的条件概率、(s_i,a_i) 下产生 r_i 的概率，以及进入下一个 s_{i+1} 的概率的联合乘积，即

$$P_w(\tau)=P(s_0)\pi_w(\alpha_0\mid s_0)P(r\mid s_0,\alpha_0)P_{s_0s_1}^{\alpha_0}\pi_w(\alpha_1\mid s_1)P(r_1\mid s_1,\alpha_1)P_{s_1s_2}^{\alpha_1}\pi_w(\alpha_2\mid s_2)P(r_2\mid s_2,\alpha_2) \tag{6.3}$$

其中，$P(s_0)$ 表示初始状态的分布。由于它和状态之间的转移概率 $P_{ss'}^a$ 与奖励的分布 $P(r\mid s,a)$ 都是环境给定的，因此在轨道的分布式 $P_w(\tau)$ 中，只有 $\pi_w(a_i\mid s_i)$ 部分是会随着参数 w 的变化而变化的。

对于一般的 τ，可以将其表示为环境概率与决策概率的连乘形式：

$$P_w(\tau)=\prod_{i=0}^{n}\pi_w(a_i\mid s_i)\prod_{i=0}^{n-1}P_{s_is_{i+1}}^{a_i}\prod_{i=0}^{n}P(r_i\mid s_i,a_i) \tag{6.4}$$

式（6.4）是一个很重要的公式，它告诉我们轨道 τ 关于 w 的分布应如何计算。可以看出，轨道分布中受到 w 影响的只有主观决策对应的部分，即 $\prod_{i=0}^{n}\pi_w(a_i\mid s_i)$；而其他部分都是由客观环境预先给定的。

在本章中，简便起见，不妨先假设目标是最大化期望奖励总和 $r(\tau)=\sum_t r_t$，而非随时间折扣的期望奖励总和 $\sum_t \gamma^t r_t$（也可以理解为设定 $\gamma=1$）。

这里有的读者可能有疑问：在一般的强化学习问题中，为了保证目标函数的期望在理论上是有限的，会引入小于 1 的折扣因子 γ（如果设定时间上限，则会导致策略非时齐，让问题更复杂），在前面介绍 DQN 时一直默认 $\gamma<1$，为何在基于策略的算法中，常常设定 $\gamma=1$ 呢?

首先，基于策略是一大类算法，本章要介绍的策略梯度方法只是其中最简单的一种，第 7 章中的 AC 型算法将以它为基础建立。如果设定 $\gamma=1$，则可以更方便地引入 AC 型算法；如果设定 $\gamma<1$，则引入 AC 型算法时需要进行一定的近似或更复杂的操作。设定 $\gamma=1$ 能帮助我们对整个基于策略的算法有更一致的理解，这一点在后面会详细讲解。其次，在基于价值的算法中，设定 $\gamma<1$ 是为了满足压缩映射原理的前提条件，保证 $Q^*(s,a)$ 收敛于唯一的最优解。而在策略梯度算法中并没有用到有关性质。在 $\gamma<1$ 的设定下推导下列策略梯度公式的思路是完全一样的。最后，实践中不会存在长度无限的轨道，因此优化 $r(\tau)=\sum_t r_t$ 或 $\sum_t \gamma^t r_t$ 往往不会有太大的差异，不会影响智能体的最终表现。

由于上述几个原因，许多策略梯度方法的相关文献都会设定 $\gamma=1$。这里同样假设最大化的目标为 $r(\tau)=\sum_t r_t$。事实上，即使设定 $\gamma<1$，也可以按照同样的思路推导出类似的公式（留作思考题）。

在定义了轨道的分布及轨道对应的奖励函数后，就可以开始求解期望奖励函数关于策略的梯度。在策略 π 下，设期望奖励总和为 J，则 J 是一个关于无穷维策略 π 的泛函 $J(\pi)$。实践中，它是关于网络参数 w 的有限维函数 $J(w)$。利用轨道 $r(\tau)$ 与 $P_w(\tau)$，可以将期望奖励总和 J 写成如下形式：

$$J(w)=\int_\tau P_w(\tau)r(\tau)\mathrm{d}\tau \tag{6.5}$$

这个积分式的意思是，对于所有可能的轨道τ，将其发生的概率$P_w(\tau)$与其对应的奖励$r(\tau)$相乘并积分，就能得到在参数w对应的策略下，智能体获得的期望奖励总和，即$J(w)=E_w(r(\tau))$。

显然，我们想求的策略梯度就是$\nabla_w J(w)$。在这里，积分与梯度符号可以交换次序。并且，由于只有$P_w(\tau)$含有w，而$r(\tau)$不含w，因此有

$$\nabla_w J(w)=\int_\tau (\nabla_w P_w(\tau))r(\tau)\mathrm{d}\tau \tag{6.6}$$

注意到，式（6.6）有$\nabla_w P_w(\tau)$部分。可以利用前面的公式将$P_w(\tau)$展开并进一步化简。但是，这样化简得到的表达式比较复杂，很难计算。我们应该寻找一种更加巧妙的方法，可以更加方便地计算$\nabla_w J(w)$。

由于上面的$\nabla_w J(w)$仍然是一个积分式，积分的下标是τ。因此我们很自然地希望将其表示为$\int_\tau P_w(\tau)\nabla_w f(\tau)\mathrm{d}\tau$的形式，其中$f$是某个函数。根据期望的定义，这个积分的结果就是$E_w[\nabla_w f(\tau)]$。它形式更简便，且在实践中更容易估计，只要用当前策略与环境抽样很多τ并算出梯度$\nabla_w f(\tau)$的均值，就能将其作为$\nabla_w J(w)$的一个估计，因为这样产生的轨道τ是服从$P_w(\tau)$分布的。

为此，可以利用如下恒等式:

$$P_w(\tau)\nabla_w \log P_w(\tau)=P_w(\tau)\frac{\nabla_w P_w(\tau)}{P_w(\tau)}=\nabla_w P_w(\tau) \tag{6.7}$$

利用微积分的链式法很容易证明式（6.7），这里不再赘述。现在将式（6.7）代入式（6.6），可以得到

$$\begin{aligned}\nabla_w J(w)&=\int_\tau (\nabla_w P_w(\tau))r(\tau)\mathrm{d}\tau\\&=\int_\tau P_w(\tau)\nabla_w \log(P_w(\tau))r(\tau)\mathrm{d}\tau=E_w[\nabla_w \log(P_w(\tau))r(\tau)]\end{aligned} \tag{6.8}$$

式（6.8）将策略梯度公式化为了期望的形式。不过，式中的$\nabla_w \log(P_w(\tau))$部分还是有些复杂。此时，可以利用式（6.4）来化简$\nabla_w \log(P_w(\tau))$。在式（6.4）中，$P_w(\tau)$被展开成连乘的形式，而其中与w有关的部分只有$\prod_{i=0}^{n}\pi_w(a_i\mid s_i)$，取对数之后，连乘变成求和的形式，即$\log(P_w(\tau))$中所有与$w$有关的部分为$\sum_{i=1}^{n}\log(\pi_w(a_i\mid s_i))$。因为要求的是$\nabla_w \log(P_w(\tau))$，所以只需考虑与$w$有关的部分。因此，可以得到

$$\nabla_w \log(P_w(\tau))=\sum_{i=1}^{n}\nabla_w \log \pi_w(a_i\mid s_i) \tag{6.9}$$

将式（6.9）代入式（6.8），便可以得到最终的策略梯度公式:

$$\nabla_w J(w)=E_w\left[\left(\sum_{i=1}^{n}\nabla_w \log\pi_w(a_i,s_i)\right)r(\tau)\right]$$

结合这个策略梯度公式，就可以得到策略梯度方法的基本框架。下面详细讲解整个算法是如何进行的。

6.3.3 基本策略梯度算法

首先定义一个策略网络，并随机初始化网络参数。与其他深度学习问题类似，需要根据问题的复杂程度设计网络的层数、每层的神经元个数，以使其具有与问题复杂度相匹配的拟合能力。

然后按如下方式进行多步迭代，直到网络参数收敛。

用策略 π_w 与环境进行交互，即在状态 s_t 下，用网络算出 $\pi_w(a^i \mid s_t)$，即在 s_t 下应该采取的每个动作 a^i 的概率；根据这个概率分布随机抽样出一个 a_t 并执行，得到奖励 r_t 并进入下一个状态 s_{t+1}。依次类推，就能得到一条完整的轨道 τ。用策略 π_w 随机产生大量轨道 τ，它们服从 $P_w(\tau)$ 分布。

策略网络是一个神经网络，因此中间每一步，$\pi_w(a_t \mid s_t)$ 都是用神经网络算出来的。利用 BP 方法，可以求出 $\nabla_w \log \pi_w(a_t \mid s_t)$，即 $\pi_w(a_t \mid s_t)$ 对于参数 w 的梯度。将它们乘以权重 $r(\tau)$ 并相加，得到 $\left(\sum_{i=1}^{n} \nabla_w \log \pi_w(a_i \mid s_i)\right) r(\tau)$，这仍然是一个 w 的梯度，可以将其简记为 $\nabla_w \log \pi_w(\tau) r(\tau)$。

我们要求的策略梯度是 $E_w(\nabla_w \log \pi_w(\tau)) r(\tau)$。为此，我们只要对所产生的大量轨道（它们服从 $P_w(\tau)$ 分布）分别用上述方法求出 $\nabla_w \log \pi_w(\tau) r(\tau)$，并计算其均值，就得到 $E_w(\nabla_w \log \pi_w(\tau) r(\tau))$ 的一个估计。显然，用到的轨道越多，这个估计越准确。让 w 沿着这个梯度方向进行更新，就可以提升策略性能，从而使这个策略能得到的期望奖励总和更大。迭代重复这个过程，直至收敛，这就是策略梯度方法的基本框架，如算法 6.3 所示。

> **算法 6.3（VPG）**
> 初始化：策略网络 $\pi_w(a \mid s)$ 的结构，随机初始化参数 w；
> 重复迭代：
> 　　用 π_w 与环境进行交互，产生大量 τ（τ 服从 $P_w(\tau)$ 分布）；
> 　　计算 $\nabla_w \log \pi_w(a|s) r(\tau)$ 的均值，作为策略梯度的估计；
> 　　让 w 沿着策略梯度方向进行更新；
> 　　直到算法收敛；

上面的训练方法听起来难免有些抽象。现在试着将它放回 6.3.1 节所说的分类网络的视角上，看看上面的训练过程到底发生了什么。

对于一条轨道 τ，可以把其中的每组决策 (s_i, a_i) 都想象成分类问题中的一条训练集，其中，s_i 是输入的图片，a_i 是其对应的真实标签，因为这是现实中选择的动作。如果按一般分类问题的做法，最小化预测与标签之间的交叉熵，即最大化 $\log \pi_w(a_i \mid s_i)$（因为交叉熵 $H(p,q) = -\sum_i p(i) \log q(i)$，其中 $p(i)$ 是 one-hot 向量），这可以使策略针对 s_i 输出的动作分布更集中于现实中选择的动作 a_i。或者更简单地说，这可以使策略更有可能产生轨道 τ。

当然，强化学习的目标不是拟合数据，而是最大化策略能取得的期望奖励总和。因此，我们要根据该轨道的 $r(\tau)$ 判断它的好坏，判断应该让策略产生轨道 τ 的概率增大还是减小。这相当于为训练集额外赋予了一个权重。如果该权重为正，则应该让策略网络对于输入 s_i 的输出接

近 a_i，即让策略产生轨道 τ 的概率增大，这一点和分类问题非常类似。但是，如果该权重为负，则应该让策略网络对于输入 s_i 的输出远离 a_i，即让策略产生轨道 τ 的概率减小。此外，如果权重为正且比较大，则应该让策略网络对于输入 s_i 的输出以更大的步长接近 a_i，即让策略产生轨道 τ 的概率以更大的步长增大。总结如下。

（1）$\tau_1=(s_0,a_0,r_0,s_1,a_1,r_1,\ldots,s_n,a_n,r_n)$，$r(\tau_1)=5$，这是很好的轨道，大步长增大每个 $\pi_w(a_i\mid s_i)$；

（2）$\tau_2=(s'_0,a'_0,r'_0,s'_1,a'_1,r'_1,\ldots,s'_n,a'_n,r'_n)$，$r(\tau_2)=2$，这是较好的轨道，小步长增大每个 $\pi_w(a'_i\mid s'_i)$；

（3）$\tau_3=(s''_0,a''_0,r''_0,s''_1,\ldots,s''_n,a''_n,r''_n)$，$r(\tau_3)=-5$，这是很差的轨道，大步长减小每个 $\pi_w(a''_i\mid s''_i)$；

因此，倘若用分类网络的角度来看，将每个 τ 上的所有 (s_i,a_i) 作为一个批次，则训练过程同样是优化网络对于 s_i 的输出与真实数据 a_i 之间的交叉熵，唯一的不同在于训练集是带有权重的。因此，我们可以把策略网络的训练简单地看作用带有权重的训练集训练分类网络，这符合6.3.1 节中所讲的直觉理解方式。

当然，这个权重代表着奖励 $r(\tau)$ 的大小，这是适应于强化学习“最大化期望奖励总和”目标，而分类网络中不具备的；此外，真实轨道数据也不是给定的，而是用策略与环境进行交互得到的，我们可以自主选择策略以产生更有价值的数据。这两点也很好地体现了强化学习与一般有监督学习的区别。

以上就是基本的策略梯度（Vanilla Policy Gradient，VPG）方法。Vanilla 在英文中表示“未经调试的”“基础的”意思。在强化学习中，基于策略是一大类算法。第 7 章所讲的 AC 型算法基本都是基于策略的，都需要用到策略梯度的概念。但是，它们都相对复杂（要同时训练表示价值的网络与表示策略的网络，用前者来辅助后者的训练）。本章讲的算法是基于策略算法中最基础的，只用训练一个策略网络。因此将这个算法称为 Vanilla 是为了与更复杂的 AC 型算法进行区分。

以上就是策略梯度算法的基本内容。需要注意的是，许多关于策略梯度的材料中都会提到“代理函数”（Surrogate Function）的概念。它固然有助于我们更方便地理解算法，但有时也会产生混淆。因此这里补充讲解一下这个概念。

在策略梯度中，我们要求策略梯度 $\nabla_w J(w)$ 并以它为更新方向优化 $J(w)$。经过一系列化简，可以将策略梯度写成 $E_w(\nabla_w \log(P_w(\tau))r(\tau)$。这看起来就好像在优化 $E_w[\log(P_w(\tau))r(\tau)]$ 一样，因此人们将 $E_w[\log(P_w(\tau))r(\tau)]$ 称为“代理函数”。我们本来要优化别的函数，但是优化它可以实现类似的目标，故将其称为“代理函数”。

但这个概念也可以产生混淆：我们要优化的 $J(w)$ 明明就是 $E_w[r(\tau)]$，为什么经过了许多推导，最终得出应该优化 $E_w[\log(P_w(\tau))r(\tau)]$ 呢？

这里需要强调的是，如果我们真的想优化“代理函数”，则更新方向应为

$$\nabla_w E_w[\log(P_w(\tau))r(\tau)]$$

而不是

$$E_w(\nabla_w \log(P_w(\tau))r(\tau)$$

二者是有区别的，因为

$$E_w(\nabla_w \log(P_w(\tau))r(\tau) = \int_\tau P_w(\tau)\log(P_w(\tau))r(\tau)\mathrm{d}\tau \tag{6.10}$$

简单地说，前者和后者的区别相当于 $\mathrm{d}(xy)$ 与 $x\mathrm{d}y$ 之间的区别。这二者相差一个 $y\mathrm{d}x$，不能混淆。因此，我们的目标并不是真的要优化这个“代理函数”，而是在假定 w 改变不影响 τ 分布的前提下优化这个“代理函数”。由于在无模型算法中，我们没有为环境建立表达式，只能用参数为 w 的策略与环境进行交互产生数据，用给定的数据估计期望，因此“假定 w 改变不影响 τ 分布”是符合算法实际的。但是从概念上来讲，我们不能混淆这二者的含义。很多有关策略梯度的文献中都会提到“代理函数”的说法，有的甚至直接说目标是优化 $E_w[\log(P_w(\tau))r(\tau)]$。如果不能正确理解这个说法，就有可能导致概念混淆。

讲到这里，想必读者已经对基本策略梯度算法有了一定的理解。但是，在具体训练网络时，还要采用许多技巧，如探索-利用权衡、同策略与异策略的区别等。在 6.4 节中，我们将补充训练中的一些技巧，它们是算法成功的关键。而在此之前，我们先将策略梯度方法扩展到动作连续的问题上。

*6.3.4 动作连续的策略梯度

前面考虑的都是状态连续、动作有限离散的 MDP。在现实中，有些 MDP 的状态与动作都是连续的，这时应该如何用策略梯度方法来求解呢？事实上，此时仍然可以采用 6.3.3 节的基本思想，只有少许地方需要做一下调整。本节简略地介绍面对动作连续问题的策略梯度方法。

当动作是连续变量时，我们很自然地想到策略不再是一个分类器，而变成了一个回归器。也就是说，我们可以构造一个网络 π_w，它对于输入的 s 直接输出一个确定的 a 作为预测的最优动作，即 $a^* = \pi_w(s)$。但问题是，这样的网络是无法训练的，因为对于确定策略，我们没有办法算出 τ 的分布 $P_w(\tau)$（只要轨道上存在 $a_t \neq \pi_w(s_t)$，该轨道在确定策略下的概率密度就为 0），也无法找到其更新方向。例如，$r(\tau)$ 比较大，我们希望 τ 出现的概率更大，但对于确定策略，我们不知应向什么方向修正网络输出的动作来实现这一点。简单地说，在上述策略梯度的基本框架下，确定策略网络是无法进行更新训练的。

因此，我们应定义一个具有随机性的策略，这样便能解决上述问题。不妨设策略 π 是这样的：它先针对输入 s 输出一个 μ 与 σ，然后从正态分布 $N(\mu,\sigma)$ 中抽样一个 a，作为状态 s 下的最终决策。理论上，网络算出的 μ 应该就是它判断状态 s 下的最优动作。但是，它在训练中做出的实际决策 a 总会和 μ 有一定的差别，只有这样我们才可以更新网络——当产生数据的 (s,a) 对应的结果比较好时，应该让网络判断的最优动作 μ 更加接近 a；当 (s,a) 对应的结果比较差时，应该让网络判断的最优动作 μ 远离 a；而如果产生数据的 (s,a) 中都有 $\mu = a$，则上述步骤显然是无法操作的。

此外，我们还可以根据训练数据判断选择最优动作 μ 的把握，以此决定 σ 的增减。在理想情况下，σ 应该最终收敛于 0。这样，当训练完毕时，就可以得到一个确定的最优策略。当然，即使实践中 σ 没有收敛于 0，在测试最终结果时也可以直接以网络输出的 μ 为最终决策，而不再进行随机抽样。

下面来推导连续动作、随机策略的策略梯度公式。这里仅考虑 a 是一维的且服从 $C\exp\left(-\dfrac{(a-\mu)^2}{2\sigma^2}\right)$ 的特殊情况（这里的 C 为归一化常数）。仿照前面，将 $P_w(\tau)$ 展开为包含 μ 与

σ的公式，即可分别推导出$\nabla_w \mu$与$\nabla_w \sigma$的公式：

$$\nabla_w \mu = Cr(a-\mu) \tag{6.11}$$

$$\nabla_w \sigma = \frac{C}{\sigma} r[(a-\mu)^2 - \sigma] \tag{6.12}$$

与动作离散的问题同理，当利用随机策略网络产生很多数据后，就可以用以上公式与$r(\tau)$的加权平均来估计μ与σ的梯度并更新它们。

需要说明的是，面对动作连续问题，按上述方法仅仅训练一个策略网络也是可行的，但其数据效率一般比较差。相比之下，人们一般会同时训练价值网络与策略网络，并用前者指引后者的更新。不过，读者不妨自行推导一下上面的策略梯度公式，将其拓展到a是多维向量的情况，并思考在这种情况下应该如何进行训练，这对于理解策略梯度是有益的。

6.4 策略梯度的训练技巧

6.3 节讲了策略梯度算法的基本框架。本节讲解如何才能使这个算法真正高效地运行，这会涉及很多小技巧。由于在动作连续的 MDP 问题中，策略梯度算法的效率一般比较低，因此本章仍旧默认讨论的是状态连续、动作离散有限的 MDP 中的策略梯度算法。

6.4.1 基准法

毫无疑问，$r(\tau)$代表轨道τ的好坏。用分类问题的视角来看，$r(\tau)$相当于轨道作为一批(s_i, a_i)的统一权重。按推导出的策略梯度公式，当$r(\tau)$>0 时，应该让这个轨道上所有$\pi_w(a_i \mid s_i)$的概率增大；同理，当$r(\tau)$<0 时，训练会使这个轨道上所有$\pi_w(a_i \mid s_i)$的概率减小。

假设我们面对的 MDP 所定义的r都是大于 0 的，即所有$r(\tau)$都是正的，只有大和小的分别，没有正和负的分别。下面举个例子，如图 6.3 所示，在《贪吃蛇》游戏中，定义一局游戏过程为一个τ，结束时蛇的长度为$r(\tau)$。显然，$r(\tau)$越长越好。但是在这种定义下，结果最差，即$r(\tau)$最小只能为 4（假设游戏场景中没有墙，则蛇的长度不足 4 时不可能自己撞上自己导致失败）；在一般情况下，如果$r(\tau)$<10，就说明玩家表现已经很糟糕了；只有$r(\tau)$达到 30 以上，才说明玩家表现还不错。

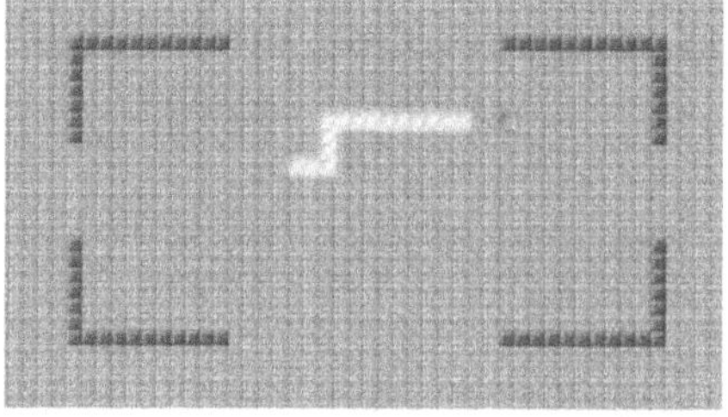

与在蛇的长度是40时“撞死”自己相比，更难的是在蛇的长度是4时“撞死”自己

图 6.3 《贪吃蛇》游戏

在这种情况下，我们会面临这样一个问题：如果$r(\tau)$=6，则说明这局游戏玩得很糟糕，但是，由于$r(\tau)$>0，因此参数更新方向为$(\nabla_w \log() P_w(\tau)) r(\tau)$，即我们应该增大$r(\tau)$上所有$(s_i, a_i)$决策的概率，那么，既然$\tau$已经这么差了，我们却还要增大它的概率，这是否会导致策

略网络越来越差呢？

对于分类问题，若 s_i 是一张牛的图片的数据，则当增大将 s_i 判断为牛的概率时，必然同时会让将 s_i 判断为猪、羊、马等的概率减小，因为各项概率之和为 1。同理，在训练策略网络时，对于给定 s 下的所有 a 对应的 $\pi_w(a|s)$，其和必须等于 1。这也意味着，如果我们让决策 (s_i, a_i) 发生的概率大幅增大，则必定导致在同样的 s_i 下采取别的 a 的概率大幅度减小。打个简单的比方：若对于某个 s，有两个可供选择的 a，记为 a^1 与 a^2。假设 (s, a^1) 对应较大的权重 r_1，而 (s, a^2) 对应较小的权重 r_2。我们在让 (s, a^1) 的概率以 r_1 为步长增大的同时，(s, a^2) 的概率会以 r_1 为步长减小。接着，我们又让 (s, a^2) 的概率以 r_2 为步长增大，同时 (s, a^1) 的概率又会以 r_2 为步长减小。总体来看，虽然我们先让 (s, a^1) 的概率大幅增大，再让 (s, a^2) 的概率小幅增大，但最后的结果是 (s, a^1) 的概率增大了 $r_1 - r_2$，而 (s, a^2) 的概率减小了 $r_1 - r_2$。结果相当于 (s, a^1) 有一个正权重 $r_1 - r_2$，而 (s, a^2) 有一个负权重 $r_2 - r_1$。

简单地说，我们抽样了许多 τ，其中的 $r(\tau)$ 有大有小（全部大于 0）。但是，我们用这些数据训练的效果就完全等同于将较小的 $r(\tau)$ 变成负数，将较大的 $r(\tau)$ 变成稍小一些的正数。这就等价于权重 $r(\tau)$ 会自动减去均值。这种减去均值的想法应该符合每个人的直觉，如图 6.4 所示。

图 6.4　减去均值的想法示意图

下面来严格地推导其中的原理。根据式（6.7），任取一个常数 b，可以得到

$$E_w[\nabla_w \log P_w(\tau)b] = \int_\tau \nabla_w P_w(\tau) b \mathrm{d}\tau = b\nabla_w P_w(\tau)\int_\tau P_w(\tau)\mathrm{d}\tau \tag{6.13}$$

因为积分式 $\int_\tau P_w(\tau)\mathrm{d}\tau$ 的结果是常数 1，$\nabla_w 1 = 0$，所以有

$$E_w[\nabla_w \log P_w(\tau)b] = 0 \tag{6.14}$$

需要注意的是，这是对于任意常数 b 都成立的恒等式。

一般策略梯度为 $\nabla_w J(w) = E_w[\nabla_w \log P_w(\tau) r(\tau)]$。而通过式（6.14）可以发现

$$E_w[\nabla_w \log(P_w(\tau))(r(\tau)+b)] = E_w[\nabla_w \log(P_w(\tau)) r(\tau)] + E_w[\nabla_w \log(P_w(\tau)) b] \tag{6.15}$$

由于等式右边的第二部分为 0，因此上式的值就是 $E_w[\nabla_w \log P_w(\tau) r(\tau)]$，即策略梯度。这启发我们，将所有轨道对应的奖励总和 $r(\tau)$（训练时的权重）同时增加一个常数 b，不会为策略梯度的估计引入偏差。

上面的公式也解答了为什么即使 MDP 定义的 r 全部大于 0，策略梯度公式从理论上来说也是不会出现偏差的。这是因为我们训练的效果完全等同于将所有权重 $r(\tau)$ 同时减去一个常数 b 的效果。如果常数 b 为 $r(\tau)$ 的均值，则比较差的 τ 对应的权重 $r(\tau) - b$ <0。例如，若贪吃蛇撞到自己的平均长度是 20，则 $r(\tau)$ =6 的那一局游戏轨道对应的权重就是 $6 - 20 = -14$，应该大幅度减小其涉及 (s_i, a_i) 决策的概率；如果另一局贪吃蛇撞到自己的长度是 40，则其权重为

$40-20=20$，即游戏轨道τ是值得我们学习的经验。在减去均值后，好的经验对应的权重大于0，坏的经验反之，合乎情理。

从理论上来说，我们可以任选一个常数b并将所有轨道的奖励由$r(\tau)$改为$r(\tau)+b$，这样不会引入任何偏差。无论b取何值，按式（6.15）均可以算出策略梯度的无偏估计。但是在实践中，由于数据量有限，因此还要考虑估计方差的问题。例如，在上述贪吃蛇问题中，如果不对$r(\tau)$减去均值（设$b=0$），采用全部取值为正数的权重进行更新，则算法的性能会很差。在抽样的一个批次中，如果随机因素导致有较多$r(\tau)$低于平均表现的轨道，则会导致策略向完全相反的方向进行更新。

那么应该如何选择b，使估计的方差最小呢？

从直观上来说，b应该取值为$r(\tau)$的均值，这可以使$r(\tau)-b$的平方和最小，并且可以使超过平均表现的轨道的权重为正数、低于平均表现的轨道的权重为负数，比较符合直觉。但需要强调的是，这并不意味着估计的均方误差最小。经过严格的数学推理可以发现，能使估计方差最小的b并不是$r(\tau)$的均值，而是取$r(\tau)$关于对应梯度大小的加权均值。这部分推导涉及复杂的统计知识，这里不再赘述。不过在实践中，人们发现将b取为$r(\tau)$的均值虽然不是严格意义上方差最小的方案，但其计算较简单。因此人们一般将b取为目前所有$r(\tau)$估算的均值。也就是说，在训练时一般先对抽样出的所有轨道的$r(\tau)$进行中心化，然后求其均值以估计策略梯度。这个技巧既符合直觉，又可以充分提升算法性能。

6.4.2 经验回放

在第5章中，我们强调过Q-Learning与DQN是异策略算法，而Sarsa则是同策略算法。这种区别是因为Q-Learning与DQN的目标是求解$Q^*(s,a)$，我们只需保证数据(s,a,r,s')服从环境分布即可；而Sarsa的目标则是求解$Q_\pi(s,a)$，我们需要保证数据(s,a,r,s',a')服从环境与当前策略π对应的分布。那么，本章中介绍的策略梯度方法是同策略算法还是异策略算法呢？

回顾训练策略网络的过程：设当前网络参数为w，我们要估计w的梯度，即期望$E_w[\nabla_w \log P_w(\tau)r(\tau)]$。具体而言，我们需要用当前策略产生轨道$\tau_1,\tau_2,\cdots,\tau_n$，并求出$\nabla_w \log P_w(\tau_i)r(\tau_i)$的均值，以此作为这个策略梯度的估计。显然，根据这个期望的含义，我们必须保证n个轨道都服从$P_w(\tau)$分布。当训练进行到下一步时，网络参数已经不是w而被更新成了w'。如果要求J在w'的位置对应的策略梯度，则需要用服从$P_{w'}(\tau)$分布的轨道τ_i来求表达式的均值。由于上一步迭代中产生的$\tau_1,\tau_2,\cdots,\tau_n$服从$P_w(\tau)$分布，而不服从$P_{w'}(\tau)$，因此不能在这步迭代中直接使用它们，必须重新利用当前的策略$\pi_{w'}$产生服从$P_{w'}(\tau)$分布的很多轨道，用它们来求w'对应的策略梯度。因此，策略梯度算法显然是一个同策略算法。换言之，我们必须使用当前策略产生的数据来训练。

前面提到，由于DQN具有异策略的特性，因此它可以采用经验回放技术，将所有训练中产生的(s,a,r,s')数据集都记录下来，放在一个数据库中。每次训练时，都可以从中随机抽取一批数据进行训练。此举有很多好处，如提高数据效率、降低数据前后的关联度、增加训练集之间的独立性等。如果策略梯度算法必须每步产生大量数据，而只用来训练一次就丢掉，那么这无疑属于过分浪费。我们的问题是，在策略梯度算法中，如何正确利用过去的数据？

设当前网络参数是w，而我们有过去某时刻的网络参数w'所产生的轨道$\tau_1,\tau_2,\cdots,\tau_n$，它

们服从 $P_{w'}(\tau)$ 分布。这些轨道对应的 $r(\tau)$ 是客观值，不会随着训练变化。在策略梯度公式中，唯一妨碍我们的地方就是 τ_i 不服从 $P_w(\tau)$ 分布。

更一般的问题：如果我们想求 $E_{x\sim p(x)}[f(x)]$，但我们只有一组 $x\sim q(x)$ 的样本，已知 $f(x)$，以及 $p(x)$ 与 $q(x)$ 的表达式，应该怎么做呢？

注意到如下公式：

$$E_{x\sim p}[f(x)]=\int_x p(x)f(x)\mathrm{d}x=\int_x q(x)\frac{p(x)}{q(x)}f(x)\mathrm{d}x=E_{x\sim p}\frac{p(x)}{q(x)}[f(x)] \tag{6.16}$$

也就是说，如果我们对当前这组服从 $q(x)$ 分布的样本 x 对应的 $\frac{p(x)}{q(x)}f(x)$ 求均值，就可以得到 $E_{x\sim p(x)}[f(x)]$ 的一个无偏估计。

上述方法被称为重要性蒙特卡洛方法，即为每个样本增加一个重要性权重 $\frac{p(x)}{q(x)}$，使本来服从 $q(x)$ 分布的一组样本可以被视作服从 $p(x)$ 分布的样本，以计算 $p(x)$ 分布下的期望。在图 6.5 中，左图中的黑点位置在右图中的位置没有改变，只是按照不同的重要性权重变成了不同大小的黑点，其对应的分布也发生了改变。

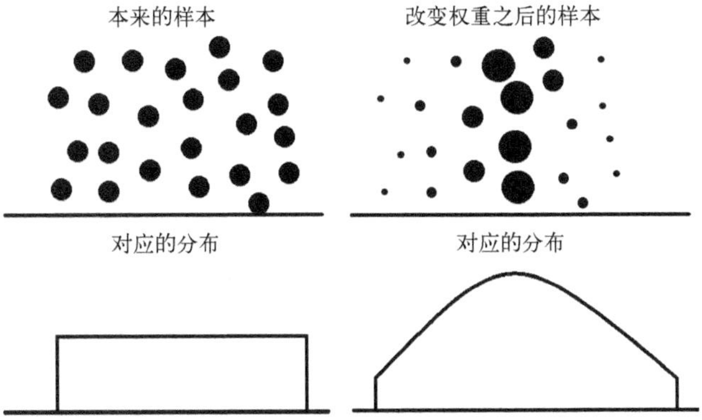

图 6.5　重要性蒙特卡洛方法的思想

重要性蒙特卡洛抽样中还有一个值得注意的问题，我们将 $\frac{p(x)}{q(x)}f(x)$ 加在一起后应该除以 n 还是除以权重之和 $\sum_i \frac{p(x)}{q(x)}$ 呢？相比之下，前者可能有些违反直觉（一般情况下求加权平均应除以权重之和）。但事实可以证明，这两者求出的都是 $E_{x\sim p(x)}[f(x)]$ 的无偏估计。一般来说，前者对应的均方误差比较小，并且计算相对简单，因此在实践中一般采用前者。

利用上述思路，就可以得到一种异策略训练策略网络的方法。

假设我们将训练到某个时刻的网络参数 w_{past} 与用其产生的数据 τ_i 都保存了下来。设现在的网络参数是 w_{now}，如果我们将网络参数 w_{past} 下的策略产生的 τ 先乘以一个权重 $\frac{P_{w_{\text{now}}}(\tau)}{P_{w_{\text{past}}}(\tau)}$ 再求均值，就可以得到关于 w_{now} 的策略梯度的无偏估计；如果我们将训练的各步迭代中产生的数据与相应的策略网络参数 $w_{\text{iter1}},w_{\text{iter2}},\cdots,w_{\text{iterk}}$ 都保存了下来，则通过上述方式，便可以用全部过去的数据来估计当前的策略梯度。为了将训练中每步的网络参数 w 全部保存下来，需要一定的成本。但是，如果不这样做，而采用同策略训练，则意味着每步产生的轨道数据只能用一次，一旦网络参数更新就必须丢弃。因此，虽然保存训练中每步的网络参数 w 会增加成本，但异策略显然更有效率。

打个通俗的比方：当数据集中的 $r(\tau)$ 较大时，说明 τ 是“成功经验”，应该增大 τ 涉及的 $\pi_w(a|s)$。但是，如果 τ 是由别人产生的“成功经验”，或者是由自己在过去不同情况下产生的“成功经验”，则它很可能不符合现在的实际情况，不能盲目学习。我们只有对其进行适应自身实际情况的调整，批判地继承，才能将其内化为有价值的经验。

讲到这里，可以看出 DQN 与策略梯度或其他同策略方法对于训练数据的要求是不同的：DQN 的目标是拟合 $Q^*(s,a)$，只要求数据集 (s,a,r,s') 服从环境分布，因此它天然就是异策略算法；Sarsa 拟合的是 $Q_\pi(s,a)$，在策略梯度中，我们要求的是关于 π 的策略梯度，它们都要求数据集服从环境及策略对应的分布，因此它们天然是同策略算法。如果我们想将它修改成异策略算法，提升数据效率，就必须在算法的基本框架上额外使用一些技巧。

第 7 章要介绍的 AC 型算法属于基于策略的算法。因为要估计策略相关的价值 Q_π 或策略梯度，所以它天然是同策略算法。但是，异策略的训练方式往往数据效率更高、性能更好，因此，我们一般会采取本节介绍的重要性抽样方法，将这些天然同策略算法修改为异策略算法。

6.4.3 探索策略

在 DQN 中，我们讲过探索策略可以增加数据集的多样性，使算法更加鲁棒。我们主要介绍了两种探索策略：ε-贪心策略与玻尔兹曼探索策略。虽然这两种探索策略都可以为数据集增加多样性，不过，后者的性能往往比前者的性能好，因为它充分考虑了所有不同 a 之间的优劣。

策略梯度算法和 DQN 是完全不同的。它不是要估计某个客观的值，而是要直接优化策略。但是，数据的多样性对于算法是同样重要的。如果我们的策略缺乏探索性、抽样的 τ 高度集中在少数状态与动作上，则策略梯度的估计方差会更大；只有 τ 的分布比较均匀、广泛，通过蒙特卡洛方法估计的期望才会更加准确。因此，探索策略对于策略梯度算法也是很重要的。

策略梯度算法中的策略网络天然就具有探索性，因为它输出的是 $\pi_w(a|s)$ 的条件概率，所以具有随机性。如果让智能体按照这个概率分布随机抽样 a，则得到的 τ 自然在一定程度上是具有多样性的。但是在实践中，如果仅仅用策略网络输出的条件概率随机进行抽样，而不采取额外有利于探索的措施，则其探索的力度往往是不够的。即使初始化后的策略是随机的，经过少量迭代之后，各个 s 下的 $\pi_w(a|s)$ 往往也会集中在一个 a 上。此时，随机策略就变成了确定策略，不再具有探索性，很可能局部收敛于次优策略。归根结底，这是因为我们并没有显式地定义如何增加 τ 的多样性，也没有为了避免过早收敛于确定策略而进行针对性的预防。

下面用熵的概念为动作的多样性做一个具体的定义：

$$H(s)=\sum_a \pi_w(a|s)\log(\pi_w(a|s)) \tag{6.17}$$

式（6.17）表示面对输入状态 s，策略网络输出的 a 的分布的熵。a 的分布越均匀，熵越大。对于不同的 s，策略网络输出的 a 的分布不同，熵自然也不同，因此熵是一个关于 s 的函数，将其记为 $H(s)$。设策略 π_w 下状态 s 的分布为 $P_w(s)$，则策略的熵为

$E_w(H(s))=\int_s P_w(s)H(s)\mathrm{d}s$，即熵函数的期望值。当策略的熵越大时，用它决策出来的 τ 就越多样，包含更丰富的 (s,a) 数据。

在基本的策略梯度算法中，让 w 沿着 $\nabla_w J(w)$ 方向进行更新，以获得更大的 $J(w)$。在这个过程中，并没有显式地奖励动作的多样性。现在，修改一下算法的更新方向，我们可以人为设定一个探索系数 α，让 w 沿着 $\nabla_w[J(w)+\alpha E_w(H(s))]$ 方向进行更新，即将策略的熵本身作为一项奖励，与原本的期望奖励 $J(w)$ 共同作为目标。打个通俗的比方：人们追求更幸福，为此尝试做各种各样的事并获得幸福。另外，生活的丰富性本身也是快乐的一种来源。这里的 α 表示鼓励探索的程度。α 越大，算法越倾向于探索。它与机器学习中的正则项系数类似，只有通过调试才能找出最优的取值。

注意到 $\sum_a \pi_w(a|s)=1$。在这个约束下，可以展开 $E_w(H(s))$ 对于 w 的梯度表达式。与计算 $J(w)$ 的梯度类似，也可以通过抽样 τ 来计算这个梯度，这样就可以在每一步迭代中同时增大 $J(w)$ 与 $E_w(H(s))$，继而增大探索力度，增加 τ 的多样性。这种方法被称为 PGQL（Policy Gradient Q-Learning）。

文章 *Combining Policy Gradient and Q-Learning* 中给出了一个非常有意思的结论：PGQL 算法，即在训练中同时考虑优化总奖励 $J(w)$ 与熵 H 的策略梯度方法与 DQN 采取玻尔兹曼探索策略训练的效果等价。在训练 PGQL 时，可以把 $\pi_w(a|s)$ 解读为 $\exp(\alpha Q(s,a)+\lambda(s))$，其中 λ 为与 s 有关的常数，这样就可以将 PGQL 的过程解读为采用玻尔兹曼探索策略训练 DQN。从这个角度来看，DQN 与策略梯度第一次发生了联系：

$$\tilde{Q}^{\pi}(s,a)=\alpha(\log\pi(s,a)+H^{\pi}(s))+V(s)$$

不过需要注意的是，文章中说的 DQN 与之前所讲的异策略 DQN 是有区别的。只有二者都同策略地基于同样的数据分布来训练，它们才是等价的。此外，为了严谨地得到上述结论，还需要进行更详细的推导。不过由于这不是本书的重点，因此这里就不展开了，感兴趣的读者可以查阅有关文章。

在所有基于策略的算法中，探索是非常重要的。目前一般的做法是在目标函数中添加熵这一项以增加探索性，预防算法过快地收敛。

6.5 总结

经过前面几节的介绍，相信读者已经对基于策略的算法及训练的细节有了比较全面的认识，下面进行总结。

6.1 节介绍了基于策略的算法的基本思想，即不断优化策略 π（优化策略网络参数 w）以提升其对应的期望奖励 $J(\pi)$ 或 $J(w)$。在这种理解下，可以用数值优化中的方法来优化策略，如无梯度方法、一阶梯度方法等。

6.2 节简单地介绍了无梯度方法，以此让读者加深对策略、期望奖励之间的关系的理解，但这并不是本书的重点。

6.3 节推出了策略梯度公式——当前参数为 w 时，要求的策略梯度公式为 $\nabla_w J(w)=E_w[\nabla_w \log(P_w(\tau))r(\tau)]$。其中，$E_w$ 表示轨道 τ 是用 w 为参数的策略产生的，服从 $P_w(\tau)$ 分布，

而 $r(\tau)$ 则代表这条轨道带来的奖励总和。让当前参数 w 沿着 $\nabla_w J(w)$ 方向梯度上升可以提升 $J(w)$，即提升策略 π_w 的性能，这便是基于策略的算法最核心的思想。此外，本节还提到了对于动作连续问题，上述结论依然适用，但这不是本章的重点。

由于策略梯度公式乍一看有些晦涩，因此提供了一些符合直觉的解释。例如，将策略梯度算法与我们更熟悉的分类问题进行对比，将强化学习中的奖励视为训练集的权重。这个权重决定了我们应该让网络的预测更加接近还是更加远离现实数据中的 a，有助于我们更加方便地理解策略梯度为什么有效。

6.4 节介绍了一些训练策略网络的技巧，如引入基准以减小估计的方差，利用重要性抽样实现异策略训练、提升数据效率等，为目标函数 $J(w)$ 增加一项策略的熵/探索性，等等。在现实中，只有将策略梯度算法结合这些技巧，才能取得令人满意的结果。

前面提到，无模型的强化学习有两种决策思路：基于价值与基于策略的算法。本章介绍的策略梯度算法，顾名思义，就是基于策略的算法中最基础、最简单的一种。第 7 章将要介绍 AC 型算法，包括 AC、A3C 等，它们都是在基本的策略梯度算法的基础上衍生出来的，很多基本思想都是相通的。理解好本章的内容，可以为接下来几章的学习打下坚实的基础。

思　考　题

1. 查阅与交叉熵算法有关的文献，了解交叉熵算法的应用。

2. 查阅论文 *Simple Random Search Provides a Competitive Approach to Reinforcement Learning* 与 *Evolution Strategies as a Scalable Alternative to Reinforcement Learning*，了解更多无梯度方法在强化学习领域的应用。

3. 当要优化的目标不是 $r(\tau)=\sum r_t$，而是 $\sum \gamma^t r_t$ 时（$\gamma<1$），推导策略梯度公式并写出算法过程。

4. 推导出连续动作的 MDP 中一维正态策略下的策略梯度公式（书中已经给出公式，请给出更详细的推导过程）。

5. 在动作连续的 MDP 中，如果 $\boldsymbol{a}$ 是一个高维向量，策略是一个多维正态策略，试推导出策略梯度公式，并给出具体过程。

6. 准确地理解代理函数的含义。

7. 为什么让 $r(\tau)$ 减去恰当的基准可以减小估计的均方误差呢？$r(\tau)$ 减去的基准取值为多少时，可以使估计的均方误差最小？

8. 总结已经学过的算法中，同策略算法与异策略算法的区别。

9. 思考在动作连续的 MDP 中，策略梯度算法如何实现经验回放。

10. 查阅有关 PGQL 的资料，推导有关公式以加深对该方法的理解，并理解为什么增加可以将策略梯度视为与 Q-Learning 等价，思考 6.4.3 节中提到的 DQN 和第 5 章介绍的 DQN 的区别。

参考文献

[1] MANIA H, GUY A, RECHT B. Simple random search provides a competitive approach to reinforcement learning[J]. 2018. DOI:10.48550/arXiv.1803.07055.

[2] SZITA I, LORINCZ A. Learning Tetris Using the Noisy Cross-Entropy Method[J]. Neural Computation, 2006, 18(12): 2936-2941.

[3] SALIMANS T, HO J, CHEN X, et al. Volution Strategies as a Scalable Alternative to Reinforcement Learning[J]. arXiv Preprint arXiv:1703.03864, 2017. DOI:10.48550/arXiv.1703.03864.

[4] SUTTON R, MCALLESTER D A, SINGH S. Policy Gradient Method for Reinforcement Learning with Function Approximation[C]//Proceedings of the 1998 IEEE International Conference on Robotics & Automation.2000.

[5] BAXTER J, BARTLETT P L. Infinite-Horizon Policy-Gradient Estimation[J]. Journal of Artificial Intelligence Research, 2001(15): 319-350.

[6] BAXTER J, BARTLETT P L. Infinite-Horizon Policy-Gradient Estimation[J]. Journal of Artificial Intelligence Research, 2001, 15. DOI:10.1613/jair.806.

[7] KOBER J, PETERS J. Policy Search for Motor Primitives in Robotics[J]. Springer International Publishing, 2014. DOI:10.1007/978-3-319-03194-1_4.

[8] O'DONOGHUE B, MUNOS R, KAVUKCUOGLU K, et al. Combining policy gradient and Q-learning[J]. 2016. DOI:10.48550/arXiv.1611.01626.

[9] SCHULMAN J, CHEN X, ABBEEL P. Equivalence Between Policy Gradients and Soft Q-Learning[J]. 2017. DOI:10.48550/arXiv.1704.06440.

[10] RICHEMOND P H, MAGINNIS B. Representing Entropy: A Short Proof of the Equivalence Between Soft Q-Learning and Policy Gradients[J]. 2018.

第 7 章

RL

AC 算法

本章介绍全新的一大类算法——AC 算法。

部分强化学习材料会将强化学习算法分为三大类：基于价值、基于策略，以及 AC 型算法。之所以这样划分，是因为基于价值的算法只需训练一个价值网络（如 DQN），基于策略的算法只需训练一个策略网络（如 VPG），而 AC 型算法（包括本章的 AC，以及第 8 章的 TRPO、DDPG 等）要同时训练价值网络和策略网络。从这个角度来说，AC 型算法似乎是全新的一类算法。

在 AC 型算法中，虽然要训练价值网络，但其目标主要是帮助策略网络更好地训练，其核心思想及主干仍为优化策略。在学习 VPG 算法时，其理论和训练方式都与之前介绍的 DQN 完全不同，因为它们本质上采用了完全不同的思想。在下面讲解 AC 型算法时，读者可以发现，很多公式都是第 6 章出现过的，这正是因为 AC 型算法本质上是基于策略的算法。

本章中如果没有特殊说明，则与第 6 章一样，讨论状态为连续变量、动作为有限分类、环境随机且时齐的 MDP，并采用具有同样结构的策略网络。

7.1 基本 AC 算法

AC 型算法有许多种。下面从最基本、最简单的 AC 算法开始介绍，然后介绍它的更多变体。

7.1.1 AC 算法的出发点

第 6 章中讲解了 VPG 的训练，并且将其看作用带有权重的训练集训练分类网络：对于数据中的每一步 (s,a)，我们希望有一个能衡量这步决策好坏的权重 v，根据它增大或减小 $\pi_w(a|s)$。需要注意的是，将一个 τ 中的所有 (s,a) 合为一批，并用这个轨道的 $r(\tau)$ 作为它们共同的权重。如果 $r(\tau)>0$，则更新会使轨道上所有 (s,a) 出现的条件概率都增大；如果 $r(\tau)<0$，则更新意味着轨道上所有 (s,a) 出现的条件概率都减小。

需要考虑这样一个问题：若一条 τ 上有很多步“好棋”，则 $r(\tau)>0$。但它也难免有几步“臭棋”。由于总体 $r(\tau)>0$，因此更新会使策略倾向于走这些“臭棋”，这并不是我们希望看到的。

从统计意义上来说，如果 (s,a) 是一步“臭棋”，则涉及它的 $r(\tau)$ 的期望会小于整体的期望；同理，如果 (s,a) 是一步“好棋”，则包含它的 $r(\tau)$ 的期望会大于整体的期望。因此，如果是能抽样充分的轨道并以均值估计的策略梯度，则能让走出“好棋”的概率增大而让走出“臭棋”的概率减小。但是，在样本相对有限的情况下，确实可能发生我们不希望看到的情况，这就是估计的方差。

为了解决以上问题，一个最自然的想法是不应该将一条 τ 上的所有 (s,a) 打包成一批，用统一的权重 $r(\tau)$ 来衡量它们的好坏，而应该单独衡量每一步 (s,a) 的好坏，让每一步而非每一条轨道作为训练中最基本的单位。这样，就可以避免差的 (s,a) 混在好的 τ 中了。

从直觉上来说，如果用 $Q^*(s,a)$、$Q_\pi(s,a)$、$A^*(s,a)$ 或 $A_\pi(s,a)$ 这类和价值有关的函数来衡量 (s,a) 的好坏，则都能够说得通。例如，若让 w 按照式（7.1）进行梯度更新，则似乎可以提升策略 π_w 的性能，因为它可以使能取得更大优势 $A_\pi(s,a)$ 的决策更有可能出现：

$$w \leftarrow w + \alpha \nabla_w \log \pi_w(a \mid s) A_\pi(s,a) \tag{7.1}$$

当然，这仅仅是从直觉上而言的。第 6 章中定义基于策略的算法应优化关于策略的函数 $J(\pi)$。因此必须证明按式（7.1）进行更新是符合优化 $J(\pi)$ 这一目标的。

7.1.2 化简策略梯度公式

本节来推导 AC 的公式，看看单步决策的学习权重 v 到底应取多少。需要注意的是，本节的结论并不会像想象中的那么显然。

第 6 章中讲过，梯度 $\nabla_w \log(P_w(\tau)) = \sum_{i=1}^{n} \nabla_w \log \pi_w(a_i \mid s_i)$（环境部分与参数 w 无关）。因此，可以将策略梯度写为

$$\nabla_w J(w) = E_w\left[\sum_{i=1}^{n} \nabla_w \log(\pi_w(s_i,a_i)) r(\tau)\right] \tag{7.2}$$

在实际训练中，根据当前策略 π_w 抽样很多条 τ，一条 τ 上的所有 (s_i,a_i) 被打包成一批，共享同一个权重 $r(\tau)$，这就是上述策略梯度公式的含义。

下面换一个角度，考虑一对具体的 s 与 a，如 (s^1,a^1)（注意：上标表示不同的 s 或 a 的具体取值，下标表示不同时刻的 s 或 a），看看 $\pi_w(a^1 \mid s^1)$ 在某一步更新中究竟是增大了还是减小了。

设在某一步更新中，用 π_w 抽样了 5 条轨道 $\tau_1,\tau_2,\tau_3,\tau_4,\tau_5$，其中，$\tau_1 \sim \tau_3$ 三条轨道中都含有 (s^1,a^1)，而在 τ_4 和 τ_5 中却没有 (s^1,a^1)。那么，在这一步更新中，$\log \pi_w(a^1 \mid s^1)$ 更新的权重就等于 $r(\tau_1)+r(\tau_2)+r(\tau_3)$。换言之，更新方向与幅度分别由 $r(\tau_1)+r(\tau_2)+r(\tau_3)$ 的正负性与大小决定，与 τ_4 和 τ_5 没有关系。因此，$r(\tau_1)+r(\tau_2)+r(\tau_3)$ 的值就是具体状态-动作对 (s^1,a^1) 的权重。

更一般地，当用 π_w 抽样了很多 τ 时，$\log \pi_w(a^1 \mid s^1)$ 的更新方向就应该由 $\sum_{(s^1,a^1)\in\tau} r(\tau)$ 决定。如果 (s^1,a^1) 是一步“好棋”，那么包含它的 $r(\tau)$ 的期望理应大于整体的期望，因此 $\log \pi_w(a^1 \mid s^1)$

应该增大；反之同理。在概率意义下，含有(s^1,a^1)的$r(\tau)$的期望是$E_{w,(s^1,a^1)\in\tau}[r(\tau)]$。也就是说，为每个$(s,a)$赋予的权重$v$应该等于$E_{w,(s^1,a^1)\in\tau}[r(\tau)]$。

由此，又可以将策略梯度公式改写为

$$\sum_{(s,a)}[\nabla_w \log\pi_w(s,a)E_{w,(s,a)\in\tau}[r(\tau)]] \tag{7.3}$$

需要注意的是，之前的策略梯度公式是对轨道进行求和，不同轨道上可能含有同样的(s,a)。而式（7.3）是对每个不同的(s,a)进行求和，对于给定的(s,a)，找出所有包含它的轨道，计算(s,a)的权重。这二者是等价的，不过式（7.3）可以帮助我们更清晰地看到每个单步决策(s,a)的权重。

下面进一步化简权重$E_{w,(s,a)\in\tau}[r(\tau)]$。

这里涉及一个非常重要的问题：要最大化的目标$r(\tau)$究竟是简单的奖励总和$\sum_t r_t$，还是带有折扣的奖励总和$\sum_t \gamma^t r_t$呢？这里不妨先假定要最大化的目标是带有折扣的奖励总和，即认为$r(\tau)=\sum_t \gamma^t r_t$。对于没有折扣的情况，可以通过$\gamma=1$来化归。注意到：

$$\sum_{t=0}^{n}\gamma^t r_t=\sum_{t=0}^{n}\gamma^t(r_t+\gamma V_\pi(s_{t+1})-V_\pi(s_t))+V(s_0)-\gamma^n V(s_n) \tag{7.4}$$

由于$A_\pi(s_t,a_t)=r_t+\gamma V_\pi(s_{t+1})-V_\pi(s_t)$，并且终止状态不再有后续奖励，因此$V(s_n)=0$。将式（7.4）对于环境求期望，得到以下重要公式：

$$r(\tau)=\sum_{t=0}^{n}\gamma^t r_t=\sum_{t=0}^{n}\gamma^t A_\pi(s_t,a_t)+V_\pi(s_0) \tag{7.5}$$

式（7.5）的含义是最终能够获得的奖励$r(\tau)$的期望就等于初始状态包含的价值$V_\pi(s_0)$加上每一步决策带来的额外优势$A_\pi(s_t,a_t)$乘以折扣项γ^t。打个通俗的比方，一个人取得的成就由其家庭出身与每一步后天努力带来的额外效果加和得到。当设定$\gamma<1$时，即使是同样的(s,a)，发生在前面的也会比较重要，因为早期的操作对全局的影响更大；如果设定$\gamma=1$，则同样的(s,a)无论发生在轨道的哪个阶段，对全局的影响都是差不多的。考虑到策略梯度算法中可以使用基准技巧，可以把与动作无关的项$V_\pi(s_0)$省略。这样一来，就将包含(s_t,a_t)的$r(\tau)$拆成了$\sum_{t=0}^{n}\gamma^t A_\pi(s_t,a_t)$。

对于某一特定的(s^1,a^1)，假设用策略π抽样了很多包含(s^1,a^1)的τ。在限定τ包含(s^1,a^1)的条件下，τ上s_t的分布会发生变化，与策略π下的s_t原本的分布有所差别。但是，在每个s_t处选择动作a_t是不会受到(s^1,a^1)的影响的。根据优势函数的定义，$A_\pi(s,a)$在动作a服从策略π对应的分布时，均值为 0。简单地说，抽样的这些τ中除(s^1,a^1)以外，既可能包含“好棋”，又可能包含“臭棋”，它们与(s^1,a^1)这一步是相互独立的，因此相互抵消，均值为 0。最终，在限定τ包含(s^1,a^1)的条件下，$r(\tau)$的均值只和$A_\pi(s^1,a^1)$有关，即

$$E_{w,(s,a)\in\tau}[r(\tau)]=E_w\left[\sum_{t=0}^{n}\gamma^t A_\pi(s_t,a_t)\right] \tag{7.6}$$

进一步地，(s,a)的更新权重是否就等于$A_\pi(s,a)$呢？

需要注意的是，上述期望表达式中的γ^t这一项是不能忽略的。当$\gamma=1$时，由于$P_\pi(S=s)=\sum_{t=0}^{n}P_\pi(S_t=s)$，因此能将式（7.6）的右侧化为$A_\pi(s,a)$。最终，策略梯度$\nabla_w(J)$可以化简为$A_\pi\nabla_w\log\pi$这样简单的形式；但是，当$\gamma<1$时，由于$P_\pi(S=s)\neq\sum_{t=0}^{n}\gamma^t P_\pi(S_t=s)$，因此$(s,a)$对应的权重并不是$A_\pi(s,a)$，无法将策略梯度$\nabla_w(J)$化简为$A_\pi\nabla_w\log\pi$这样简单的形式。

从式（7.6）中可以看出，对于某个特定的(s^1,a^1)，它的学习权重不仅和$A_\pi(s^1,a^1)$有关，还和s^1倾向于出现在轨道上的时间有关。在优势函数相等的情况下，s^1倾向于在轨道中出现得越早，其对全局的影响越大，其权重自然也越大。打个简单的比方，设s^1是象棋的开局，因为开局对全局的影响很大，所以即使这一步本身不会太精妙、不会创造太大的优势，我们学象棋时也总是先学习开局；设s^2是一个象棋残局，a^2或许是解决这个残局的精妙方法，走好了获得的优势极大。但由于s^2出现得比较晚，因此相对而言，它也没有那么重要。只有学会基本的布局之后，才会学到这些知识。因此，更新(s,a)时的权重不仅和它对应的优势函数有关，还和它出现的早晚倾向有关。

下面定义一个和概率比较相似的概念：

$$\rho_w(s)=P_w(s_0=s)+\gamma P_w(s_1=s)+\cdots=\sum_i P_w(S_t=s)\gamma^t \quad (7.7)$$

式（7.7）被称为 Discounted Visitation Frequencies，直译过来就是折扣访问频率。因为它没有进行归一化，所以只能称之为频率而不能称之为概率。若对其进行归一化，即前面乘以$1-\gamma$后，则可以称之为 Discounted Visitation Distribution，即折扣访问概率分布。我们之后不妨将其简称折扣概率，用字母ρ标记。要注意它的下标为w，即表示它是用策略π_w下的状态的概率分布$P_w(s)$算出来的，但它又和$P_w(s)$不完全相同，它不仅仅体现状态出现的概率，还考虑它在轨道中出现的早晚倾向，结合这两方面综合判断其重要性。对于某两个状态s^1和s^2，假设它们在策略π_w下出现的概率相同，但是s^1倾向于在轨道中更前的位置出现，而s^2反之。这时，虽然$P_w(s^1)=P_w(s^2)$，但是$\rho_w(s^1)>\rho_w(s^2)$。这是因为ρ不仅考虑了状态出现的频率，还考虑了状态在轨道中的位置。本章的 AC 型算法的核心思想即将策略的影响划分到单步上，因此ρ的定义是十分重要的。

如果用π_w抽样大量的轨道，则每个特定的步(s^1,a^1)被抽样的概率是$P_w(s^1,a^1)=P_w(s^1)\pi_w(a^1|s^1)$，而不是$\rho_w(s^1)\pi_w(a^1|s^1)$。这就意味着，如果为$(s^1,a^1)$赋予权重$A_\pi(s^1,a^1)$来更新网络，则更新方向和策略梯度$\nabla_w(J)$是有出入的。另外，如果要为$(s^1,a^1)$找一个学习权重，使它的更新方向与策略梯度$\nabla_w(J)$完全等价，则不妨定义$I_w(s)=\dfrac{\rho_w(s)}{P_w(s)}$，于是有

$$\nabla_w J(w)=E_w[I_w(s)A_w(s,a)\nabla_w\log\pi_w(a|s)] \quad (7.8)$$

可以想象，$I_w(s)$代表在策略π_w下，一个状态出现的早晚倾向。根据定义，早晚倾向$I_w(s)$的取值在 0 与 1 之间。当s倾向于更早出现时，它的重要性更高，$I_w(s)$更接近 1；当s倾向于更晚出现时，它的重要性更低，$I_w(s)$更接近 0。如果用当前策略π_w抽样很多条轨道τ，将其拆分为单步决策(s,a)并为其分别赋予权重，则只有在权重为$I_w(s)A_\pi(s,a)$时，它才能完全等同于策略梯度算法。

讲到这里，不妨回顾一下第 6 章中那个没有讲清楚的问题。前面提到，很多策略梯度有关的学习材料中都会将目标设为最大化$\sum_t r_t$，而不是最大化带有折扣的$\sum_t \gamma^t r_t$。或者等价地说，它们将折扣因子γ设定为 1。这正是因为如果将γ设定为 1，则会导致$I_w(s)$恒为 1，可以方便地从策略梯度方法过渡到 AC 型算法；如果γ不为 1，则意味着策略梯度算法的更新公式在严格意义上是和 AC 型算法有出入的。有些材料通过设定$\gamma=1$来使这二者等价，这种做法虽不能说有错误，但可能使读者出现一定的误解与混淆。因此这里用比较严谨的推导来彻底讲清楚这个问题。

下面引出 AC 算法。

7.1.3 AC 算法的基本思想

在 VPG 算法中，同一轨道上的所有(s,a)都被赋予统一的权重$r(\tau)$，无法区分每一步具体的好坏，只能靠大量的数据使其收敛到均值。因此，我们要寻找能衡量单步决策好坏的权重，减小策略梯度的估计方差。

我们推出，策略梯度等于$E_w[I_w(s)A_\pi(s,a)\nabla_w \log\pi_w(a|s)]$。如果能用一种简单的方法从训练数据中估算出$I_w(s)\, A_\pi(s,a)$，就可以以它为权重进行训练。但如果采用单步更新的训练方式，那么$I_w(s)$这个值是难以估算的。因此把(s,a)的权重简化为$A_\pi(s,a)$，这就等价于让$\sum r_t$做最速上升。对一般的问题而言，让$\sum_t r_t$上升和让$\sum \gamma^t r_t$上升不会存在明显的矛盾，因此这种近似是合理的。这便是 AC 算法的基本原理。

算法中的另一个问题是要考虑如何估计$A_\pi(s,a)$。由于策略π被参数化为π_w，因此它也可以记为$A_w(s,a)$。我们很自然地想到，可以额外用一个网络来拟合$A_w(s,a)$的函数，以此为单步决策赋予权重。

下面介绍经典的 AC 框架及其训练方式。

定义两个神经网络：一个是价值网络，用来计算$A_\pi(s,a)$，定义它输出的是$Q_\pi(s,a)$也可以，$A_\pi(s,a)$和$Q_\pi(s,a)$只差一个基准，但前者更接近 0，故而方差更小、性能更好；另一个是策略网络，与 VPG 类似，在训练中，用策略网络与环境进行交互产生许多服从当前策略与环境分布的轨道τ。与 VPG 不同的是，这里将其划分为单步转移数据(s,a,r,s')，并以此为基本单位同时训练两个网络。对于价值网络，不断拟合价值，使它能更准确地估计$A_\pi(s,a)$或$Q_\pi(s,a)$，其中π为当前策略网络对应的策略；对于策略网络，用价值网络给出的权重指引其更新方向，提升策略性能。

那么，应该如何训练价值网络，以准确地拟合$A_\pi(s,a)$呢？

当然，可以建立一个网络，接收(s,a)为输入，并输出$A_\pi(s,a)$。但是，更复杂的网络结构显然更难以训练。注意到：

$$A_\pi(s,a)=E_\pi[r+\gamma V_\pi(s')-V_\pi(s)] \tag{7.9}$$

因此，只要能估计出V_π，在面对单步转移数据(s,a,r,s')时，便可以算出$V_\pi(s)$，并根据式（7.9）估计出$A_\pi(s,a)$，作为(s,a)的权重。拟合$V_\pi(s)$显然比拟合$A_\pi(s,a)$更简单、误差更小。

当然，也可以让价值网络直接估计A_π或Q_π，这同样是合理且有效的。在这种方法中，价值网络的训练和第 5 章所讲的 Sarsa 有相似之处。由于篇幅有限，这里就不列出这种方法的具体细节了，留给读者作为思考题。

不妨设价值网络参数为θ（与策略网络参数w进行区分），我们的目标是让$V_\theta(s)$估计出$V_\pi(s)$（注意：这里的V_θ表示参数为θ的网络估计的价值，而V_π或前面的$A_\pi(s,a)$表示理论上策略π_w对应的准确价值或优势，二者含义不同）。由于关于$V_\pi(s)$的贝尔曼方程为$E_\pi[r+\gamma V_\pi(s')-V_\pi(s)]=0$，因此，训练策略网络的方式就是要迭代地让$V_\theta(s)\leftarrow r+\gamma V_\theta(s')$，$V_\theta$收敛时便等于$V_\pi$。

这里需要注意的一个问题是价值网络的训练是否要采用固定 Q 目标结构呢？

在训练 DQN 时，要求的是$Q^*(s,a)$，其贝尔曼方程中有$\max_a Q(s,a)$部分。对含有 max 的表达式求导是不稳定的，特别是对于a特别多的情况。因此提出了固定 Q 目标结构，建立目标网络与评估网络；而在 AC 算法中，训练的目标是$V_\pi(s)$，其贝尔曼方程中不存在含有 max 的表达式。因此，在一般 AC 算法中，训练价值网络时优化如下损失函数即可：

$$\text{loss}=(r+\gamma V_\theta(s')-V_\theta(s))^2=0 \tag{7.10}$$

这种训练方式相对简单，不需要定义评估网络与目标网络。

另外，还需要注意的一个问题是，采用同策略还是异策略的训练方式？

在 AC 算法中，价值网络拟合的目标是$V_\pi(s)$而不是$V^*(s)$，其贝尔曼方程中期望的含义是对环境及策略求期望，所使用的(s,a,r,s')数据集必须是由当前策略π_w产生的。这也意味着，训练价值网络的方式天然是同策略的，必须用当时策略产生的数据进行训练。如果要将其修改为异策略的方法，用经验回放技术提升数据效率，则需要用 6.4 节中介绍的重要性抽样进行调整。

综上，AC 算法的基本训练方式如算法 7.1 所示。

算法 7.1（AC）

初始化价值网络参数θ与策略网络参数w；

重复迭代：

　　产生数据集　用当前策略与环境进行交互，产生大量单步转移数据(s,a,r,s')；

　　训练价值网络　优化损失$\text{loss}=(r+\gamma V_\theta(s')-V_\theta(s))^2$，更新$\theta$；

　　对单步转移数据(s,a,r,s')评估优势　$A_\pi(s,a)=E_\pi[r+\gamma V_\theta(s')-V_\theta(s)]$；

　　训练策略网络　让w沿着梯度（$\nabla_w \log\pi_w(s,a)A_\pi(s,a)$）方向进行更新；

　　直到算法收敛；

在第 4 章中介绍过策略迭代法：同时维护一个记录策略的表π与一个价值表V。在训练中，迭代地进行两个步骤：策略评估（对于当前策略π计算V_π）与策略提升（根据当前V_π修改提升π）。对于比较复杂的 MDP，我们会考虑用雅可比迭代法进行策略评估，并在价值表没有完全收敛，即没有准确地算出$V_\pi(s)$时指导策略提升。因为策略的修改是逐步渐进的，所以$V_\pi(s)$随着π的变化也是渐进的。因此，虽然迭代的目标并不准确，但能向着越来越准确的方向不断地进行策略评估与策略提升。最终，策略π收敛于最优策略π^*，而$V_\pi(s)$收敛于最优策略对应的价值，即真正的价值$V^*(s)$。

在某种程度上，Actor Critic 算法与策略迭代法有相似之处：训练价值网络的方式相当于策略评估。虽然表格型策略的修改提升和策略网络的梯度更新是完全不一样的，但它们的作用都是让当前策略变得更好，因此训练策略网络的步骤对应策略提升。神经网络模型的训练与更新也是渐进的，因此，为了提升效率，应该同时训练价值网络与策略网络，而不是等到价值网络收敛时才更新策略网络。训练过程会使价值网络的估计越来越准确，并使策略网络越来越好。

当然，由于强化学习中环境未知，因此只能依靠数据集来进行上述两个步骤。在某种程度上，Actor Critic 算法就像是策略迭代法对未知环境、神经网络模型的推广。

一个形象的比喻：策略网络就像一个演员在努力表演，而价值网络就像一个点评家，对演员哪里演得好、哪里演得差进行点评。一开始，演员的演技很差，点评家的点评鉴赏水平也很差。在训练中，演员在点评家的指点下提升自己的演技，而点评家也通过观看更多的表演来提升自己的点评鉴赏水平。此时，如果演员演得太表面，则点评家一眼就能看出来；而演员也在努力提升自己的演技，设计递进的情绪，演出细节。到了最后，演员的演技变得炉火纯青，而点评家的评论也变得一针见血。在整个过程中，点评家只是为了辅助演员更好地训练。我们最终决策时只需用策略网络，而不需要用价值网络。因此将这个算法称为 AC，简称 AC。

从算法组成上来看，AC 算法似乎是一个基于价值与基于策略相结合的算法，要同时训练一个策略网络与一个价值网络。但究其根本，价值网络只是用来辅助策略网络训练的。整个算法迭代过程是一个努力优化策略的过程，当训练完成后，可以忽略价值网络，而完全使用策略网络进行决策。从这个角度来看，本书中将 AC 型算法编写为独立的一章；但是从本质上来看，强化学习只有两种基本思想，AC 算法属于其中基于策略的思想，并非独自的第三种思想。

7.1.4 单步更新与回合更新

前面提到，在 VPG 中，轨道 τ 是训练网络的基本单位。在同策略训练情况下，至少要用当前策略与环境进行交互产生整条轨道的数据，才能对策略网络进行更新；而在 DQN 中，训练网络的基本单位是单步转移数据 (s,a,r,s') 。我们可以只用策略与环境交互一步，便用该步对应的数据对策略网络进行更新。这里将前者称为回合更新，将后者称为单步更新。显然，后者比前者更灵活、更便捷。

按照基于策略的算法的定义，我们的目标为优化策略在持续多步过程中的整体效果，因此其天然是如 VPG 那样进行回合更新的。在化简策略梯度公式时，可以发现式（7.8）中有衡量单步决策 (s,a) 在轨道中出现的早晚倾向的 $I_w(s)$ 。因为 $I_w(s)$ 表示 (s,a) 在整条轨道中出现的早晚倾向，因此必须保持轨道为整体的概念，只有这样才能正确地计算它。如果将完整的轨道拆分为许多条单步转移数据，会丢失完整轨道的信息，那么便无法计算 I_w（除非在问题定义层面设定 $\gamma=1$，将 I_w 近似为 1）。但是，为了减小估计的方差、提升算法的灵活性，可以对原本的目标进行一些简化，以实现可以单步更新的 AC 算法。

概括一下：VPG 算法是严格遵守基于策略的算法的原本定义，因此必须进行回合更新。它对于策略梯度采取的是无偏估计，但估计方差很大；在 AC 算法中，原本的 γ 将 I_w 近似为 1（相当于设 $\gamma=1$）且用价值网络估计 A_π ，这都会引入一定的偏差。不过，它大大减小了方差，并提升了算法的灵活性。如果设定 $\gamma=1$ 与原本的目标没有冲突，则 AC 算法的性能往往比 VPG 算法的性能好。

从理论上来说，单步更新意味着智能体可以每次和环境交互一步，每产生一条 (s,a,r,s') 单步转移数据便立即用其来训练网络。但是在现实中，无论是采取单步更新算法还是回合更新算法，在每一步训练中，都必须使用大量数据，只有这样才能得到对更新方向比较准确的估计。即使采用单步更新算法，也会先用当前网络产生一批数据，然后用这批数据的均值来估计网络的更新方向。因此，单步更新算法与回合更新算法的区别在于其使用的基本训练单位为单步转移数据，而不在于其是否真的让策略每行动一步就进行一次更新。究其本质，二者的区别在于是否需要用早晚倾向 I_w 这种在轨道整体结构中才包含的宏观信息，这取决于我们对原始定义、偏差、方差与算法便利性的权衡取舍。

思　考　题

1. 更详细地推导 7.1.2 节中化简策略梯度方法的公式。
2. 推导为什么价值网络输出 A 函数和输出 Q 函数是等价的。
3. 结合第 5 章的内容，思考价值网络在拟合 V_π 时是采用优化 loss 的方法还是采用固定 Q 目标结构的方法更好，总结二者的利弊。
4. 是否存在某种特殊的 MDP，使优化 $\sum_t \gamma^t r^t$ 与优化 $\sum_t r^t$ 之间的差别很大？何种 MDP 对于 γ 的数值是极其敏感的？
5. 将 AC 算法中的价值网络由直接输出 V_π 改为直接输出 A_π 或 Q_π，并补全整个算法的细节。思考其训练方式与 Sarsa 有什么类似之处。

7.2 AC 算法的训练技巧

AC 算法要依靠价值网络来指引策略网络向着正确的方向进行更新。但是，训练价值网络又要依赖策略网络产生的数据，这会使训练过程非常困难。

在深度学习领域，所有要同时训练两个甚至多个神经网络的模型的训练都是困难的，另一个经典的例子是图像生成问题中的 GAN（对抗生成网络）。为了训练 GAN，需要用到大量技巧，如预训练判别器、把握交替训练两个网络的节奏等。面对强化学习问题，在训练网络的基础上还需要考虑数据集的产生，因此它比 GAN 还要复杂。也就是说，在训练 GAN 时，必须使用大量技巧。

第 6 章中已经介绍了一些 VPG 的训练技巧，如为了增加策略的探索性而在策略梯度的基础上增加一个策略熵的梯度等。由于 AC 算法是从 VPG 算法发展而来的，因此 AC 算法自然能运用这些技巧。为了节省篇幅，本章不会重复讲解这些前面出现过的内容，而专注于 AC 算法特有的技巧。实践中，读者可以自行尝试为 AC 算法引入在 VPG 算法中介绍的技巧。

7.2.1 广义优势函数估计

在 VPG 算法中，用 $r(\tau)$ 的均值来指引策略的更新，它是由环境给出的客观值；在 AC 算法中，用 $A_\pi(s,a)$ 来指引梯度的更新，但这个 $A_\pi(s,a)$ 是用价值网络估计出来的，是主观估计而不是客观值。如果估计的 $A_\pi(s,a)$ 与真实值相差较远，就无法指引策略网络向着正确方向进行更新。因此，训练 AC 的关键之处在于如何更准确地估计优势函数 $A_\pi(s,a)$ 。

有读者肯定想到，Sarsa 算法中可以用 n 步估计或 λ-return 的技巧。那么，同样的技巧是否也能用于 AC 算法呢？

在前面介绍的基本 AC 算法中，价值网络输出的是价值函数 $V_\pi(s)$ 而不是优势函数 $A_\pi(s,a)$ 。对于服从环境及当前策略对应的分布的单步转移数据 (s,a,r,s') ，可以以表达式 $r+\gamma V_\pi(s')-V_\pi(s)$ 来估计 $A_\pi(s,a)$ 。在这个表达式中，只有 r 这一部分是由客观环境反馈的，而 $V_\pi(s)$ 与 $V_\pi(s')$ 这两部分都是由价值网络估计出来的，是主观估计。为了减小估计 $A_\pi(s,a)$ 的误差，一个很自然的想法就是要增大表达式中客观部分的占比而减小主观部分的占比。注意到以下等式：

$$
\begin{aligned}
A_\pi(s_t,a_t) &= E[r_t+\gamma V_\pi(s_{t+1})-V_\pi(s_t)] \\
&= E[r_t+\gamma r_{t+1}+\gamma^2 V_\pi(s_{t+2})-V_\pi(s_t)] \\
&= E[r_t+\gamma r_{t+1}+\gamma^2 r^{t+2}+\gamma^3 V_\pi(s^{t+2})-V_\pi(s^t)] \\
&= \cdots
\end{aligned}
\tag{7.11}
$$

这意味着，如果有连续两步数据 $(s_t,a_t,r_t,s_{t+1},a_{t+1},r_{t+1},s_{t+2})$ ，则可以用表达式 $r_t+\gamma r_{t+1}+\gamma^2 V_\pi(s_{t+2})-V_\pi(s_t)$ 来估计 $A_\pi(s_t,a_t)$ 。

同理，如果有连续三步数据 $(s_t,a_t,r_t,s_{t+1},a_{t+1},r_{t+1},s_{t+2},a_{t+2},r_{t+2},s_{t+3})$ ，则可以用表达式 $r_t+\gamma r_{t+1}+\gamma^2 r_{t+2}+\gamma^3 V_\pi s_{t+3}-V_\pi(s_t)$ 来估计 $A_\pi(s_t,a_t)$ 。

显然，这正是 n 步 Sarsa 的思想（区别仅仅在于 n 步 Sarsa 估计的是 Q_π 而不是 A_π ）。这种估计方法的最大优点就是表达式中的客观部分 r_t 比较大，因此其估计偏差自然比较小；但是，当期望表达式更复杂、涉及的项数更多时，需要抽样更多的样本才能估计它，否则就会导致方差大的问题。

那么，如何才能更好地权衡偏差与方差，得到综合最优的误差呢？这就需要相比于 n 步估计更进一步，使用 λ-return 的思想。

首先，将上面提到的用不同步数估计 A_t 的方案都列出来。为了使表达式的形式更加简便，引入字母 δ_t^V（这个 δ 有时被称为 TD-error），代表用一步估计 A 的表达式，由此可以推出如下多步估计表达式：

$$
\begin{aligned}
\hat{A}_t^{(1)} &:= \delta_t^V = -V(s_t)+r_t+\gamma V(s_{t+1}) \\
\hat{A}_t^{(2)} &:= \delta_t^V+\gamma\delta_{t+1}^V = -V(s_t)+r_t+\gamma r_{t+1}+\gamma^2 V(s_{t+2}) \\
\hat{A}_t^{(3)} &:= \delta_t^V+\gamma\delta_{t+1}^V+\gamma^2\delta_{t+2}^V = -V(s_t)+r_t+\gamma r_{t+1}+\gamma^2 r_{t+2}+\gamma^3 V(s_{t+3}) \\
&\vdots \\
\hat{A}_t^{(k)} &:= \sum_{l=0}^{k-1} r^l \delta_{t+1}^V = -V(s_t)+r_t+\gamma r_{t+1}+\cdots+\gamma^{k-1} r_{t+k-1}+\gamma^k V(s_{t+k})
\end{aligned}
$$

经过上面的分析可以知道，用 $\hat{A}_t^{(1)}$ 来估计 A 是偏差最大的（因为只有一个客观的 r_t ），但方差是最小的（因为项数少）；相比于 $\hat{A}_t^{(1)}$ ，$\hat{A}_t^{(2)}$ 的偏差小一些，但方差大一些。k 越大，$\hat{A}_t^{(k)}$ 的偏差越小，方差越大。

广义优势估计（Generalized Advantage Estimation，GAE）即将上面提到的这些 $\hat{A}_t^{(k)}$ 乘以折扣因子并组合起来。这样，就可以更好地权衡估计的偏差与方差，实现误差的总体最小化，其公式如下：

$$\begin{aligned}\hat{A}_t^{\text{GAE}}(\gamma,\lambda) &:= (1-\lambda)\left(\hat{A}_t^{(1)}+\lambda\hat{A}_t^{(2)}+\lambda^2\hat{A}_t^{(3)}+\cdots\right)\\ &=(1-\lambda)(\delta_t^V+\lambda(\delta_t^V+\gamma\delta_{t+1}^V)+\lambda^2(\delta_t^V+\gamma\delta_{t+1}^V+\gamma^2\gamma\delta_{t+2}^V)+\cdots)\\ &=(1-\lambda)(\delta_t^V(1+\lambda+\lambda^2+\cdots)+\gamma\delta_{t+1}^V(\lambda+\lambda^2+\lambda^3+\cdots)+\\ &\quad\gamma^2\delta_{t+2}^V(\lambda^2+\lambda^3+\lambda^4+\cdots)+\cdots)\\ &=(1-\lambda)\left(\delta_t^V\left(\frac{1}{1-\lambda}\right)+\gamma\delta_{t+1}^V\left(\frac{\lambda}{1-\lambda}\right)+\gamma^2\delta_{t+2}^V\left(\frac{\lambda^2}{1-\lambda}\right)+\cdots\right)\\ &=\sum_{l=0}^{\infty}(\gamma\lambda)^l\delta_{t+l}^V\end{aligned}$$

表达式中的 λ 的取值在 0 到 1 之间，代表对偏差与方差的权衡取舍。当 λ 较大时，意味着我们更加信任多步估计 $\hat{A}_t^{(k)}$，即我们更加注重减小偏差；反之，当 λ 较小时，意味着我们更加注重减小方差。从 λ 取值为 0 和 1 两种极端情况对应的式子中不难看出这一差别：

$$\delta_t = r_t+\gamma V(s_{t+1})-V(s_t)\qquad \text{GAE}(\gamma,0)$$

$$\sum_{l=0}^{\infty}\gamma^l\delta_{t+l}=\sum_{l=0}^{\infty}\gamma^l r_{t+l}-V(s_t)=r(\tau)-V(s_t)\qquad \text{GAE}(\gamma,1)$$

在一般情况下，训练刚开始时的价值网络较差，其估计出的 $V_\pi(s)$ 会与现实情况有较大的偏差。此时，应该将 λ 设计得比较大。换句话说，当主观估计不准时，估计 A_π 时应用更多的客观部分；而当训练经历了多步迭代之后，价值网络的偏差比较小，可以将 λ 适当减小。

需要注意的是，如果采用 GAE 方法，则要用到的训练集单位不再只是单步转移数据 (s,a,r,s')，而是连续多步数据，这在一定程度上会使训练的灵活性下降。前面提到，VPG 算法是回合更新的，AC 算法是单步更新的。如果采用 GAE 算法，则在某种程度上相当于介于回合更新与单步更新之间。

总结一下：AC 算法相比于 VPG 算法是一种通过引入偏差来减小方差、提升灵活性的方法。但是在训练初期，它可能面临偏差过大的问题，因此，采用 GAE 算法的技巧在某种意义上相当于让 AC 算法向 VPG 算法的方向进行一定程度的回调。总体来说，GAE 算法是 λ-return 的思想在估计 A_π 上的一种应用。它提供了一种能够方便地权衡误差与方差、减小整体误差的方法。在训练初期偏差较大时，这个技巧是非常必要的。目前，所有 AC 型算法几乎都会采用 GAE 算法的技巧。

7.2.2 控制训练两个网络的步调

7.2.1 节说明在训练初期，价值网络偏差较大，这可能会导致策略网络向着完全错误的方向进行更新。采取 GAE 算法的技巧可以帮助我们更准确地估计 A_π。那么除此外，还可以采取什么技巧来进一步减小训练初期的误差呢？

在 AC 算法中，要同时训练策略网络与价值网络。一个自然的问题是，这二者应该如何一起训练呢？在算法 7.1 中，给出了基本 AC 算法的伪代码，二者似乎是交替进行训练的且步数相等。但是，这样的训练方式真的有效吗？

需要注意的是，AC 算法中的两个网络的地位是不同的。我们真正需要的是策略网络，而价值网络的作用则是指引策略网络的更新。如果价值网络的输出误差过大，则为训练策略网络付出的计算量是没有意义的；因此，在训练初期，要更重视价值网络的训练。

前面提到，在深度学习领域，同时训练两个神经网络的另一个经典例子是生成问题中的GAN，如图 7.1 所示。生成问题的目标是建立一个生成器（Generator）网络，使之可以生成看起来像是真的图片。由于没有一个能够衡量“是否像真的”的函数，因此必须训练另一个判别器（Discriminator）网络作为衡量“真假”的函数，并用它来指引生成器。在训练 GAN 时，生成器的梯度是由判别器给出的，而判别器则可以根据“真数据”与生成器输出的“假数据”进行训练。从这个角度来看，GAN 和 AC 算法非常类似（生成器类似策略网络，判别器类似价值网络）。在 GAN 中，如果判别器的误差较大，那么也不可能将生成器训练好，这和 AC 算法是一个道理。

既然 GAN 与 AC 算法有诸多相似之处，下面不妨先回顾一下 GAN 的基本思想及训练技巧，并将其借鉴到 AC 算法上。

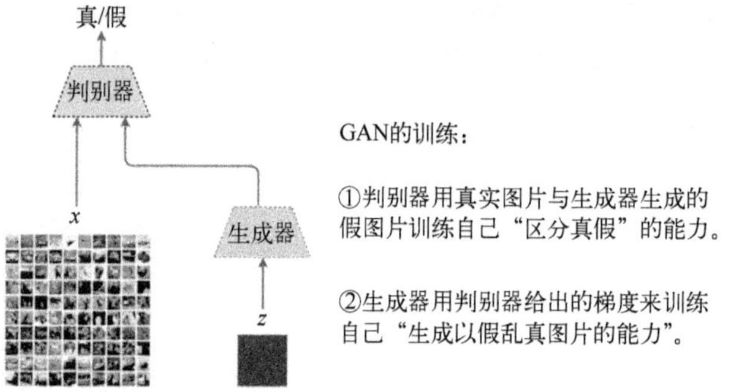

图 7.1　GAN

由于以上原因，在 GAN 中，人们一般会对判别器进行预训练，即初始化两个网络之后，先让生成器生成一系列图片（此时生成的图片类似噪声），用以预训练判别器。经过预训练之后，判别器的性能虽然不见得太高，但它至少已经具有初步的辨识能力，能够把噪声图片判断为“假”。之后才开始让这个具备了初步辨识能力的判别器指导生成器开始正式的训练。

在正式训练 GAN 的过程中，一般交替地训练两者。先训练 N 步判别器，再训练 M 步生成器。在训练初期，判别器的辨识能力仍较低，如果它为生成器指引了错误的方向，则生成器训练再多步也毫无用处。因此在训练初期，一般会让 N 大于 M（常见设定是取 N=5，M=1）。通俗地理解：判别器和生成器之间不仅存在着“前者指导后者”的关系，还存在着“相互竞争”的关系。如果判别器适当地强大，则与它对抗能够使生成器快速成长；而如果判别器过于强大，让生成器与其差距太大，则这种悬殊的对抗可能会打击生成器的“自信心”，导致其无法成长。从数学角度来看，判别器之所以不宜过分训练，主要原因是生成器使用判别器输出的 KL 散度作为优化目标。如果对判别器训练过多，则真实图片与生成图片之间的 KL 散度会趋于 0，这会使生成器梯度趋于 0 而无法更新。

此外，还需要补充的是，人们目前更多地使用 GAN 的改进版本 Wasserstein GAN（WGAN）将生成器的优化目标由 KL 散度改成推土机距离（称为 Wasserstein 或 Earth Move 距离）。因此，过分训练判别器不会导致梯度消失问题，但此时仍需要控制二者训练的步调。这是因为判别器的作用是指引生成器的更新方向，过分追求其准确率是没有意义的。而当生成器性能提高之后，判别器也要根据新的生成图片分布重新进行训练，因此不宜占据过多的计算量。

由于以上原因，在训练 GAN 时，始终要注意控制 M 与 N 之间的比例，不能让其过分悬殊。在此基本要求下，随着训练的进行，可以让 N 逐渐增大而让 M 逐渐减小。到训练末期，可能会让 M 大于 N。判别器的输出是一个标量，而生成器输出是高维的量。显然，后者更复杂，需要对其进行更多的训练。

在 AC 算法中，价值网络的作用是估计 A_π 并指导策略网络的训练。如果估计误差较大，则不能正确地指引策略网络；但是，估计得过分准确，也不能创造太多的收益，毕竟价值网络的目标 A_π 会随着策略网络的训练和 π 的变化而不断更迭，因此不必耗费过多训练成本。综上，可以仿照 GAN 的训练，迭代地训练 N 步价值网络、M 步策略网络，始终控制二者的比例在一个合适的范围内，并可以随着训练的深入让其逐渐减小。具体的训练步调如何掌握，还需要结合具体问题、状态与动作的维数进行具体分析，并进行大量的调试。

此外，如果采用 GAE 技巧，则还可以将 GAE 技巧与交替训练技巧配合使用：一般而言，价值网络的直接输出是 V_π，而我们会根据 GAE 的表达式，即式（7.11）进一步算出 A_π。因此，即使价值网络的训练不充分、估计 V_π 的偏差比较大，也可以通过将系数 λ 调整得更大来相对准确地估计出 A_π；在训练的各个阶段，价值网络直接输出 V_π 的误差有所不同。我们可以有机地结合这两种技巧来调整 GAE 的系数 λ，并对交替训练的步数进行相应调整。

此外，AC 与 GAN 这两个算法还有许多相似之处。Google Deepmind 的论文 *Connecting Generative Adversarial Networks and AC Methods* 对二者进行了详细的对比，并指出了很多在 GAN 算法中的技巧都能移植到 AC 算法上，发挥同样重要的作用；反之亦然。有兴趣的读者可以查阅这篇论文。

7.2.3 ACER

前面提到，AC 算法天然是一个同策略算法，即它必须用当前策略产生的数据来更新当前策略。同策略算法存在诸多问题，包括数据效率低、数据前后关联性强、缺乏独立性等。一个很自然的想法是将 AC 算法改为异策略算法，这就是本节要介绍的 ACER。ACER 的全称为 AC with Experience Replay，出自 Deepmind 的论文 *Sample Efficient AC with Experience Replay*。

第 6 章介绍过，VPG 算法本应是一个同策略算法，但可以通过重要性抽样的方法将其改为异策略算法。在 AC 算法中，策略网络的训练和 VPG 算法类似，区别仅在于它不用 $r(\tau)$ 的均值，而用价值网络算出来的 A_π 指引其更新方向。读者不妨仿照第 6 章介绍的思想，将策略网络的训练改为异策略的。

下面的主要问题是如何异策略地训练价值网络？

设价值网络参数为 θ，当前 TD-error $\delta(\theta)=r+\gamma V_\theta(s')-V_\theta(s)$，当 $\delta=0$（满足贝尔曼方程）时，有 $V_\theta=V_\pi$。因此，价值网络的 $\text{loss}=E_w[\delta^2(\theta)]$，其更新梯度为 $2E_w[\delta]\nabla_\theta\delta(\theta)$。需要注意的是，这个期望 E 表示的是对于当前策略 π_w 及环境求期望，因为在 s 下以何种概率选择 a 并进入 s' 是与当前策略有关的。设所使用的数据是由过去策略产生的，其参数为 w'，则可以让价值网络沿着经过重要性权重调整后的梯度，即式（7.12）进行更新，以使其能正确收敛于 V_π：

$$2E_{w'}\left[\delta\frac{P_w(\tau)}{P_{w'}(\tau)}\right]\nabla_\theta\delta(\theta) \tag{7.12}$$

经过上述调整，就可以将 AC 算法变成一个异策略算法，在训练中，储存每个版本策略的参数。利用重要性抽样的思想，通过赋予数据集权重 $\frac{P_{\text{new}}}{P_{\text{old}}}$，将由过去策略产生的数据调整为服从当前策略对应的分布。式（7.12）中的权重 $\frac{P_w(\tau)}{P_{w'}(\tau)}(\tau)$ 可以被分解为一系列 $\frac{\pi_w(a_i \mid s_i)}{\pi_{w'}(a_i \mid s_i)}$ 的乘积。

在介绍 VPG 算法时说过，当轨道较长时，$\frac{P_w(\tau)}{P_{w'}(\tau)}r(\tau)$ 可能会变得非常大（因为它是很多项 $\frac{\pi_w(a_i \mid s_i)}{\pi_{w'}(a_i \mid s_i)}$ 的连乘）。这就导致估计策略梯度时可能会产生大的方差。为此，可以设立一个阈值 c，当权重 $\frac{P_w(\tau)}{P_{w'}(\tau)}(\tau) > c$ 时，将其取为 c，这相当于对权重进行了截断。这是重要性抽样中常见的技巧。

需要注意的是，如果对重要性权重进行截断，则很可能会在减小方差的同时引入一定的偏差。在训练策略网络时，我们希望获得关于策略梯度的无偏估计。因此，除要为重要性权重设定一个阈值外，还要在策略梯度的估计式上额外添加一项，以抵消权重在阈值处截断带来的偏差。论文 *Sample Efficient Actor-Critic with Experience Replay* 中提出了一种叫作重要性权重截断伴随偏差调整的技巧，通过增加一项来弥补重要性权重阈值引入的方差，这是 ACER 中的核心技巧之一。由于具体推导过程比较复杂，因此这里不再赘述。有兴趣的读者不妨查阅原论文。

还需要注意的是，异策略训练与多步估计或 GAE 估计相结合是比较困难的，因为这时需要为过去策略产生的多步转移数据赋予较复杂的权重，尤其在采取截断操作时。因此，我们或许可以采取同策略与异策略相结合的方式。例如，先用异策略方式训练价值网络，使估计 V_π 的偏差更小、训练的数据效率更高；V_π 的估计较准确之后，使用同策略方式（使用服从当前策略分布的数据）估计 A_π，更高效地指引策略网络的更新。这其中的具体细节留给读者思考。

此外，在上述推荐的 ACER 原论文中还有一些其他技巧，如 efficient TRPO 等，这涉及第 8 章中的内容，因此此处先不详细展开。这是一篇较复杂的论文，有兴趣的读者可以自行推导其中的数学公式，以此加深理解。

思 考 题

1. 在训练初期，当价值网络不准确时，采用 GAE 的方法还是多训练价值网络的方法比较好？思考二者应该如何结合才能发挥更大的作用？

2. 思考 GAN 与 AC 还有什么相似或不同之处，还有什么 GAN 的技巧可以被借鉴于 AC 的训练中。

3. 若已有 V_π 的估计，以及服从过去策略 π' 分布的多步数据 $(s_t, a_t, r_t, \cdots, s_{t+k})$，如何用重要性权重的方式给出多步估计？

4. 如何使用同策略与异策略结合的方式训练使用 GAE 技巧的 AC？

5. 查阅与 ACER 有关的文献，理解其具体实现细节，并推导其中的公式。

7.3 A3C 与 A2C

前面提到，同策略相比于异策略有诸多弊端，如数据效率低，每次训练能使用的数据少，数据前后关联性强、缺乏独立性，这都有可能导致方差大。因此，我们一般会尽量将算法修改为异策略算法。

但是，同策略训练有没有好处呢？显然，是有的。首先，在基于策略的算法中，我们要求的本来就是基于特定策略的价值 V_π 或 A_π，因此它天然就是同策略算法，将其修改为异策略算法需要设置额外的步骤，如保存各个版本策略参数、为重要性权重设置阈值等，比较烦琐；其次，同策略算法可以让我们比较方便地使用多步估计或 λ-return 技巧（GAE）等。若要在异策略的设定下使用 GAE，则重要性权重的式子会显得非常烦琐。此外，同策略意味着不需要建立数据库来储存训练数据，空间复杂度比较低。

VPG 是回合更新算法，当 τ 特别长、涉及的项数很多时，如果不用足量的数据，则估计的方差会很大。因此，用过去的数据进行异策略训练几乎是唯一的选择。相比之下，在 AC 算法中可以采用一步估计，只需要相对少的数据。如果采用多步估计或 GAE，则同策略训练显然更方便。简而言之，在 VPG 中几乎必须选择异策略，在 AC 中未必要这么选择。

需要注意的是，异策略训练还有另一个不容忽视的好处，即破坏数据前后关联性，或者说，增加数据集之间的独立性。当用蒙特卡洛方法对一个分布进行抽样并计算期望时，总希望能够独立地从分布中抽样，这样估计的方差更小。例如，在给定的环境与 π 下，(s,r,s') 存在一个分布，最理想的情况是能够从这个分布中独立地抽样 (s,r,s') 并估计 $E[V_\theta(s)+r-V_\theta(s')]$。但在同策略训练过程中，一般用当前策略连续地与环境进行交互产生数据，前一条单步转移数据的 s' 就等于后一条单步转移数据的 s，这两条数据都被用于训练当前策略。这样，所使用的训练数据就并不是独立抽样的，会影响算法的性能。

概括一下以上思想：同策略影响算法性能主要有两方面的原因，一个是数据量不够，一个是数据之间的独立性不够。二者并不是必然联系在一起的，也未必要用异策略方式一起解决二者。在 VPG 中，一般选择用异策略方式同时解决以上两个问题。而在 AC 中，数据量不够的问题相对 VPG 而言其实并不严重。倘若能找到一种方法，在同策略的框架下解决数据之间的独立性不够的问题，既可以规避同策略的问题，又享有同策略带来的好处（不需要建立数据库、可以方便地采用 GAE 等），就可以得到更优的解决方案。

那么，如何在同策略训练的前提下降低数据之间的关联性，用相对独立的数据集进行训练呢？这就是本节要解决的问题。

7.3.1 并行训练

下面用通俗的比方来引出并行训练的基本思路。

假设环境即现实世界，在我们初入社会、涉世未深时，我们的人生观与价值观就像是随机初始化后的策略。以自己的人生观选择道路，在社会上摸爬滚打，获得人生经验，并以此来优化策略，这就是我们成长的过程。需要注意的是，环境具有随机性，即使持有同样的价值观、采取同样的行为方式，现实世界也完全可能会因为随机因素给出完全不同的反馈，而这些含有随机性的反馈可能会牵引着我们的人生观向不同的方向变化，走上完全不同的道路。

例如，假设你在数学与足球方面都拥有天赋，也具有同样的热情。如果你在一次数学考试中因为偶然因素取得了突出的成绩，得到了老师的表扬，这可能会让你更加热爱数学并投入更多精力，进入正向反馈循环，最终走上“数学的道路”；同时，你在一次足球比赛中，由于偶然因素导致失利，这可能会让你心灰意冷，继而完全放弃“足球的道路”。每个人可能生来就存在着许多长处与短处，然而，我们是发掘长处并兑现它们，还是忽略、挥霍它们往往是随机的，这也正是人生的精彩之处。

需要强调的是，倘若我们始终将目光局限于狭隘的环境，仅专注于自己在其中产生的经验，则很有可能会局部收敛于次优策略（Sub-Optimal Policy）。例如，如果你仅因为一次数学考试失利便厌恶数学，那么你很有可能不会走上“数学的道路”。再如，如果你身边缺少鼓励你踢足球的声音，那么即使你有这方面的天赋，也可能因为环境而不会走上“足球的道路”。又如，如果你感觉游戏的世界无穷广阔而沉溺游戏，那么你很有可能会因此而不能取得更高的学历，进入更大的平台。

那么，如何避免上述情况呢？前面已经列举了很多种方案：从经验产生的角度来说，我们应该引入探索策略，在自己对世界了解还不够的情况下，应抱着开放的心态尝试了解新的事物；从经验使用的角度来说，我们应该记下并复盘自己的经历（将过去策略产生的数据保存起来并使用），同时多聆听长者的人生经验（使用其他策略产生的数据）。在异策略训练中，用于训练的数据不一定是由当前策略产生的，可以是由别的策略产生的。如果建立数据库来收集这些数据，每次从中随机抽取一批数据进行训练，就相当于从不同的人那里听到不同的故事，对世界有更全面的了解。

现在，假设算法只能是同策略的，即只能用当前自己的经验进行学习，不能听取别人的经验，甚至不能复盘自己的经历。那么，此时应如何避免局部收敛呢？

这里考虑“分身术”这种方法。打个比方：一个人的记忆力不好，也没有长者给他提供人生建议，但是，他可以一分为三。虽然 3 个“分身”的天赋与能力都和原来的他一样，就连性格与行为方式也一样。但是，这 3 个“分身”可以相互平行地行动。例如，在面对关键的一步棋时，他认为有 3 种走法都不错，就可以让 3 个“分身”各尝试其中一种走法。虽然 3 个“分身”的棋力都和他一样，在这盘棋中不一定能取得超出自己实力的成绩，但他也能从这种“一分为三”的尝试中获得更好的提升。又如，他在面临人生选择（如上大学时选择哪个专业、任职时选择哪份工作）时，都可以让“分身”做出不同的选择。这样，即便他的能力只能让他在同一层次的大学、工作中进行选择，但是，他的人生也可以因此而走得更稳，更快地拓宽自己的视野，提升自己的能力。

在公司管理层面，许多公司会将优秀的应聘者在不同的岗位上轮岗，使其更好地了解公司各部门的具体业务，只有这样，他们才能更好地、全面地了解公司。在治理国家层面，目前我国有选调生政策，即让有潜力的优秀干部先去基层锻炼，到偏远山区积累经验。如果他们要领导更多人，那么他们必须在各个方面、各个级别都积累足够的经验，只有这样，他们才能了解国家的方方面面，有能力承担更大的责任，完成更伟大的事业，如图 7.2 所示。

并行Actor的经验　　　　收敛于最优策略

图 7.2　体验社会的方方面面，选择最伟大的事业

当然，以上只是通俗的比喻。从数学角度来看，并行训练的主要作用是避免数据集前后关联性强、增强数据的独立性，并更好地探索环境的各个方面。

事实上，并行训练的技巧可以用于各种同策略算法（如 Sarsa），让我们在享受同策略带来的便利的同时减小数据集独立性弱带来的负面影响。不过，由于 AC 算法适用于 GAE 等技巧，因此搭配并行训练的同策略训练在 AC 算法上的效果尤其突出。

7.3.2　A3C

首先要明确的是，我们最终的目标显然是要找出一个最优策略，而不是多个不同的策略。并行训练只是一种产生数据集的方式，不会改变我们最终的目标。因此，并行训练时设置的多个网络肯定是有主次之分的。通俗地说，我们有一个真正的“本体”及几个“分身”，“本体”维护着一个策略，“分身”可以分别产生数据，并传递给“本体”所维护的策略，使其得到更新，最终收敛于最优策略。

我们将“本体”对应的网络称为全局网络（Global Net）；将“分身”放在不同的线程上运行，称之为线程特定的网络（Thread-Specific Net）。AC 算法本身要求建立价值网络与策略网络，这意味着要建立一个全局价值网络、一个全局策略网络，还要在多个线程上建立多个线程特定的价值网络与线程特定的策略网络。不同线程上的网络可以完全独立地与环境进行交互、训练。全局价值网络与线程特定的价值网络之间，以及全局策略网络与线程特定的策略网络之间的网络结构毫无疑问应该是完全一样的。

一个重要的问题是，线程特定网络如何把产生的数据交给全局网络进行更新？我们知道，在一般的 AC 算法的训练中，价值网络和策略网络均用当前策略与环境进行交互产生的数据来更新网络参数，即先用数据算出策略网络与价值网络更新的梯度，然后让网络参数按梯度方向进行更新。在并行训练中，可以汇总各个线程特定的网络产生的数据，先用这些数据共同估计出全局策略网络与全局价值网络更新的梯度，然后更新参数。相比于非并行训练，这个过程并无太多不同。

另外一个重要的问题是，全局网络也必须不断地将参数同步给线程特定的网络。这是因为我们采用的是同策略训练，即更新当前策略时必须使用服从当前策略及环境分布的数据。因为全局网络中所维护并更新的是我们当前认为的最优策略，因此它必须不断地将参数同步给各个线程特定的网络，只有这样，各个线程才能产生服从当前最优策略分布的数据，满足同策略训练的要求。

具体而言，线程特定的网络只用来产生数据并将其交给全局网络，却并不用自己产生的数据计算梯度并进行更新。全局网络接收各个线程传来的数据后，综合算出策略网络及价值网络的梯度进行更新，全局网络始终代表了我们已知的最优策略及相应的价值函数。在训练过程中，每过一段时间，全局网络就将自己的参数复制到各个线程特定的网络上，保证其能产生符合当前最优策略分布的数据，如图 7.3 所示。

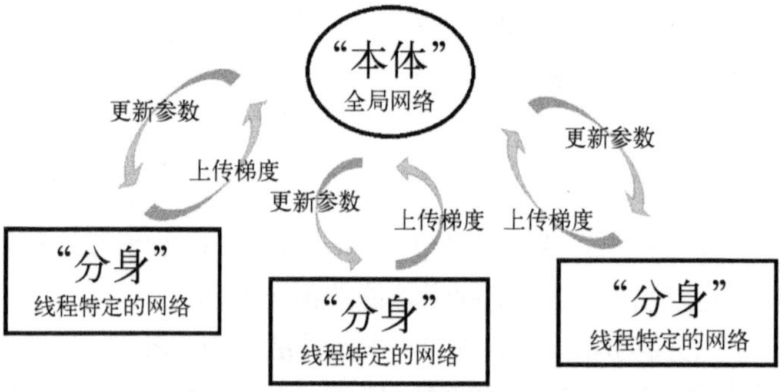

图 7.3　并行训练

一般来说，我们会让全局网络与线程特定的网络每过一段时间就通信一次。问题是，这一段时间的长短如何选择呢？

从理论上来说，AC 算法已经是一个单步更新的算法了，即以每条单步转移数据 (s,a,r,s') 作为训练的基本单位。因此，可以设定让所有线程每次产生单步转移数据后便传递给全局网络。但是，如此频繁的通信无疑会耗费大量成本。此外，还可能引入多步估计或 GAE 等技巧，这使我们要用更多步数据作为训练的基本单位。因此，每次产生单步转移数据后便传递是不合理的。打个通俗的比方：我们希望每个"分身"都能够先静下心来自学一段时间，待学到一部分系统性知识，再向"本体"汇报自己的"阶段性学习成果"。

但是这里又有一个问题——由于每个线程是独立运行的，因此其产生的数据在轨道中的阶段很有可能是不同的。例如，如果定义每产生 k 步数据便通信一次，但在同一时刻，有的线程运行到轨道中间，可以产生 k 步数据；有的线程已接近轨道的尾部，不能再产生 k 步数据。打个通俗的比方，假设"分身"在平行地与不同的对手下象棋。在某个时刻，有的"分身"已经把对方"将死"，并总结出这盘棋的精妙之处，正急着向"本体"汇报；而有的"分身"却还在"激战"。这时，我们应该让那些已经下完一盘棋的"分身"在没有攒够 k 步数据的情况下先向"本体"汇报，再立即开始下一盘棋吗？

A3C 的全称为 Asynchronous Advantage AC，其中 Asynchronous 是"异步"的意思，即"分身"发现自己已经学到一部分知识时便立即向"本体"汇报，而不用顾及其他"分身"的情况。

算法 7.2 给出了 A3C 在一个线程中运行的伪代码。

算法 7.2（A3C）

初始化全局价值网络参数 θ 与全局策略网络参数 w，令时间计数 T=0；

初始化线程特定的价值网络参数与线程特定的策略网络参数 w'；

重复迭代：

　　重设更新梯度 $\mathrm{d}\theta \leftarrow 0$ 及 $\mathrm{d}w \leftarrow 0$；

　　同步网络参数 $\theta' \leftarrow \theta$ 及 $w' \leftarrow w$；

　　记 $t_{\text{start}} = t$，设初始状态为 s_t；

　　重复迭代：

各线程依据线程特定的策略 $\pi(a_t \mid s_t;\theta')$ 选择动作 a_t;

与环境进行交互获得数据 (s_t, a_t, r_t, s_{t+1});

更新时间计数 $t \leftarrow t+1$ 及 $T \leftarrow T+1$;

直到轨道终止（ $\text{done}_t = 1$ ）或 $t - t_{\text{start}} = t_{\max}$;

$$R = \begin{cases} 0 & s_t\text{是终止状态} \\ V(s_t, \theta') & s_t\text{不是终止状态} \end{cases};$$

对于 $i \in \{t-1, t-2, \cdots, t_{\text{start}}\}$:

赋值 $R \leftarrow r_i + \gamma R$;

更新策略梯度 $\mathrm{d}w \leftarrow \mathrm{d}w + \nabla_{w'} \log \pi(a_i \mid s_i; w')(R - V(s_i;\theta'))$;

更新价值网络梯度 $\mathrm{d}\theta \leftarrow \mathrm{d}\theta + \partial(R - V(s_i;\theta'))^2 / \partial\theta'$;

使用策略梯度 $\mathrm{d}w$ 更新 w，使用价值网络梯度 $\mathrm{d}\theta$ 更新 θ;

直到达到步数上限 $T_{\max}$;

从算法 7.2 中可以看出，当“分身”已经与环境交互了 $t_{\max}$ 步或到达了环境定义的终止状态时，需要停下与“本体”进行通信。这样，由于各个“分身”的轨道是相互独立的，因此其通信的间隔时间是不同的（异步的）。

由于各个“分身”的通信是异步的，因此可以以训练时间为横轴观察各个网络的参数变化，如图 7.4 所示。

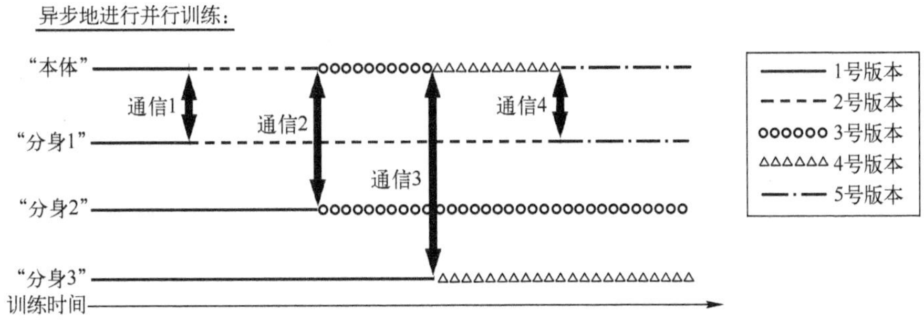

图 7.4　异步训练的参数版本变化

在图 7.4 中，“分身 1”第一个与“本体”发生了通信，于是“本体”得到第一次更新后的 2 号版本，并将其同步到了“分身 1”上；而“分身 2”第二个与“本体”发生了通信，“本体”得到了更新的 3 号版本并同步给了“分身 2”。需要注意的是，此时“分身 1”还在用 2 号版本，而尚没有与“本体”发生通信的“分身 3”用的还是最早的“1 号版本”。在最后一段，“本体”已经经过 4 次更新到了 5 号版本，而 3 个“分身”所使用的版本竟然互不相同。不过，因为它们都在一定时间范围内与“本体”发生了通信，所以不会使用相对过时的“黑色版本”与“黄色版本”。总体来说，A3C 中的各个线程特定的网络与全局网络可能互不相同，但是因为不能超过 $t - t_{\text{start}}$ 步不发生通信，所以它们大体上能与“本体”对应的策略，即我们当前认为的最优策略保持一致。这样，即使“分身”产生的数据不能完全服从当前认为的最优策略分布，其分布也大体一致，符合同策略的基本要求。

在 2016 年发表的论文 *Asynchronous Methods for Deep Reinforcement Learning* 中，研究者尝试将异步并行训练的技巧用于各种同策略强化学习算法，包括 n 步 Q-Learning、Sarsa、AC

等，并在 AC 上取得了最好的效果。这使 A3C 一度成为当时最好、最流行的强化学习方法。但后来，研究者逐渐发现 A3C 性能好的主要原因在于它采用了并行训练的思想，却不一定要采用异步并行训练。因此，人们又提出对 AC 采用同步并行训练，这便引出了下面要介绍的 A2C。

7.3.3 A2C

“同步”在英文中是 Synchronous。所谓 Synchronous Advantage AC，即同步并行训练 AC，理应被简称为 SAAC 或 SA2C。但由于历史原因，A2C 是在 A3C 的基础上去掉了 Asynchronous 而得来的，因此人们将其称为 A2C。

A2C 在 A3C 的基础上增加了一个“Coordinator”，即“协调员”。当某个“分身”请求与“本体”发生通信时，“协调员”会记住这个“分身”，并让其等一下。等“协调员”发现所有“分身”都请求发生通信后，便会把其要汇报的信息一起交给“本体”。待“本体”更新后，“协调员”又把“本体”最新的参数同时传给所有“分身”。A3C 与 A2C 的结构对比如图 7.5 所示。

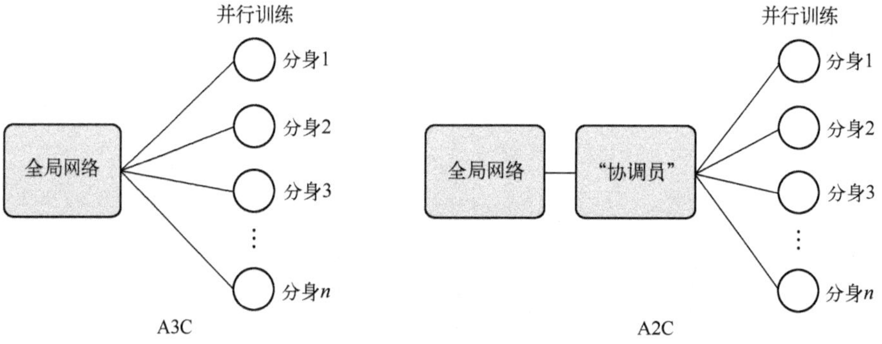

图 7.5　A3C 与 A2C 的结构对比

在图 7.4 中，以训练时间为横轴，将不同版本的参数用不同的线型进行标记，形象地表示了 A3C 训练过程中的全局网络与各个线程特定的网络的参数变化。由于没有“协调员”，因此存在同一时刻各个线程上参数版本均不同的情况。对于 A2C 的训练过程，可以用同样的方式画出参数版本变化过程，如图 7.6 所示。

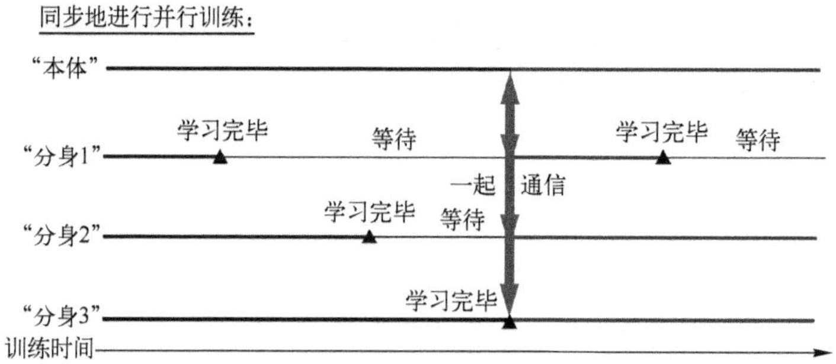

图 7.6　同步训练的参数版本变化

从图 7.6 中可以看出，当“分身 1”已经产生足够的数据，算出梯度并准备上传给“本体”时，因为另外两个“分身”还没有产生足够的数据，所以“协调员”会安排“分身 1”先等待。

“协调员”会记录各个“分身”是否正处于等待状态。只有当各个“分身”都进入等待状态，即各个“分身”都已经产生足够的数据并将更新梯度计算出来之后，“协调员”才会接收所有“分身”给出的梯度，求出均值，并作为“本体”更新的参数，将最新版本的参数同时传给 3 个“分身”。由于设定了 $t_{\max}$，因此这种等待的时间并不会太长。

通过图 7.4 和图 7.6 不难发现，同步并行训练与异步并行训练最显著的差别在于，在任何时刻，“本体”与所有“分身”之间使用的一定是同样版本的参数。按照同策略算法的定义，应使用符合当前策略分布的数据，用来计算当前策略的梯度并更新。异步训练显然是不能严格满足该要求的。在实践中，人们得出的一般结论也确实是 A2C 比 A3C 的效果好，这与理论是相符的。

从算法实现上来看，A3C 比 A2C 更自然，因为一般的深度学习框架都有多线程的框架，可以自然地实现异步训练；而 A2C 要在 A3C 的基础上加一个“协调员”，需要额外的程序在多个线程之间进行协调。但从数学上来看，A2C 比 A3C 更自然。由于参数版本统一的缘故，A2C 几乎和一般的 AC 完全一样，实际上只是在训练一个策略网络及估计策略对应价值函数的网络，唯一的区别仅在于数据集产生的方式，A2C 的数据集是由完全相同的策略在独立的几个线程中产生的，数据仍严格服从当前最优策略分布，符合同策略算法的要求，但数据之间的独立性大大提升了。这就是 A2C 采取同步训练的好处。

概括一下本节的内容：同策略训练相比于异策略训练有优势也有劣势，我们可以将 AC 算法改为异策略训练算法，发扬异策略训练的优势；也可以在保留其同策略训练的基础上引入并行训练的机制，以此来减少其相对于异策略训练的劣势，并通过使用 GAE 等技巧发挥同策略训练的优势；A3C 与 A2C 都在 AC 同策略训练的基础上引入了并行训练的机制，由于 A2C 对网络参数版本控制更严格、更符合同策略算法的要求，因此其性能相对于 A3C 较好。

AC 算法是目前讲到的算法中最复杂、最难调试的，要获得成功，无疑需要充分的耐心与大量的调试。当然，最重要的还是要理解所介绍的技巧中每一项的偏差、方差、误差等的具体含义，掌握这些技巧的思想精髓可以使训练取得事半功倍的效果。

思 考 题

1. 并行训练与之前介绍的其他同策略算法（如 Sarsa、VPG 等）结合使用的效果是怎么样的？
2. 思考 A3C 与 A2C 的差别，理解 A2C 为什么比 A3C 的效果更好。
3. 你还了解哪些 AC 的变体？请查阅有关文献。

参 考 文 献

[1] KONDA V R, TSITSIKLIS J N. OnActor-Critic Algorithms[J]. Siam Journal on Control & Optimization, 2003, 42(4):1143-0.DOI:10.1137/s0363012901385691.
[2] SCHULMAN J, MORITZ P, LEVINE S, et al. High-Dimensional Continuous Control Using

Generalized Advantage Estimation[J]. arXiv e-prints, 2015.

[3] PFAU D, VINYALS O. Connecting Generative Adversarial Networks and Actor-Critic Methods[J]. 2016[2023-11-12]. DOI:10.48550/arXiv.1610.01945.

[4] ZIYU W, OTTO H N M, VICTORE B, et al. Training Action Selection Neural Networks: EP20170818249[P]. EP3516595B1[2023-11-12].

[5] MNIH V, ADRIÀ P B, MIRZA M, et al.Asynchronous Methods for Deep Reinforcement Learning[J]. 2016. DOI: 10.48550/arXiv.1602.01783.

[6] BABAEIZADEH M, FROSIO I, TYREE S, et al. Reinforcement Learning Through Asynchronous Advantage Actor-Critic on a GPU[J]. 2016.DOI:10.48550/arXiv.1611.06256.

第 8 章

RL

AC 型算法

第 5 章介绍了只需训练一个能表示价值的函数的无模型算法，包括 Q-learning、Sarsa 与 DQN 等；第 6 章介绍了只需训练一个策略网络的无模型算法，包括无梯度方法和 VPG；第 7 章介绍了基本 AC 算法，需要同时维护并训练一个价值网络与一个策略网络。本章介绍其他经典的 AC 型算法，包括目前常被用来作为基准的 PPO，以及动作连续问题中常用的 SAC 与 DDPG 等。

需要注意的是，强化学习主要有两种基本思想：基于价值，即用贝尔曼方程求解环境中的价值量；基于策略，即直接优化策略，使其能取得最大期望奖励。任何算法的基本思想都属于这两种之一，不存在第三种。第 7 章中讲到，虽然从算法的组成上来看，AC 型算法要同时训练价值网络与策略网络。但是，价值网络拟合的对象是策略对应的价值，即V_π而非V^*，其作用是辅助策略网络的提升。因此，AC 型算法本质上还是基于策略的算法。同理，在本章介绍其他 AC 型算法时，我们也不能只关注其算法组成与流程，而应该理解其核心思路，只有这样才能掌握算法的本质。

8.1 自然梯度法

在 VPG 算法中，要预先设定一个步长α，然后迭代地计算J关于π的梯度，并让π沿着梯度方向前进给定的步长α，这和一般的优化算法并无不同。在 VPG 算法的基础上，AC 型算法相当于用一种更好的方法估计策略梯度（改为单步更新，重新平衡了偏差与方差），但是，此时仍需要设定好一个作为超参数的步长α，每次迭代都让x沿着估计出的梯度方向前进给定的步长。在优化中，固定步长的梯度法有时会带来许多问题。

下面分别讲解自然策略梯度（Natural Policy Gradient）、TRPO 与 PPO 这 3 种改进方法。其中，TRPO 的全称是 Trust Region Policy Optimization，PPO 的全称是 Proximal Policy Optimization。在深度学习领域，最优化方法是最核心的技术之一，读者理应具备一定的优化基础知识。事实上，如果 VPG 算法对应一般的梯度下降法，那么 TRPO 和 PPO 算法分别对应优化中的经典算法——信赖域方法（Trust Region Method）和近似点法（Proximal Point Method）。

下面先来回顾一下优化中的牛顿法、信赖域方法与近似点法，然后介绍自然策略梯度，以便引出后面要介绍的 TRPO 与 PPO 的思想。

8.1.1 牛顿法

假定自变量 $\boldsymbol{x}$ 是一个 n 维向量，目标函数 f 是一个 n 维函数，我们的目标是优化 $f(\boldsymbol{x})$。此外，假定目标函数的梯度为 $g(\boldsymbol{x})$，它是一个 n 维向量，而目标函数的二阶导数（Hessian 矩阵）为 $H(\boldsymbol{x})$，是一个 n 阶矩阵。最优化的目标是从一个随机的初始点 $\boldsymbol{x}_0$ 出发，通过迭代，尽量找到 $f(\boldsymbol{x})$ 的极值点。

在最优化问题中，最基础的方法就是梯度下降法。这里采取在邻域内展开并近似的观点来理解它的意义。

在当前的 $\boldsymbol{x}_k$ 位置，如果将目标函数 $f(\boldsymbol{x})$ 按一阶泰勒展开，则可以得到它的一阶近似 $f(\boldsymbol{x}_k)+g(\boldsymbol{x}_k)(\boldsymbol{x}-\boldsymbol{x}_k)$。这是一个线性函数，因此，如果选择沿着 $g(\boldsymbol{x}_k)$ 方向前进，则显然可以最快地下降。因此，这又被称为最速下降法。但是，$f(\boldsymbol{x})$ 的一阶近似展开只能在较小的邻域内近似原来的 $f(\boldsymbol{x})$，在一定范围外可能会不准确，因为只有当 $\boldsymbol{x}-\boldsymbol{x}_k$ 较小时，泰勒展开的一阶项才能相对其他项发挥支配作用。由于很难判断一阶项发挥支配作用的邻域究竟有多大，因此只能人为设定一个半径 α，并假定一阶近似只能在以它为半径的邻域内发挥支配作用。如果要在半径为 α 的邻域内寻找一阶近似的最优点，则根据线性函数的性质，最优点必然出现在邻域边缘。因此，可以解得 $\boldsymbol{x}_{k+1}=\boldsymbol{x}_k-\alpha g(\boldsymbol{x}_k)$。

因此，我们事实上可以用两种方法来理解梯度下降：其一是沿着最速下降方向 $\boldsymbol{g}$ 前进步长 α；其二是在半径为 α 的邻域内寻找一阶近似的最优点。

在数值优化问题中，梯度法有重大的缺点，即对于病态问题的收敛速度非常慢。例如，对于二次函数 $f(\boldsymbol{x})=\boldsymbol{x}^{\mathrm{T}}\boldsymbol{H}\boldsymbol{x}$，当 $\boldsymbol{H}$ 矩阵的条件数很大时，$f(\boldsymbol{x})$ 会呈现出一种如图 8.1 所示的 S 形走位，需要非常多次迭代才能达到最优点。即使采取精确线进行搜索，即每一步都找出梯度方向上的极值点，收敛速度仍然很缓慢。

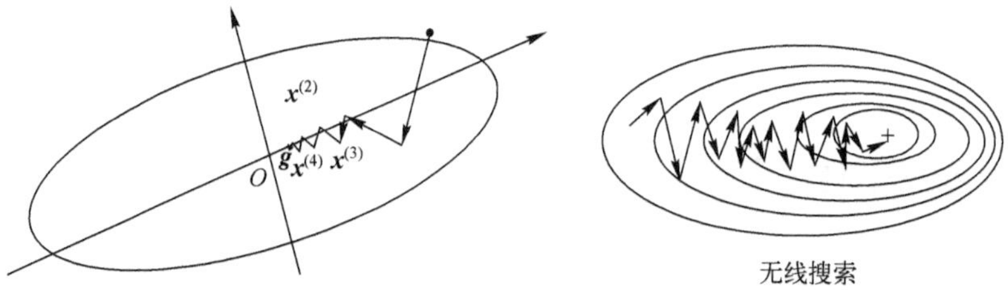

采取精确线进行搜索，找出梯度方向上的极值点　　无线搜索　在梯度方向上按照给定的步长前进

图 8.1　病态问题中的梯度下降收敛速度缓慢

为了解决梯度法的上述缺点，可以采用牛顿法。在当前的 $\boldsymbol{x}_k$ 位置，如果将目标函数 $f(\boldsymbol{x})$ 按二阶泰勒展开，则可以得到以下二次函数：

$$f(\boldsymbol{x}_k)+g(\boldsymbol{x}_k)(\boldsymbol{x}-\boldsymbol{x}_k)+\frac{1}{2}(\boldsymbol{x}-\boldsymbol{x}_k)^{\mathrm{T}}\boldsymbol{H}(\boldsymbol{x}_k)(\boldsymbol{x}-\boldsymbol{x}_k) \tag{8.1}$$

如果仅考虑凸优化问题，则在任何位置求得的 $\boldsymbol{H}$ 均为正定的。此时，式（8.1）有唯一的极值点 $\boldsymbol{x}=\boldsymbol{x}_k-H^{-1}(\boldsymbol{x}_k)g(\boldsymbol{x}_k)$。

如果 $f(\boldsymbol{x})$ 本身就是正定二次函数，则式（8.1）可以直接输出 $f(\boldsymbol{x})$ 的最优点；对于一般的凸函数，牛顿法不能直接求出最优点，因此，人们一般会采用迭代法。设定步长 $\alpha<1$，初始化 $\boldsymbol{x}_0$，重复迭代 $\boldsymbol{x}_{k+1}\leftarrow\boldsymbol{x}_k-\alpha H^{-1}(\boldsymbol{x}_k)g(\boldsymbol{x}_k)$，直至收敛。这相当于在每一次迭代中沿着方向 $\boldsymbol{H}^{-1}\boldsymbol{g}$ 下降步长 α。那么，我们不禁要问，这里选用方向 $\boldsymbol{H}^{-1}\boldsymbol{g}$ 与梯度法中选用方向 $\boldsymbol{g}$ 相比，

究竟有什么优势呢？

从这样一个角度来理解：牛顿法把空间“捏圆”后采用梯度法。

想象函数的局部二次近似的等高线是一个“椭球”（ $\boldsymbol{x}^{\mathrm{T}}\boldsymbol{H}\boldsymbol{x}$ ）。如果 $\boldsymbol{H}$ 的条件数比较大，则等高线便是一个“狭长的椭球”，而目标函数就是一个“狭长的口袋”。此时，直接用梯度下降法会很难收敛。如果将下降方向乘以 $\boldsymbol{H}^{-1}$ ，就等于冲着“狭长的方向”捏圆，使之变成一个“球”（ $\boldsymbol{x}^{\mathrm{T}}\boldsymbol{x}$ ）。因此，让 $\boldsymbol{x}$ 沿着 $\boldsymbol{H}^{-1}\boldsymbol{g}$ 的方向前进，可以看作让 $\boldsymbol{x}$ 在被“捏圆”后的空间中进行梯度下降，如图 8.2 所示。

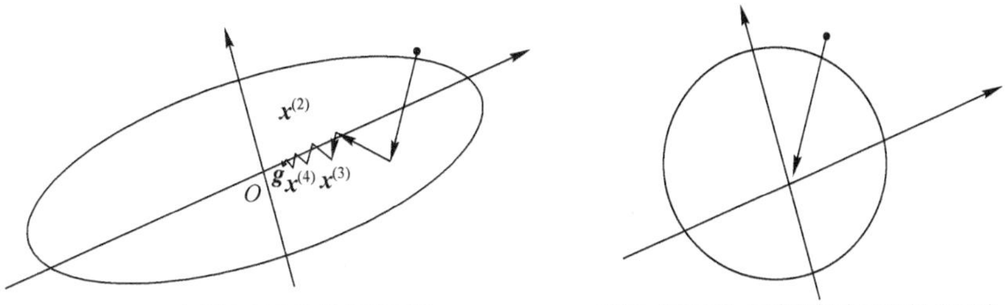

图 8.2　在被“捏圆”后的空间中进行梯度下降可以解决病态问题

由于线性函数没有全局极值，又由于一阶泰勒展开仅仅能够在较小的邻域内近似 f ，因此限定在 $\boldsymbol{x}_k$ 的邻域中而不是全空间中寻局部线性函数的最小值。如果空间的范数是二范数，且限定 $\boldsymbol{x}$ 到 $\boldsymbol{x}_k$ 的二范数小于或等于 $\alpha\|g(\boldsymbol{x}_k)\|$ ，则最优点就是梯度法给出的 $\boldsymbol{x}_k-\alpha g(\boldsymbol{x}_k)$ ；如果为空间赋予一个特别的范数 $\|\boldsymbol{x}\|^2=\boldsymbol{x}^{\mathrm{T}}\boldsymbol{H}\boldsymbol{x}$ ，并限定 $\boldsymbol{x}$ 到 $\boldsymbol{x}_k$ 的范数小于或等于 $\alpha\sqrt{\boldsymbol{g}^{\mathrm{T}}\boldsymbol{H}^{-1}\boldsymbol{g}}$ ，那么最优点就是由牛顿法给出的 $\boldsymbol{x}_k-\alpha H^{-1}(\boldsymbol{x}_k)g(\boldsymbol{x}_k)$ 。我们可以采取这种观点来理解梯度法与牛顿法，看出二者的本质区别。

这里必须强调的是，将范数设定为 $\|\boldsymbol{x}\|^2=\boldsymbol{x}^{\mathrm{T}}\boldsymbol{H}\boldsymbol{x}$ 是具有特殊意义的，且这种范数比普通的二范数更好，因为这相当于按照函数的局部二次导数将空间“捏圆”后的距离。两个点之间在这种范数意义下的距离能够衡量这两个点处函数 f 的取值差别，如图 8.3 所示。可以想象， $\|\boldsymbol{x}\|^2=\boldsymbol{x}^{\mathrm{T}}\boldsymbol{H}\boldsymbol{x}$ 本就是真正能够反映空间形态的“距离”，若按照这个“距离”下降，则自然就会得到牛顿法；而如果将这个“距离”中的 $\boldsymbol{H}$ 统一简化为单位矩阵，则会得到简化版的梯度下降法。

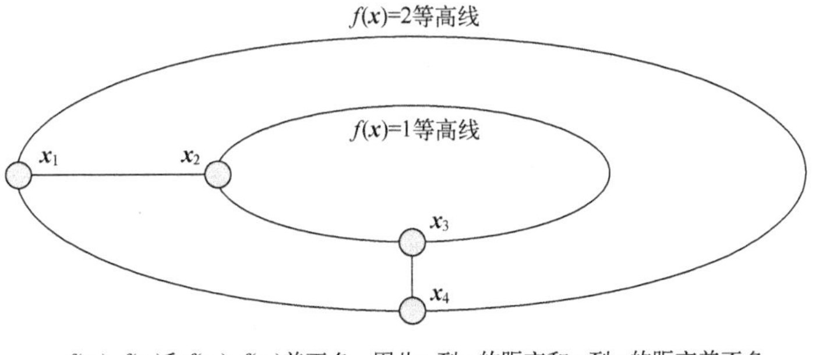

图 8.3　目标函数 f 下合适的范数

综上，可以用如下两种方式理解牛顿法：第一种是沿着方向 $\boldsymbol{H}^{-1}\boldsymbol{g}$ 下降步长 α ，第二种是在上述由 $\boldsymbol{H}$ 诱导的特殊范数 $<\alpha$ 的邻域内寻找局部一阶近似的极小点。这两种理解方式与梯度

下降如出一辙，也方便我们对二者进行比较。

如果采用第二种理解方式，则梯度法与牛顿法的区别主要在于，是依靠一般的二范数还是由矩阵 $\boldsymbol{H}$ 诱导的特别范数来定义邻域。沿着这个思路，便可以得到信赖域方法的基本框架。

8.1.2 信赖域方法

在信赖域方法中，从随机初始点出发，迭代地求解信赖域子问题。该子问题包含如下两个要素。

其一，要将复杂函数 $f(\boldsymbol{x})$ 在当前位置 $\boldsymbol{x}_k$ 局部展开为简单的近似函数，只有这样才能简单地求解子问题。一般只考虑一阶或二阶近似。对于二阶近似，不一定直接用求出的 Hessian 矩阵 $\boldsymbol{H}$ 作为二次项系数。可以为了减小计算量而将其修改为 $\mathrm{diag}(\boldsymbol{H})$，或者为了减少条件数、避免病态问题而将其改为 $\boldsymbol{H}+\lambda\boldsymbol{I}$（这里的 $\boldsymbol{I}$ 是单位矩阵）。这些都是最优化问题中常用的数值技巧，此处不详述。

其二，因为局部近似只能在较小的邻域中成立，所以要设定一个合适的信赖域。它一般是由某种范数 $<\alpha$ 的形式定义的。如果 α 过大，则可能导致求出的最优点的效果不好，不能使目标函数真正下降；如果 α 过小，则可能导致迭代步数过多、效率过低；人为设定 α 的大小是很困难的，因此人们经常在迭代中修改 α 的大小。信赖域方法中一种常见的做法是用目标函数的实际减小量 $f(\boldsymbol{x}_k)-f(\boldsymbol{x}_{k+1})$ 与近似函数的预计减小量之间的比值判断是否需要扩大或缩小邻域。如果比值接近 1，则说明近似函数在邻域内对于目标函数拟合得比较好，可以适当扩大信赖域；反之，则说明邻域对于近似函数太大了，需要缩小信赖域。在上述设定下，既然 α 可以动态调整，那么真正重要的问题是要设定合适的范数形式。

综上，在信赖域方法中，主要需要根据实际情况设定如下 3 方面的内容：其一是对目标函数采用何种近似；其二是信赖域用何种范数衡量；其三是信赖域的大小 α 如何确定，或者在迭代中按照何种规则调整 α。

利用信赖域方法的观点重新理解梯度法与牛顿法：确定步长的梯度下降法相当于“一阶近似+二范数+固定 α”，确定步长的牛顿法相当于“一阶近似+由矩阵 $\boldsymbol{H}$ 诱导的特殊范数+固定 α”。此外，还可以找出很多种组合。如果对目标函数采用了二阶近似，则一般会专门称之为信赖域方法，以此来显示其与一般牛顿法、梯度法的区别。在梯度下降中，每个子问题的解即沿着梯度方向下降固定 α；但在一般的信赖域问题中，每个子问题本身可能会需要多步迭代来求解，并将最终解作为下一个子问题的初始解。

8.1.3 近似点法

与牛顿法或信赖域方法相比，近似点法或许不是那么有名，因为它更多时候针对的是更一般的凸函数（包括非光滑、没有梯度的函数）。$\boldsymbol{x}_k$ 关于 f 的近似点定义如下：

$$\mathrm{prox}_f(\boldsymbol{x})=\underset{\boldsymbol{u}}{\mathrm{argmin}}\left(f(\boldsymbol{u})+\frac{1}{2\alpha}\|\boldsymbol{u}-\boldsymbol{x}\|_2^2\right) \tag{8.2}$$

采用近似点法，即初始化 $\boldsymbol{x}_0$ 后，迭代地令 $\boldsymbol{x}_{k+1}=\mathrm{prox}_f(\boldsymbol{x}_k)$，直到收敛。

当目标函数 f 为凸函数且可导时，从近似点 $\mathrm{prox}_f(\boldsymbol{x})$ 的定义中可以推出

$\boldsymbol{x}_k=\boldsymbol{x}_{k+1}+\alpha g(\boldsymbol{x}_{k+1})$。简单地说，梯度下降法中考虑的子问题是 $\boldsymbol{x}_k$ 沿着梯度下降 α 会到哪个点，而近似点法中考虑的子问题则是哪个点沿着梯度上升 α 会到达 $\boldsymbol{x}_k$，这二者听起来有些相似，却十分不同。一般情况下，求解近似点的计算量远大于求解梯度的计算量，因此，只有对于比较适合快速求出近似点的函数或由于不可导而没有梯度的函数，人们才会考虑使用近似点法。

借助拉格朗日乘子法的思想，当求解有约束的最优化问题时，可以先将约束化为惩罚函数加到目标函数上，然后将其作为无约束的最优化问题来求解。约束条件与惩罚函数存在某种一一对应关系，这就是著名的“对偶问题”（Dual Problem）。从这个角度来看，信赖域方法的子问题和求解近似点的解是一样的。两者的对比如下：

求解信赖域方法的子问题		求解近似点
$\underset{u}{\operatorname{argmin}}\, f(\boldsymbol{u})\ \text{s.t.}\ \|\|\boldsymbol{u}-\boldsymbol{x}\|\|^2 \leqslant C$	$\leftrightarrow$	$\underset{u}{\operatorname{argmin}}\left(f(\boldsymbol{u})+\frac{1}{2\alpha}\|\|\boldsymbol{u}-\boldsymbol{x}\|\|_2^2\right)$

根据拉格朗日乘子法的原理，C 与 α 存在某种一一对应关系，即当 C 与 α 满足对应关系时，上面两个问题的解是一样的；

但是，这种对应关系一般很难显式地求解。换言之，我们没有办法将一个信赖域的子问题准确地化为一个求解近似点的问题，因为我们不知道 C 对应的 α 具体是多少。不过，一般信赖域方法中的 C 是人为设定的，人为设定 C 就等价于人为设定 α。此外，我们还可以在迭代中根据每一步的结果动态地增大或缩小 α，这也等价于动态地缩小或扩大 C。在这个意义上，信赖域方法完全可以转化为近似点法。当对 f 采用二阶近似时，信赖域方法类似优化中的 LM 方法（Levenberg-Marquardt Method），可以直接求解，也可以迭代地求解。

因为这部分主要是凸优化的内容，所以这里就不详细展开了。本书主要介绍牛顿法、信赖域方法及近似点法的基本思想，并以此来理解强化学习中的自然策略梯度、TRPO 与 PPO 算法。

*8.1.4 自然策略梯度

自然策略梯度（Natural Policy Gradient）是一类非常重要的算法。不过，由于后续发展的 TRPO 与 PPO 算法已经涵盖了它的思想，因此目前它很少被单独使用。本节主要介绍它的思想，借助它引出 TRPO 与 PPO 算法。

自然策略梯度算法主要用于解决策略梯度方法的一个弊端：在策略梯度方法中，预先设定步长 α，然后迭代地计算 J 关于策略参数 w 的梯度，并让 w 沿着梯度方向前进给定的步长 α。在实际运行时，人们发现有时会出现“模型崩溃”（Model Collapse）的情况，即在训练过程中，模型的效果原本正在稳步提升，但在某一步训练后，模型的效果忽然出现大幅下降，几乎相当于从头再来。在很多情况下，这种“模型崩溃”情况出现的原因就是人为设定了步长并一直保持不变。对于复杂的环境，$J(w)$ 是高度复杂的。在有的 w 处沿着梯度方向前进 α 可能会使目标函数充分上升，而在有的 w 处沿着梯度方向前进 α 或许会“越过”最优点，反而使目标函数大幅下降。因此，在每个 w 处将步长都统一设定为 α 无疑是不合理的。

从更本质的角度来看，这是因为用策略参数空间中的距离（普通的二范数）作为策略之间的度量是不合理的。对于在参数空间中相差等距离的参数 w 与 w'，对应 $\pi_{w'}$ 和 π_w 之间的实际差距非常不确定，可能相差很大，也可能相差很小。

如前所述，针对这个问题的解决方法是以正交矩阵 $\boldsymbol{H}$ 诱导一个范数，在算法中迭代地沿着 $\boldsymbol{H}^{-1}\boldsymbol{g}$ 方向前进。如果仿照牛顿法的思想，则应该求出 J 关于 w 的二次导数 $\boldsymbol{H}(w)$（Hessian 矩阵），用这个 $\boldsymbol{H}$ 定义的范数可以很好地度量 $J(\pi)$ 之间的差距。但是，读者应该记得，在策略梯度方法中，推导 $\nabla_w J$ 表达式的过程是极其复杂的。如果要推导二次导数，则无疑会更加复杂。在强化学习中，这还需要用到大量数据进行估计。此时可以退一步，先寻找一种合适的方法来度量 π 之间的距离，而不要求度量 $J(\pi)$ 之间的距离。

具体来说，策略的度量不应该基于坐标选择而定义（与参数 w 和网络结构有关），而应该定义在策略的流形上。我们应该找一个合适的距离来定义各种策略 π 之间的距离，而非策略参数 w 之间的距离。换句话说，所定义的距离不应受到策略网络结构的影响。所谓的策略，就是一个条件分布，因此一个很自然的想法是利用 KL 散度来定义两个分布之间的距离。这里先对费歇耳信息矩阵（Fisher Information Matrix，FIM）$\boldsymbol{G}_w$ 进行定义：

$$\boldsymbol{G}_w = E(\nabla \log p(\boldsymbol{x} \mid \boldsymbol{w}) \nabla \log p(\boldsymbol{x} \mid \boldsymbol{w})^{\mathrm{T}}) \tag{8.3}$$

从式（8.3）中不难看出，FIM 是一个正定矩阵。以它诱导的范数可以近似衡量两个分布之间的 KL 散度，合适地度量策略之间的距离：

$$\mathrm{KL}(P(\boldsymbol{x} \mid \boldsymbol{w}) || P(\boldsymbol{x} | \boldsymbol{w} + \mathrm{d}\boldsymbol{w})) \approx \mathrm{d}\boldsymbol{w}^{\mathrm{T}} \boldsymbol{G}_w \mathrm{d}\boldsymbol{w} \tag{8.4}$$

如果 $P(\boldsymbol{x})$ 是一个参数为 $\boldsymbol{w}$ 的概率分布，则 FIM 应该是一个关于 $\boldsymbol{w}$ 的矩阵函数 $G(\boldsymbol{w})$。在 $G(\boldsymbol{w})$ 诱导的范数下，在参数空间中，如果 $\boldsymbol{w}'$ 和 $\boldsymbol{w}$ 之间的距离为常数，则意味着 $\boldsymbol{w}'$ 和 $\boldsymbol{w}$ 对应的分布相差同样的 KL 散度。

在强化学习中，策略是一个状态到动作的条件分布。只有对于给定的状态 s，策略才是关于动作的一个分布。设策略网络参数为 $\boldsymbol{w}$，则需要的 FIM 应该是 $G(s,\boldsymbol{w})$ 的形式。对于给定的状态 s，矩阵函数 $G(s,\boldsymbol{w})$ 诱导的范数可以衡量参数 $\boldsymbol{w}$ 的变化导致策略在该给定状态下的动作分布变化的 KL 散度。对于两个不同的策略 π_w 与 $\pi_{w'}$，它们在每个状态下都会给出不同的动作分布，这意味着二者在每个 s 下都相差一个不同的 KL 散度。

为了衡量两个策略之间总体的距离，一个很自然的想法是按照 π_w 下状态的分布来计算它们之间的 KL 散度的期望。简而言之，如果已知当前策略 π 下状态的分布 $P(s)$（或 $\rho(s)$），又已知 FIM 的表达式 $G(s,\boldsymbol{w})$，就可以求出 FIM 的期望，并以此来定义策略之间的平均 KL 散度，将其作为策略之间的“距离”。因为这个算法是建立在策略之间自然的度量（流形上的度量）之上的，所以称之为自然策略梯度。

当确定了网络结构之后，便自然有了表达式 $G(s,\boldsymbol{w})$。而当用当前策略产生数据时，则意味着数据中的 s 服从分布 $P(s)$ 或 $\rho(s)$。通过这些当前策略产生的数据，就可以估计当前策略对应的 $H(\boldsymbol{w})$。

根据以上思想，可以得到自然策略梯度的基本框架，如算法 8.1 所示。

算法 8.1（自然梯度法）

建立策略网络 $\pi_w(a \mid s)$，并随机初始化参数 $\boldsymbol{w}$；

确定 FIM 表达式 $G(s,\boldsymbol{w})$；

重复迭代：

> 用 π_w 与环境进行交互，产生大量服从 π_w 及环境分布的数据；
> 用数据计算 $\nabla_w \log\pi_w(a|s)$ 的均值，作为 $\nabla_w J$ 的估计；
> 用数据计算 $G(s,\boldsymbol{w})$ 的均值（ $\int P_w(s)G(s,\boldsymbol{w})\mathrm{d}s$ ）作为 $H(\boldsymbol{w})$ 的估计；
> 让 $\boldsymbol{w}$ 沿着 $H(\boldsymbol{w})^{-1}\nabla_w J$ 的方向更新；
> 直到 $\boldsymbol{w}$ 收敛；

从理论上来说，使用 $G(s,\boldsymbol{w})$ 的效果不如直接使用 J 的二次导数的效果好，但是也能显著地提升算法的性能。在 VPG 算法中，统一设定步长为 α 。这意味着在有的 $\boldsymbol{w}$ 处前进 α 可能只会导致 $J(\pi)$ 有微小的变化，而在某些 $\boldsymbol{w}$ 处前进 α 则会导致 $J(\pi)$ 有巨大的变化。如果将 α 设得太小，则会导致算法无法收敛；如果将 α 设的太大，则有可能经常发生“模型崩溃”的情况。这就使我们很难得到合适的 α 。在自然策略梯度法中，采用了 FIM 诱导的范数作为距离，使对于策略距离的度量更加合理。虽然此时仍没有办法先验地确定 α ，但这使我们在调整 α 时可以在同一尺度上统一进行，统一把控每一步策略的变化幅度。当然，这也意味着我们要付出更大的计算量（因为要计算 $G(s,\boldsymbol{w})$ 关于 s 的期望，还要求逆矩阵）。不过，与 VPG 算法相比，自然策略梯度算法的收敛性更好；与求解 J 的二次导数相比，它的计算量也是可以接受的。

8.2 TRPO 与 PPO 算法

下面讲解 TRPO 与 PPO 算法。有强化学习实践经历的读者可能知道，今天许多较复杂的强化学习问题都以 PPO 作为基准（Baseline），因此本节内容是很重要的，希望读者认真学习。

这两个算法非常复杂，细节也比较多，推荐读者阅读提出这两个算法的原论文 *Trust Region Policy Optimization* 与 *Proximal Policy Optimization Algorithm*。不过，因为原论文比较复杂，所以这里简单梳理一下其中的内容，对其核心脉络进行概括。

8.2.1 策略提升

需要特别说明的是，在提出 TPRO 算法的论文中，作者用 $\eta(\pi)$ 代表累积奖励的期望，相当于我们前面一直用的 $J(\pi)$ 。而作者一般用 θ 来表示策略参数，相当于我们前面用的 w 。事实上，由于强化学习有深度学习、最优控制等不同的源流，因此很多经典论文对于同样的概念会采用不同的符号。我们主张读者配合本节阅读提出 TRPO 算法的论文。为了让读者更好地理解，本节完全采用论文中的符号进行定义。

首先，对目标函数，即策略 π 对应的期望奖励 $\eta(\pi)$ 进行展开。这里采取另一种方式展开，即固定当前策略 π ，考察策略 $\tilde{\pi}$ 对应的期望奖励：

$$\eta(\tilde{\pi}) = \eta(\pi) + E_{s_0,a_0,\dots\tilde{\pi}}\left[\sum_{t=0}^{\infty}\gamma^t A_\pi(s_t,a_t)\right] \tag{8.5}$$

借助第 7 章中关于折扣访问频率 $\rho(s)$ 的定义，可以进一步将上式化简为

$$\eta(\tilde{\pi})=\eta(\pi)+\sum_{t=0}^{\infty}\sum_{s}P(s_t=s|\tilde{\pi})\sum_{a}\tilde{\pi}(a|s)\gamma^t A_{\pi}(s,a)$$

$$=\eta(\pi)+\sum_{s}\sum_{t=0}^{\infty}\gamma^t P(s_t=s|\tilde{\pi})\sum_{a}\tilde{\pi}(a|s)A_{\pi}(s,a)$$

$$=\eta(\pi)+\sum_{s}\rho_{\tilde{\pi}}(s)\sum_{a}\tilde{\pi}(a|s)A_{\pi}(s,a)$$

换言之，如果当前策略是 π ，我们想知道新策略 $\tilde{\pi}$ 相比于 π 可以提升多少，那么可以用以下公式（也称 Performance Difference Lemma）来计算：

$$\eta(\tilde{\pi})=\eta(\pi)+\sum_{s}\rho_{\tilde{\pi}}(s)\sum_{a}\tilde{\pi}(a\mid s)A_{\pi}(s,a) \tag{8.6}$$

在实践中使用式（8.6）：在某一步迭代中，当前策略固定为 π ，要求策略 $\tilde{\pi}$ 使式（8.6）最大化，即策略 $\tilde{\pi}$ 相当于一个自变量。不过，在这一步中产生的数据是符合 $\rho_{\pi}(s)$ 而非 $\rho_{\tilde{\pi}}(s)$ 分布的。折扣访问频率 $\rho_{\tilde{\pi}}(s)$ 的表达式非常复杂，我们无法将其作为自变量 $\tilde{\pi}$ 的函数。因此，我们只能将其简化为 $\rho_{\pi}(s)$:

$$L_{\pi}(\tilde{\pi})=\eta(\pi)+\sum_{s}\rho_{\pi}(s)\sum_{a}\tilde{\pi}(a|s)A_{\pi}(s,a) \tag{8.7}$$

可以看出，式（8.7）通过将 $\rho_{\tilde{\pi}}$ 化简为 ρ_{π} 得到了 $L_{\pi}(\tilde{\pi})$ 。这可能会带来一些偏差，但是原论文证明上述近似函数 $L_{\pi}(\tilde{\pi})$ 具有如下良好性质：

$$L_{\pi_{\theta_0}}(\pi_{\theta_0})=\eta(\pi_{\theta_0}) \tag{8.8}$$

$$\nabla_{\theta}L_{\pi_{\theta_0}}|_{\theta=\theta_0}=\nabla_{\theta}\eta\left(\pi_{\theta}\right)|_{\theta=\theta_0} \tag{8.9}$$

在式（8.7）中，如果将当前的策略固定为 π ，则应如何找出最优的 $\tilde{\pi}$ 以最大化 $L_{\pi}(\tilde{\pi})$ 呢？

如果 π 是一个表格型的策略，则在每个 s 处选择 $A_{\pi}(s,a)$ 最大的 a 作为这个 s 对应的输出，这就和前面介绍的策略迭代法中所说的策略提升步是完全一样的。

> 最大化 $L_{\pi}(\tilde{\pi})=\eta(\pi)+\sum_{s}\rho_{\pi}(s)\sum_{a}\tilde{\pi}(a|s)A_{\pi}(s,a)$ ，即令
>
> $$\begin{cases}\tilde{\pi}(a|s)=1 & a=\underset{a}{\operatorname{argmax}}\,A_{\pi}(s,a)\\ \tilde{\pi}(a|s)=0 & \text{其他}\end{cases}$$
>
> 最大化 $L_{\pi}(\tilde{\pi})$ 相当于策略迭代法中的策略提升；

从上面可以看到策略提升的局限性，它相当于最大化 $L_{\pi}(\tilde{\pi})$ ，但 $L_{\pi}(\tilde{\pi})$ 和 η_{π} 毕竟是有区别的。以 $L_{\pi}(\tilde{\pi})$ 近似 $\tilde{\pi}$ 的期望奖励可能会导致误差。

当然，这种近似也不是毫无缘由的。毕竟有式（8.8）与式（8.9）的性质保证。并且，当 π 变化的幅度不大时，$\rho(s)$ 与 $\rho_{\tilde{\pi}}(s)$ 也理应不会相差特别大。

那么，这种误差究竟有多大呢？在何种情况下是可以接受的呢？论文中首先讨论了当 π 是一个表格型策略的情况并推导出了有关公式。当然，用表格作为策略是不符合现在的一般情况的，因此略过这个结论，而直接看它后面对于一般情况给出的结论。在一般情况下，有如下重要定理。

设 $\alpha=D_{\mathrm{TV}}^{\max}(\pi_{\mathrm{old}},\pi_{\mathrm{new}})$ ，则 $\eta(\pi_{\mathrm{new}})$ 有如下下界：

$$\eta(\pi_{\text{new}}) \geqslant L_{\pi_{\text{old}}}(\pi_{\text{new}}) - \frac{4\epsilon\gamma}{(1-\gamma)^2}\alpha^2$$

其中，$\epsilon = \max_{s,a}|A_\pi(s,a)|$；$\alpha = D_{\text{TV}}^{\max}(\pi,\tilde{\pi}) = \max_s D_{\text{TV}}(\pi(\cdot|s) \| \tilde{\pi}(\cdot|s))$。

从这个定理可以看出，虽然L和η是不一样的，但η可以被一个有关L与α的下界控制。这里的α指的是$\tilde{\pi}$与π之间的最大KL散度。从直观上不难理解，当$\tilde{\pi}$与π之间相差较小时，将$\rho_\pi(s)$近似为$\rho_{\tilde{\pi}}(s)$带来的误差不会太大，因此η和L是相对比较接近的，η的下界也可以被L控制。如果以优化η的下界为目标，就可以得到一个使策略单调提升的算法，如算法8.2所示。

> **算法 8.2**（单调提升的策略迭代法）
> 初始化π_0；
> 对于$i = 1,2,\cdots,n$：
>   评估策略的优势函数$A_{\pi_i}(s,a)$；
>   求解有约束的最优化问题 $\pi_{i+1} = \arg\max_\pi [L_{\pi_i}(\pi) - CD_{\text{KL}}^{\max}(\pi_i,\pi)]$；
>   满足$C = \dfrac{4\epsilon\gamma}{(1-\gamma)^2}$与$L_{\pi_i}(\pi) = \eta(\pi_i) + \sum_s \rho_{\pi_i}(s)\sum_a \pi(a|s)A_{\pi_i}(s,a)$；
>   直到收敛；

在VPG算法中，让策略沿着策略梯度的方向前进α，这不一定能保证策略变得更好，因为α过大可能会越过最优点。在上述算法中，我们可以保证策略的每一步都是单调提升的。这其中并没有显式定义步长，不过，这个表达式中的$D_{\text{KL}}^{\max}$衡量的是新旧策略之间的差别且系数为负，因此这其实隐含了不能使新旧策略之间相差太大的条件。需要注意的是，上述算法中的每个子问题，即求解$\text{argmax}_\pi(L - CD_{\text{KL}})$一般也需要进行多步迭代。

8.2.2 TRPO 算法

虽然上述算法可以保证策略单调提升，但$L - CD_{\text{KL}}$的表达式很复杂，直接优化它很困难。因此，研究者在这里又提出了一些简化的方法：首先，利用拉格朗日乘子法的原理使最优化$L - CD_{\text{KL}}$的问题转化为在$D \leqslant \delta$的限制下优化L，这里的δ应该是一个确定的常数（C的对偶），但没有办法准确地将它计算出来，因此只能人为设定；然后，如果D取最大KL散度，则$D \leqslant \delta$意味着新旧策略在所有s下对应的动作分布的KL散度都小于或等于δ，即问题有很多约束。这无疑会使问题非常复杂，因此，改为使用平均KL散度。最终，可以将问题转化为如下形式（实验表明，其效果不会相差太多）。

原问题：

$$\max_{\boldsymbol{\theta}}[L_{\boldsymbol{\theta}_{\text{old}}}(\boldsymbol{\theta}) - CD_{\text{KL}}^{\max}(\boldsymbol{\theta}_{\text{old}},\boldsymbol{\theta})]$$

利用拉格朗日乘子将其转化为

$$\max_{\boldsymbol{\theta}} L_{\boldsymbol{\theta}_{\text{old}}}(\boldsymbol{\theta}) \quad \text{s.t. } D_{\text{KL}}^{\max}(\boldsymbol{\theta}_{\text{old}},\boldsymbol{\theta}) \leqslant \delta$$

其中，max表达式意味着约束有很多，故将其改为基于s分布的平均散度：

$$\bar{D}_{\mathrm{KL}}^{\rho}(\theta_1,\theta_2):=E_{s\sim p}[D_{\mathrm{KL}}(\pi_{\theta_1}(.|s)\|\pi_{\theta_2}(.|s))]$$

最终将问题转化为（δ与C互为对偶）

$$\max_{\boldsymbol{\theta}} L_{\boldsymbol{\theta}_{\mathrm{old}}}(\boldsymbol{\theta})\ \mathrm{s.t.}\bar{D}_{\mathrm{KL}}^{\rho_{\theta_{old}}}(\boldsymbol{\theta}_{\mathrm{old}},\boldsymbol{\theta})\leqslant\delta$$

从直观上来理解，问题约束限制了新旧策略之间的平均 KL 散度不能太大，即每一步更新的步长不会太大。当新旧策略差别不大时，作为目标函数的近似L和原本的目标函数η相差不多，因此优化L与优化η基本上是一致的。

在具体实现中，为了方便上述子问题的求解，一般会对L进行一阶近似，对平均 KL 散度的表达式进行二阶近似（求出 FMI 关于状态分布的均值）。此时，算法与自然梯度法是等价的。换言之，自然梯度法可以看作信赖域方法是对L进行一阶近似、对平均 KL 散度进行二阶近似的一个特例。一般情况下，要求解的 TRPO 子问题如下：

$$\max_{\boldsymbol{\theta}}[\nabla_{\boldsymbol{\theta}}L_{\boldsymbol{\theta}_{\mathrm{old}}}(\boldsymbol{\theta})|_{\boldsymbol{\theta}=\boldsymbol{\theta}_{\mathrm{old}}}\cdot(\boldsymbol{\theta}-\boldsymbol{\theta}_{\mathrm{old}})]$$

其满足$\frac{1}{2}(\boldsymbol{\theta}_{\mathrm{old}}-\boldsymbol{\theta})^{\mathrm{T}}A(\boldsymbol{\theta}_{\mathrm{old}})(\boldsymbol{\theta}_{\mathrm{old}}-\boldsymbol{\theta})\leqslant\delta$。其中，$A(\boldsymbol{\theta}_{\mathrm{old}})_{ij}=\frac{\partial}{\partial\theta_i}\cdot\frac{\partial}{\partial\theta_j}E_{s\sim\rho_\pi}[D_{\mathrm{KL}}(\pi(.|s,\boldsymbol{\theta}_{\mathrm{old}})||\pi(.|s,\boldsymbol{\theta}))]|_{\boldsymbol{\theta}-\boldsymbol{\theta}_{\mathrm{old}}}$，更新参数$\boldsymbol{\theta}_{\mathrm{new}}\leftarrow\boldsymbol{\theta}_{\mathrm{old}}+\frac{1}{\lambda}A(\boldsymbol{\theta}_{\mathrm{old}})^{-1}\nabla_{\boldsymbol{\theta}}L(\boldsymbol{\theta})|_{\boldsymbol{\theta}=\boldsymbol{\theta}_{\mathrm{old}}}$；

在自然梯度法中，仅仅通过一种直觉化的论证说明了可以用 FMI 来衡量策略之间的距离。而在 TRPO 算法中，通过公式推导出η的下界更严谨地论证了上述结果。当然，在 TRPO 算法的推导过程中，将最大散度简化为平均散度，并且人为设定了δ（它原本应该是常数C的对偶，不能随意设定），这都会使η单调递增的性质不能严格成立。

与基础版的 VPG 算法相比，TRPO 算法或自然梯度法的主要优点在于对步长的控制。虽然在上面的算法中，事实上和步长有关的δ也需要人为设定，但这至少可以保证每步策略的变化都在同一尺度上进行，有利于我们更高效地调试参数。

下面要介绍的 PPO 算法也延续了 TRPO 算法的这一优点。

8.2.3 PPO 算法

前面介绍过信赖域方法与近似点法的区别。在拉格朗日乘子对偶的角度下，二者是等价的。上面又介绍了 TRPO 算法。有些读者可能已经联想到，信赖域方法与近似点法的关系正如 TRPO 与 PPO 算法的关系。事实上，这也正是 PPO 算法的出发点。PPO 算法有两个版本，第一个叫作 KL Penalty Version，即以 KL 散度作为惩罚函数的版本，如算法 8.3 所示。

算法 8.3（KL Penalty Version）

初始化策略参数$\boldsymbol{\theta}$后，迭代地求解以下子问题：

$$\max_{\boldsymbol{\theta}}[L_{\boldsymbol{\theta}_{\mathrm{old}}}(\boldsymbol{\theta})-CD_{\mathrm{KL}}^{\max}(\boldsymbol{\theta}_{\mathrm{old}},\boldsymbol{\theta})]$$

可选项：将最大 KL 散度简化为平均 KL 散度，并采用二阶近似简化问题；

可选项：不将惩罚系数设为常数C，而将其设为可以动态调整的β；

每步迭代计算新旧策略平均距离$d=\hat{E}_t\left[\mathrm{KL}\left[\pi_{\boldsymbol{\theta}_{\mathrm{old}}}(.|s_t),\pi_{\boldsymbol{\theta}}(.|s_t)\right]\right]$：

如果$d < d_{\text{targ}}/1.5$，则$\beta \leftarrow \beta/2$；
如果$d > d_{\text{targ}} \times 1.5$，则$\beta \leftarrow \beta \times 2$；

如果仿照 8.2.2 节将最大 KL 散度简化为平均 KL 散度，以及对D进行二阶近似，则上述问题也可以转化为一个相对便于求解的子问题。在 TRPO 算法中，先将上述无约束最优化问题通过拉格朗日乘子转化为有约束最优化问题，再采取简化措施。而这里则直接对这个问题采取简化措施。

此外，在 PPO 算法的 KL Penalty Version 中，一般不把惩罚系数设定为公式中给出的常数C，而是人为设定一个惩罚参数β，并且让β根据每一步的实际提升效果进行调整。论文作者给出的调整方法中用到了 1.5 与 2 这两个人为设定的常数，但实验表明这两个常数的设定并不会特别影响算法的性能。熟悉优化的读者或许会觉得上面的算法有些像 LM 方法，与信赖域方法可以形成对偶。从这个角度来看，这个版本的 PPO 算法和 8.2.2 节介绍的 TRPO 算法本质上没有太大区别。

下面重点介绍 PPO 算法的另一个版本——Clipped Version。其实它和优化中的近似点法已经没有太大的关系了，它采用了另一种全新的思路。不过，它主要考虑的问题仍然是控制策略提升的步长。

首先，在 TRPO 子问题中，要优化的目标函数为L_π，此时可以通过期望的性质将其化简为 CPI（Conservative Policy Iteration）函数。

化简 TRPO 子问题中要优化的目标函数：

$$
\begin{aligned}
L_\pi(\tilde{\pi}) &= \eta(\pi) + \sum_s \rho_\pi(s) \sum_a \tilde{\pi}(a|s) A_\pi(a|s) \\
&= \eta(\pi) + \sum_s \rho_\pi(s) \pi(a|s) \sum_a \frac{\tilde{\pi}(a|s)}{\pi(a|s)} A_\pi(s,a) \\
&= \eta(\pi) + \sum_s \rho_\pi(s,a) \sum_a \frac{\tilde{\pi}(a|s)}{\pi(a|s)} A_\pi(s,a)
\end{aligned}
$$

由此可以将 TRPO 子问题视为在优化如下 CPI 函数：

$$
L^{\text{CPI}}(\theta) = \hat{E}_t\left[\frac{\pi_\theta(a_t|s_t)}{\pi_{\theta_{\text{old}}}(a_t|s_t)}\hat{A}_t\right] = \hat{E}_t[r_t(\boldsymbol{\theta})\hat{A}_t]
$$

其中，$r_t(\boldsymbol{\theta}) = \dfrac{\pi_{\boldsymbol{\theta}}(a_t|s_t)}{\pi_{\boldsymbol{\theta}_{\text{old}}}(a_t|s_t)}\hat{A}_t$，即满足$r(\boldsymbol{\theta}_{\text{old}}) = 1$。

在这个 CPI 函数中，期望E的意思是对于(s,a)的分布求期望，时间角标t表示这个期望是要考虑时间衰减的，因为要对$\rho(s,a)$而不是$P(s,a)$求积分。这里的$\rho(s,a)$表示乘以折扣系数求和的$P(s,a)$概率[参考式（7.7）]，二者正如$\rho(s)$与$P(s)$之间的关系。因为π固定意味着$\eta(\pi)$是一个常数，所以此时实际上是在优化 CPI 函数。

在 TRPO 算法中，需要限制新旧策略不能相差太大。如果用L_π作为目标函数，那么或许不能很直观地看出新旧策略的差距对于目标函数的意义。而将其化简为等价的 CPI 函数之后，便可以看出新旧策略不能相差太大意味着比值$r(\boldsymbol{\theta})$不会离 1 太远。从这个角度来看，可以把新旧策略不能相差太大的标准从限制平均 KL 散度改为让比值$r(\boldsymbol{\theta})$尽量接近 1。这样便直观多了。

以下摘录原论文中 CLIP 函数的定义部分，如图 8.4 所示。

定义 $L^{\mathrm{CLIP}}(\boldsymbol{\theta})=\hat{\mathbb{E}}_t\left[\min(r_t(\boldsymbol{\theta})\hat{A}_t, \mathrm{clip}((r_t(\boldsymbol{\theta}), 1-\varepsilon, 1+\varepsilon)\hat{A}_t)\right]$

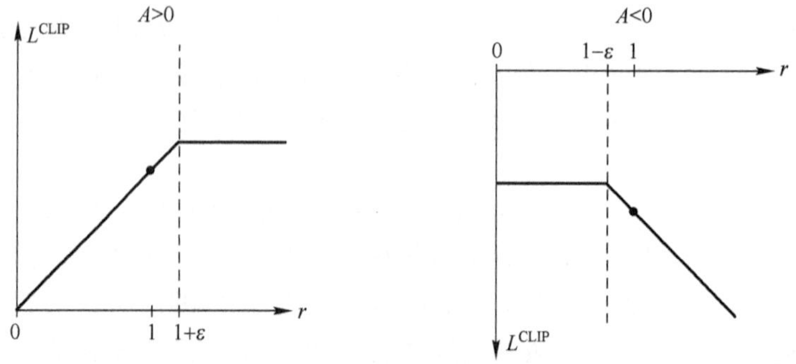

图 8.4　PPO 算法中定义的 CLIP 函数（原论文中的定义）

所谓 CLIP，顾名思义，就是“修剪”的意思，我们可以人为设定一个 ε，并强制比值 $r(\boldsymbol{\theta})$ 必须在 $[1-\varepsilon,1+\varepsilon]$ 区间，一旦超过这个范围就“修剪”它。换言之，$r(\boldsymbol{\theta})$ 偏离区间 $[1-\varepsilon,1+\varepsilon]$ 部分的影响将不被考虑。实验表明，当将 ε 设置为 0.2 时效果比较好。需要注意的是，必须对每个 (s,a) 对应的新旧策略的比值都进行“修剪”，即对每个 (s,a) 分别求 CLIP 。

选择 CLIP 函数作为目标函数的好处主要有以下几个：首先，CLIP 函数值可以限制 CPI 函数值的下界；其次，在旧参数附近，CPI 与 CLIP 函数的一阶导数是相等的；最后（最重要的一点），以 CLIP 为目标函数没有动力使新旧策略相差太大。例如，当 $A \geqslant 0$ 时，在 r 从 1 提升到 $1+\varepsilon$ 的过程中，CLIP 与 CPI 函数的值是一样的，它们会同时提升；但是在 r 超过 $1+\varepsilon$ 之后，CPI 函数还会继续提升，而 CLIP 函数便不会再提升。通俗地说，CPI 与 CLIP 函数都是目标 η 的近似。当策略变化幅度不大时，CPI 与 CLIP 函数的提升都可以使 η 提升；但在策略变化幅度比较大时，CPI 函数提升的原因可能来自 η 函数的实际提升，但也可能来自策略变化过大、L 与 η 差距变大，这意味着 η 并没有提升这么多。如果以 CLIP 函数为目标函数，则没有动力让策略的变化幅度无限加大，而是专注于让 η 变好，这就是二者的差别。

在论文的最后，作者以直接用 CPI 函数作为目标函数、用 CLIP 函数（PPO 算法的 Clip Version）及用 PPO 算法的 KL Penalty Version（包括设定惩罚系数 β 为固定的或可以调整的情况）这 3 种方法分别进行实验，结论是用 CLIP 函数（ $\varepsilon=0.2$ ）的效果最好：

$$L_t(\boldsymbol{\theta})=r_t(\boldsymbol{\theta})\hat{A}_t \quad \text{（直接用 CPI 函数作为图标函数）}$$

$$L_t(\boldsymbol{\theta})=\min(r_t(\boldsymbol{\theta})\hat{A}_t,\mathrm{clip}(r_t(\boldsymbol{\theta})),1-\epsilon,1+\epsilon)\hat{A}_t \quad \text{（用 CLIP 函数）}$$

$$L_t(\boldsymbol{\theta})=r_t(\boldsymbol{\theta})\hat{A}_t-\beta\mathrm{KL}[\pi_{\theta_{\mathrm{old}}},\pi_{\theta}] \quad \text{（用 PPO 算法的 KL Penalty Version）}$$

总体来说，PPO 算法也是一类基于策略的算法，具有 TRPO 算法一般的稳定性与可依赖性，同时更加简单。它只需在 VPG 算法的基础上修改几行代码即可，总体表现更加出众。自然梯度、TRPO、PPO 这 3 种算法的主要目标都是控制策略变化步长，由于 PPO 算法的性能最好，因此今天人们主要使用 PPO（Clip Version）算法。

推荐读者阅读原论文，这样可以更好地了解算法的全貌。本节内容可以视为对该论文的导读。

8.2.4 TRPO 与 PPO 算法的训练技巧

在介绍了 TRPO 和 PPO 算法的基本思想之后，下面来介绍一些它们的训练技巧。需要注意的是，由于 TRPO 与 PPO 算法都是基于策略的算法，并且都需要额外训练一个价值网络以估计 A_π，属于 AC 型算法的范畴，因此，之前在 VPG 和 AC 算法中讲到的一切训练技巧，包括 GAE、增加策略的熵（增加探索性）等都可以自然地被运用于 TRPO 与 PPO 算法中。这些在原论文中都有描述，请读者自行阅读，这里只介绍新的内容。

一个重要问题是，以同策略还是异策略的方式来训练呢？

由于 TRPO 和 PPO 算法都是基于策略的算法，因此它们天然就是同策略的（优势函数 A_π 是基于特定策略 π 来估计的，自然要用策略 π 产生的数据）。但是也可以通过重要性抽样的方法将其改成异策略的，以此来提升数据效率。需要注意的是，AC 算法将原本需要用轨道为单位才能估计的 ρ 简化为用单步转移数据就能估计的 P，这难免会带来偏差。而在 TRPO 算法中，L_π 的定义基于 ρ 而不是 P。

在 TRPO 算法的实现部分，作者将基本版（同策略）方法称为 Single Path 方法，而将异策略版本的方法称为 Vine（藤条的意思）方法。其中 Single Path 并没有什么独到之处，就是一般的同策略方法，且适合采用并行训练（类似 A2C 或 A3C），这里不再赘述。下面只介绍比较特别的 Vine 方法。

因为 ρ 的公式比较复杂，它包含了状态出现的早晚时间，所以必须以轨道为单位才能正确地估计。但如果以轨道为单位，则又很难赋予重要性权重（轨道权重的方差随着轨道长度指数上升）。因此不妨用同策略的方式估计 $\rho(s)$（只用当前策略产生的数据估计它）。但是，对于表达式的其他部分，其实可以用异策略的方式进行估计，充分提升数据效率。

在某种意义上，Vine 方法是一个半同策略半异策略的方法。它的“主干”部分的 $\rho(s)$ 是用同策略的方式计算的，而“藤条”部分的 $\tilde{\pi}(a \mid s)$ 则是用异策略的方式计算的。在估计 L_π 梯度的期望表达式中，用当前策略且以轨道为单位产生“主干”，用过去的策略或别的策略产生的单步转移数据作为“藤条”，配合重要性权重方法估计出从各个 s 出发后各个 a 的分布，并强制将其“嫁接”到“主干”上。对于异策略的“藤条”部分，甚至可以多走几步，用多步数据帮助我们更准确地估计 A_π；而对于“主干”需要的 $\rho(s)$，则必须用当前策略来估计。Vine 方法图示如图 8.5 所示。

$$
\begin{aligned}
L_\pi(\tilde{\pi}) &= \eta(\pi) + \sum_s \rho_\pi(s) \sum_a \tilde{\pi}(a|s) A_\pi(s,a) \\
&= \eta(\pi) + \sum_s \rho_\pi(s) q(a|s) \sum_a \frac{\tilde{\pi}(a|s)}{q(a|s)} A_\pi(s,a)
\end{aligned}
$$

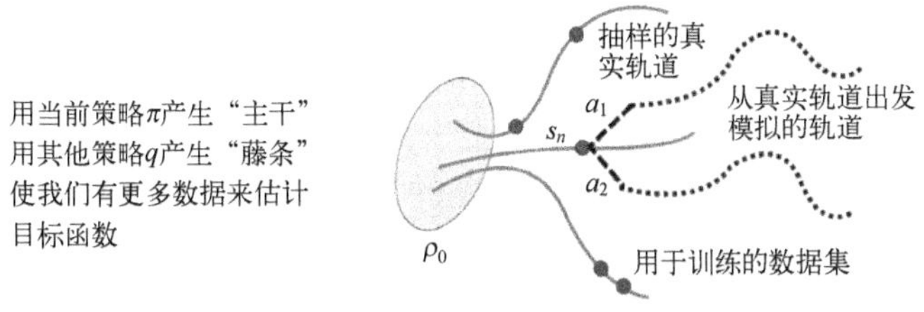

图 8.5　Vine 方法图示

需要强调的是，只有在将η简化为L_π（本质为把$\rho_{\tilde{\pi}}$简化为当前策略对应的ρ_π）之后才能利用L_π的表达式施展 Vine 方法的技巧。因此，这是 TRPO 算法中特别的技巧。总体来说，这个技巧比较烦琐，读者可以查阅原论文做进一步了解。

需要注意的是，TRPO 和 PPO 算法与基本 AC 算法是非常不同的。AC 算法的每一步只需沿着梯度方向下降即可，而 TRPO 与原始版本的 PPO 算法的每一步却要求解一个子问题，而这个子问题可能又要分为多步迭代来求解。例如，在 TRPO 算法中求出 FMI 关于状态的平均之后，可以直接求逆矩阵。但神经网络的参数维数，即 FMI 的阶数一般比较大，求逆矩阵的计算量过大，因此现实中一般采用共轭梯度法来求解。另外，PPO 算法中针对L^{CLIP}函数，作者给出的方法是用 Adam 来求解，这也意味着每个子问题可能需要多步 Adam 迭代。在 TRPO 与 PPO 算法的每步迭代中，先用当前策略π定义出子问题，然后对这个子问题迭代多步，最后用得到的最终解作为当前策略，以此定义下一个子问题。这种“迭代地迭代”的训练方式也使 TRPO 和 PPO 算法与之前介绍的 VPG 和 AC 算法有所不同。

此外，还有一些非常实践层面的技巧。它们缺乏理论依据，但实验表明，它们一般能提升效率，值得尝试。

（1）在 PPO 算法的 Clip Version 中，按理说只需对策略函数进行“修剪”，即优化“修剪”策略的L_π，以避免它与上一步的策略相差太大。不过研究者发现，如果对价值函数进行如下“修剪”，则同样能提升效率：

$$L^V = \min\left[(V_{\theta_t} - V_{\text{targ}})^2, (\text{clip}(V_{\theta_t}, V_{\theta_{t-1}} - \varepsilon V_{\theta_{t-1}} + \varepsilon)(-V_{\text{targ}})^2\right] \tag{8.10}$$

（2）在求解 PPO 算法的子问题时，论文作者建议使用 Adam 方法，不过也要缓慢减小步长（学习率）。这可能和“修剪”函数的特性有关，因为离原策略较远时可能会走到被“修剪”的部分。减小步长可以避免向被“修剪”部分一步走太多。在视觉领域，这种做法也比较常见。论文作者将这一技巧称为 Adam Learning Rate Annealing（Adam 学习率退火）。

（3）在对得到的奖励进行估计时，除减去均值外，还要除以统计的方差，这能使数值更稳定。论文作者将这一技巧称为 Reward Scaling。

事实上，许多技巧都缺乏理论保证与可解释性，也可能被更新的技巧取代。推荐读者在实践时寻找最新版本的基准，并使用其配套的技巧。

总体来说，TRPO 与 PPO 算法作为 VPG 和 AC 算法的推广，大部分的训练技巧都可以直接继承，其“专属”的训练技巧一是在于L_π的表达式可以便于我们使用 Vine 这个比较巧妙的方法，二是其“大迭代”中的每一步的子问题都可以选择用“小迭代”来求解。这部分内容主要涉及数值优化，读者不妨自行学习。

8.2.5 小结

前面提到，强化学习分为基于价值与基于策略的两种方法，而从 VPG 算法开始，到 AC 算法，再到本章的 TRPO 与 PPO 算法，事实上一直在沿着基于策略的道路递进。最基础的 VPG 算法首先告诉我们如何估计目标函数关于策略的梯度，建立了一个梯度提升的基本框架；之后的 AC 算法及其变体告诉我们如何使估计策略梯度的方差更小；TRPO 与 PPO 算法在这个框架中补足了另外很重要的一点，告诉我们如何调整更新的步长。它们与之前算法的不同主要在于其具有迭代求解子问题的结构，往往是一个“迭代地迭代”的形式。因此，熟悉数值优化，特别是信赖域方法与近似点法对于理解它们是有帮助的。此外，VPG 与 AC 算法中常用的技巧都可以被移植到 TRPO 与 PPO 算法上。

目前，对于动作离散且比较简单的问题，人们一般采用 Rainbow DQN 为基准；对于动作离散、比较复杂的问题，人们一般使用 CLIP 版本、并行训练的 PPO 作为基准，而不会使用 VPG 算法或基本的 AC 算法。从这个角度来看，PPO 算法可以视为无模型方法中基于策略的“完全体”，是非常重要的内容。

思 考 题

1. 尝试从更多角度理解优化中的梯度下降、牛顿法、信赖域方法、LM 方法、近似点法之间的联系与区别。

2. 证明 L_π 与 η 的梯度在 $\tilde{\pi}=\pi$ 时是相等的。

3. 思考 L_π 与 η 的表达式的主要差别在哪里，以及为何要进行这种近似。思考这种近似会让我们丢失哪些信息，又让我们得到了哪些好处。

4. 查阅与 TRPO 和 PPO 算法有关的文献，进一步理解其具体细节，推导其中的公式。

5. 理解 Vine 方法的具体原理，思考其是否能用在前面所述的算法中。

8.3 DDPG

本节讲解 AC 型算法的最后一项内容，即 DDPG（Deep Deterministic Policy Gradient）算法。前面所讲的大多数算法一般都是针对动作是离散变量的 MDP 定义的。涉及动作连续的 MDP 仅有 5.4 节中的 NAF 与 6.3.4 节中的 VPG，但它们都有缺点，很难在实践中取得较好的效果。目前，对于动作连续的 MDP，一般会以本节要介绍的 DDPG 或 Soft AC 算法作为基准。

前面提到，强化学习从算法构成上可以分为三大类，即仅仅训练价值网络、仅仅训练策略网络，以及同时训练价值网络与策略网络的 AC 型算法；强化学习有两种基本思想，基于策略的思想与基于价值的思想。在前面所介绍的 A3C、A2C 与 TRPO、PPO 算法中，虽然同时训练了价值网络与策略网络，但训练价值网络的目标仅仅是辅助策略网络的训练。从这个角度来看，A3C 或 TRPO 算法毫无疑问是基于策略而不是基于价值的算法。

从算法组成上来看，DDPG 算法要同时训练价值网络与策略网络，因此它无疑在三大类算法构成中属于 AC 型算法；但是，如果站在两种基本思想的角度来分类，那么 DDPG 算法是很难被归类的。无论从基于策略或基于价值的角度来解释这个算法，都有一定的道理：一方面，DDPG 算法训练完成后，只用策略网络进行决策；另一方面，所有基于策略的算法都天然是同策略的，而 DDPG 算法却天然是异策略的。为了让读者更好地理解 DDPG 算法的含义，不妨先抛下“基于策略”“基于价值”这样的分类方式，来看看这个算法的基本思想与具体步骤。下面首先从基于价值的角度来详细讲解这个算法，然后从基于策略的角度重新讲解一遍这个算法。

8.3.1 动作连续问题的网络结构

如果 MDP 的动作为离散变量，即一共有 m 个不同的动作，则对于输入状态 s ，价值网络输出一个 m 维向量，代表状态 s 下 m 个不同的 a 对应的 $Q(s,a)$ ，策略网络输出一个 Softmax 后的 m 维向量，代表选择 m 个不同的 a 的概率 $\pi(a|s)$ ，或者判断 a 是状态 s 下最优动作的概率。在机器学习中，我们最熟悉的莫过于分类问题。因此，我们常借助分类问题来理解动作为离散变量的算法。

现实中有很多场景的动作是连续的。在 NAF 和 VPG 算法中，分别建立了适用于动作连续的价值网络与策略网络。

需要注意的是，虽然在动作是连续变量或离散变量时我们都采用 $Q(s,a)$ 的符号来标记 Q 值，但二者的结构是完全不同的。当动作是离散变量时，网络输入是 n 维向量 $\boldsymbol{s}$ ，输出是 m 维向量；而当动作是连续变量时，输入为 $m+n$ 维向量 $(\boldsymbol{s},\boldsymbol{a})$ ，输出为标量。同理，两种情况下的策略函数也是完全不同的。当动作是离散变量时，策略只能输出 s 下的最优动作是各个 a 的离散概率分布；当动作是连续变量时，策略可以输出 s 下最优动作 a 的分布，也可以直接输出它判定 s 下的最优动作 a 。

我们将动作分别为连续、离散变量时，价值网络与策略网络的结构总结如下（设状态 $\boldsymbol{s}$ 是连续的，是 n 维向量）。

（1）动作是有限的，一共有 m 个。

价值网络 $Q(\boldsymbol{s},\boldsymbol{a})$：输入为 n 维向量 $\boldsymbol{s}$，输出为 m 维向量，代表 m 个 a 对应的 $Q(\boldsymbol{s},a)$。

策略网络 $\pi(\boldsymbol{a}|\boldsymbol{s})$ ：输入为 n 维向量 $\boldsymbol{s}$，输出为 m 维概率向量，代表 m 个 a 对应的 $\pi(a|\boldsymbol{s})$;

（2）动作是连续的，是 m 维向量。

价值网络 $Q(\boldsymbol{s},\boldsymbol{a})$：输入为 m+n 维向量$(\boldsymbol{s},\boldsymbol{a})$，输出为标量值 $Q(\boldsymbol{s},\boldsymbol{a})$。

确定策略网络 $\pi(\boldsymbol{a}|\boldsymbol{s})$：输入为 n 维向量 $\boldsymbol{s}$，输出为 m 维向量 $\boldsymbol{a}$，代表 $\boldsymbol{s}$ 对应的最优动作。

随机策略网络 $\pi(\boldsymbol{a}|\boldsymbol{s})$：输入为 n 维向量 $\boldsymbol{s}$，输出为 m 维随机分布的参数，从中抽样 $\boldsymbol{a}$。

8.3.2 从基于价值的角度理解 DDPG 算法

按照基于价值的思想，应该拟合出环境的 $Q^*(s,a)$ 。但是，对于环境给定的 MDP，$Q^*(s,a)$ 是客观存在的函数，如果用正定二次函数拟合它（如 5.4 节中介绍的 NAF），则可能会有较大的偏差；如果用一般的神经网络拟合它，则对于固定的 s ，难以求出 $\mathrm{argmax}_a Q(s,a)$ ，难以用来决策。

不妨换个思路：假定对于固定的 s ，总是存在某个 a 能够使 $Q(s,a)$ 最大。这个映射可能非常复杂，不像 Q 为正定二次函数那样显然。对于复杂的映射，可以另外训练一个神经网络来拟合它。如果将这个神经网络记为 $\mu(s)$ ，则有 $\mu(s)=\mathrm{argmax}_a Q(s,a)$ ，此时，便可以按下式训练 DQN：

$$Q(s,a)\leftarrow Q(s,a)+\alpha(E_{P,R}(r+\gamma\max_{a'}Q(s',a'))-Q(s,a)) \tag{8.11}$$

式（8.11）中的 $\max_{a'}Q(s',a')$ 实际上是 $Q(s',\mu(s'))$ 。根据 DQN 的性质，式（8.11）中 E 的含义是“对环境求期望”而不是“对环境及当前策略求期望”。对于大量服从环境分布的单步转移数据 (s,a,r,s') ，无论是现在产生的还是过去产生的，都可以用其进行训练，因此可以采取经验回放技巧。

若动作为离散变量，则在训练 Q 网络时，各个 s 对应的 $\mathrm{argmax}_a Q(s,a)$ 一直自动随着 $Q(s,a)$ 的变化而隐式地变化。若动作为连续变量，则 $Q(s,a)$ 在变化时，$\mathrm{argmax}_a Q(s,a)$ 显然也在隐式地变化。但由于我们只能依靠 μ 来计算 $\mathrm{argmax}_a Q$，因此必须显式地训练 μ，只有这样，才能让它跟上 $\mathrm{argmax}_a Q$ 的变化，更准确地估计出 $\mathrm{argmax}_a Q(s,a)$。因此，我们会先随机初始化一个策略网络 μ，然后不断地根据当前 Q 网络优化 μ，使 μ 能够准确地估计 $\mathrm{argmax}_a Q$。设 μ 的参数为 w，则其更新公式如下：

$$w \leftarrow w + \alpha \nabla_w E_{\text{data}}(Q(s, \mu_w(s))) \qquad (8.12)$$

式（8.12）中有一个特别值得注意的地方，即 w 更新所需的训练数据应服从什么分布。前面提到，式（8.11）中 E 的含义是“对环境求期望”，因此只要求单步转移数据服从环境分布；而在式（8.12）中，E 的含义为“服从训练数据分布”，即对它没有任何特定要求。也就是说，即使不依靠训练数据，而完全通过自己的需要设定一个 s 的分布，也是完全可行的。

那么，如何理解这种对于数据分布没有任何要求的条件呢？

不妨想象，固定 $Q(s,a)$ 函数，此时，对于每个 s，$\mathrm{argmax}_a Q(s,a)$ 是给定的。因此 μ 只需对 $Q(s,a)$ 进行拟合，与环境和原本的问题没有任何关系。因此，对式（8.12）中数据的分布是没有任何要求的。

需要注意的是，在式（8.11）中，仅要求 (r,s') 符合环境分布，而对 (s,a) 的分布没有任何严格的要求。换言之，我们可以用任何策略产生的单步转移数据进行训练。但在实践中，应该使训练数据中 (s,a) 的分布接近最优策略对应的分布，但又涵盖更多不同的状态与动作，只有这样才能将“更关键”的 (s,a) 对应的 Q 值计算得更加准确，且具有一定的鲁棒性。因此，需要在当前认为的最优策略的基础上适当地增加一些探索性，用以此产生的单步转移数据进行训练，而不会真的用由随机策略产生的数据进行训练。这部分内容在第 5 章中已经有详细讲述。

同理，在式（8.12）中，虽然对数据集没有任何严格的要求，但是其中 s 的分布其实决定了我们对于不同 s 的“重视程度”，$P(s)$ 越大，代表我们越重视估计这个 s 下的最优动作 a。因此，我们虽不严格要求 s 服从什么分布，但仍希望 s 的分布与当前估计的最优策略对应的分布接近，但又有一定的探索性，只有这样才能使“更重要”的 s 下的最优动作被更准确地估计。由于训练数据正是用以上方法产生的，因此一般直接用训练数据中 s 的分布来训练 μ，这就是 E_{data} 的含义。

以上从基于价值的角度出发讲解了 DDPG 算法的基本思想，它大体上相当于将 DQN 推广到动作连续的问题上。唯一的技巧就是训练了一个 μ 来帮助我们找出 $\max_a Q(s,a)$，以此适应动作连续的设定。我们很快就会看到，DQN 中用到的所有技巧，包括经验回放和固定 Q 目标都自然地可以被照搬到 DDPG 算法中。下面详细介绍 DDPG 算法的详细流程。

8.3.3 DDPG 算法及训练技巧

前面已经讲清楚了 DDPG 算法的基本思想。由于这个算法需要构造 4 个网络交替地进行训练，具体细节比较多，因此推荐读者阅读经典论文 *Continuous Control with Deep Reinforcement Learning*，以更全面地掌握这个算法。

让人首先感到疑惑的问题是，在 AC 算法中，我们只用了两个网络。为什么在 DDPG 算法中要用到 4 个网络呢？

第 5 章讲到，如果 Loss 式中含有 max，则直接求导并优化会很不稳定，尤其在动作数量特别多时。此外，DQN 训练的过程本质上是用迭代法求解贝尔曼方程。相比于直接优化 Loss，采取固定 Q 目标结构从直观上讲是更合理的。因此，我们要为价值网络准备评估网络与目标网络两个版本。8.3.2 节将 DQN 推广到动作连续问题上得到了 DDPG 算法，因此它自然应该继承 DQN 的结构，即需要准备评估网络与目标网络两个版本。

下一个问题是，为什么策略网络也要准备评估网络与目标网络两个版本呢？

既然 DDPG 算法是 DQN 对于动作连续的推广，那么我们完全可以认为网络 μ 只是价值网络 Q 的附属品，它的作用仅仅是为了算出 $\text{argmax}_{a'}Q$。如果 Q 网络有两个版本，那么作为其附属品的 μ 自然也需要两个版本，μ 的目标网络和 Q 的目标网络相配套，μ 的评估网络和 Q 的评估网络相配套。当要用 Q 的目标网络计算 $\text{target} = E(r+\max_{a'}Q(s',a'))$ 时，式子中的 $\max_{a'}Q(s',a')$ 自然就要用 μ 的目标网络算出来，只有这样，才符合固定 Q 目标的思路。

基于以上思路，应该不难理解 DDPG 算法为什么要用到 4 个网络了。算法 8.4 展示了整个 DDPG 算法的流程。

算法 8.4（DDPG）

随机初始化价值网络 $Q(s,a|\theta)$ 与策略网络 $\mu(s|w)$，网络参数为 θ 及 w；

初始化价值网络与策略网络的目标版本 Q' 与 μ'，设定参数 $\theta' \leftarrow \theta$ 及 $w' \leftarrow w$；

建立数据库 R；

对于 $\text{episode} = 1,2,\cdots,N$：

　　初始化随机过程 N_t 用于探索；

　　对于 $t = 1,2,\cdots,T$：

　　　　根据当前策略及探索项选择动作 $a_t = \mu(s_t|\theta^{\mu}) + N_t$；

　　　　执行动作 a_t 获得奖励 r_t 并进入下一个状态 s_{t+1}；

　　　　将单步转移数据 (s_t,a_t,r_t,s_{t+1}) 存入数据库 R；

　　随机从数据库 R 中抽取 N 条单步转移数据 (s_t,a_t,r_t,s_{t+1}) 作为 minibatch；

　　用目标网络计算更新目标 $y_i = r_i + \gamma Q'(s_{i+1},\mu'(s_{i+1}|w')|\theta')$；

　　更新价值网络，即最小化损失 $\text{Loss} = \frac{1}{N}\sum_i (y_i - Q(s_i,a_i|\theta))^2$；

　　用策略梯度 $\nabla_w J \approx \sum_i \nabla_a Q(s,a|\theta)|_{s=s_i,a=\mu(s_i)} \nabla_w \mu(s|\theta)|_{s_i}$ 更新策略网络参数 w；

　　更新价值网络与策略网络的目标版本，即

$$\theta' \leftarrow \tau\theta + (1-\tau)\theta'$$

$$w' \leftarrow \tau w + (1-\tau)w''$$

以上就是 DDPG 算法的基本框架。可以看出，它和 DQN 很像，可以理解为 DQN 对于动作连续的推广。下面讨论其中一些技巧。

在 DQN 中，更新目标网络参数的方式是每经历过一定步数的迭代之后，直接将评估网络的参数复制一份到目标网络中。这样，目标网络就代表评估网络的一个滞后版本。我们将这种直接替换参数的方式称为硬替代（Hard Replace）。在 DDPG 算法中，由于动作连续，$Q(s,a)$ 的结构比 DQN 更加复杂，采用硬替代方法可能会导致算法欠缺稳定性，因此改为采用软替代（Soft Replace）方法：同样只训练评估网络而将目标网络作为评估网络的滞后版本，但并不直接将目标网络的参数替换为和评估网络完全一样，而是在每步迭代中都让目标网络参数向着评估网络参数的方向缓慢靠近，进行更多、更小的迭代。实验表明，虽然这种软替代方法的计算量更大，但可以让算法更加稳定。下面用公式描述硬替代与软替代的不同。

（1）硬替代，每隔 N 步迭代：

$$\theta^{Q'} \leftarrow \theta^{Q}$$

（2）软替代，在每一步迭代中，有

$$\theta^{Q'} \leftarrow \tau\theta^{Q} + (1-\tau)\theta^{Q'}$$

$$\theta^{\mu'} \leftarrow \tau\theta^{\mu} + (1-\tau)\theta^{\mu'}$$

DDPG 算法是一个异策略算法，因此，它对训练数据的分布要求是相对不严格的。不过，为了算法更鲁棒，仍必须考虑探索-利用权衡。具体而言，可以为它添加一个和时间 t 有关的随机过程 N_t 。

当看到算法 8.4 中出现这个 N_t 时，读者的第一反应很可能觉得它应该取正态白噪声（正态分布在各个时间上独立同分布）。但这里需要强调的是，我们真正的目标不是让这个噪声服从正态分布，而是希望训练集的 (s,a) 服从正态分布（以当前最优策略选择 (s,a) 作为中心向外扩散）。必须考虑到，我们面对的是一个非退化的、持续多步的 MDP。如果每一步都以当前认为的最优 a 为中心取一个正态分布，则总体的 (s,a) 分布很可能并不服从正态分布，甚至与我们所期望的正态分布相差甚远。

对于这个问题，研究者建议选择 OU 过程（Omstein-Uhkenbeck Process）。若 x_t 服从 OU 过程，则有

$$x_t - x_{t-1} = \theta(\mu - x_{t-1}) + \sigma W \tag{8.13}$$

从直观上来理解，当 OU 过程偏离了设定的均值 μ 之后，它会自行回归。换言之，当这一步的 x_t 取得比较大时，下一步的 x_{t+1} 会比较小。

上述性质使 OU 过程在时间维度上是前后相关的，而不像白噪声那样在时间维度上是前后相互独立的。但正因为它有这种性质，产生数据的 (s,a) 分布才在最优策略对应的 (s,a) 周围振荡，而不会偏离太远。用不严谨但通俗的语言表述：若直接为每一步添加一个正态白噪声，则正态白噪声相互串联的作用会使整体数据不服从正态分布，甚至产生较大的偏离；为每一步添加一个 OU 过程在一定程度上可以缓解随机性的相互串联，让整体数据更接近以最优策略为中心的正态分布。

OU 过程在随机过程中是非常重要的内容。如果想弄清楚其定义及性质，建议读者查阅随机过程的有关资料，此处不再赘述。此外，现实中很多人在 DDPG 算法中也采用白噪声来进行探索，这样比较简单、容易实现。

以上展示了 DQN 中的固定 Q 目标、探索等技巧如何推广到 DDPG 算法中。下面还需要强调的是，Rainbow 中的分布 DQN（Distributional DQN）也可以推广到 DDPG 算法中。

有读者可能会有疑问：在 DDPG 算法中，第二个 D 是 Deterministic，即“确定性”的意思，而分布是带有随机性的，这怎么可能组合在一起呢？

需要注意的是，DDPG 算法中的“确定性”指的是策略网络，而不是价值网络。如果将 DDPG 算法视为 DQN，向动作连续的问题进行推广，那么策略网络就是从属于价值网络的，

其作用只是用来找出价值网络的最大值。无论价值网络是关于(s,a)的确定函数还是关于(s,a)的条件分布，当s取值确定时，总存在唯一确定的a，使价值在期望意义上取得最大值。因此，我们可以将价值网络改为分布 DQN，而策略网络输出令其在期望意义上最大的$\text{argmax}_a E(Q(s,a))$。这仍是一个确定性的策略网络。

在论文 *Distributed Distributional Deep Deterministic Policy Gradient* 中提出分布 DQN 的技巧用于 DDPG 算法，这个算法被称为 D4PG。论文中声称使用分布 DQN 与n步估计等技巧能显著提升 DDPG 算法的性能。推荐读者自行阅读有关论文，并结合问题的实际情况考虑引入这些更复杂的结构是否值得。

本节将 DDPG 算法视为 DQN 对于动作连续的推广，并介绍了 DQN 的固定 Q 目标、探索与分布 DQN 这 3 种技巧如何推广到 DDPG 算法中。此外，DQN 中的双重 DQN、经验回放与优秀回放、Dueling DQN 等技巧也可以推广到 DDPG 算法中。由于这部分内容比较简单，因此留给读者自行思考。

8.3.4 确定策略下的策略梯度

在前面，我们完全是从基于价值的角度出发讲解 DDPG 算法的，几乎把它看作 DQN 对于动作连续的推广。DDPG 的全称是 Deep Deterministic Policy Gradient，这其中的 Policy Gradient 肯定会让我们联想到基于策略的算法。那么，我们是否可以从基于策略的思想出发理解 DDPG 算法呢？

6.3.4 节中说过，VPG 算法可以推广到动作连续空间，方法是设定策略为动作连续空间的随机策略（一般为高斯策略）。需要强调的是，这个策略必须具有随机性，否则无法训练。在 DDPG 算法的训练中，也要添加随机噪声。如果添加的是正态白噪声，则它似乎变得和采用高斯策略的 VPG 算法一样。那么，能不能从 6.3.4 节中介绍的 VPG 算法出发，推导出 DDPG 算法呢？

这里做一个辨析：前面在介绍 VPG 算法时，我们基于随机策略推出了策略梯度公式，即使训练完成，我们也可以将其作为确定策略（取$a=\mu$而非以μ为中心的正态分布）用于决策，但它在概念上仍是一个随机策略。相比之下，DDPG 算法在概念上就是确定策略。虽然在训练过程中为其增加噪声以提高算法的鲁棒性，但这并不是必要的。因此，这两者本质上是完全不同的。

既然如此，应如何从基于策略的角度理解 DDPG 算法呢？

需要注意的是，我们之前仅仅讲了随机策略下的策略梯度公式，而没有讲确定策略下的策略梯度公式。下面给出确定策略下的策略梯度公式。

（1）随机策略下的策略梯度公式。

同策略：$\nabla_\theta J(\pi_\theta)=E_{s\sim\rho^\pi,a\sim\pi_\theta}[\nabla_\theta \log\pi_\theta(a|s)Q^\pi(s,a)]$。

异策略：$\nabla_\theta J_\beta(\pi_\theta)=E_{s\sim\rho^\beta,a\sim\beta}[\dfrac{\pi_\theta(a|s)}{\beta_\theta(a|s)}\nabla_\theta \log\pi_\theta(a|s)Q^\pi(s,a)]$。

（2）确定策略下的策略梯度公式（动作连续）。

同策略：$\nabla_\theta J(\mu_\theta)=E_{s\sim\rho^\beta}[\nabla_\theta\mu_\theta(s)\nabla_a Q^\mu(s,a)|_{a=\mu_\theta(s)}]$。

异策略：$\nabla_\theta J_\beta(\mu_\theta)=E_{s\sim\rho^\beta}[\nabla_\theta\mu_\theta(s)\nabla_a Q^\mu(s,a)|_{a=\mu_\theta(s)}$。

在上述公式中，μ 代表当前被评估策略，即要训练并最终用来决策的策略，β 代表用来产生数据的策略（采样策略），它可以是训练过程中较旧的策略，也可以是专门设计出来用于产生数据的策略。其中，随机策略下的策略梯度公式（包括同策略与异策略版本）都是我们熟悉的；但是，确定策略下的策略梯度公式我们是第一次见。必须从概念上理解它，因为随机策略与确定策略是完全不同的两种策略，所以它们的策略梯度公式也完全不同。

在确定策略下的策略梯度公式中，异策略公式尤其令人摸不着头脑——它和抽样策略 β 似乎毫无关系，甚至不需要重要性权重，这是怎么回事呢?

事实上，即使在随机策略下的异策略公式中，重要性权重也只需考虑 a 的分布变化，而不用考虑状态 s 的分布变化；对确定策略而言，同策略公式中本来就不需要考虑 a 的分布（因为 a 是确定的，没有随机分布），因此在异策略中即使将 s 的分布随意修改，也不会对公式有丝毫影响。从这个角度来看，便不难理解为何确定策略下的异策略公式不受抽样策略 β 的影响了。

需要注意的是，我们之前说基于策略的算法天然是同策略算法，其实只限于随机策略，因为其策略梯度需要对当前策略求期望；在确定策略中，策略梯度不需要对当前策略求期望。对于确定策略，基于策略的算法天然是异策略算法。

当然，为了深入理解这一点，还必须推导出确定策略下的同策略公式。推导这个公式的步骤比起随机策略更复杂，这里不再展开，有兴趣的读者不妨自行查阅有关资料。得到上述确定策略下的策略梯度公式之后，很自然地会发现它和 DDPG 算法中训练策略网络的公式是一样的。因此，如果从基于策略（确定策略）的角度出发，谋求按照策略梯度公式优化策略，那么也能够推导出 DDPG 算法。图 8.6 摘录了 DDPG 算法论文中的一段话来说明这一点。

The DPG algorithm maintains a parameterized actor function $\mu(s|\theta^\mu)$ which specifies the current policy by deterministically mapping states to a specific action. The critic $Q(s,a)$ is learned using the Bellman equation as in Q-learning. The actor is updated by following the applying the chain rule to the expected return from the start distribution J with respect to the actor parameters:

$$\begin{aligned}\nabla_{\theta^\mu} J &\approx \mathbb{E}_{s_t\sim\rho^\beta}\left[\nabla_{\theta^\mu} Q(s,a|\theta^Q)|_{s=s_t,a=\mu(s_t|\theta^\mu)}\right] \\ &= \mathbb{E}_{s_t\sim\rho^\beta}\left[\nabla_a Q(s,a|\theta^Q)|_{s=s_t,a=\mu(s_t)} \nabla_{\theta_\mu}\mu(s|\theta^\mu)|_{s=s_t}\right]\end{aligned} \tag{6}$$

Silver et al. (2014) proved that this is the *policy gradient*, the gradient of the policy's performance [2].

图 8.6 论文摘录

图 8.6 告诉我们一个重要的事实，那就是 DDPG 算法既是基于价值的算法，又是基于策略的算法。从这两个角度出发都可以推导出 DDPG 算法。简单起见，这里选择先从基于价值的角度出发进行推导。在这个视角下，我们实际的目标是训练 $Q(s,a)$，而 μ 是 $Q(s,a)$ 的附属品，其作用只是为了找出 $\max_a Q(s,a)$。下面换一个角度，完全从基于策略的角度出发来讲解整个算法。

需要注意的是，我们之前熟悉的 VPG、AC、TRPO 等算法全部都用基于随机策略的策略梯度公式进行更新。如果要从基于策略的角度来讲 DDPG 算法，则必须用基于确定策略的策略梯度公式理解它，二者是完全不同的。

8.3.5 从基于策略的角度理解 DDPG 算法

下面从基于策略的角度出发重新推导 DDPG 算法。

注意到，随机策略需要用到 Q_π 值来计算策略梯度。我们既可以通过价值网络来计算 Q_π

（AC 算法），又可以直接抽样大量数据来计算 Q_π（VPG 算法）。而对于确定策略，需要用到 Q 的梯度值而非 Q 值来计算策略梯度，因此没办法像 VPG 算法那样仅仅训练一个策略网络，而必须训练价值网络以算出 Q 的梯度值。

仿照 AC 算法的基本思想，定义一个确定策略的网络，即 μ，它需要按照确定策略下的策略梯度公式进行更新。同时，定义一个价值网络，它需要计算 μ 策略对应的价值函数 Q_μ。在训练过程中，让价值网络指导策略网络的更新。如果采用基于策略的思路，就意味着 μ 不是 Q 的附属品。反过来，估计 Q_μ 的作用完全是为了计算 $\nabla_a Q^\mu$，用以指导 μ 的更新。

6.3.4 节中所讲的 VPG 算法适用于动作连续的场景，且只需训练策略网络。它与这里的 DDPG 算法是什么关系呢？图 8.7 展示了这种关系。

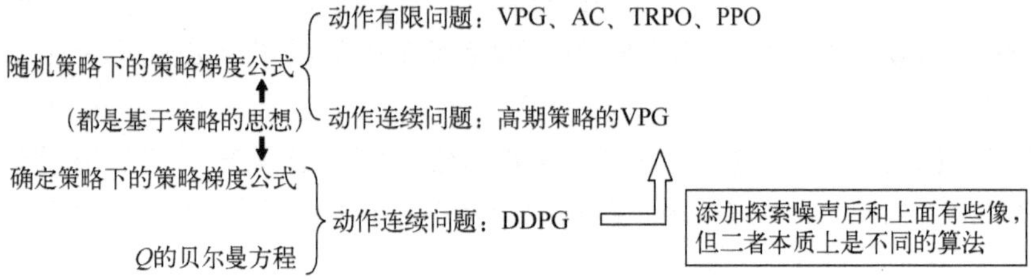

图 8.7　之前出现的所有算法的归类

在图 8.7 中，各种算法的关系一目了然：首先，VPG、AC、TRPO、PPO 算法属于基于策略的思想，但它们都是基于随机策略的，不能代表所有基于策略的算法。DDPG 算法同样可以用基于策略的思想，因为它同样是把策略 π 视为自变量以优化 $J(\pi)$ 的，但它是基于确定策略的。这与随机策略有所不同。在基于策略的算法下有随机策略与确定策略这两大分支。DDPG 算法可以是由基于策略的思想中的确定策略分支推导出来的，也可以是由基于价值的思想推导出来的。无论如何，它和基于策略的思想中的随机策略分支相差甚远。

由于这次不是从 DQN 的角度出发的，因此我们并不会天然地认为算法是异策略算法。但是，观察上述确定策略下的策略梯度公式，可以发现它的异策略版本“恰好”和同策略版本一样。因此，选用异策略的方式来训练。

以上大概又从基于策略的角度出发，重新推导了一遍 DDPG 算法，这和从基于价值的角度出发“殊途同归”。希望读者能够完全抛下基于价值的思想，尝试完全从基于策略的角度重新推出 DDPG 算法。

这种“殊途同归”难免会让人感到意外，毕竟前面一直把基于价值与基于策略当作两种完全不同的思想来理解。但是，在实际算法中，有时二者的边界会很模糊。例如，第 4 章中说过，值迭代法是基于价值的思想，而策略迭代法是基于策略的思想，按理说两者完全不一样。但在实践中，我们不会在“策略评估”步准确地求出 V_π，而是仅仅进行 k 次迭代。当把 k 减小到 1 时，就自然变成了基于价值的值迭代法。纵览整个算法的训练过程，由于价值网络与策略网络从来没有准确地收敛，因此很难说究竟是策略的提升引导着基于策略的价值在变化，还是价值网络在迭代中越来越接近真实价值。

回到 DDPG 算法，如果站在基于价值的角度，则可以认为在用贝尔曼方程迭代地求解 $Q(s,a)$，μ 只是它的附属品；如果站在基于策略的角度，则可以认为定义了一个确定策略，并不断求解 Q_μ 来指导它的更新。无论从何种角度出发，在整个算法迭代的过程中，价值网络与策略网络都在持续更新。价值网络从来没有准确地收敛于策略网络对应的 Q_μ，价值网络也从来不能准确地表征价值网络对应的 $\mathrm{argmax}_a Q(s,a)$ 。考虑到这一点，“殊途同归”也不再令人意外。因此，我们不必把基于价值或基于策略当成强化学习算法的严格分类方式。它们只是代表两种不同的思想。

本章在从基于价值的角度讲解 DDPG 算法时，讲得比较详细，相信读者从中也能够比较好地理解 DDPG 算法；而在从基于策略的角度讲解 DDPG 算法时，讲得比较粗略，关键的公式也没有进行推导，希望有兴趣的读者自行推导以加速理解。

从两个角度理解 DDPG 算法除了可以加深对算法的理解，还能为我们带来具体的好处。例如，DDPG 算法有一个经典的变体 TD3（Twin Delayed DDPG）。它对 DDPG 算法进行了多方面的改进，它仿照在 DQN 中介绍的双重 DQN 技术设计了两个网络来减小对目标值的高估（这里用 Twin 这个词代替 Double 的含义）。又如，它要求控制两个网络的训练步骤，如每训练两步价值网络，就训练一步策略网络（这正是 TD3 中 Delayed 的含义），这是我们在 AC 算法中介绍过的技巧。此外，它还采用了一个重要的技巧，即在训练中增加噪声并进行 Clipped（论文中称为 Target Policy Smoothing）以提高算法的鲁棒性。可以看出，这些措施分别来自之前介绍的基于价值的与基于策略的算法。只有理解了 DDPG 算法既有基于价值的算法的特性，又有基于策略的算法的特性，才能很自然地同时使用这些基于价值与基于策略的技巧。

这里不详细介绍 TD3，有兴趣的读者可以自行查阅经典论文 *Addressing Function Approximation Error in AC Method*。一般而言，使用 DDPG 算法时最好加上这些技巧，以使算法具有更好的性能。

思　考　题

1. 假定 MDP 的动作是连续的，策略是正态的（见 6.3.4 节中的内容），你能推导出策略梯度公式吗？如果修改成 AC 型算法，它是否能比 DDPG 算法表现更好呢？

2. 在 DDPG 算法中，为什么说对于训练策略网络 μ 的数据分布没有任何要求？是否能用别的方法更好地理解这个事实呢？

3. 思考为什么 DDPG 算法要采用软替代而不采用硬替代方法。DQN 中同样应该如此吗？不妨用理论或实验来说明你的结论。

4. 查询有关 OU 过程的定义及其更多性质，思考为什么 DDPG 算法建议用 OU 过程而非简单的白噪声作为探索策略。

5. 通过查阅有关资料，尝试推导确定策略下的策略梯度公式。

6. 从基于策略的角度出发，重新推导并理解 DDPG 算法。寻找更直观的观点，理解为什么基于价值与基于策略可以推导出同样的结果。

7. 搜寻 TD3 或 D4PG 算法的有关论文，了解该算法，以及有关的技巧。

*8.4 Soft AC

前面提到，动作是连续变量还是离散变量将会导致问题有很大的不同。当动作是离散变量时，可以用Softmax函数输出离散概率分布并从中抽样最终的动作，这足以包括所有可行的离散分布。当动作是连续变量时，介绍了两种方法，一种是如 DDPG 算法那样针对输入状态直接输出一个确定性的动作；另一种是针对输入状态输出 μ 与 σ ，并以 μ 与 σ 作为正态分布的参数随机抽样一个动作。需要注意的是，这两种情况显然不足以涵盖所有可行的连续分布，且存在许多问题。首先，确定策略往往缺乏探索性，容易局部收敛于次优策略；其次，即使在 DDPG 算法的训练过程中添加了噪声（如 OU 过程），其产生的训练数据也往往呈现出以输出的确定性动作为中心的类正态分布。但在现实中，真正的最优策略可能具有 Multi-Modal 的形式，即其概率密度函数在连续空间中存在多个高峰。对于这样的分布，使用正态分布或类正态分布是无法充分拟合的，因此只能使用更加一般的形式拟合它。此外，如果存在多个相似的场景，则可以在一个场景中学习出一般的随机策略并将其作为另一个场景的初始解进行迁移学习，这无疑可以大大提升迁移效率。使用确定策略是无法做到这一点的。

本节讲述一种无模型的、针对动作连续学习出一般的连续随机分布的方法，称为 Soft AC，简称 Soft AC 或 SAC。在本书涉及的所有无模型算法中，SAC 是最复杂、最一般化的算法。在动作连续问题中，SAC 常被用作基准，且很有可能取得比 DDPG 算法更鲁棒、更优秀的效果。但是，它也具有结构复杂、训练不稳定、成本较高等弊端。

有必要指出的是，在动作是离散变量的现实问题（如动作类游戏、棋牌等）中，状态变化与动作的关系多为黑盒，适用于无模型的强化学习算法；而在动作是连续变量的现实问题（如机器人或具有物理引擎的控制等）中，往往可以利用先验知识找到状态与动作之间的部分关系。在这种情况下，可以将问题分解为规划问题，或者采用基于模型的强化学习算法来求解，获得较无模型算法更好的性能。这部分内容将在第 9 章中详述。

总体来说，对于规模较大的、较复杂的动作连续问题，建议优先考虑利用先验知识，采取基于模型的解决方案；对于规模相对较小的动作连续问题，建议多尝试以 DDPG 或 PPO 这样经典且简单的无模型算法为基准；只有在面对较复杂且先验知识较少的动作连续问题时，SAC 才是值得优先考虑的算法。综合其复杂程度、现实中的常用性，以及篇幅限制等各方面，本书中不对 SAC 进行详细的讲解及公式推导，仅将其作为补充内容进行简单的梳理。

下面先简略介绍一个类似的算法 Soft QL，再改进它得到 Soft AC。

在论文 *Reinforcement Learning with Deep Energy-Based Policies* 中，作者首先提出了 Soft Q-Learning，简称 SQL。对于动作连续问题，该算法的出发点是寻求最大熵的策略 π^*（最大化期望奖励与策略熵 $J(\pi)+\alpha H(\pi)$ 的策略 π^*），以提高该策略的鲁棒性。论文中推导出，若 π^* 是最大熵策略，则可以定义出如下“软的”状态价值函数 Q^*_{soft} 与价值函数 V^*_{soft} ，且它们满足如下关系：

$$Q^*_{\text{soft}}(s_t,a_t)=r_t+E_{\pi^*}\left(\sum\gamma^s(r_{t+s}+\alpha H(\pi^*(a\mid s_{t+s})))\right) \tag{8.14}$$

$$V^*_{\text{soft}}(s_t)=\alpha\log\int\exp\left(\frac{1}{\alpha}Q^*_{\text{soft}}(s_t,a)\right)\mathrm{d}a \tag{8.15}$$

$$\pi^*(a_t|s_t)=\exp\left(\frac{1}{\alpha}\left(Q^*_{\text{soft}}(s_t,a)-V^*_{\text{soft}}(s_t)\right)\right) \tag{8.16}$$

有读者可能发现，上述结论和 6.4.3 节讲述的 PGQL 算法有一定的相似之处。在动作离散问题中，如果用 Q 函数的 Softmax 来抽样动作（玻尔兹曼探索策略），则恰好等价于最大熵策略。不过需要注意的是，动作连续问题与动作离散问题有很大的不同，熵的定义也不一样（必须基于全局分布来定义）。因此，读者可以借助 PGQL 算法来记忆以上结论，但如果要严谨地证明它，则还需要参考 SQL 原论文的推导。本书中不再赘述。

基于贝尔曼方程，即式（8.14）与式（8.15），SQL 原论文中提出了一种“软的”值迭代法，即式（8.17）、式（8.18）。正如前面所有的贝尔曼迭代一样，初始化Q_{soft}与V_{soft}后不断地迭代，最终它们都可以收敛于贝尔曼方程的唯一解Q^*_{soft}与V^*_{soft}。与此同时，按照式（8.19）定义的$\pi(a_t|s_t)$也会收敛于最大熵策略$\pi^*(a_t|s_t)$。

$$Q_{\text{soft}}(s_t,a_t) \leftarrow r_t + \gamma E_\pi(V_{\text{soft}}) \tag{8.17}$$

$$V_{\text{soft}}(s_t) \leftarrow \alpha \log \int \exp\left(\frac{1}{\alpha} Q_{\text{soft}}(s_t,a)\right) \mathrm{d}a \tag{8.18}$$

$$\pi(a_t|s_t) \leftarrow \exp\left(\frac{1}{\alpha}(Q_{\text{soft}}(s_t,a) - V_{\text{soft}}(s_t))\right) \tag{8.19}$$

以上迭代有一个问题，即式（8.18）的积分式是无法精确求解的，因此只能通过抽样求和的方式来估计它。在训练初期，随机均匀抽样，后期使用重要性权重抽样。这样，就能实现如式（8.17）、式（8.18）所示的迭代。

SQL 还存在另一个问题：即使已经有Q_{soft}与V_{soft}，能计算出按照式（8.19）定义的$\pi(a_t|s_t)$表达式，也很难从中抽样动作a_t，因为式（8.19）是一个一般的连续概率密度，其形式可能非常复杂。我们应该很自然地联想到，在深度学习领域，可以用生成模型（GAN）拟合一个复杂分布。生成模型接收正态噪声为输入，以优化输出与目标分布之间的 KL 散度为目标，最终将正态输入变换为目标分布。

具体而言，定义网络输入为状态s_t与正态噪声z，输出为$a_t = \pi_w(s_t,z)$。对于给定的状态s_t，式（8.19）给出的连续概率密度$\pi(a_t|s_t)$能帮助我们确定各个a_t的概率权重，作为状态s_t下的目标分布。我们希望当网络输入的噪声z服从正态分布时，网络输出的$a_t = \pi_w(s_t,z)$能服从该目标分布。我们可以仿照条件对抗生成模型（Conditional GAN）的方式进行训练，通过相对解析的方法化简输出与目标分布之间 KL 散度的梯度表达式，并用其他抽样技巧估计出该梯度值。

以上就是 SQL 算法的基本框架。总结一下：首先，定义并初始化两个接收连续输入的价值网络$V_{\text{soft}}(s)$与$Q_{\text{soft}}(s,a)$，以及一个策略网络$\pi(s,z)$；然后，根据式（8.17）、式（8.18）迭代更新价值网络$V_{\text{soft}}(s)$与$Q_{\text{soft}}(s,a)$（需要使用抽样估计积分的数值技巧），更新策略网络$\pi(s,z)$，使其输出符合如式（8.19）所示的分布；最后，价值与策略均会收敛于式（8.14）～式（8.16）给出的解。可以认为，算法的主框架是在迭代更新价值网络$V_{\text{soft}}(s)$与$Q_{\text{soft}}(s,a)$。而策略[包括式（8.4.6）]定义的策略式及用于抽样的条件生成模型则是从属于价值网络的。

在 4.2 节介绍的离散动作动态规划算法中，值迭代法的好处在于不需要显式地表征策略函数。可以想象：价值函数中隐含了一个策略，当使用值迭代法使价值函数收敛于V^*或Q^*时，价值函数中隐含的策略便自动收敛于π^*。但是，在动作连续问题中，即使已知V_{soft}与Q_{soft}，用式（8.19）表示的策略也过于复杂，且无法直接根据它抽样动作。因此，虽然 SQL 中的策略函数在概念上是从属于价值函数的，但在实践中，必须显式地表示它，需要专门训练一个策略网络。那么既然如此，为何不更加直接地使用它呢？

有的读者肯定已经想到，4.2 节中介绍的策略迭代法是与值迭代法相对的另一种算法。在策略迭代法中，需要初始化并维护一个策略函数，迭代地进行策略评估与策略提升。简单地说，值迭代法的主线是用迭代法拟合价值函数，策略函数隐含于值函数中；而策略迭代法的主线是提升策略，价值函数处于从属地位，其更新目标是策略对应的价值，其作用是指引策略提升；

虽然二者背后的思想完全不同，但是二者在算法实践中是很类似的，它们本质上都是价值与策略同时逐渐收敛于最优解的过程，只是迭代的顺序不一样。

对于“软的”值迭代与策略迭代，上述结论也是成立的。事实上，我们只需将上述 SQL 中的式（8.17）～式（8.19）稍微调换一下逻辑顺序，或者说调换一下策略与价值之间的主动关系，便可以得到 SAC 算法中的迭代框架：

$$Q_{\text{soft}}(s_t,a_t) \leftarrow r_t + \gamma E_\pi(V_{\text{soft}}) \tag{8.20}$$

$$V_{\text{soft}}(s_t) \leftarrow E_\pi[Q_{\text{soft}}(s_t,a) - \log\pi(a_t|s_t)] \tag{8.21}$$

$$\pi(a_t|s_t) \leftarrow \frac{\exp\left(\frac{1}{\alpha}(Q_{\text{soft}}(s_t,a))\right)}{\int\exp\left(\frac{1}{\alpha}Q_{\text{soft}}(s_t,a)\right)\mathrm{d}a} \tag{8.22}$$

在 SQL 中，可以根据式（8.17）和式（8.18）自行迭代更新V_{soft}与Q_{soft}，而式（8.19）的策略只是从属于价值函数的变化而变化，没有自主性；在 SAC 中，因为式（8.21）需要显式地用到策略函数，所以价值函数无法自行迭代。可以想象，我们维护的策略是具有自主性的，价值函数的迭代目标是当前策略所对应的价值，是从属于策略的。SQL 与 SAC 之间的关系正如值迭代与策略迭代之间的关系。

此外，还需要注意的是，值迭代法是天然的异策略算法，而策略迭代法是天然的同策略算法。因此，如果需要将其修改为异策略训练，节约数据成本，则需要引入重要性权重等概念，使式（8.20）～式（8.22）中对于期望表达式的含义仍然成立。

以上就是 Soft AC 的基本框架，下面对其进行总结。

Soft AC 的主要目标是针对动作连续问题，可以表征出一般的连续概率密度。为此，它首先采用了能量模型（Energy-Based Model）。在深度学习领域，能量模型具有悠久的历史，其理论最早来源于玻尔兹曼机，且受到深度学习领域最著名学者之一杨立坤（Yann LeCun）的大力推崇。具体而言，能量模型接收连续变量为输入，由神经网络输出一个标量，对其计算指数并进行归一化，以表征一般连续随机变量的概率密度，其形式类似我们熟悉的离散变量的 Softmax 函数。但是，由于归一化系数不是求和而是积分的形式，因此需要使用抽样求和等数值方法来估计它。有兴趣的读者不妨自行查阅资料，了解能量模型在深度学习的其他领域中的应用，以此加深对它的理解。其次，为了能够从能量模型表征的一般的连续概率密度中抽样动作，还需要额外训练一个生成模型。这两点便是实现 Soft AC 的核心技巧。至于最大熵策略、软价值函数，二者之间的等价关系等内容，因为其过于理论化，所以不要求读者掌握。此外，为了提升 Soft AC 的效率，让其在实际问题中发挥作用，还需要用到许多额外技巧，如调整系数α、异策略训练等，这里也不再赘述。

总体来说，考虑到其复杂程度、现实中的常用性，以及篇幅限制等各方面，本书选择将 Soft AC 作为补充内容，只为读者简单地梳理一下其理论脉络。若要真正掌握该算法，还请读者自行阅读以上推荐的论文。

8.5 总结：基于策略的算法

强化学习（未知环境）根据是否为环境建立模型可以分为基于模型算法与无模型算法两大

类。在基于模型算法中，同样可以利用基于价值或基于策略的思想。但是，因为引入了环境的模型，所以这两种思想的具体体现会更加复杂。因此，在进入基于模型算法的全新章节之前，有必要对无模型算法，特别是针对刚讲完的基于策略的算法进行总结。我们会通过与基于价值的算法进行对比，使对于基于策略的算法的总结更立体。这样，在进入基于模型强化学习算法的学习之后，就可以把注意力集中在模型为算法带来的全新部分。

8.5.1 基于价值和基于策略

前面提到，强化学习问题综合了环境未知与持续多步两方面的困难。为此，我们分别在第 3 章讲了退化的强化学习问题、探索-利用权衡的思想，在第 4 章讲了如何求解最优控制问题。在面对真正的强化学习问题时，需要将这两部分思想叠加在一起。不过，由于最优控制问题中的环境是完全已知的，仅存在持续多步方面的困难。因此，这两部分思想的特点也体现得更清楚。

从非常表面的角度来看，基于价值的算法的目标是解出隐藏在 MDP 定义中的“价值”（包括V、Q或A），对比其大小来决策；基于策略的算法要优化一个可以用来直接决策的策略。二者的区别很明显。但是，我们既然已经讲解了所有算法，就不能再停留在表面，而应该看看它们内在的思维方式有什么不同。

基于价值的算法本质上属于一种动态规划方法，即将大问题拆分为小问题。因为 MDP 在时间上具有马尔可夫性质，所以选择对时间这个维度进行差分，以此来解决持续多步方面的困难。当然，这也引入了一些额外的要求——需要定义出“价值”V及Q。二者相对于直观的奖励R更加复杂，但只有V与Q才能作为多步之间的桥梁，帮助我们定义出贝尔曼方程，将大问题拆分为小问题。在最优控制已知环境的设定下，可以直接求解系数完全已知的贝尔曼方程；而在强化学习未知环境的设定下，主要的问题来自如何产生数据以更好地估计贝尔曼方程的系数（让重要的(s,a)被计算得更准确）。

算法 5.7 总结了无模型的、基于价值的算法。它的本质（重要）即用迭代法解贝尔曼方程，次要的是如何更好地产生并使用数据集，而其他技巧（减小方差、避免高估等）则被摆到更次要的位置。

第 4、6、7 章讲了许多基于策略的算法。它们的基本思想是首先初始化一个策略，然后不断地优化它，使它能取得最好的效果。如果用持续多步的视角来看，就可以发现，这类算法没有进行时间差分，而是直接将持续多步的过程作为一个整体进行优化。

具体地说，一般强化学习问题中的环境是时齐且随机的，因此策略是$\pi(a\,|\,s)$的形式，即每一步仅根据当前状态选择动作。对于一个策略，我们不评判它在某一步走得怎么样、不区分它每一步的表现，只看这个策略在持续多步的过程中最终取得的期望奖励总和$J(\pi)$，将其作为一个整体来进行评价或提升。更具体地说，对于策略π，当其参数w发生微小改变时，往往在各个不同的状态s下的动作的条件分布$\pi(a\,|\,s)$都会发生微小的改变。这种改变在持续多步的过程中相互串联，往往会使整个轨道的分布$P_w(\tau)$发生巨大的改变。因此，我们很难将策略的影响区分到具体各步中进行评价，只能把目标作为一个整体来优化。

这里有读者可能会有疑问——在 AC 算法中，我们岂不是能利用价值网络把策略分为很多步来评价？这算不算也是一种时间差分的思想呢？这里必须强调的是，AC 算法本质上属于基于策略的算法。它并没有进行时间差分，它的主要思想仍是把持续多步的过程作为一个整体进行优化。

为了解释以上论断，需要注意以下几点：①AC 算法中的价值网络拟合的是V_π而不是V^*，我们知道，V^*是一个由环境就可以定义的客观量，而V_π则是一个需要由当前策略π来定义的主观量，且必须由后续持续多步的过程来估计；②如果想将问题按时间差分到每一步，正确地评价一个策略在每一步的表现，那么无疑只能用V^*而绝不能用V_π；③事实上，价值网络的作用只是计算当前的策略梯度，帮助策略网络找到更新的方向，而不能真正评判策略网络在每一步的表现。

综合以上，从决策方式上来看，基于价值的算法是通过求出的价值来评估好坏而选出最优动作的，基于策略的算法是直接用策略输出动作的，二者之间是“间接”与“直接”的区别；从求解思路上来看，基于价值的算法的主要思路是“通过方程求解环境中隐含的量”，而基于策略的算法的主要思想是“迭代地优化策略，使其在环境中表现更好”，二者之间是“解方程”与“最优化”的区别；但是，从最根本的角度来看，二者最大的不同是“时间差分”与“不时间差分”；从概念上来看，持续多步是强化学习或最优控制问题中的核心特点，任何算法都不能躲避它，因此，如何解决它是算法首先需要考虑的问题，这也正是基于策略与基于价值的算法的最大区别。

8.5.2 偏差-方差取舍

虽然基于价值与基于策略的思想很不一样，但是，它们都要用抽样数据来进行估计。例如，基于价值的算法要用单步转移数据来估计贝尔曼迭代的目标，而基于策略的算法则要用完整的轨道数据来估计策略梯度。在统计学理论中，估计的均方误差等于偏差平方与方差之和（或者也包括不可避免的随机性误差）。因此，必须权衡偏差与方差，使算法的综合性能达到最优。

在 DQN 中，因为采用时间差分的思想，以单步转移数据作为更新的基本单位，且可以使用经验回放技巧增大数据量，所以估计方差较小。但是，因为目标表达式中自身的估计也占了相当一部分，所以它面临“冷启动”的问题，即在训练初期，因为自身估计不准确而面临较大的偏差。为此，提出了n步估计的方法，但是它在减小偏差的同时引入了一定的方差（因为估计式的项数更多、使用的基本单位更长）。进一步地，可以采用λ-return 技巧来调和偏差与方差。

在 VPG 算法中，由于没有进行时间差分，而把持续多步的过程作为整体进行优化，因此，计算策略梯度的基本单位是轨道τ。在$J(w)$及其梯度的公式中含有许多环境与$\pi_w(a|s)$连乘得到的系数，w的微小改变会在连乘的作用下产生巨大的改变，在一定数据量的限制下，这无疑会导致巨大的方差。我们要在此基础上引入偏差、减小方差。这和 DQN 是全然相反的。

在式（8.7）中，我们对目标$\eta(\pi)$或$J(\pi)$进行了展开。其中的折扣访问频率ρ是一个持续多步意义的量，它既考虑了s出现的频率，又考虑了s出现的“早晚倾向”，因此必须以完整的轨道τ作为单位才能估计它，也注定导致方差大。因此，在 AC 算法中，首先进行了第一层简化，把ρ简化为一般的概率P。或者说，不管 MDP 本来的定义而直接令$\gamma=1$。当本来的目标比较符合$\gamma<1$时，此举可能会引入一些系统性偏差，但是可以让所使用的基本单位从完整的轨道变为单步转移数据，减小方差。

讲到这里，需要专门强调一下，所谓偏差，其实包含两方面内容，一方面是由自身估计误差带来的偏差，这在网络估计不准确时比较大，随着训练的进行会慢慢减小；另一方面是系统性偏差，下面来更清晰地说明这一点。

基于价值的算法的基本思想是时间差分，它本来就是以单步转移数据为基本单位的。因此，1 步 DQN 中并没有系统性偏差，我们所说的“偏差”完全是指算法“冷启动”时目标网络的估计误差。当采用 n 步 DQN 时，事实上会引入系统性偏差，因为 n 步迭代公式中的 (s',a') 服从抽样策略 π 而非最优策略 π^* 的分布，严格意义上按照 n 步 DQN 的迭代公式并不能收敛于 Q^*。但是，由于目标表达式中自身网络估计部分的权重由 γ 减小为 γ^n，因此其自身估计的误差减小了。这里所说的“减小偏差”其实是指在算法初期，一般可以让“总偏差”减小，而到了算法后期，随着目标网络的精度提升，可能要重新调整 n 或 λ 以实现目标。

与之相反，基于策略的算法的基本思想是时间不差分，策略梯度公式本来就是以轨道 τ 为基本单位的。因此，VPG 算法中并没有系统性偏差。当将其变为 AC 算法时，把 ρ 简化为 P（令 $\gamma=1$）事实上会引入系统性偏差。

我们还说过，在 AC 算法中，可以用广义优势函数估计（GAE）的方法重新调和偏差与方差。这里需要强调的是，这里所调和的“偏差”是指“网络估计偏差”。当将 VPG 算法的更新公式简化为 AC 算法的更新公式（本质上是将 ρ 简化为 P）时，就已经引入了系统性偏差。在此基础上，采用 GAE 的方法只是调和估计 A_π 时的“网络估计偏差”与“方差”，不会影响系统性偏差。

此外，可以观察如下 AC 算法中的策略梯度公式：

$$PG_{\text{AC}}=\sum_{s\in S}P_w(s)\sum_{a\in A}\nabla_w\log\pi_w(a|s)A_\pi(s,a) \tag{8.23}$$

可以看出，GAE 的方法用于估计式子中的 A_π，与前面的 P_w 无关。从另一个角度来说，如果 $\gamma=1$，则 $P_w=\rho_w$，此时，系统性偏差不存在，但仍要用 GAE 的方法来调和偏差与方差。因此，这里所说的“偏差”是指“网络估计误差”。

综合以上，将偏差-方差取舍写成表 8.1。

表 8.1　偏差-方差取舍

算法	系统性偏差	网络估计偏差	方差
1 步 DQN	无	大（权重为 γ）	小（单步转移数据）
n 步 DQN	有（π 与 π^* 的偏差）	小（权重为 γ^n）	大（n 步数据）
λ-return DQN	随着 λ 的增大而增大	随着 λ 的增大而减小	随着 λ 的增大而增大
VPG	无	无	超大（轨道数据）
1 步 AC	有（ρ 与 P 的偏差）	大（权重为 $1+\gamma$）	小（单步转移数据）
n 步 AC	有（ρ 与 P 的偏差）	较小（权重为 $1+\gamma^n$）	大（n 步数据）
AC（GAE）	有（ρ 与 P 的偏差）	随着 λ 的增大而减小	随着 λ 的增大而增大

可以将表 8.1 中的思想简化为如下几点。

第一，在基于价值的算法中，最基本的是 1 步 DQN 算法；在基于策略的算法中，最基本的是 VPG 算法。因为这两个基本算法都是直接化用理论公式（贝尔曼方程与策略梯度公式）而来的，所以它们当然不存在系统性偏差。

第二，基于价值的算法的基本思想是时间差分，基于策略的算法的基本思想是优化持续多步的整体。因此，1 步 DQN 算法就会面临时间差分对应的基本问题，即网络估计偏差大、方差小；而 VPG 算法则会面临持续多步（传统 MC 算法）的基本问题，即无偏差、方差大。

第三，为了减小偏差与方差，可以采取各种措施。为此，甚至不惜引入系统性偏差来减小网络估计偏差与方差。需要注意的是，基于价值与基于策略的出发点不同，位于偏差-方差取舍的两个极端，而现实中一般会将其调整到折中的位置（采用 λ-return 可以方便我们调整）。

第四，网络估计偏差在训练初期比较大，在后期会逐渐减小。因此，可以在训练过程中逐渐调整到网络估计偏差对应权重较大的算法，以减小其他偏差与方差。换言之，在采用 λ-return 时逐渐减小 λ 。

在实践中，很难真正算出方差与偏差这些理论上的概念的具体值。不过，人们通过许多实验证明，即使上述一些技巧在理论上相比于基本算法会引入系统性偏差，但有助于减小总体均方误差、提升算法效率。因此，今天人们用基于价值的算法（基准一般为 Rainbow）都会用 n 步技巧，而用基于策略的算法（基准一般为 PPO）也一定会用 GAE 技巧。

8.5.3 策略的空间

基于策略的算法的核心是优化关于策略 π 的泛函 $J(\pi)$ 。从 VPG 算法到 AC 算法，再到 GAE 算法，其实都是在追求更准确地求解策略梯度。在优化算法中，除梯度外，更新步长也是很重要的。因此，本书先后讲述了自然梯度法、TRPO 与 PPO 算法。

从概念上来看，因为目标 $J(\pi)$ 是关于自变量 π 的泛函，所以策略梯度也应该是关于 π 求梯度。因此，即使用普通的一阶梯度方法，也应该在自变量 π 的空间中进行更新（在每一步更新中，π 变化的幅度同为设定好的超参数步长）。但在实践中，必须对策略 π 进行参数化，将其定义为神经网络 π_w 。由于多层神经网络的不可解释性，参数 w 的空间相比于策略 π 的空间会发生一定的扭曲，且部分区域的扭曲可能非常大。因此，应让策略更新恢复它在策略空间中应有的样子。在自然梯度法中，虽然使用牛顿法来阐述范数的思想，但事实上并没有用 $J(w)$ 关于 w 的二次导数信息，而只用了 π_w 关于 w 的 FMI。因此，这类算法其实只修复了 w 到 π_w 的扭曲，没有修复 π 到 $J(\pi)$ 的扭曲。在 π 的空间中看，它仍然是一个简单的、需要确定超参数步长的一阶算法。

具体而言，几种算法采用了不同的思路：TRPO 算法的出发点在于保证算法单调递增，并证明有关公式。但是，因为实践中的算法对公式有所化简（将最大 KL 散度化简为平均 KL 散度）且样本估计有误差，所以其单调性不可能得到真正的保证。因此，它的实际意义不在于用信赖域保证单调性，而在于用适合策略空间的范数定义信赖域，这与自然梯度法“殊途同归”；PPO 算法在这种思想下更进一步，省去了复杂的推导过程，直接采用 CLIP 控制策略的变化幅度。由于这种 CLIP 针对的是各个状态下的条件概率 $\pi(a|s)$ ，而不是参数 w ，因此它发挥作用的真实原因其实也是恢复了策略空间本来的性质，并且更加简单、高效。

总体来说，自然梯度法、TRPO 与 PPO 算法虽然出发点不同，但是本质上都恢复了策略空间本来的度量。目前，对于较复杂、规模较大的强化学习问题，人们一般会优先考虑采用 GAE 的 PPO 算法作为基准。

8.5.4 训练数据的产生与使用

前面提到，强化学习问题综合了环境未知与持续多步两方面的困难，任何一个算法都必须综合考虑这两方面。换个角度说，哪怕我们严格复现了算法，能准确地按照公式从数据中估计出策略梯度、FMI，却不在意这些数据是如何从环境中产生的，也很有可能达不到预期的效果。

与基于价值的算法相比，基于策略的算法的数据机制往往更加复杂，因为它所需的 $J(\pi)$ 、策略梯度、FMI、策略的熵等全部都是基于当前策略求值的，它天然就是同策略算法。在数据效率、估计方差、数据独立性等各方面，同策略都不如异策略好。因此，如果要将同策略转化为异策略，则需要保存各版本的策略参数，将数据通过重要性权重转化为符合该参数分布的数据。这相比于天然异策略的基于价值的算法要付出更多的额外成本。

在与环境进行交互产生数据这方面，同样要进行探索-利用权衡。一方面，算法的主旨是优化策略，策略梯度、FMI 等都必须基于当前认为的最优策略进行估计，因此自然需要利用；另一方面，必须抽样更全面、更丰富的状态-动作数据，只有这样才能避免局部收敛于次优策略、提高算法的鲁棒性。由于基于策略的算法中具有显式的策略 π ，因此可以直接将 π 的熵作为一项具体的指标添加到目标函数中。与基于价值的算法没有显式的策略相比，这样能更好地通过其权重控制探索的幅度。总体来说，基于策略的算法需要进行探索-利用权衡，但其目标、实现方式与基于价值的算法都略有不同。

虽然异策略有诸多优势，不过，将算法从天然同策略转化为异策略要付出额外的成本，因此人们也考虑采用并行训练机制，在保持其同策略的前提下减弱数据集的前后关联性、增强数据集的独立性。这相当于在一定程度上减免了转化为异策略的成本，同时减少了同策略的劣势。在规模较小的问题上，这不失为一种值得尝试的方法。此外，还有一些综合同策略与异策略的方法，如 TRPO 算法中讲过的 Vine 方法。它以同策略的方式采用完整的轨道数据估计了 $\rho(s)$ ，又用异策略的方式从“主干分布”上延伸，增大了使用数据集的规模。按目前一般的经验，在规模较大的问题上，人们还是会优先考虑异策略。

8.5.5 小结

总体来说，基于策略的算法相比基于价值的算法，其决策方式更加直接。它没有采用“价值”这样复杂的信息来评估各步的好坏并做对比，而是直接输出动作。当然，这会使我们对于整个决策过程的把控不如基于价值的算法。但是，在对计算量有限制的前提下，它更适用于规模较大的问题。这里将基于策略的算法相关的思绪总结为如下框图。

Model-Free 基于策略的算法

本质：优化 $J(\pi)$ ，采用梯度或无梯度法；

AC、GAE：调和方差、偏差，更准确地估计策略梯度；

TRPO、PPO：修复参数化对于策略空间的扭曲；

数据产生机制：探索－利用权衡，优化策略的熵；

数据使用机制：

- 异策略（重要性权重）：
  - 获得异策略算法的优势（数据成本低、方差小、数据前后关联性弱等）；
- 同策略（并行训练）：
  - 成本低、减小数据集前后关联带来的负面影响；

综合（Vine）： 综合二者的优势，优化性能；

基于价值与基于策略只是思想，而不是具体的算法。本书中按照算法的构成对算法进行分类——第 5 章讲的是只需训练一个价值表或价值网络的算法，第 6 章讲的是只需训练策略函数的算法，第 7 章讲的是需要同时训练价值网络与策略网络的算法。如果按照算法的思想，却很难对算法进行清晰的分类。例如，我们完全可以用两种思想从头独立地推导出 DDPG 算法。又如，Sarsa 是同策略算法，它拟合的是Q_π而不是Q^*，但我们又没有显式的π，因此它也处于二者间的模糊地带。对于在实践中能发挥作用的复杂算法，两种思想总会互相交融。对这两种思想进行辨析对比的目的在于让读者更好地理解它们、融汇它们以设计出更好的算法，而不在于非要准确地对算法进行分类。

参 考 文 献

[1] KAKADE S. A Natural Policy Gradient[C]//Advances in Neural Information Processing Systems 14 [Neural Information Processing Systems: Natural and Synthetic, NIPS 2001, December3-8,2001,Vancouver,BritishColumbia,Canada].MITPress,2001.DOI:doi:http://dx.doi.org/.

[2] PETERS J, VIJAYAKUMAR S, SCHAAL S. Natural Actor-Critic[J]. Springer, Berlin, Heidelberg, 2005.DOI:10.1007/11564096_29.

[3] SCHULMAN J, LEVINE S, MORITZ P, et al. Trust Region Policy Optimization[J]. Computer Science, 2015:1889-1897.DOI:10.48550/arXiv.1502.05477.

[4] SCHULMAN J, WOLSKI F, DHARIWAL P, et al. Proximal Policy Optimization Algorithms[J]. 2017.DOI:10.48550/arXiv.1707.06347.

[5] LILLICRAP T P, HUNT J J, PRITZEL A, et al. Continuous Control with Deep Reinforcement Learning:US201615217758[P]. US10776692B2[2023-11-12].

[6] BARTH-MARON G, HOFFMAN M W, BUDDEN D, et al. Distributed Distributional Deterministic Policy Gradients[J]. 2018.DOI:10.48550/arXiv.1804.08617.

[7] FUJIMOTO S, VAN H H, MEGER D. Addressing Function Approximation Error in Actor-Critic Methods[J]. 2018.DOI:10.48550/arXiv.1802.09477.

[8] HAARNOJA T, TANG H, ABBEEL P, et al. Reinforcement Learning with Deep Energy-Based Policies[J]. 2017.DOI:10.48550/arXiv.1702.08165.

[9] HAARNOJA T, ZHOU A, ABBEEL P, et al. Soft Actor-Critic: Off-Policy Maximum Entropy Deep Reinforcement Learning with a Stochastic Actor[P]. 2018[2023-11-12].DOI:10.48550/arXiv.1801.01290.

[10] HAARNOJA T, ZHOU A, HARTIKAINEN K, et al. Soft Actor-Critic Algorithms and Applications[J]. 2018.DOI:10.48550/arXiv.1812.05905.

第 9 章

RL

基于模型的基本思想

强化学习根据是否为环境建模可以分为两大类，无模型算法和基于模型的算法。因为这两大类算法的性质非常不同，算法组件与流程也非常不同，所以人们一般认为这是强化学习算法最基本的分类。因为无模型算法更简单，且更具有通用性，所以本书的重点是无模型算法。本章将相对简练地讲解基于模型强化学习算法的基本思想，使读者更加了解强化学习的全貌。简便起见，后面统一将基于模型的强化学习（Model-Based RL）简称为 MBRL，将无模型强化学习（Model-Free RL）简称为 MFRL。

前面提到，强化学习算法可以利用两种基本思想，即基于价值与基于策略。需要注意的是，它们是算法的思想，而不是严格的算法分类方式。事实上，无论是在 MFRL 还是 MBRL 中，都可以利用这两种思想，但具体过程有所不同。除此之外，在 MBRL 中还可以利用第 4 章介绍的实时规划的思想。它异于以上两种思想，在 MFRL 中是无法实现的。但是，著名的 AlphaGo 正是借由它才实现了性能的突破。强化学习领域著名学者 Sutton 曾说过："Decision-Time Planning is Additional Unique Option for Model-Based Setting"（决策时规划是基于模型设置的另一个独特选项）。从这个角度可以看出，在 MBRL 与 MFRL 这两大类算法中，可以实现的思想、取得的效果是完全不同的。因此，MBRL 与 MFRL 是严格的算法分类方式，并且是强化学习中最基本的分类方式。

9.1 MBRL 概述

在强化学习中，MBRL 与 MFRL 是相对应的。经过前面的学习，读者应该对 MFRL 的特性相对比较了解。因此，下面首先对 MBRL 与 MFRL 做一个基本辨析。借着了解二者有什么不同，可以更好地了解 MBRL 的基本特性。

首先，MFRL 是相对通用的强化学习算法，而 MBRL 则适用于具体问题具体分析。由于这种特性，MBRL 比 MFRL 显得更为多样与分散。

目前，MFRL 领域具有比较集中的主线和人们广泛认可的经典算法。例如，基于价值的算法的主线从基础的 DQN 到作为完全体的 Rainbow，基于策略的算法的主线从基础的 VPG、AC 到 PPO。各种材料在讲解 MFRL 时几乎都会围绕相同的算法、相似的主线。在面对几乎没有什么先验知识的问题时，人们总是可以快速地对 MDP 进行定性（随机的还是确定的、状态是连续的还是离散的），并将 MFRL 的经典算法（Rainbow、PPO、DDPG 或 Soft AC）作为基准。

相比之下，MBRL 显得比较分散，目前还没有形成被人们广泛认可的主线或基准。诸如 Dyna、PILCO 等算法，虽然从提出的年代与知名度上能被称作“经典”，却已不适用于现实中的复杂问题。在面对有先验知识的问题时，我们往往需要具体问题具体分析，找到最适合它的 MBRL 算法。这也就意味着，现实中的 MBRL 成功案例往往采取的是迥异的算法，很难用几个经典算法来概括整个领域。

其次，在面对现实中具体的复杂问题时，如果我们知道一些 MDP 的先验知识并且能够加以利用，则 MBRL 的效果往往比 MFRL 的好。

很多材料在讲解 MFRL 与 MBRL 时都会提及后者的数据效率比前者高。各种算法的数据效率对比如图 9.1 所示。

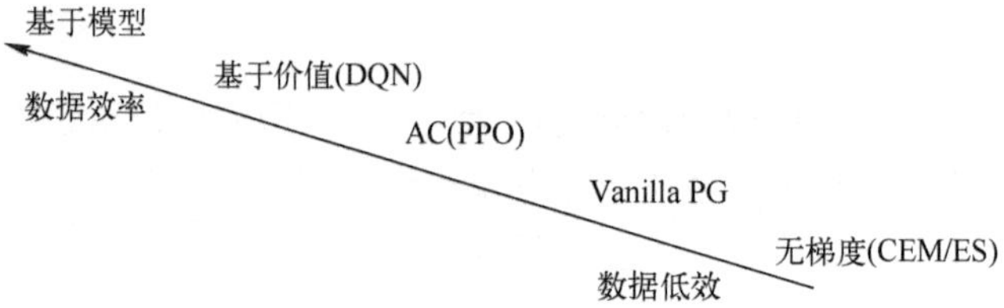

图 9.1　各种算法的数据效率对比

需要强调的是，上述说法成立的前提是正确地利用了问题的先验知识来设计 MBRL 算法。否则，如果 MBRL 算法使用的数据比 MFRL 算法使用的数据少，就必然会牺牲最终性能。总体上，MBRL 算法的流程更复杂、计算量更大。由没有免费的午餐原理可知，只有利用了问题的其他重要信息，才可能在成本或性能上取得优势。这也进一步体现了 MBRL 适用于具体问题具体分析的特点。

此外，还有必要说明的是，MFRL 与 MBRL 的源流有所不同，这可能会造成读者在学习 MBRL 时有些不习惯。

因为 MFRL 追求通用性，所以它的理论与方法更多来源于机器学习和深度学习领域。强化学习之所以在 2016 年左右兴起，主要是因为 MFRL 借了 2010 年后深度学习发展的东风，可以很快将深度学习领域新发展起来的方法移植到强化学习这个原本已有很多年历史的领域。在 MFRL 领域，绝大部分经典论文来自 DeepMind 这类拥有超大算力，致力于研究通用人工智能的机构。因为本书大部分读者具有机器学习与深度学习基础，所以在学习 MFRL 算法时相对比较适应。相比之下，MBRL 适用于具体问题具体分析。MBRL 领域目前重要的论文相对比较分散，来自各个研究机构，致力于解决现实中各种条件差异很大的控制问题，其理论与方法有很多来自传统的控制论，使用符号习惯有所不同。截至本书成稿时，MBRL 领域仍然处于快速发展之中。许多研究者对于 MBRL 的结构与重点持有不同的观点，没有形成公认的主线。也有许多研究者认为，目前还没有到能够为 MBRL 进行综述的时机。若一般读者觉得 MBRL 的论文比 MFRL 的更加晦涩，这完全属于正常现象。

需要强调的是，虽然 MFRL 在形式上具有通用性，但是其在具体问题中的表现很可能不如 MBRL。从 2015 年开始，MFRL 的快速发展推动了整个强化学习领域的发展。但在 2020 年之后，MFRL 的发展已逐渐陷入瓶颈期。很多研究者认为，MBRL 才是日后强化学习领域的发展方向，甚至是通向通用人工智能的桥梁。

基于 MBRL 的这种特性，本章致力于阐述 MBRL 算法背后的思想，而非具体的算法。其中也会提到一些经典算法，如 Dyna 与 PILCO 等，但不会像 MFRL 那样具体地介绍这些算法的细节，而是旨在借它们引出算法背后的思想。这主要有两个原因，其一是 MBRL 领域的算法比较分散，前沿算法往往不是基于这些经典算法发展而来的，各算法之间的延续性较 MFRL 弱；其二是如果读者要解决现实中的问题，则这些经典算法往往不能像 MFRL 中的经典算法那样被用作基准。因此，本书将努力从相对分散，且仍处于快速发展中的 MBRL 领域概括出一些相对通用的、已经被广泛接受的思想，并将所有算法置于整个 MBRL 思想的框架中来讲述。在后续两章中，每节将围绕 MBRL 思想的某方面，而不是某个具体算法展开。

下面说明一下后续两章的讲解顺序。

MBRL 领域是庞杂而分散的。其中，采用实时规划的 MBRL 在形式上会和我们之前介绍的 MFRL 中的所有算法的差别较大。但是，由于知名度最高的 AlphaGo 正是属于这个领域，因此本书中自然不能将其落下；除这个部分外，MBRL 中的世界模型（World Models）涉及 POMDP 的定义，比较适合图像或其他高维输入的情况。由于这两部分的内容比较重要，但它们对于读者相对困难且生疏，因此我们将其安排在第 10 章进行讲解。

在本书要涉及的 MBRL 算法中，排除了以上两部分之后，剩下的部分为 MBRL 中相对基础的算法，与我们熟悉的 MFRL 比较接近。大体上可以说，这部分 MBRL 算法就是在 MFRL 的逻辑基础上叠加了一个模型以提升效率。为了符合循序渐进的原则，我们在第 9 章中首先介绍这部分与 MFRL 接近的内容，这样，读者可以专注于模型为算法带来的全新变化。通过讲解一些 MBRL 中的经典算法来回答“模型是什么”“模型用来做什么”等基础问题，让读者了解 MBRL 的基本思想。待读者对 MBRL 有了一定的了解之后，便开始学习 MBRL 中的进阶内容，包括世界模型与实时规划。

需要注意的是，许多 MBRL 算法并不是在 MFRL 的基础上发展而来的，因此这种讲解顺序未必符合 MBRL 这个领域的内在逻辑顺序。但是，由于本书中我们以 MFRL 作为重点并已经对其进行了详细讲解。因此，这里选择这种讲解顺序可以使全书内容更加循序渐进、更容易为读者所理解与接受。

9.2 模型是什么

MBRL 与 MFRL 的核心差别在于有没有“模型”。因此，“模型是什么”自然是我们在学习 MBRL 时第一个要解决的问题。

在机器学习、深度学习领域，“模型”的含义非常广。当我们面对一个猫狗分类的有监督学习问题时，我们完全可以说自己训练了一个“CNN 模型”。如此说来，在 MFRL 中，我们也要训练神经网络以拟合价值函数或表示策略，这也能称得上是一个“模型”，那么，这怎么能叫作无模型算法呢？

必须强调，MBRL 中的“模型”特指为环境，即要求解的 MDP 本身建模。前面提到，MDP 可以由六元组 $(S, A, P, R, \gamma, \text{Done})$ 定义。当我们说“为环境建模”时，主要指的是为状态之间的转移关系 P 及奖励函数 R 建模。在 MFRL 中，虽然用神经网络表示价值函数或策略，但没有用任何一种模型来表示环境转移关系或奖励函数本身，因此它们被归类于无模型强化学习算法。MBRL 与 MFRL 的核心区别就在于是否对环境进行建模。

9.2.1 各种模型及其基本用法

前面提到，MBRL 的思维方式是具体问题具体分析。因此在现实中，选择模型时首先需要考虑的是问题的性质，如环境转移关系是否随机、是否时齐，动作和状态分别是连续的还是离散的，以此来决定选用模型的形式。

例如，当 S 和 A 都是离散变量时，可以将环境的真实转移关系 $P_{ss'}^{a}$ 定义为一个 $|S|\times|A|\times|S|$ 规格的表格（也将其称为 Tabular MDP），将环境的真实奖励函数 R_{sa} 定义为一个 $|S|\times|A|$ 规格的表格。按强化学习的设定，我们不知道环境的真实转移关系，只能通过与环境进行交互来产生符合 P 与 R 分布的数据。在 MFRL 中，不对环境进行建模，只需建立一个 $|S|\times|A|$ 规格的表格作为 Q 表即可；而在 MBRL 中，则要额外建立并维护一个 $|S|\times|A|\times|S|$ 规格的表格作为对环境转移关系的估计 $\hat{P}_{ss'}^{a}$，以及一个 $|S|\times|A|$ 规格的表格作为对奖励函数的估计 $\hat{R}_{sa}$。在算法训练过程中，除了用单步转移数据 (s,a,r,s') 拟合 $Q^{*}(s,a)$，还需要用它们拟合环境，即让估计的 $\hat{P}_{ss'}^{a}$ 与 $\hat{R}_{sa}$ 更加准确。

又如，当状态与动作都是连续变量，且环境是一个确定性的环境时，可以定义环境的真实转移关系是一个 $S\times A\to S$ 的函数，用一个线性模型或神经网络拟合它。与一般的有监督学习问题类似，我们可以从环境中收集大量的 (s,a,s') 数据，分别以均方误差 $(s'-k_1 s-k_2 a-b)^2$ 或 $(s'-f(s,a))^2$ 为损失函数拟合线性模型或训练神经网络。当抽样充分多的数据并进行了充分训练后，神经网络 $f(s,a)$ 或线性模型 $(k_1 s+k_2 a+b)$ 便可以很好地拟合环境转移关系。

关于选择线性模型还是神经网络，可以进行一个简单辨析。显然，神经网络的拟合能力更强，能够拟合更复杂的现实环境，但是，神经网络是一个黑盒模型。当训练好神经网络之后，基本只能由输入 (s,a) 获得输出 s'，而很难利用训练好的参数 w。我们将这种使用模型的方式称为黑盒模型。相反，线性模型的拟合能力较差，在较复杂的 MDP 中会有较大的误差。但它是一个可解释的白盒模型。当我们有了线性模型的系数之后，可以高效地利用它求解最优策略（例如，在第 4 章介绍的 LQR 控制器中，最优策略的系数可以由线性环境的系数表示出来）。我们将这种使用模型的方式称为白盒模型。这里需要强调的是，MBRL 算法的特性不仅与模型的形式（表格型、线性函数、神经网络）有关，还与模型是否可解释（黑盒模型、白盒模型）有紧密的关系。后面会经常使用黑盒模型与白盒模型的说法，并将其作为算法的基本分类方式之一。

再如，当状态与动作都是连续变量，且环境具有随机性时，可以用一个高斯过程（简记为 GP）拟合它。对于给定的当前状态与动作，GP 模型可以输出一个多维正态分布，作为下一个状态的预测。因为 GP 模型可以拟合出详细的概率表达式，所以它属于白盒模型。在经典的 MBRL 算法 PILCO（Probabilistic Inference for Learning Control）中，就采用 GP 为环境建模，以此来辅助价值函数的拟合及策略提升，如图 9.2 所示。

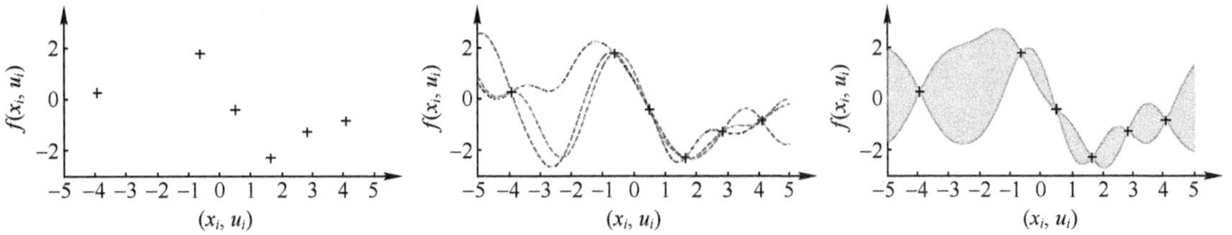

（a）小规模数据集示例　（b）用数据集拟合多条确定性函数曲线　（c）综合得到的概率模型

图 9.2　PILCO 算法用高斯过程为环境建模

下面总结一下本节内容。

首先，MBRL 中的“模型”指的是拟合环境本身的模型，主要就是拟合状态–动作转移函数 $f(s,a)$ 或 $P_{ss'}^{a}$，以及奖励函数 $R(s,a)$。

其次，因为模型是为 MDP 环境建模，所以模型的分类方式与 MDP 的分类方式是高度重合的。例如，MDP 中的状态与动作是连续变量还是分类变量，是否具有随机性，是否是时齐的都会直接影响选用何种形式的模型。当然，与简单为 MDP 定性不同，这里还要选择具体的模型。

最后，因为模型有具体的形式，所以可以根据其形式是否简单、是否具有可解释性将其分为黑盒模型或白盒模型。这种定性与我们如何使用模型往往是息息相关的，这也是 MBRL 算法的基本分类方式之一。

9.2.2　更多的模型变体

在大部分经典的 MBRL 算法中，都是为环境转移关系 P 与奖励函数 R 建模。但除此以外，近年来，MBRL 还发展出许多其他算法，其建模对象并不是 MDP 定义中的 P 与 R，并且理论上其往往可以由 P 与 R 推算出来，显得多此一举。但是，实践证明这些建模方式对于算法的性能有所提升。下面介绍一些可能出现的模型变体。

第一个例子，多步预测模型（Multi-Step Model）。

根据 MDP 的马尔可夫性质，我们只需为一步转移关系建模——如果要预测多步，则只需把上一步的输出作为下一步的输入，依次类推，便可以获得对多步的预测结果（按马尔可夫性质定义，多步情况就是由概率式串联而得到的）。但是，模型与真实环境总是有误差的。在预测多步时，如果将有误差的一步预测值再次输入模型，则可能会使误差相互串联，导致巨大的误差。

论文 *Combating the Compounding-Error Problem with a Multi-Step Model* 提出了多步预测模型。它以当前状态 s_t 与接下来的多步动作 $a_t,a_{t+1},a_{t+2},\cdots$ 为输入，目标是预测未来多步的状态 $s_t,s_{t+1},s_{t+2},\cdots$。与一般 1 步模型采用类似有监督学习的损失函数不同，多步预测模型针对多步串联的特点设计了特殊的损失函数。在进行多步预测时，多步预测模型不会只以自身输出的一步预测为输入，而是会综合更多信息以规避各步误差串联导致的巨大误差。虽然多步预测模型没有充分利用 MDP 的马尔可夫性质，但数值实验证明多步预测的误差往往更小。

第二个例子，轨迹数据的生成模型。

在强化学习的定义中，环境是指可以不断与之进行交互产生数据（第 1 章专门强调过“拥有环境”与“拥有数据”的区别）。但是在某些算法中，我们只需用模型来产生更多的模拟数据，作为环境产生真实数据的补充，这时不需要真正可以作为环境，与之进行交互的模型。我们一般将这种“模型”称为“模拟器”（Simulator），它不能就指定的(s,a)预测s'，不能像一般环境那样与之进行交互。但是，它可以以任意策略作为输入，并输出一批这个策略下的模拟数据。打个简单的比方：如果说环境是一个真实的游戏，则一般 MBRL 中的模型就是建立了一个模拟游戏，我们可以交互地操作、玩乐；而模拟器则只是一个游戏数据的生成器，我们可以用它生成一段又一段的游戏演示视频，从视频中学习游戏技术，却不能真正动手体验这款游戏。在某些特定算法中，这样做是更加高效的。

第三个例子，适用于复杂高维问题的模型。

在更复杂的 MDP（如以视频图像作为输出的游戏）中，还要定义观测（Observation）的概念，它与具有完全信息、信息密度高、符合马尔可夫性质的状态是不同的。如果我们只能获得观测而不能获得状态，那么问题就被定义为 POMDP（Partial Observed MDP）。与 MDP 不同，面对这样的问题，我们要为观测与状态之间的映射关系建模，如状态表示学习（State Representation Learning，SRL）或状态关于观察的后验概率模型等。在以图像为输入的问题中，这类定义是非常常见的，几乎是解决问题的“必经之路”。因为这部分内容重要且复杂，所以将其放在第 10 章的世界模型部分进行详述。

在 MDP 中，“正向”的逻辑顺序是，若当前处于状态s并采取动作a，则会（以一定的概率分布）进入下一个状态s'。因此，一般的前向模型（Forward Model）以s与a为输入，预测s'的分布。但是，我们也可以采用后向模型（Backward Model），即给定s'与a，推测要从哪个s采取a，才会到达给定的s'；或者给定s与s'，推测处于s时要采取哪个a才能实现转移到s'的目标（有时人们会在不同地方用后向模型或逆向模型分别表示不同的含义，容易引发混淆。我们强调还是要注意具体定义）。如果采用实时规划的决策方式，则这些模型可以很好地辅助决策（例如，当处于全新的状态s_0，且目标是到达s^*时，可以用后向模型或逆向模型来推测中间要经过哪些状态，为此应该采取哪些动作）。即使不采用实时规划的决策方式，这类模型也能提升训练效率。这方面的有关论文包括 *Forward-Backward Reinforcement Learning*、*Recall Traces: Backtracking Models for Efficient Reinforcement Learning* 与 *Bidirectional Model-Based Policy Optimization* 等。

总体来说，在以上介绍的这些例子中，并不是严格地为 MDP 定义中的P与R直接建模，而是为一些与P和R息息相关的表达式（其往往可以与P和R相互导出）建立模型来辅佐我们的算法。有的读者或许会有疑问——前面说模型就是为 MDP 的环境P与R建模，而在本节中，又说模型不一定是为这两部分建模，也可以为其他与环境有关的部分建模。在许多经典的 MFRL 算法中，同样需要建立几个含义各不相同的网络并共同训练（如 DDPG 要同时训练 4 个网络）。那么，MBRL 中所谓的“模型”的严格定义究竟是什么？它与 MFRL 的严格分界到底在哪里呢？

事实上，由于 MBRL 还在快速地发展变化之中，因此目前很难为“模型”给出一个最终的、无歧义的、严格的、排他的官方定义，只能通过辨析一些容易产生混淆的特点，加深读者对“模型”的理解。

9.2.3 模型的一些特点

首先，所谓“模型”，指的是为环境建模，但它并不是环境本身。即使它的作用仅仅是以黑盒模型的形式增加更多数据，它也必须是和环境有区别的。

打个比方：我们的目标是用强化学习算法训练一个能够实现自动驾驶的智能体。为此，我们可以在现实世界中准备几台无人车，用其传感器收集的图像数据作为状态，将其现实中的驾驶操作定义为动作，这样便得到了一个可以与之进行交互训练的环境。但是，定义在现实中的环境会导致数据成本过高——在训练初期，每获取几百条数据就会导致一台无人车因碰撞而报废，而深度学习往往需要数以百万计的训练数据，这是我们无法接受的。因此，人们会在计算机中建立一个复杂的仿真环境，就像我们玩的赛车游戏一般可以与之进行交互操作（比一般的赛车游戏更加精密，以贴合现实中的复杂情况）。此后，我们仅仅与仿真环境进行交互，以此来训练智能体。这无疑大大降低了成本，让强化学习训练自动驾驶智能体成为可能。

需要注意的是，在这种情况下，如果仅仅用 MFRL（如 PPO 或 DDPG）算法与仿真环境进行交互，产生数据并训练网络，则这仍然只能被称为 MFRL 算法。我们不能因为模拟现实中的环境建立了仿真环境，就把“仿真环境”当作“模型”，把我们的算法称为 MBRL 算法。因为在整个算法中，我们只是与仿真环境进行交互，而没有与真实环境进行任何交互。本质上，我们训练的并不是一个在真实环境中自动驾驶的智能体，而是一个在仿真环境中自动驾驶的智能体（类似游戏 AI）。当仿真环境与真实环境比较接近时，智能体在现实中也能有好的表现。在这种情况下，仿真环境只能理解为 MFRL 中的“环境”而非 MBRL 中的“模型”，而我们的目标则是训练仿真环境中的智能体。

其次，环境也不能是模型本身。

这句话听起来与前一句话很像，似乎只是将顺序调换了。不过，如果前一句话是为了强调 MBRL 与 MFRL 的不同，那么这里调换顺序讲这句话其实是为了强调 MBRL 与最优控制算法也是不同的。

需要注意的是，在许多传统控制问题中，人们事先是不知道环境的。此时，人们采用的传统控制方法一般分为两个步骤，其一是通过与环境进行交互产生大量数据，以此来拟合出环境表达式，其二是用最优控制算法（动态规划或 LQR）在该表达式上求解最优策略。这种方法也属于“最优控制”。这里许多读者肯定会有疑问，既然这种情况下我们未知环境而用数据拟合出了环境的模型，那么它和 MBRL 有什么不同呢？下面详细地辨析二者。

在最优控制中，设原本想求解的真实环境是 (P,R)，为此，用 (P,R) 中产生的数据拟合出 (P',R') 表达式。拟合得到 (P',R') 表达式之后舍弃 (P,R)，即不再从中产生新的数据，而完全基于 (P',R') 表达式求解最优控制。倘若拟合效果较差，即 (P',R') 与 (P,R) 相差较大，则解出的最优策略在真实环境中表现不佳；反之，若 (P',R') 与 (P,R) 比较接近，则解出的最优策略能够在真实环境中取得较好的表现。但无论如何，算法的目标事实上是在求解已知表达式的环境 (P',R') 中的最优策略，与原本的 (P,R) 并无直接关系；相比之下，在 MBRL 中，算法的目标始终是求解真实环境 (P,R) 中的最优策略。为了使这个求解过程更加高效，或许会拟合出 (P',R') 以辅助这个过程。模型 (P',R') 仅仅用来加速或辅助算法，而绝不是算法本身的目标。

有的读者可能还是不解：(P',R') 不也是用真实环境 (P,R) 产生的数据拟合出来的吗？我们希望将 (P',R') 拟合得更好，这不就是为了能让解出的最优策略在 (P,R) 中表现得尽量好吗？怎么能说最优控制算法的目标和 MBRL 的目标不同呢？

这里不妨通过算法训练的过程来辨析二者。

在最优控制算法中，或许环境表达式 (P',R') 是问题给定的，或许是由与真实环境 (P,R) 进行交互产生的数据拟合出来的。但无论如何，从某一时刻起，我们便不会再修改(P',R')表达式，一切算法以固定的(P',R')表达式为前提展开。只要从某个时刻起，我们认为环境表达式完全已知，这就被归为最优控制的范畴。相比之下，MBRL 的目标始终是求解真实的未知环境(P,R)。我们会一直与(P,R)进行交互，产生数据，以使拟合的(P',R')更接近它，但永远不会将(P',R')固定下来，更不会以它取代(P,R)作为算法的目标。

在讲 DQN 时提到，对于与最优策略密切相关的(s,a)，会产生更多有关的数据、将更重要的$Q(s,a)$估计得更准确。为此，可以采取探索-利用权衡。在 MBRL 中，道理也是类似的。随着算法的迭代，当前策略越来越好，此时会产生更多与重要的(s,a)有关的数据，使(P',R')中关于重要的(s,a)部分拟合得越来越准确。倘若在某个时刻固定了(P',R')并以其为目标，则算法不会呈现出这样的性质。通俗地说，MBRL 中的(P,R)是客观的，而(P',R')则与$Q(s,a)$一样具有主观性与目的性，并且是动态变化的。它“一边拟合一边求解”，与最优控制“先拟合再求解”是完全不同的。

总结以上两点：MBRL 中有一个真正的“环境”，也有和真实环境息息相关的“模型”。我们始终以在“真实环境”中取得最大期望奖励为最终目标，同时根据最终目标不断调整“模型”，以辅助算法。如果一个算法不同时符合以上两点，且任何时刻都以此为前提进行迭代，则不能称为 MBRL。这也正是我们所说的“模型不是环境，环境也不是模型”。总体来说，最优控制（完全已知环境表达式）、MBRL（为未知环境建模）、MFRL（不为未知环境建模）是完全不同的 3 类算法，它们的关系如图 9.3 所示。

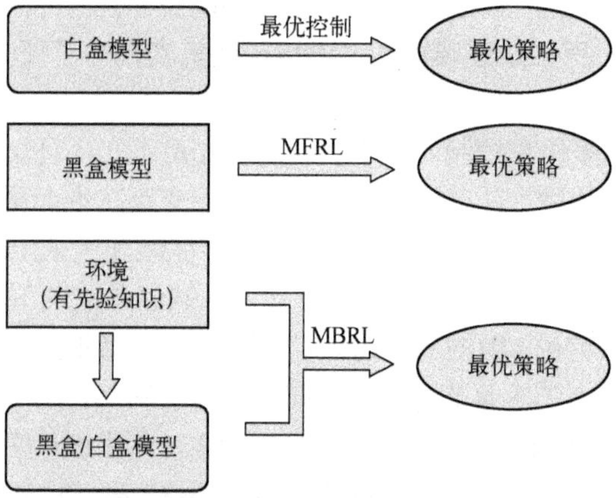

图 9.3　最优控制、MBRL 与 MFRL 的关系

除了以上两点，还要强调 MBRL 中一个最重要的特点，那就是模型一般都要包含关于环境的先验知识。

上面提到，MBRL 意味着我们必须同时有“环境”与“模型”，因此它自然比 MFRL 更复杂。例如，我们面对的是一个状态与动作都是离散分类变量的 MDP，状态有 100 个、动作有 10 个，若采用 MFRL 的表格型 Q-Learning 算法，则$Q(s,a)$表为 100×10 的规格，即 1000 维向量。而相比之下，状态之间的转移关系$P_{ss'}^{a}$则为一个 100×10×100 规格的表格，即 100000 维的向量。拟合后者显然要比拟合前者使用更多的数据，否则精度必然有量级上的差距。

设想一下：假如采用 MFRL，则直接用单步转移数据(s,a,r,s')来估计$Q(s,a)$；假如采用 MBRL，则先用真实数据(s,a,r,s')来估计$P_{ss'}^{a}$的模型，再用模型产生的“假数据”及环境产生的“真数据”来估计$Q(s,a)$。问题是，若“真数据”(s,a,r,s')数量不足，则模型估计得更不准确，此时用模型产生的“假数据”可能会和现实有较大的偏差；若“真数据”(s,a,r,s')数量充足，则即使不用模型也可以直接将$Q(s,a)$本身估计准确。无论如何，由于模型的维度比$Q(s,a)$高，因此先用“真数据”估计模型，再用模型产生“假数据”很难创造额外的收益。那么，我们到底为什么要这样做呢？

前面提到，MFRL 适用于更一般、更通用的问题。需要承认的是，倘若我们没有任何关于$P_{ss'}^{a}$的先验知识，那么采用 MFRL 确实比采用 MBRL 更好。

但是在面对实际问题时，我们往往有许多具体的知识。例如，倘若我们的问题中的 100 个状态代表的是棋盘游戏的状态，每次在采取动作时，我们只能转移到与其相邻（如棋盘上一步就能走到）的 5 个状态中。这意味着，在 100×10×100 规格的环境转移表格中有高达 95%的网格值被先验知识固定为 0。此时，如果采用 MFRL 算法，则相当于完全没有利用这个额外的知识；而若采用 MBRL，且利用这一点设计表格模型的学习方式（例如，将所有不相邻的(s,s')关于任何a的转移概率始终设定为 0，将相邻的(s,s')的转移概率初始设定为$\frac{1}{5}$，且使用真实数据不断进行调整）。此时，由于利用了关于环境的先验知识，因此，虽然要付出额外的成本训练模型，但它很可能取得比 MFRL 更好的效果。

下面再举几个利用先验知识为环境建模的例子。

在有些环境中，已知状态之间的转移关系的物理公式（一般可以写为微分方程），只是物理公式中几个系数（如质量m、摩擦系数k、物体的具体形状S）的具体取值未知。这时，若能用产生的数据及这些已知的物理公式拟合出环境模型（见图 9.4），则效率无疑比完全不利用物理公式的 MFRL 算法，或者用“万能”的神经网络拟合模型的 MBRL 算法的效率更高。

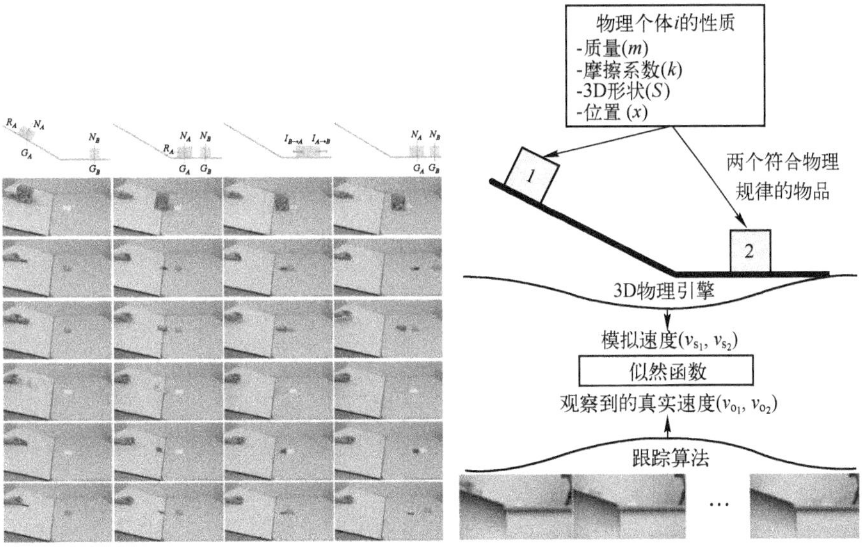

图 9.4　利用物理性质为环境建模

许多工程问题中没有适用于全局的清晰物理公式，但我们知道它在局部具有一些特性，如图 9.5 所示。例如，如果状态是连续变化的，则可以假定其具有局部线性特性，各个位置的局部线性系数可能不同。

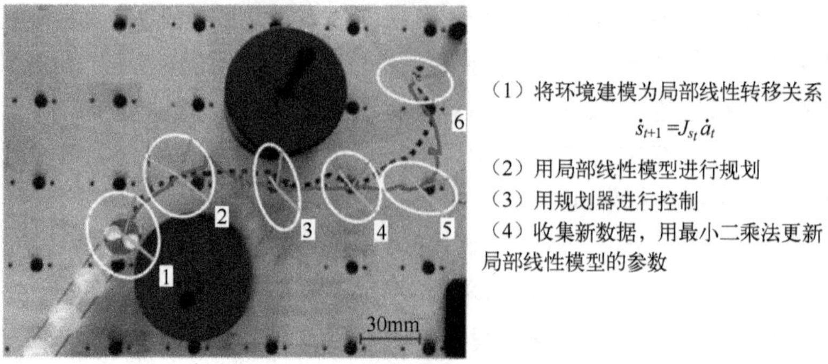
1
2
3
4
5
6
30mm
（1）将环境建模为局部线性转移关系
$\dot{s}_{t+1} = J_{s_t}\dot{a}_t$
（2）用局部线性模型进行规划
（3）用规划器进行控制
（4）收集新数据，用最小二乘法更新局部线性模型的参数

图 9.5　为局部线性环境建模

对于局部线性模型，应该将与“重要的状态”有关的线性系数估计得更准确，以提升算法效率。在算法迭代中，随着策略逐步提升，我们能更好地辨认“重要的状态”并将其局部模型估计得更准确。这是符合 MBRL 的特点的。

另外，还有一种实践中很常见的情况——未知环境的状态之间的转移关系，但已知环境中的奖励函数表达式。或者说，奖励函数本来就是由我们根据实际目标灵活设定出来的。此时，如果采用 MFRL 算法，就相当于“假装”自己未知奖励函数，这无疑会导致信息浪费；如果采用 MBRL 算法，则可以仅仅拟合状态之间的转移关系，并附上已知的奖励函数作为一个完整模型。

反之，状态之间的转移关系已知、奖励函数未知的情况也是存在的（见图 9.6），不过没那么常见。当遇到这种情况时，可以考虑采用 MBRL 算法，以利用先验知识。

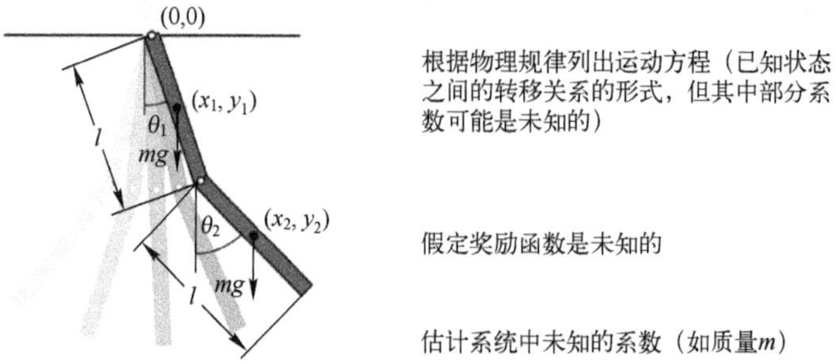
(0,0)
(x_1, y_1)
θ_1
l
mg
(x_2, y_2)
θ_2
l
mg
根据物理规律列出运动方程（已知状态之间的转移关系的形式，但其中部分系数可能是未知的）
假定奖励函数是未知的
估计系统中未知的系数（如质量m）

$$x_1 = \frac{l}{2}\sin\theta_1 \qquad x_2 = l\,(\sin\theta_1 + \frac{l}{2}\sin\theta_2)$$

$$y_1 = \frac{l}{2}\cos\theta_1 \qquad y_2 = -l\,(\cos\theta_1 + \frac{l}{2}\cos\theta_2)$$

图 9.6　已知转移方程的物理规律，未知奖励函数

除上述例子外，现实问题中还有许多可以被利用的先验知识。要完全枚举出这些性质，甚至只是为它们进行一个大体的分类都是很困难的。实践中，我们只能具体问题具体分析，这正也是 MBRL 最大的特点之一。

此外，还需要说明的是，“模型包含关于环境的先验知识”这句话并不是绝对的。在 9.2.4 节中，可以看到为环境建模还有别的好处。即使面对无先验知识的环境，有时采用 MBRL 也比采用 MFRL 会有一定的优势。不过，一般而言，现实中大多数问题都或多或少包含了一些领域知识，而实践中取得成功的 MBRL 案例大多都利用了先验知识。从另一个角度来看，MBRL 必须同时拥有环境与模型，它比最优控制或 MFRL 无疑更加复杂。采用如此复杂的结构，必定会在别处有所收益。现实中，这个收益一般就是由先验知识带来的。

*9.2.4 对模型的理解

前面提到，MBRL 中的“模型”一般指为环境的 P 和 R 建模，但也有可能为环境的其他部分建模，目前尚没有特别严格的定义。9.2.3 节讲述了模型的一些性质与特点，这里不妨通过一个通俗的比方来理解它：**如果说“环境”是“客观世界”、算法训练的“策略”是“主观行为方式”，那么，“模型”就是“主体对于世界的认识”或“世界观”。**

下面尝试借助一些哲学概念来讲述对 MBRL 的理解。这涉及历史上欧洲理性主义与英国经验主义的争论，到康德在《纯粹理性批判》中对二者的统一，与 1.3 节的逻辑有一定的关联。不熟悉的读者不妨回顾一下 1.3 节的内容。

“我认识的世界”与“真实世界”是不同的。“我认识的世界”取决于我认识世界的方式，其中往往包含了先验知识或理性。

这是一个非常晦涩的哲学命题，下面尝试用通俗的语言来叙述它。

在历史上，有一种认识论学说叫作“经验主义”，推崇它的主要代表人物为英国哲学家洛克与休谟（见图 9.7）。他们的主要观点是，人对于世界的认识都来自感官经验，因此，所有不能回溯至经验（包括视觉、听觉、嗅觉等各种感官经验）的东西都是错的。如果将这种经验主义的思想类比到强化学习中，即智能体对于环境的所有认识都必须来源于真实环境产生的数据。只要不是真实环境产生的数据，对于智能体就都没有价值。

图 9.7 经验主义哲学家洛克与休谟

休谟用经验主义的思想提出了许多反直觉的，甚至“诡辩”的假说。例如，人们见过很多

“石头会从空中落地”的现象，但从没有人见过“石头在空中必然会落地”这个现象。人们把“很多次”的经验通过想象综合为“一定”的科学原理，这个步骤是不正确的——如果假定某座深山树林中有一个石头不符合万有引力定律，它可以浮在空中不落地，但从没有人见过它。那么，你所以为的“空中的石头必然落地”就是一个错误的结论。

又如，当你把钱放到钱包中，过一会儿又打开钱包，发现钱还在钱包中，就把钱拿出来了。那么，你就一定会觉得“钱在合上钱包的这段时间内一直在钱包中”。但事实上，你只是有“把钱放入钱包”与“过一会儿把钱拿出钱包”的真实经验，并没有“钱一直在钱包中”的真实经验。你只是把这两个经验综合为“钱一直在钱包中”，但这仍然是不正确的——如果假定你的钱其实“偷偷”在钱包里消失了片刻，你却因为合上钱包而没有看到；等到你要打开钱包取钱时，钱在你打开钱包前的瞬间及时出现了，那么你所以为的“钱一直在钱包中”就是错误的。不熟悉经验主义哲学的读者或许会觉得这些假想很荒谬。但你不妨仔细想想，如果你接受了“人们对于世界的认识仅仅来自经验”或“所有不能被回溯至经验的想法都是错的”这样的经验主义哲学观点，那么你就无法从逻辑上完全否认休谟给出的这些假说。同理，如果你认定智能体只能通过真实环境产生的数据进行学习，那么对于你没有真实数据的状态与动作，就没有办法进行任何有效推理，即使你的数据中存在与其相似的状态与动作。

事实上，不能被证伪的世界观假说还有很多，如“缸中之脑”论：有一个泡在营养液中的大脑，其对于外界的一切感知只是由营养液输入的信号而并不是真正存在的。有时想到我们无法彻底证伪这种可能，难免会脊背发凉。

那么，我们到底该如何面对上述这些看起来很荒谬却又不能被证伪，大部分时候让我们不以为意，有时候却又让我们脊背发凉的假说呢？

历史上，欧洲理性主义与英国经验主义就人认识世界是依靠理性还是经验展开了漫长的争论。后来，德国哲学家康德将二者统一起来。他认为，“我认识到的世界”（现象）与“真实世界”（本体）是两个不同的概念。而“我认识到的世界”是由我的“先验理性”与“后天经验”结合形成的。

所谓的“先验理性”包括先验的时空范畴、因果律与符号逻辑。需要注意的是，时空与因果未必是在“真实世界”中存在的（因为我们不能否认经验主义哲学家提出的那些世界观假说），但这是主体认识世界的方式。我们在获得任何具体的感官经验之前，自己心中已经先有了一个具有规律的三维空间。在与世界进行交互的过程中，我们会将自己获得的感官经验逐步填进去，得到一个“我认识到的世界”。康德认为“真实世界”是不可知的，也是不重要的。因为我们不会因为考虑“真实世界”中那些难以证伪的世界观假说而寸步难行。我们会根据“我认识到的世界”来指导自己的行为，而其中自然包括了先验的“纯粹理性”。

下面用康德的认识论来解释上述世界观假说。

“真实世界”中有没有可能存在一块石头不符合万有引力定律呢？这是有可能的。不过，在初中物理实验课上用小车砝码推出物理定律时，我们便自然地认为世界上的所有物体都符合这个定律。老师似乎从没有讨论过万一“这个小车砝码符合这个定律而别的物体不符合这个定律”的情况，这是因为人们先验地认为世界上的所有物体都是被某种规律组织在一起的。这种先验的因果律思维方式，加上“很多东西从空中落下”的经验，便在“我认识到的世界”中生成了“东西一定会从空中落下”的图景。即使这个因果存在例外，也一定来自另外一个因果，并且它也适用于一些具有同样前提的物体。例如，如果有一天我们遇到了“不从空中落下”的情况，那么我们一定会下意识地思考其中的原因，并下意识地认为如果别的物体也满足这个原因，那么它们同样也会“不从空中落下”。

同理，我们能不能否认“钱在钱包中暂时消失又忽然出现”呢？从逻辑上也是不能的，这确实有可能是“真实世界”的情况。但是，因为我们先验地认为“物质在时空中连续变化”，加上我们又得到了“把钱放进钱包”与“把钱取出钱包”的后天感官经验，所以我们自然会将先验的时空连续观念与后天的经验综合在一起，产生“钱一直在钱包中”的图景，让我们内心踏实。你可以说，“真实世界”中不一定“钱一直在钱包中”，这无法从逻辑上彻底证伪。但是，在“我认识到的世界”中，钱是一直在钱包中的。

时空是广袤而漫长的，世界是丰富而庞杂的，我们的感官经验只能占据其中很小的一部分。在我们的感官外，“真实世界”仍存在着无限可能，如“缸中之脑”“哲学僵尸”“飞在宇宙中的茶壶”“车库里的喷火龙”（这些都是经典的哲学假说），也有可能不按照因果律运行。但是，由于我们认识世界的方式、固有的理性，我们会将“我认识到的世界”补全到那些感官外的部分，如“无人山谷中的石头同样会落地”“我没有打开钱包时钱一直在里面”等。总体来说，即使我们从真实世界获得的经验只占真实世界很小的一部分，但是我们脑中仍能够用先验理性对未知经验进行“补全”，最终形成一个完整的、理性的“我认识到的世界”。

除了较为低等的生物，如只会朝着光的方向移动的蜉蝣，所有高等生物脑中都依靠理性与经验形成一套“对世界的认识”，以此来指导自己的行为。例如，狮子会依据鹿的行为习惯、脚印等线索判断其出没的地点，哪怕自己此前没有到过那里；而人即使到了全新的工作环境中，也懂得基本的常识与规则，并以此来规范自己的行为。因此，如果我们确实了解到关于环境的一些先验知识，用其来设定模型的形式；我们又从环境中获取了一些数据（经验）用来拟合模型，那么，当我们处于环境中某些我们原本没有经验的位置时，我们也可以从模型中估计出它的图景。这就相当于“我认识到的世界”能依靠先验理性自动地对“真实世界”进行补全。如果我们认识世界的方式中不包含先验理性（正如模型中不包含先验知识），就相当于我们总在顾忌“钱在钱包中是否会消失又出现”或“山谷中的石头会不会不符合万有引力定律”这样的意外情况，我们便很难学习到高级知识、完成需要长远规划的行为。综合以上，与 MFRL 相比，能借助先验理性建立世界观、辅助行为模式的 MBRL 无疑具有更高的智能。

为了加深读者的理解，下面用这套哲学思想来重新解释上面所举的例子。

我们面对的 MDP 的状态有 100 个，动作有 10 个，若采用 Q-Learning 算法，则 $Q(s,a)$ 表格为 100×10 的规格，即 1000 维向量。相比之下，转移关系 $P_{ss'}^{a}$ 为一个 100×10×100 规格的表格，即 100000 维的向量。倘若我们没有任何关于环境的先验知识而选择为环境建模，即用真实数据拟合一个模型 $\hat{P}_{ss'}^{a}$，再用 $\hat{P}_{ss'}^{a}$ 生成更多数据来训练 Q 表，这样对于算法效果一般是没有增益的。因为，倘若真实数据中没有关于 s 的数据，即拟合模型 $\hat{P}_{ss'}^{a}$ 时没有用到关于 s 的数据，那它生成的关于 s 的数据自然也是不准确的，不可能对训练 Q 表产生任何增益；倘若真实数据中有一些关于 s 的数据，那么我们完全可以直接用其来拟合 Q 表。选择先用这些数据拟合 $\hat{P}_{ss'}^{a}$，再用 $\hat{P}_{ss'}^{a}$ 生成的假数据来拟合 Q 表，这也并不会创造任何额外的增益。如果没有先验知识，则所有信息都来自环境中产生的真实数据，这就像我们对世界的认识都只来自感官经验。在这种情况下，所谓的“世界观”就等于感官经验的总和，MBRL 和 MFRL 相比没有任何优势。

但是，倘若我们有关于环境的先验知识，如每个状态仅仅和另外 5 个状态相邻，那么我们可以让 $\hat{P}_{ss'}^{a}$ 表格中非相邻的位置始终固定为 0，相邻位置的起始值取 $\frac{1}{5}$，根据环境中产生的真实数据修改它。即使真实数据中没有关于 s 的数据，我们用模型 $\hat{P}_{ss'}^{a}$ 产生的关于 s 的数据也是能够带来增益的，因为它利用了先验知识将 s' 限制在 5 种情况之内，且它给出的 $\frac{1}{5}$ 初始猜测与现实也是相对接近的。这就好像“我认识到的世界”中能根据先验理性与除 s 以外的感官经验对 s 处的感官经验进行补全，最终形成“无人山谷中的石头会落地”“钱放在钱包里不会消失”的图景。在这种情况下，因为“世界观”包含了先验理性，所以它和纯粹的感官经验相比，对于我们的行为方式是有额外增益的，MBRL 比 MFRL 有优势。

我们在 1.3 节中说过，强化学习是模拟生命智能的行为。如果我们将环境视为客观的真实世界，主体目标是“最大化奖励总和”，策略函数是我们的行为方式，那么，模型就是“我认识到的世界”，模型中的先验知识是“我们认识世界的方式”或“先验理性”，环境中产生的数据是真实世界给我们的感官经验。此时，模型也可以理解为我们脑中根据先验理性与感官经验综合得到的“我认识到的世界”。康德认为“真实世界”与“我认识到的世界”是不同的，正如我们强调“模型不是环境，环境也不是模型”。康德认为“我认识到的世界”不只包含感官经验，还包含先验理性，这正如我们强调 MBRL 中的模型不只包含真实数据的信息，一般还包含先验知识，因此其性能才比 MFRL 的性能更好。

此外，我们在 9.2.2 节中还列出过许多模型变体，它们不一定是为 MDP 定义的 P 或 R 建模，但是，它们也是一种“对客观环境的认识”，可以用于辅助我们的行为，但其本身又不是策略函数。因此，它们也被归为 MBRL 的范畴。

当然，以上都只是一些通俗的类比，旨在帮助读者能够了解 MBRL 这个还处于快速发展中的领域的一些底层思想。但是，如果要掌握这个领域，那么阅读具体的算法论文、推导公式仍旧是必不可少的。这里送读者一句话共勉：哲学家只是用不同的方式解释世界，而问题在于改变世界。

思 考 题

1. 思考还有哪些可解释的模型适合作为白盒模型。

2. 列举 MDP 中状态与动作是连续变量或分类变量，环境具有或不具有随机性、时齐性的各种组合，并思考每种情况适合用何种模型。

3. 阅读论文 *Combating the Compounding-Error Problem with a Multi-Step Model*，了解多步预测模型如何定义。

4. 了解 MBRL 中逆向模型或后向模型的含义，辨析二者。

5. 思考轨迹数据生成器与可以像环境那样与之进行交互的模型有什么不同。

6. 理解 MFRL、MBRL 与最优控制三者的区别。

7. 理解 9.2.4 节中所说的“本体”与“环境”，以及“现象”与“模型”，我们的先验理性与模型的先验知识的类比。

8. 在 MBRL 中，模型的形式，即环境的先验知识是我们设定的，那么，在真实世界中，我们认识世界的先验理性又是谁设计的呢？

9.3 如何使用黑盒模型

9.2 节讲了模型是什么。可以看到，虽然它没有严格的定义，且存在各种各样的变体，但是它都是围绕着环境定义的，是我们对于未知环境的认识，或者通俗地说就是“世界观”。接下来讲解如何使用模型，如何让自己的“世界观”内化于自己的行为中而创造额外的收益。

前面提到，MBRL 中有一类异于用价值函数或策略来选择动作的全新决策方式，即实时规划。由于这种决策必须依托模型才能实现，不存在于 MFRL 中，因此这当然是模型的重要用处之一。不过，这是第 10 章的内容。在此之前，我们讨论的是与 MFRL 比较接近的算法。问题是，既然这些算法本身也可以作为 MFRL 算法，那么增加一个模型如何给算法带来额外收益呢？

总体来说，我们将模型的用途（除实时规划外）分为两大类，一类是用作黑盒模型，另一类是用作白盒模型。下面分别进行讲解。

9.3.1 用黑盒模型增广数据

在 MBRL 中，最经典的算法莫过于 Dyna。它出自 Sutton 在 1990 年发表的论文 *Dyna,an Integrated Architecture for Learning, Planning, and Reacting*。时至今日，Dyna 几乎成了阐述 MBRL 时的入门算法。

在 MFRL 的 Q-Learning 算法中，首先建立一个 Q 表，记为 $Q(s,a)$；然后不断地与环境进行交互产生单步转移数据 (s,a,r,s')，对 $Q(s,a)$ 进行贝尔曼迭代。Dyna 的基本思想即在上述 Q-Learning 算法的基础上增加关于模型的两个步骤：在用“真数据”拟合 $Q(s,a)$ 的同时，额外用它们来拟合一个模型；在训练 $Q(s,a)$ 时，不仅使用真实环境产生的“真数据”，还使用模型产生的“假数据”。这样就可以有更多训练数据，加速 Q 表的收敛，如算法 9.1 所示。

算法 9.1（Tabular Dyna-Q）

初始化 $Q(s,a)$ 与 $\text{Model}(s,a)$，对于所有 $s \in S$ 及 $a \in A(s)$；

重复迭代：

  选择动作 a，从真实环境中得到单步转移数据 (s,a,r,s')；

  拟合 Q 表 $Q(s,a) \leftarrow Q(s,a) + \alpha[r + \gamma \max_{a'} Q(s',a') - Q(s,a)]$；

  拟合模型 $\text{Model}(s,a) \leftarrow r, s'$（假定为确定性环境）；

  迭代 n 步：

    选择动作 a，从模型 $\text{Model}(s,a)$ 中得到单步转移数据 (s,a,r,s')；

    拟合 Q 表 $Q(s,a) \leftarrow Q(s,a) + \alpha[r + \gamma \max_{a'} Q(s',a') - Q(s,a)]$；

  直到收敛；

我们可以将 Dyna 的基本思想表示为如图 9.8 所示的简单示意图。

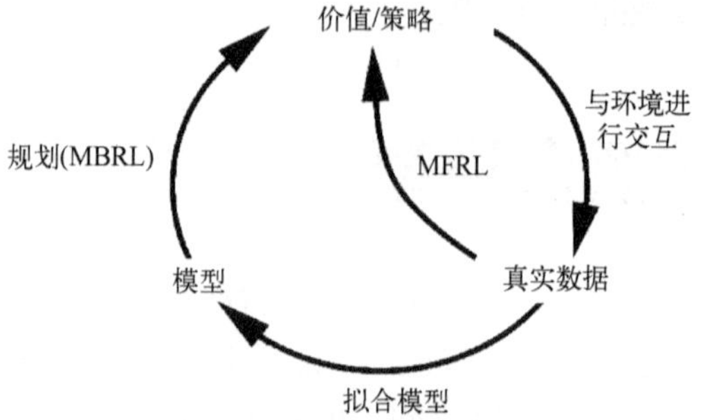

图 9.8 Dyna 的基本思想

总体来说，在 Dyna 中，我们只是用学习到的模型来生成更多的数据，让原本可以以 MFRL 形式运行的算法在被模型增广的数据集上运行。由于在 Dyna 中并没有用到与模型有关的任何表达式或系数，只是将 (s,a) 输入，用来生成更多的数据，因此将其称为黑盒模型。在这种情况下，模型就是一个“数据增强器”，或者说，模型的作用即数据增广（Data Augmentation）。

事实上，研究者将所有满足上述特定条件的算法都称为 Dyna-Style 算法。正如基本的 Dyna 在由 MFRL 中基于价值的算法的基础上增加一个作为“数据增强器”的模型而得到，也可以对基于策略的算法（如最基本的策略优化算法）增加一个“数据增强器”。我们将这个算法称为 MBPO，它出自论文 *When to Trust Your Model*: *Model-Based Policy Optimization*，如算法 9.2 所示。

算法 9.2（MBPO）

初始化策略 π_ϕ 、环境模型 p_θ 、真实数据集 D_{env} 及模型生成数据库 D_{model} ；

重复迭代：

  利用真实数据集 D_{env} 拟合环境模型 p_θ ；

  重复 n 步：

    使用策略 π_ϕ 进行决策，与真实环境进行交互产生数据并存入 D_{env} ；

    模型生成数据步：

      从真实数据集 D_{env} 中均匀抽样 s_t ；

      从 s_t 出发，用策略 π_ϕ 及模型 p_θ 生成 k 步预测数据，并存入 D_{model} ；

    策略更新步：

      使用模型生成数据更新策略参数 $\phi \leftarrow \phi - \lambda_\pi \hat{\nabla}_\phi J_\pi(\phi, D_{\text{model}})$ ；

需要注意的是，在算法 9.2 中，将真实环境产生的数据存入数据集 D_{env} ，而将模型产生的数据存入 D_{model} ，因为环境产生的数据都是真实可靠的，而模型本身可能由于拟合能力欠缺、训练数据不足等原因而与真实环境有较大的偏差，因此其产生的数据不那么可信。将数据存入两个数据集之后，便可以在更新时赋予它们不同的权重；此外，从算法步骤中可以发现，将采用真实数据的状态分布作为初始状态分布，并在其基础上用模型生成 k 步的轨迹，这有些像在 TRPO 中介绍的 Vine 方法。

除 DQN 与策略优化外，还可以对 AC 型算法采取同样的操作。注意：在 AC 型算法中，价值网络拟合的是Q_π而不是Q^*，且算法是同策略的，因此可以很方便地使用 n 步或 λ-return 技巧。在论文 *Model-Based Value Expansion for Efficient Model-Free Reinforcement Learning* 中介绍的 MVE 算法要人为设定估计步长H（n 步技巧中的 n）。这是一个很重要的超参数，若H过大，则算法很容易受到模型误差的影响；若H过小，则会影响算法效率与预测性能。为了解决这个问题，研究者在论文 *Sample-Efficient Reinforcement Learning with Stochastic Ensemble Value Expansion* 中提出了 STEVE 方法，它可以在 MVE 的基础上动态地调整估计步长、动态插值。本书不叙述这部分内容，有兴趣的读者不妨自行查阅该论文。

同理，此时可以为 MFRL 中的 TRPO 增加一个作为“数据增强器”的模型，将其修改为 Dyna-Style 算法，如论文 *Model-Ensemble Trust-Region Policy Optimization* 中介绍的 ME-TRPO 算法，如算法 9.3 所示。

> **算法 9.3（ME-TRPO）**
> 初始化策略π_θ与多个模型$\hat{f}_{\phi_1},\hat{f}_{\phi_2},\cdots,\hat{f}_{\phi_k}$，以及数据库$D$；
> 重复迭代：
> 　　用策略π_θ与真实环境进行交互，产生数据并存入D；
> 　　用D中的数据训练所有模型$\hat{f}_{\phi_1},\hat{f}_{\phi_2},\cdots,\hat{f}_{\phi_k}$；
> 　　重复迭代（用所有模型训练策略）：
> 　　　　用策略与模型$\hat{f}_{\phi_1},\hat{f}_{\phi_2},\cdots,\hat{f}_{\phi_k}$进行交互产生“假数据”；
> 　　　　使用“假数据”，用 TRPO 更新策略；
> 　　　　计算期望奖励总和$\hat{\eta}(\theta;\phi_i)$，直到其不再提升；

与前面所讲的算法不同的是，ME-TRPO 使用了一组模型的集成（Model-Ensemble）而不是一个模型。这组模型中的每个模型都是通过最小化预测误差从真实轨迹中学习的。在与集成模型进行交互的每一步中，ME-TRPO 随机选择一个模型进行预测，并可以利用 Vine 的技巧生成数据轨迹。

另外，还有许多在 MFRL 的基础上添加“数据增强器”得到的 MBRL 算法，如 SLBO、BMPO、M2AC 等。感兴趣的读者可以查阅本书的参考文献，了解更多关于这些算法的细节。

总体来说，对于本节介绍的算法，我们仅仅用模型来增加训练数据，而不用模型的系数或任何其他信息，因此将这类模型称为黑盒模型并将这类算法归类为 Dyna-Style 算法。我们知道，这类算法往往本身可以作为 MFRL 算法运行，那么，引入这个黑盒模型到底能发挥什么作用呢？

9.3.2 权衡数据成本与准确性

本书绪论中说过，在强化学习中，我们拥有的不是“数据”而是“环境”。与环境进行交互产生数据的过程要耗费额外的“数据成本”，这与训练时产生的计算成本是相互独立的两个概念。在与环境进行交互产生固定数量数据的情况下，我们可以选择不同的算法与迭代次数以控制算法的计算量；反之，同样复杂度的算法也可以用不同量的数据集进行训练，达到不同的准确率。需要注意的是，我们一般只将产生真实数据的成本作为“数据成本”，而用自己建立的模型产生“假数据”的成本属于“计算成本”，它一般比真实数据的成本更低廉。

9.3.1 节说过，只有同时拥有“环境”与“模型”，才能称得上是 MBRL。这里不妨把“黑盒”的概念进行推广：因为我们不需要用环境表达式而只需用其产生数据，所以环境本身也是一个“黑盒”。那么，Dyna 型的 MBRL 算法的定义是至少由两个或两个以上“黑盒”产生数据所训练的 MFRL 算法。

那么，为什么要用两个或两个以上“黑盒”来训练算法呢？

在 MFRL 中提到，每种算法都有不同的数据效率（对于数据量的要求）。例如，数据效率最差的是无梯度算法，包括 CEM（最大交叉熵）、ES（进化）算法等，其次是基础的基于策略的算法 VPG，然后是 AC 型算法，基于价值的算法的数据效率是比较高的。从更一般的角度来看，同策略算法的数据效率总是比异策略算法的数据效率低，大体呈现出如图 9.1 所示的规律。

但是，我们还要注意这些算法对数据准确性的要求。这一般和上述数据效率呈现出相反的趋势。

在 CEM 中，使用 π 与环境进行交互，产生大量数据并估计出 $J(\pi)$，这只是为了与其他 π' 对应的 $J(\pi')$ 比较大小（每步迭代选择前 k 好的 π，用其系数组合成新的分布，生成新的 π）。在下一步迭代中，上一步的数据很难被复用。我们只需数据能够帮助我们大概对比出各个 $J(\pi)$ 的大小，而不需要它们很准确地估计 $J(\pi)$ 的值。因此，CEM 对于数据准确性的要求很低。

VPG 或 AC 型算法本质上都是同策略算法。当当前策略为 π 时，我们要算出 Q_π 或 A_π 用以指引其提升。当其提升到 π' 时，理论上，用过去的 π 产生的数据，以及用其估计出的 Q_π 就没有用了。因此，我们只需大略算出一个能让策略 π 提升的方向，而没有必要那么准确地计算出策略梯度或 Q_π 的值。当然，在实践中为了提升数据效率，我们会通过赋予重要性权重对过去的数据进行复用，即把天然的同策略算法修改为异策略算法。但一般而言，我们不会用相差过大的 π 所产生的数据。因此，在 VPG 或 AC 型算法中，对于数据准确性的要求也比较低。

在基于价值的算法中，如在天然就是异策略算法的 DQN 中，每条数据都反映环境转移关系，因此都可以存下来长期复用。数据不存在随着策略的更迭而过时的情况。因此，DQN 对于数据准确性的要求相对较高。这往往也正是这些算法的数据效率高（需求数据量少）的原因。

除算法的特性外，算法训练阶段对于数据准确性的要求也是不一样的。前面提到，我们要将与重要的状态或动作有关的值估计得更准确。对于不重要的状态或动作，只需判断它们“不好”，而不用准确地计算它们“到底多不好”。例如，在 DQN 中，虽然理论上每条数据都会被多次复用而影响估计 $Q(s,a)$ 的准确率。但是，对于不重要的 (s,a)，我们其实不必太准确地估计其 $Q(s,a)$。因此，在算法训练初期，DQN 对数据准确率的要求是不高的。

此外，在 MFRL 中，为了提高鲁棒性、避免“局部收敛”，很多时候会采取引入一些随机性的手段，如将迭代对象从单点改为分布（例如，在 CEM 中维护并迭代一个关于策略参数的正态分布）。采取这类手段进行改进之后，我们对于数据量的要求一般会变高，但对于数据准确性的要求一般会变低。

总结以上内容：在各种不同的 MFRL 算法中，算法本身的性质、数据集的使用方式、算法迭代的阶段，以及引入的一些技巧都会使我们对数据量的要求与对数据准确性的要求发生变化。在同等条件下，要求更多数据一般意味着对数据准确性的要求变低，要求更准确的数据意味着对数据量的要求变低。

上述观点启发我们，既然各 MFRL 算法对数据准确性的要求不同，使用数据量也不同。那么，能不能利用模型对此进行重新平衡呢？

例如，既然无梯度算法 CEM 需要大量的数据，却又不需要那么准确的数据，那么，能不能训练一个简单的黑盒模型，使其能够以很低的数据成本输出大量准确性很差的模拟数据，以此来匹配 CEM 的特点呢？

事实上，在 MFRL 有关的学习材料中，讲述无梯度算法的篇幅一般相对较少，因为它的数据效率太低，太不实用了。但是在 MBRL 领域，无梯度算法出现的频率高得多。这正是因为 MBRL 中可以以很低的成本产生大量不准确的数据，这很适合配合无梯度算法的特点来使用。

讲到这里，MBRL 中黑盒模型的作用便已呼之欲出了：假设有两个“黑盒”，其中一个“黑盒”产生的数据更准确，但是产生数据的成本更高，另一个“黑盒”产生的数据的准确性更低，但是产生数据的成本也更低。对于任何一个 MFRL 算法、训练阶段与技巧，都可以根据其对于数据的准确性与数据量的不同要求，在这两个黑盒模型产生的数据集上权衡取舍，达到综合最优。

以上理论自然也可以推广到多个黑盒的情况：真实环境无疑是其中数据最准确，而数据成本最高的一个“黑盒”。除此外，我们首先可以采用不同复杂度的函数训练多个“黑盒”，囊括从数据的准确性高、数据成本高到数据的准确性低、数据成本低的各种组合；然后可以根据算法的特点、算法对于数据集的使用方法，以及算法进行的各个阶段，对各个“黑盒”进行组合，得到综合最优的方法。

在 MFRL 中，我们只有“真实环境”，只能产生“准确性最高”与“成本最高”的数据，只能在一个方向上进退。而 MBRL 中的黑盒模型给我们提供了在另一个维度上灵活取舍的可能，让我们能更方便地找到兼顾各个方面的最优点。

9.3.3 黑盒模型的其他用途

以上用“黑盒”的观点将“环境”和“模型”统一了起来。下面来讲黑盒模型与环境的不同，看看它是否还有其他用途。

一般而言，一个 MDP 必须从初始状态开始，持续多步，直到获得终止信号。例如，如果用一个现成的象棋游戏训练下象棋的 AI，则必须每盘都从头开始，而不能按我们的喜好将象棋棋盘摆成我们希望的样子；在各类电子游戏中，我们同样不能从任意指定好的局面出发。换言之，我们在获取 (s,a,r,s') 数据时，是不能自由选择 s 的分布的。而黑盒模型与环境的不同在于，我们可以按需要灵活地选择 (s,a,r,s') 数据中 s 的分布。

除了按需要调整训练数据的分布，这种特性还可以帮助生成相对罕见且与重要状态相关的数据，继而提升算法的性能。打个比方：在下象棋时，可能常常会面对精妙的局势，我们想出有两种走法可以尝试，但不知哪种是更好的选择。当尝试选择其中一种走法而失败后，我们肯定想试试另一种走法。倘若这是在现实中下棋，且对手比较和善，那么他可能会答应这个要求；但是，如果是在一个被严格限定规则的计算机游戏中，那么是没有办法做到这一点的。除非重新开局，并恰好再次走到与刚刚一样的状态，否则便没有办法实验另一种走法。如果这个状态发生的概率比较低，则我们很难再回到这个状态。因此，倘若我们拥有一个可以自由选择状态跳转的模型，正如现实中一个自由摆棋的棋盘那样，那么这对我们学习下棋是有利的。

当然，如果环境本身是由我们搭建的（如专门为算法在计算机中搭建的仿真环境），那么我们最好让环境本身具有可重置功能，这样更加方便、直接。只有在使用不可重置的现成环境时，黑盒模型才能发挥上述作用。

9.3.4 小结

下面总结一下前 3 节的内容。

首先，介绍了 MBRL 中的 Dyna-Style 算法。这些方法在原本我们熟悉的 MFRL 算法闭环的基础上增加了一个模型。这个模型可以为我们生成更多的数据，并用 MFRL 原本的方法来训练智能体。因为这类算法不需要用模型的系数，只需用它们来生成数据，所以将其称为黑盒模型。

然后，说明了黑盒模型的用途：我们可以把环境与黑盒模型统一视为用来产生数据的“黑盒”。其中有些“黑盒”产生的数据的准确性高，但产生数据的成本也高；有些“黑盒”产生的数据的准确性低，但产生数据的成本也低。与 MFRL 只有环境这一个“黑盒”相比，MBRL 可以让我们在数据的准确性与数据成本这两个维度上进行更灵活的取舍，综合达到成本与收益的最优。此外，有的问题中的环境不够灵活，不能跳转到我们需要的状态。而黑盒模型一般比较灵活，可以跳转到任何状态（可重置，Resettable），这让我们可以自由选择罕见的、重要的状态生成数据，以此来提升算法的学习效率。

最后，想提醒读者，虽然黑盒模型存在上述好处，意味着即使我们没有关于环境的任何先验知识，也有充分的理由选择黑盒模型来增强算法，但这只是从理论上而言的。现实中，为了将模型训练到基本准确，能满足我们对于数据的准确性的基本要求是需要很高的成本的。如果我们没有关于环境的先验知识，那么使用黑盒模型往往很难创造收益。

因此，最终结论是黑盒模型有调和数据的准确性与数据成本、输入更灵活等优点。在现实问题中，它真正发挥作用的原因往往主要是正确地利用了先验知识。若没有先验知识，则不建议尝试此类方法。

思 考 题

1. 思考还有哪些 MFRL 算法可以配合黑盒模型，是否所有的 MFRL 算法都可以简单地增加一个“黑盒”而不用配合别的变化。
2. 查阅与黑盒模型有关的文献，了解相关算法，包括 Dyna、MBPO、MVE、STEVE、SLBO、BMPO、M2AC、ME-TRPO 等。
3. 粗略判断本书中的所有 MFRL 算法对于数据准确性的要求。
4. 思考使用黑盒模型增强数据还能带来什么别的收益。

9.4 如何使用白盒模型

在机器学习中，所谓黑盒模型，就是指不可解释的模型，如神经网络；而白盒模型则一般指具有可解释性的模型，如线性模型。它不但能由一个输入预测输出，还能告诉我们各个维度对于输出的影响有多大、具体系数是多少。

在 MFRL 中，一般用神经网络来拟合价值或策略，这当然属于黑盒模型。但是在 MBRL 中，我们所说的“模型”与一般机器学习中的“模型”的含义不同，它必须是指为未知环境建模，不包括价值网络、策略网络等。因此，这里必须对黑盒模型或白盒模型进行更清晰的定义，避免混淆。在本书中，我们把拟合真实环境，只用于替代环境生成低成本数据集的模型称为黑盒模型；如果拟合环境得到的模型具有生成数据集外的其他作用，则将其称为白盒模型。根据这个定义，白盒模型可能有多种丰富用途。

下面由浅入深地讲述 MBRL 中的白盒模型的常见用途。

9.4.1 用白盒模型辅助进行策略优化

白盒模型可以用来计算策略梯度，辅助进行策略优化。

我们曾经推导过，在动作为连续变量或离散变量、随机策略或确定策略等各种情况下的策略梯度公式。在这些策略梯度公式中，总是包含 P 或 R。在 MFRL 中，我们只能从环境中产生数据，并用这些数据估计策略梯度公式。而如果我们直接拥有这些 P 或 R 的估计，则可以更直接地写出策略梯度公式。

简单起见，首先讨论状态与动作均为连续变量，且环境确定的情况，用 f_s 或 f_r 表示关于状态与动作的确定性函数，即 $s_{t+1}=f_s(s_t,a_t)$ 与 $r_t=f_r(s_t,a_t)$。若用线性函数 $s_{t+1}=f_s(s_t,a_t)$ 与 $r_t=f_r(s_t,a_t)$ 建模，则可以直接用线性函数的系数写出梯度 $\nabla_{s_t}(s_{t+1})$、$\nabla_{a_t}(s_{t+1})$、$\nabla_{s_t}(r_t)$ 与 $\nabla_{a_t}(r_t)$ 等的表达式。但是，线性函数的拟合能力太差，不适应复杂的环境。如果用神经网络建模，则由于神经网络本身是一个“黑盒”而不能求出上述这些策略梯度公式，只能对给定的 s_t、a_t 与 s_{t+1} 的值及固定的网络参数求出上述策略梯度的值。例如，如果要求 $\nabla_{s_t}(s_{t+1})$，那么只要代入 s_t、a_t 与 s_{t+1} 的值，并利用神经网络的自动求导功能便可以求出 f_s 在对应位置的梯度。在以上过程中，我们并不是先由模型产生大量数据，再完全用这些数据估计策略梯度的，而是直接用模型求出了 $\nabla_{s_t}(s_{t+1})$、$\nabla_{a_t}(s_{t+1})$、$\nabla_{s_t}(r_t)$ 与 $\nabla_{a_t}(r_t)$，因此将其归类为白盒模型的范畴。

需要注意的是，为节省数据成本，不能让模型对环境的所有部分都进行准确的拟合。因此，我们不能像最优控制算法那样，先用真实数据拟合出白盒模型，然后抛弃真实环境而仅仅用白盒模型优化策略。我们要在优化策略的过程中不断地产生真实数据，将白盒模型中更重要的部分拟合得更准确。

综上，我们得到了算法（一般将其称为 Policy Backprop）的框图，如算法 9.4 所示。

算法 9.4（Policy Backprop）

随机初始化策略 $\pi_\theta(a_t|s_t)$，与真实环境进行交互，初始化数据集 $D=\{(s,a,s')_i\}$；

重复迭代：

用 D 拟合环境转移关系 $f(s,a)$，即优化预测损失 $\sum_i ||f(s_i,a_i)-s_i'||^2$；
利用 $f(s,a)$ 计算策略梯度，优化策略 $\pi_\theta(a_t|s_t)$；
运行策略 $\pi_\theta(a_t|s_t)$，与真实环境进行交互，收集更多数据 $(s,a,s')_i$，加入 D；

在上述计算策略梯度的例子中，假定环境是确定的。但在现实中，大部分环境都具有一定的随机性。如果用一个确定模型拟合随机环境，那么无疑会有偏差。下面考虑用能表征随机性的模型为环境建模。

在 PILCO 算法中，用高斯过程（GP）为环境建模。高斯过程是一个非参数模型，很适于描述连续变量之间转移的随机过程。在高斯过程中，如果当前状态分布 $p(s_t)$ 服从正态分布，则下一个状态的分布 $p(s_{t+1})$ 并不一定严格服从正态分布。但是，可以通过投影将其近似为正态分布。总体来说，可以将多步过程中每一步状态的分布都近似为正态分布，使与状态分布有关的价值、策略梯度等量比较容易求解。这里涉及的一些性质不详细展开，读者可自行查阅高斯过程的有关资料。

在算法的迭代过程中，交替地进行如下步骤：①用当前策略产生更多数据，拟合 GP 模型；②策略评估，计算 $V(\pi)$ 或 $J(\pi)$ 等关于当前策略的量；③计算当前策略的策略梯度；④用 CG 或 L-BFGS 等优化算法更新策略。

最终，得到如算法 9.5 所示的算法框图。

算法 9.5（PILCO）
随机初始化策略网络参数 w，运行策略，收集真实数据；
重复迭代：
  使用当前所有真实数据，用 GP 模型拟合环境；
  重复迭代：
    策略评估，用模型估计 $J(w)$ 的值；
    计算策略梯度 $\mathrm{d}J(w)/\mathrm{d}w$ 的值；
    提升策略参数 w（使用 CG 或 L-BFGS 等优化算法）；
  使用最新策略网络参数 w 与环境进行交互，收集更多的真实数据；

这部分内容的具体细节较烦琐，本书中不再赘述，推荐读者阅读经典论文 *PILCO: A Model-Based and Data-Efficient Approach to Policy Search*。

虽然 PILCO 是 MBRL 领域的经典算法，但是 GP 模型在高维环境中难以扩展。经典论文 *Improving PILCO with Bayesian Neural Network Dynamics Models* 提出可以用贝叶斯网络替换 GP，以提高 PILCO 的可扩展性。

关于贝叶斯网络的性质，本书中不叙述，请读者自行查阅有关文献。需要强调的是，虽然 GP 模型更经典，常被用作例子，但其拟合能力有限。今天在使用 PILCO 算法时，人们已很少用 GP 建模，更多时候使用贝叶斯网络。贝叶斯网络与确定性网络如图 9.9 所示。

此外，随机值梯度算法（Stochastic Value Gradients，SVG）利用重参数化（Re-Parameterization）的技巧添加外生噪声，使我们可以在真实轨道数据上直接计算策略梯度；IVG（Imagined Value Gradients）、MAAC（Model-Augmented AC）等算法就模型生成的轨道数据计算策略梯度。这些算法都可以被归类于白盒模型的范畴。由于具体细节较多，这里不再赘述。

有兴趣的读者不妨查阅本章参考文献列表中推荐的有关文献。

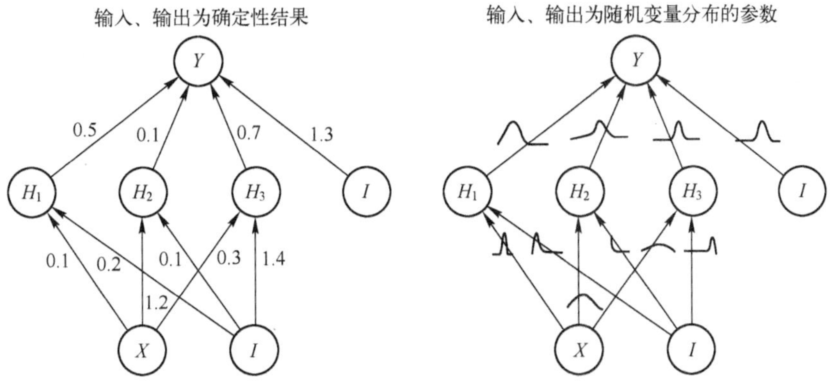

图 9.9　贝叶斯网络与确定性网络（H 为权重系数，I 为偏移量）

9.4.2　用白盒模型解最优控制

事实上，9.4.1 节所说的白盒模型与黑盒模型的差别并没有那么大，两者都是在 MFRL 算法的逻辑闭环上增加了一个模型，以模型生成的数据或估计的梯度值来替代原先由真实数据估计的部分，整体上看还是比较接近 MFRL 算法的。

在最优控制问题中，假定环境已知，且能高效地利用给定的环境系数解出最优控制。我们应该很自然地想到：既然 MBRL 中已经有了白盒模型，那么能不能从最优控制算法中有所借鉴呢？

4.3.4 节介绍了最优控制中的 iLQR 方法——当已知环境转移关系与奖励函数时，即使它不是线性与二次的，我们也可以将其展开为局部线性及局部二次的函数（但是非时齐的），定义出一个局部 LQR。利用 LQR 迭代器不受到非时齐性影响的特点，我们可以解出一个最优控制作为局部最优解（因为一次展开仅在局部与环境比较接近）。迭代这个过程，便可以不断地优化策略。

在实践中，我们可以假定环境转移关系 $s'=f(s,a)$ 是已知的，也可以假定它是用神经网络拟合数据得到的。我们可以假定它是一个确定性分布，也可以假定 s' 服从以 $f(s,a)$ 为均值的正态分布（我们在 4.3.3 节中讲过，由于正态分布的性质，我们也可以用 LQR 解出与状态及时间有关的策略）；结合具体问题的先验知识，我们还可以选用其他模型，如贝叶斯线性回归、GP 等。一般而言，只要我们建模的环境在各个局部是连续可微的，就都可以对其进行局部展开与近似，这样就可以求局部最优解而迭代地优化策略。我们将这一类算法统称为 DP 或 DDP（Differential Dynamic Programming）。

在 MBRL 中，时刻以真实环境为目标。在迭代中，必须不断地产生真实数据，将模型 f 估计得更准确（或者说，将其与最优策略更相关的部分估计得更准确）。这样便能得到了一个大体的算法框架，如算法 9.6 所示。

算法 9.6（采用 iLQR）

随机初始化策略 $\pi_\theta(a_t\,|\,s_t)$，与真实环境进行交互，初始化数据集 $D=\{(s,a,s')_i\}$；

重复迭代：

> 用 D 拟合环境转移关系 $f(s,a)$，即优化预测损失 $\sum_i ||f(s_i,a_i)-s_i'||^2$；
> 对于已知表达式 $f(s,a)$，用 iLQR 优化控制器 $\pi_\theta(a_t|s_t,t)$；
> 使用控制器 $\pi_\theta(a_t|s_t,t)$ 与真实环境进行交互，收集更多的数据 $(s,a,s')_i$，加入 D；

需要注意的是，在最优控制语境下，环境 f 是完全准确的。在 iLQR 收敛后，我们可以将最终的 $\pi_\theta(a_t|s_t,t)$ 作为最优控制；相比之下，在强化学习语境中，环境始终是未知的，且往往更加复杂。对真实环境执行 $\pi_\theta(a_t|s_t,t)$ 得到的轨迹可能与用 f 预估的轨迹有较大的偏差。因此，不能直接用 iLQR 收敛得到的 $\pi_\theta(a_t|s_t,t)$ 作为最终解。此外，我们面对的强化学习问题一般是时齐的，即模型 $s'=f(s,a)$ 是时齐的。因此，最优策略的自变量不应包括时间 t，而应具有 $a=\pi(s)$ 的形式。但是，由于 LQR 的思路是将“时齐非线性”转换为“线性非时齐”，因此最后只能解出 $\pi_\theta(a_t|s_t,t)$ 形式的解，这也不符合我们的需求。这部分内容我们曾经在 4.3 节中详细讲过，不熟悉的读者不妨回顾一下该节内容。

论文 *Guide Policy Search* 提出了一个经典的 MBRL 算法，即引导策略搜索（Guide Policy Search，GPS）。在这个算法中，我们换了一种思路，即认为用 iLQR 或别的 DDP 算法解出的 $\pi_\theta(a_t|s_t,t)$ 不是一个通用的策略，不是问题的最终解，而只是为我们找到了环境中一些不错的轨迹示范。我们针对这些轨道数据以有监督学习的方式学习出一个策略，作为问题的最终解。

综上，GPS 算法分为两部分：其一是用数据学习局部的模型，对已知的局部模型采用 iLQR 或其他最优控制方法，解出一些局部最优轨道；其二是对这些局部最优轨道数据采用有监督学习的方式学习一个适用于全局的策略函数。这个过程是迭代的，策略函数会不断探索环境中新的区域、学习新的局部模型，而最优控制则会求解出距离策略分布较近的局部最优轨道，用以进一步提升策略。与其他强化学习类似，越重要的区域会被探索得更清晰。

在原论文中，作者用更加理论的方式推出了 GPS 的框架：因为最优控制器面对的是局部模型，是在此意义下解出的最优轨道，所以，我们希望最终策略能走出的轨道与这些轨道分布尽量接近。因此，定义一个有约束的优化算法，以轨道分布之间的 KL 散度为约束，以最终取得的期望奖励为目标函数，采用拉格朗日乘子法的思想将目标函数与约束统一为增广函数，采用对偶梯度下降法优化这个增广函数。经过一系列化简后，它实际上等同于上面描述的交替地用最优控制搜索轨迹、用轨迹以有监督学习方式学习策略网络。这里的具体推导比较复杂，推荐读者阅读原论文。

需要注意的是，LQR 算法中的环境模型可以用来计算系数 k_t 并直接表示出最优控制 $u_t=k_t x_t$。因此，最优控制算法使用模型的次数更少，对于模型系数的准确性要求更高。这和前面所说的数据效率更高是类似的（但由于最优控制不需要产生数据，因此这种说法不严谨），一般需要更多的先验知识。

此外，按本书顺序，我们在本章先不讨论实时规划这种特别的决策方式。在本节的语境中，我们只用最优控制器生成一些轨迹，用以学习一个策略网络，并训练完成，用训练好的策略网络进行决策。但事实上，我们完全可以将学习到的模型作为已知模型，用实时规划进行决策。简单地说，当我们将白盒模型用作最优控制时，这便不再仅仅局限在训练的层面，也可以用在决策的层面。第 10 章会详述这部分内容。

9.4.3 小结

前面分别讲了 MBRL 中的黑盒模型与白盒模型的应用。其中，黑盒模型的作用主要是在 MFRL 的基础上添加更多数据集，用模型生成的数据替代 MFRL 中的真实数据来估计一些值。它与 MFRL 的差别并不大。而白盒模型的用途则分为两种：第一种是利用模型算出策略梯度等需要的值，替换 MFRL 中需要用真实数据估计的部分（主要是策略梯度等估计方差较大的量）；第二种是将白盒环境的表达式当成已知环境，直接用最优控制算法来求解。由于采用的是 MBRL 而非最优控制，因此还要进行一些适应真实环境的调整。例如，不能固定模型，而要在迭代中不断用新数据进一步拟合模型，使更重要的部分被更准确地估计。

笼统地说，MFRL 适用于无先验知识的、通用的环境。它需要大量数据，但对于数据的准确性的要求较低，或者说对于单条数据包含信息量的要求较低。其中，DQN、AC、VPG 与 CEM 等具体算法的数据效率又各不相同。相比之下，最优控制适用于有强先验知识的、特殊的环境，它使用模型系数的次数较少，但对模型系数的准确性的要求更高。在某种意义上，MBRL 介于 MFRL 与最优控制之间、黑盒与已知环境之间，因此，它可以从两个方向分别进行借鉴与修改。

面对现实问题，最终的解决方案可能很复杂，包含多个部分。例如，CEM 等无梯度算法需要大量数据，但对数据的准确性的要求不高，因此它可以搭配黑盒模型使用；相比之下，DQN 只需较少量、较准确的数据，因此 MBRL 中更常见的是基于策略而非基于价值的算法。归根结底，我们所有的有效信息都是用环境中的真实数据及先验知识综合得到的。因此，我们应根据具体问题的先验知识的多少、产生数据的成本的高低，结合模型的使用方法（信息密度与偏差）与算法对于数据量及数据的准确性的要求，综合设计出最优方案。如果没有关于环境的任何先验知识，则建议使用 MFRL 算法。

思 考 题

1. 考虑动作为离散变量时，如何用白盒模型计算策略梯度。
2. 在我们讲过的各种 MFRL 算法中，除了策略梯度，还有哪些值使用白盒模型输出，以替代原本用数据估计的部分？
3. 阅读 9.4.2 节提到的论文，了解 PILCO、贝叶斯网络、SVG 等。
4. 阅读与 GPS 有关的论文，了解算法细节。
5. 思考在 GPS 中，如果我们不仅仅将最优控制器用于训练策略网络，还将其直接用于决策，具体应该如何设计。
6. 思考 MBRL 中的白盒模型还能如何应用。
7. 观察现实中的问题，是否有动作为分类变量的 MDP，拥有合适的先验知识，能够采用 MBRL 算法来求解。

参考文献

[1] ASADI K, MISRA D, KIM S, et al. Combating the Compounding-Error Problem with a Multi-Step Model[J]. 2019.DOI:10.48550/arXiv.1905.13320.

[2] EDWARDS A D, DOWNS L, DAVIDSON J C. Forward-Backward Reinforcement Learning.[P]2018[2023-11-12].DOI:10.48550/arXiv.1803.10227.

[3] GOYAL A, BRAKEL P, FEDUS W, et al. Recall Traces: Backtracking Models for Efficient Reinforcement Learning[J]. 2018.DOI:10.48550/arXiv.1804.00379.

[4] LAI H, SHEN J, ZHANG W, et al. Bidirectional Model-Based Policy Optimization[J]. 2020.DOI:10.48550/arXiv.2007.01995.

[5] YILDIRIM I, WU J, LIM J J, et al. Galileo: Perceiving Physical Object Properties by Integrating a Physics Engine with Deep Learning[J]. MIT Press, 2015.

[6] YIP M C, CAMARILLO D B. Model-Less Feedback Control of Continuum Manipulators in Constrained Environments[J]. IEEE Transactions on Robotics,2014, 30(4):880-888.DOI:10.1109/TRO.2014.2309194.

[7] SUTTON R S. Dyna, an Integrated Architecture for Learning, Planning, and Reacting[J]. ACM SIGART Bulletin, 1995, 2(4).DOI:10.1145/122344.122377.

[8] JANNER M, FU J, ZHANG M, et al. When to Trust Your Model: Model-Based Policy Optimization[J]. 2019.DOI:10.48550/arXiv.1906.08253.

[9] FEINBERG V, WAN A, STOICA I, et al. Model-Based Value Estimation for Efficient Model-Free Reinforcement Learning[J]. 2018.DOI:10.48550/arXiv.1803.00101.

[10] HAFNER D, BUCKMAN J, LEE H, et al. Sample-Efficient Reinforcement Learning: US201917056640[P]. US2021201156A1[2023-11-12].

[11] KURUTACH T, CLAVERA I, DUAN Y, et al. Model-Ensemble Trust-Region Policy Optimization[J]. 2018.DOI:10.48550/arXiv.1802.10592.

[12] AUTHORS A . Algorithmic Framework for Model-Based Deep Reinforcement Learning with Theoretical Guarantees[J]. 2018.DOI:10.48550/arXiv.1807.03858.

[13] LAI H, SHEN J, ZHANG W, et al. Bidirectional Model-Based Policy Optimization[J]. 2020.DOI:10.48550/arXiv.2007.01995.

[14] PAN F, HE J, TU D, et al. Trust the Model When It Is Confident: Masked Model-Based Actor-Critic[J]. 2020.DOI:10.48550/arXiv.2010.04893.

[15] ECOFFET A, HUIZINGA J, LEHMAN J, et al. Go-Explore: a New Approach for Hard-Exploration Problems[J]. 2019.DOI:10.48550/arXiv.1901.10995.

[16] DEISENROTH M P, RASMUSSEN C E. PILCO: A Model-Based and Data-Efficient Approach to Policy Search[C]//Proceedings of the 28th International Conference on Machine Learning, ICML 2011, Bellevue, Washington, USA, June 28 - July 2, 2011.Omnipress, 2011.

[17] DURRANT-WHYTE H, ROY N, ABBEEL P. Learning to Control a Low-Cost Manipulator Using Data-Efficient Reinforcement Learning[C]//Robotics: Science and Systems VII.MIT Press, 2011.DOI:10.15607/RSS.2011.VII.008.

[18] GAL Y, MCALLISTER R T, RASMUSSEN C E. Improving PILCO with Bayesian Neural Network Dynamics Models[J]. [2023-11-12].
[19] HEESS N, WAYNE G, SILVER D, et al. Learning Continuous Control Policies by Stochastic Value Gradients[J]. MIT Press, 2015.DOI:10.48550/arXiv.1510.09142.
[20] HAFNER D, LILLICRAP T, BA J, et al. Dream to Control: Learning Behaviors by Latent Imagination[C]//International Conference on Learning Representations.2020.
[21] BYRAVAN A, SPRINGENBERG J T, ABDOLMALEKI A, et al. Imagined Value Gradients: Model-Based Policy Optimization with Transferable Latent Dynamics Models[J]. arXiv, 2019.DOI:10.48550/arXiv.1910.04142.
[22] CLAVERA I, FU V, ABBEEL P. Model-Augmented Actor-Critic: Backpropagating Through Paths[J]. 2020.DOI:10.48550/arXiv.2005.08068.
[23] JACOBSON D H. New Second-Order and First-Order Algorithms for Determining Optimal Control: A Differential Dynamic Programming Approach[J]. Journal of Optimization Theory & Applications, 1968, 2(6):411-440.DOI:10.1007/BF00925746.
[24] LEVINE S, KOLTUN V.Guided Policy Search[C]//International Conference on Machine Learning.2013.DOI:http://dx.doi.org/.
[25] LEVINE S, ABBEEL P. Learning Neural Network Policies with Guided Policy Search under Unknown Dynamics[C]//Neural Information Processing Systems.MIT Press, 2014.
[26] LEVINE S, WAGENER N, ABBEEL P. Learning Contact-Rich Manipulation Skills with Guided Policy Search[J]. Proceedings IEEE International Conference on Robotics & Automation, 2015.DOI:10.1109/ICRA.2015.7138994.
[27] YIP M C, CAMARILLO D B. Model-Less Feedback Control of Continuum Manipulators in Constrained Environments[J]. IEEE Transactions on Robotics, 2014, 30(4):880-888.DOI:10.1109/TRO.2014.2309194.

第 10 章

RL

基于模型的强化学习进阶

在本书中，我们花了大部分篇幅讲述 MFRL（无模型强化学习）。相比之下，MBRL（基于模型的强化学习）不是重点。在第 9 章中，我们先集中讲述了 MBRL 领域中与 MFRL 相对接近的那部分算法及其思想，介绍了模型的基本定义、特点及用途。本章选讲 MBRL 领域中剩下的一些比较重要，但也比较分散的内容。本章每节之间的关联性不强，并无先后顺序，且和 MFRL 差异更大。不过，因为第 9 章中已经了解了 MBRL 的基本思想，所以学习这些内容变得相对容易。从整体上看，这符合循序渐进的原则。

10.1 如何学习模型

前面分别介绍了 MBRL 中模型的使用方法。这里要考虑另一个问题，即训练模型的过程中有什么技巧呢？

1.3 节中曾提到，与有监督学习相比，强化学习更像是生命体的智能行为。对生命体而言，核心的目标是“最大化效用（奖励）”而非“学习知识”，“学习知识”只是“最大化效用”这个目标下的一个“子任务”，是为最终目标服务的。在 MBRL 中，模型相当于一个智能体的“世界观”。我们应该将模型中那些与目标相关的部分学习得更准确。为此，必须设定恰当的学习方法。

10.1.1 让学习更符合最终目标

前面提到，“环境不是模型”，即 MBRL 与最优控制是不一样的。在最优控制方法中，我们将“学习”和“求解最优控制”分为两部分。在“学习”部分，我们没有任何关于策略的信息，因此只能用一个随机策略均匀地产生模型各部分的数据，用同样的力度学习模型 $f(s,a)$ 各个位置的信息，各个 $f(s,a)$ 与真实 s' 的误差是均匀的。在 MBRL 中，我们“学习模型”与“优化策略”是迭代进行的。当我们有了更好的策略后，便能更好地判断哪些 (s,a) 更“重要”，产生更“重要”的相关数据，将更重要的 (s,a) 对应的 $f(s,a)$ 学习得更准确。

以上辨析启发我们这样一个事实——在采用 MBRL 算法时，只要循环中包含用当前策略产生真实数据、拟合模型的步骤，即使不附加额外的技巧，“学习模型”也在一定程度上符合“最大化效用”这个最终目标。

进一步地，我们能不能让学习过程更加符合最终目标呢？

按照模型的定义，我们一般学习形如 $s'=f(s,a)$ 或 $r(s,a)$ 的函数作为模型。因此，我们采用有监督学习的方式，即优化 s' 与 $f(s,a)$ 之间的均方误差。这意味着我们希望当输入 (s,a) 时，模型能准确地给出 s' 与 r。但是，我们可能会将模型用于具体某种用处，如用于计算价值函数或策略函数的梯度。这时，让 s' 与 r 尽量准确未必与模型的用法是最相符的。

论文 *Value-Aware Loss Function for Model-Based Reinforcement Learning* 提出了一种被称为 Value-Aware Model Learning（VAML）的框架。简单地说，如果我们要用模型估计价值函数（包括使用黑盒模型增广数据来估计价值函数，或者使用白盒模型来直接估计），就应该将价值函数与模型学习整合到一起，使“学习”更加有针对性。具体而言，优化的目标不应该是 $f=(s,a)$ 与 s' 之间的误差，而应该是 $V\left(f(s,a)\right)$ 与 $V(s')$ 之间的误差。

简单地理解：若按最优控制的思路“先学习再求解”，则我们会同等地关注环境中的所有 (s,a)；若按一般 MBRL 的思路，则我们会更关注最优策略下出现概率更大的 (s,a)；若采用 VAML 的框架，则我们会关注最优策略下出现概率更大，且当前价值函数估计误差较大的 (s,a)。

类似地，论文 *Policy-Aware Model Learning for Policy Gradient Methods* 提出了 Policy-Aware Modeling Learning（PAML）的框架——如果使用模型来估计策略梯度（用白盒模型计算梯度，或者用黑盒模型产生更多的数据，但最终目标是估计策略梯度），则我们学习模型的过程不再以模型预测 s' 或 r 的误差为目标，而以模型预测的策略梯度误差为目标。具体细节留作思考题。

总体来说，在 VAML 或 PAML 中，针对模型的具体用途，如果将价值或策略信息整合到模型学习中，那么学习到的模型就更符合最终目标。在产生同等真实数据的限制下，这种方法无疑能进一步提升算法效率。

10.1.2 让学习本身成为目标

10.1.1 节假定算法的最终目标是“最大化效用”，模型必须服务于最终目标。通俗地想象：我们的目标是获得更快乐、更丰富的人生，为此，我们应该选择自己感兴趣的专业，认真听专业课，而对于有趣的通识课、理论课，我们适当地学习就可以了……我们不禁疑问，现实中的我们真的是这样的吗？

通俗地想象：在学校中，我们将主要精力用在学习专业知识上，这是为了提升我们的专业能力，在未来取得更大的成就。可以预见，你在事业上达到的高度将是你人生收获的“总快乐”的决定性因素之一。但是，我们也会选修一些与专业无关的通识课程等。这是因为，人总有探索未知世界、学习新鲜知识的需求。学习这些有趣的知识可能不会提升我们的专业能力，但会增加人生收获的“总快乐”。而且，学习这些知识本身就能够为我们提供一定的“快乐”。

在 MBRL 领域，有一类技巧被称为“内在奖励”（Intrinsic Reward）。在 MDP 的定义中，奖励是环境提供的，是客观的、外在的。为了与之区分，我们将从自己定义的模型中获得的额外奖励定义为“内在奖励”。

在“内在奖励”中，最有代表性的莫过于 ICM（Intrinsic Curiosity Module），直译过来就是“好奇心”的意思。它的含义正如上面所言，“满足好奇心”本来就是一件“快乐”的事情。在实践层面，当我们在 s 下采取 a 且模型估计的 $f(s,a)$ 与现实得到的 s' 相差较大时，我们会给予智能体额外奖励。通俗地说，当智能体“以为世界应该是这样的”，却发现“世界其实是那样的”时，它会感到“好奇”、有所收获，从而获得额外的“快乐”，即“内在奖励”。

“好奇心”的一个好处在于它可以增加算法的探索性。在 MFRL 的 VPG 算法中，训练时一般会添加一项策略的熵 $H(\pi)$，让算法同时最大化效用与策略的多样性。实践证明，这对于原本最大化效用的目标也是有好处的；在 MBRL 中，模型 Model 可以算出 ICM(Model) 并添加到训练目标上。相比于 $H(\pi)$ 只能增加策略的多样性，ICM(Model) 可以引导智能体探索那些未被充分学习的区域。这能更好地增加算法的探索倾向，对于最大化效用的目标是有利的。

此外，我们在 2.5 节中说过，在强化学习中，奖励过于稀疏会导致算法难以训练、收敛过慢。在这种情况下，增加“内在奖励”可以使总奖励更加稠密，有利于训练。

需要注意的是，探索有利自然也有弊——如果一个人的好奇心过强，总是被各种有趣的事物吸引注意力，无法将精力集中在专业上，那么，他最终能取得的成就可能因此而受到限制，毕竟人的精力是有限的。同理，在数据量有限的情况下，如果我们过分探索，则对于与最优策略相关的状态估计难免会有更大的误差。我们在 3.1 节中说过，即使在“先训练后测试”的设定下，如果过分“探索”而影响了“利用”，那么同样会对智能体的性能造成负面影响。

在论文 *Large-Scale Study of Curiosity-Driven Learning* 中，作者举了一个有趣的例子，叫作 Noisy-TV Problem：假定在一个游戏中，我们本来的目标是让智能体得分，但是，有一台不受智能体行为影响的电视机占据了一定的画面，并不断播放与游戏内容无关的随机信息。倘若我们把模型估计的下一个状态与真实的下一个状态的误差作为奖励，那么智能体很有可能不再进行任何有利于游戏得分的操作，而专门停在原地“看电视”。这是因为电视机每次都会放出模型无法预料的画面，让智能体感觉“满足了好奇心”，获得了“快乐”。

作者认为，可以将环境分为 3 部分，第 1 部分是可以被智能体控制的部分（如常规的游戏操作）；第 2 部分是不能被智能体控制但可以影响智能体与游戏得分的部分（如游戏得分含有一些随机因素）；第 3 部分是既不能被智能体控制又不能影响智能体的部分（如一台随机电视机）。我们的“好奇心”应该尽量包含第 1 部分而排除第 2、3 部分。在论文中，作者采用的方式是额外训练一个逆向模型（给定 s 与 s'，反求何种动作 a 才能让我们从 s 到 s'）。可以看出，逆向模型会尽量提取能够被智能体的操作 a 影响的部分，而忽略那些与 a 完全无关却导致由 s 转移到 s' 的因素。使用逆向模型中学到的特征（Inverse Dynamic Feature，IDF）作为模型输入。实验表明，这能在一定程度上减小那些不能被智能体控制的随机因素为“好奇心”带来的负面影响。

除了“好奇心”，还有其他几种“内在奖励”。例如，我们可以定义，当智能体走到它认为随机性比较高的 s（模型判断随机性比较高的 s）时，给予智能体一个额外的“内在奖励”。通俗地说，当我们来到了未知的、随机性比较高的领域时，我们可能会因此感到“兴奋”。

这里有一个问题：上面介绍的 GP 和贝叶斯网络都可以表征随机性，但是，它们所说的“随机性”或“不确定性”到底指什么呢？

事实上，所谓的“随机性”包含两个概念，一是真实环境本身就存在随机性，是世界的固有属性，将其称为 Aleatoric Uncertainty（意思是环境的任意性带来的随机性）；二是由于产生的数据不足，模型拟合真实环境的能力不行带来的随机性，将其称为 Epistemic Uncertainty（认知随机性，即由认知能力不足、数据不充分带来的随机性）。

从理论上来说，贝叶斯网络是基于贝叶斯统计的，因此它很自然地能综合上述两方面的随机性。不过，它也有缺点，如它需要先验分布（需要关于环境的很强的先验知识）、容易低估随机性、训练比较困难等。因此，不妨考虑其他能区分这两种随机性的建模方法。

一种可行的方法是集成（Ensemble）方法。这种方法的思想是可以用多个包含随机性的模型建模环境本身的随机性。这些用同样的方式建模出来的多个模型之间的差异就可以代表由认识不足带来的随机性。

打个比方：如果有一组训练集 (x,y)，要训练一个 $f(x)\rightarrow y$ 的有监督学习网络。此时我们用 Bootstrap 算法重抽样数据集，并采用 SGD 等具有随机性的方法训练两个网络 f_1 与 f_2。那么，在 x 分布密集的区域，f_1 与 f_2 输出的结果会比较接近，因为这些区域的输出被优化器向同样的目标优化；而在 x 分布比较稀疏的区域，f_1 与 f_2 输出的结果会相差比较远，因为优化器并没有对这部分区域的函数输出进行有针对性的优化。它们就像是随着优化器对于别的区域的优化在"随机波动"一般。假设图 10.1 中真实的分布为黑色的正弦波，但我们只有由星号表示的部分数据。如果我们训练两个能表征随机性的模型（实线代表其估计的均值，两侧的淡色区域代表分布），那么，它们在数据充分的区域比较接近、认识随机性较低，却依然可以表征环境的固有随机性。

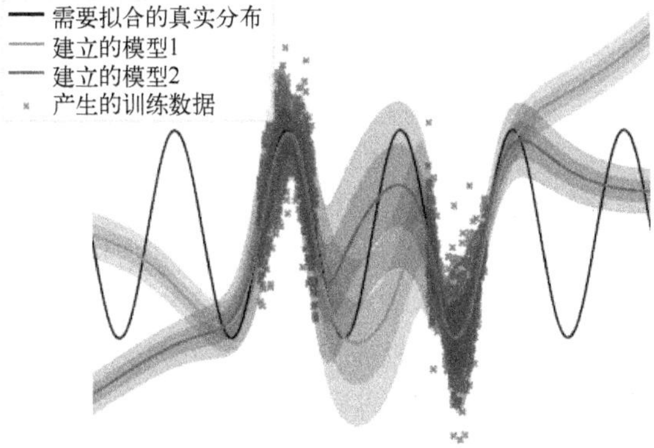

图 10.1　用集成方法区分两种随机性

以上方法称为 PETS（Probabilistic Ensemble (PE)+ Trajectory Sampling(TS)），出自论文 *Deep Reinforcement Learning in a Handful of Trials Using Probabilistic Dynamics Models*。详细内容请读者阅读原论文。

除了用模型集成方法，还有一类比较常见的方法，被称为 Count-Based。简单地说，当智能体走到一个之前访问次数较少的 s 时，即获得额外奖励。打个通俗的比方：当我们进入一个自己不了解的、陌生的领域时，我们会因为学到了全新的知识而感到"快乐"，获得额外的"内在奖励"。

如果 MDP 中的状态是离散变量，那么自然可以用一个表格来记录智能体对于各个状态的访问次数，在此基础上定义有关的"内在奖励"。但是，如果状态是一个高维的连续变量，则应该如何定义访问计数呢？

可以想象：对于一个 s，如果训练集中有较多的状态分布在 s 周围，且都和 s 比较接近，则 s 的访问计数应该比较大。通俗地说，虽然我们没有见过严格意义上等于 s 的状态，但我们见过很多与之相近的状态，因此当我们来到 s 时，不会因为"新鲜感"而感到兴奋；反之，如果训练集很少有状态分布在 s 周围，或者都和 s 相差比较远，则我们对 s 比较陌生，其访问计数应该较小。

那么，对于连续变量，我们又如何估计出这样的访问计数呢？

读者应该可以想到，在无监督学习领域，有许多方法具有类似的功能（如我们或许可以套用异常检测类的方法，衡量 s 与正常分布之间的偏移）。不过，论文 *Random Network Distillation* 中提出了一种简单而又特别的方法，即额外用有监督学习训练一个网络来估计访问计数。

简单地说，设定一个已知表达式的函数 f_0（如正弦函数或二次函数），则对于任何 s 都能算出 $f_0(s)$。在训练模型的过程中，额外由训练数据中的 s 生成 $(s, f_0(s))$ 形式的数据，并额外训练一个神经网络 $f(s)$ 来拟合已知的 $f_0(s)$ 函数。对于任意 s，如果 $f(s)$ 与 $f_0(s)$ 比较接近，则说明我们用了比较多 s 附近的训练数据来训练 f；反之，则说明我们没怎么用 s 附近的训练数据。因为 f_0 是完全已知的，所以对于任意 s，我们都能算出 $f(s)$ 与 $f_0(s)$ 之间的差。因此，对于任意 s，我们都可以用 f 与 f_0 之间的误差来衡量其访问计数。

下面对比以上两种方法的不同。第一种方法用多个模型拟合真实环境的 (s,a,s')。对于部分 s，我们不曾在真实环境中产生过与其相关的真实数据，但我们又要对这些 s 处的随机性大小进行估计，因此只能训练多个模型，比较它们之间的方差；第二种方法是人为定义一个函数 f_0，由于函数 f_0 已知，因此可以只训练一个网络，对比其与“真实值”的偏差。第一种方法的计算量较大，第二种方法需要人为定义函数，两种方法各有利弊，需要结合具体问题进行判断。

总结一下本节的内容：在 MBRL 中，我们可以就模型的学习定义一个额外的“内在奖励”，增加到智能体目标上。这样，一方面可以增强其探索性，另一方面可以解决奖励稀疏的问题，提高算法的鲁棒性。定义“内在奖励”的方式有很多，如“好奇心”（模型预测结果与真实结果的误差）、“随机性”（模型对于在各个状态下给出预测的把握）、“访问计数”（训练时访问各个状态的频次）等。这些方法本身都存在一定的缺陷，会将一些我们并不需要的信息纳入考量（如随机电视机）。因此我们要添加一些相应的技巧，如额外训练逆向模型、采用集成方法，或者额外定义已知模型进行训练等。以上方法的细节还有很多，如果读者想更详细地了解“内在奖励”的有关知识，可以自行查阅相关文献。

10.1.3 以学习作为唯一目标

10.1.2 节介绍了“内在奖励”，即可以在原本由环境提供的奖励函数外增加一个“内在奖励”，使“总奖励”更加稠密，更能引领智能体进行探索。

我们或许会想到一种极端情况：如果仅仅考虑“内在奖励”而不考虑原本的“外在奖励”，那么会怎么样呢？打个通俗的比方，如果一个人仅仅以“学习世界”“见识丰富多彩的世界”为快乐，对别的方面都不感兴趣，那么这会怎么样呢？

事实上，这类设定一般被用于面对一些更复杂的情况，如“外在奖励”不确定、会变化，或者要从一个奖励函数迁移到另一个奖励函数，又或者有多个任务共享同样的状态之间的转移关系，却有各自的奖励函数。

论文 *Reward-Free Exploration for Reinforcement Learning* 中提出了一个 Reward-Free 的框架（不考虑奖励函数），即首先进行探索相（Exploration Phase），再进行规划相（Planning Phase，可以求解策略，也可以实时规划）。在探索相，智能体不接受“外在奖励”，只依靠“内在奖励”在状态空间进行纯探索。在规划相，对于任意一个奖励函数 r，应用强化学习算法求解策略，如图 10.2 所示。

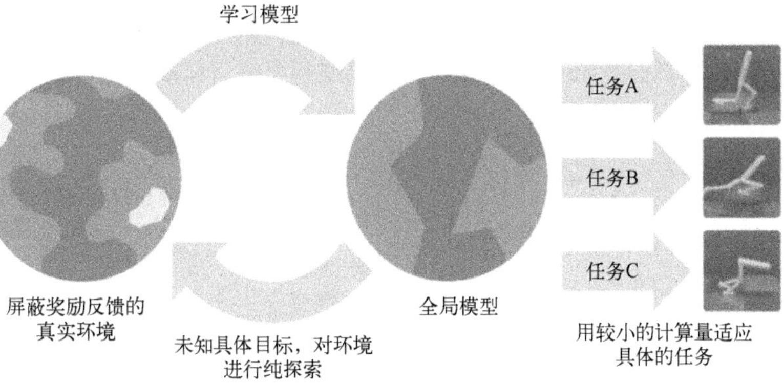

图 10.2　无外在奖励地学习后迁移到多个任务

打个通俗的比方：当我们还是孩子时，对世界充满了未知。这时我们不应该考虑工作，而应该统一在学校里学习，为学习专业知识打好理论基础。等我们步入了研究生阶段，或者参加工作以后，根据我们个人的需要学习更实用、更具体的知识，以实用技能谋求幸福。

在现实中，状态之间的转移关系一般比奖励函数更复杂。当我们面对几个任务共享同一个状态之间的转移关系时，却各有奖励函数；又或者当我们需要将算法迁移到含有同样的状态之间的转移关系、不同奖励函数的任务时，不妨考虑上述 Reward-Free 的框架。

这里需要特别说明的是，当我们采取探索-利用均衡时，为了增加探索倾向，只需增加选择动作时的随机部分即可（如增大用均匀分布抽样动作的概率）。因为利用的倾向会保证我们始终围绕"当前认为的最优策略的相关轨迹"进行抽样。如果在此基础上增加更多的"随机部分"，就像以"最优轨迹"为树干生出许多"藤条"一般；但是，在 Reward-Free 的框架中，当我们说"纯探索"时，不能用纯粹随机的策略（如完全用均匀分布选择动作）与环境进行交互。因为这就意味着我们均匀地对环境各处进行抽样，毫无重点。

在 Reward-Free 的框架中，必须采用"内在奖励"作为"奖励"，并在此基础上进行探索-利用权衡。如果一个状态 s 与其他状态之间的关系紧密，能够从它很方便地通向其他状态，那么其"内在奖励"自然就比较大，我们应该更准确地学习与其有关的转移关系；如果一个状态 s 与其他状态联系很不紧密，比较"偏远"，那么其"内在奖励"自然就比较小，我们不必那么准确地学习与其有关的转移关系。在没有"外在奖励"时，"内在奖励"会引导我们学习如何从各个状态出发进入这些"交通便利"的状态，并方便地走向其他状态。采取探索-利用权衡，其中利用的倾向指的是要追求"内在奖励"最大，而探索倾向则指的是在"内在奖励"较大的轨迹周围进行探索。这与使用纯粹随机策略是不同的，因为我们会考虑状态之间的转移关系的特定内在性质，而不只是简单地、无重点地随机抽样。正因为我们已经预先学习了如何进入"交通更便利"的状态，以及通向各个状态的方法，所以能很快地适应任何奖励函数，在各个具体任务上取得很好的效果。追求"内在奖励"与"纯随机探索"的区别如图 10.3 所示。

打个通俗的比方：如果我们要玩一款迷宫寻宝游戏，目标是在迷宫中走到各种价值的宝物所处的位置，并取得相应的得分。在第一阶段，主办方不告诉玩家各种价值的宝物会出现在迷宫的哪个位置，但允许玩家在迷宫中先行探索。此时，玩家显然不会在迷宫中漫无目的地"散步"，而会有意识地摸索这个迷宫的特点，弄清楚哪些节点交通便捷、哪些道路会走进"死胡同"，熟悉到不同位置的最快路线。这样，在游戏的下一阶段，当主办方公布迷宫中宝物的位置之后，玩家就可以更好地利用第一阶段对于迷宫的掌握，“轻车熟路”地到达相应位置。如果一名玩家在第一阶段只是随机地“乱走”，则他很有可能无法取得胜利。

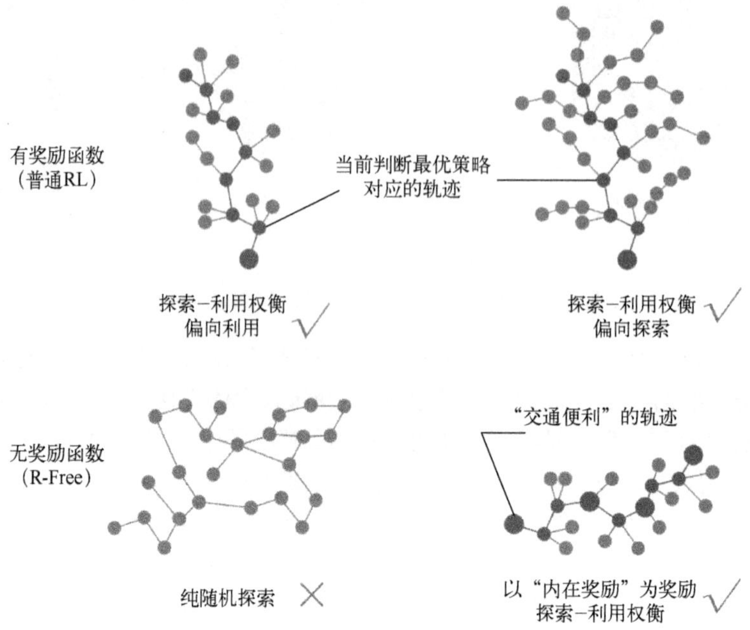

图 10.3　追求“内在奖励”与“纯随机策略探索”的区别

总体来说，用“好奇心”或其他“内在奖励”进行 Reward-Free 学习会充分考虑环境转移关系的内在特点，这与“随机探索”是很不一样的。

论文 *Variational Information Maximization for Intrinsically Motivated Reinforcement Learning* 中提出了一种新的“内在奖励”，称为 Empowerment，它使用模型中各个状态的“通达程度”来为每个状态赋予额外的“内在奖励”。如果一个状态“四通八达”、可以很方便地通向其他状态，则为它赋予的权重比较大；如果一个状态相对“偏远”，要经过比较复杂、比较长的轨迹才能达到其他状态，则为它赋予的权重比较小。由于它完全是基于模型中状态之间的转移关系算出来的，与现实奖励函数无关，与策略或价值也无关，因此它也是 MBRL 中独有的“内在奖励”。我们也可以以它作为“唯一目标”来训练智能体。

打个比方：在下象棋时，定义吃棋子或自己的棋子被吃为奖励函数。但是，在很多步中我们并不直接吃对方的棋子，也不直接面临棋子被对方吃掉的风险。此时，我们会考虑将自己的棋子移动到更通达、可以控制更多格子的位置。例如，车是象棋中移动能力最强、威力最大的棋子，但它的起始位置在角落，很不通达。因此，我们常说不能“三步不出车”，即开局后必须更快地将车移动到更通达的位置，只有这样才便于进行更复杂的后续操作。又如，士和象是用来防守的，当我们没有其他棋可走时，很常见的选择是“补士”或“补象”，即把它们从起始位置向中间走一步。这样可以使士和象相连，也可以使其控制位置变大。这虽然不直接创造收益，但可以让我们更方便地进行后续操作。

总体来说，Empowerment 可以使智能体更重视各个状态之间的“通达性”，时刻考虑进入更“通达”的状态。尤其在原本的奖励函数比较稀疏时，这可以让目标更稠密、更便于学习。在某种程度上，这种“内在奖励”已经和“模型学习”没有关系了，更应该被归类于“模型的用法”而非“模型的学习”的范畴。此外，我们也完全没必要将其作为“唯一的奖励”，而可以将其叠加到奖励函数之上以鼓励智能体考虑更灵活、更通达的状态。因此，将本节称为“以学习作为唯一目标”其实是有些不切题的。不过，因为它是 MBRL 中独有的“内在奖励”，原论文的出发点也是要证明纯粹从“通达性”来训练智能体是可行的。因此，本书中这样安排可以更自然地进行叙述。实践中，读者可以尝试其他思路。

10.1.4 小结

前面提到，强化学习是模拟有智能的生命体适应客观环境的过程，模型代表智能体对于世界的认识。因此，认识世界的过程是很重要的。

首先，即使按一般的 MBRL 框架，只要产生数据与学习模型处在循环中，学习模型就在一定程度上符合我们的目标。但是，我们可以将算法对于模型的使用方法（如估计价值函数或策略梯度）进一步内嵌于模型的学习过程中，以提升算法效率。这就是我们所说的让学习模型“更加符合”它的用法，继而“更加符合”最终目标。

其次，我们可以将与模型学习有关的指标，包含“好奇心”（真实结果与模型预估结果之间的误差）、状态的随机性、状态的访问计数等定义为“内在奖励”，添加到原本的奖励之上，让算法更加具有探索性；也可以将与一些状态之间的转移关系本身有关的指标，如“通达程度”“势能”作为“内在奖励”添加到目标之上，提升算法的性能，特别是对于奖励比较稀疏的 MDP。一般我们所说的“内在奖励”必须是依赖模型算出的，因此它是 MBRL 所特有的。

此外，对于部分特殊的问题，如多个任务共享同样的状态之间的转移关系，或者迁移到别的任务，可以考虑一些特殊的设定，如仅仅以“内在奖励”为目标进行“纯探索”学习。这样，我们的算法或许能具有更好的迁移性。

思　考　题

1. 写出 PAML 目标函数的式子。阅读 VAML 与 PAML 的有关论文，了解更多细节。
2. 思考为什么逆向模型可以减小“随机电视机”带来的影响。
3. 还有什么方法能减小“随机电视机”，或者 MDP 中不可以被智能体控制却又含有随机性的部分对“好奇心”带来的影响呢？
4. 阅读与集成方法或 Count-Base 有关的论文。
5. 阅读与 Reward-Free 有关的论文，设想生活中有哪些例子对应的是“转移函数相同，奖励函数不同”。
6. 为什么有外在奖励函数时增加一个均匀随机变量即可增加探索倾向，而当没有外在奖励函数时，直接用均匀随机变量抽样作为“完全探索”是不好的呢？能否用一些别的例子说明你的观点呢？
7. 阅读与 Empowerment 有关的论文，思考还有哪些“通达程度”的例子。
8. 思考我们还可以基于模型定义出哪些与“模型学习”“通达程度”含义不同却又确实对算法性能有帮助的“内在奖励”。

10.2 世界模型

本书的重点是 MFRL 算法，它适合用于求解一般的 MDP。前面讲解了 MBRL 中与 MFRL 相对接近的部分内容。这里我们不禁想问，有没有什么问题是 MFRL 不适合解决，而只有 MBRL 才能解决的呢？我们想知道，MBRL 中有没有不是“替代”“补充”，而是“超越” MFRL 的部分？

下面来讲一类现实中很常见的问题，即观察与状态不一致的问题，并讲述 MBRL 中的一大类算法——世界模型（World Models）

10.2.1 观察

大部分读者入门强化学习时，都会使用 OpenAI 的 Gym 作为实验环境。该环境中提供了许多 Atari 小游戏，这里以其中的 CartPole 为例。在该游戏中，我们有一台小车，小车上放着一个会转动的木棒，其底端固定在车子的一个转轴上，其顶部可以自由滑动；空间是一维的，即小车只能前后移动，木棒也只能向前或向后倾倒，如图 10.4 所示。可以想见，当将木棒竖起后，这个系统是非常不稳定的，木棒随时可能向前或向后倾倒。因此，需要根据当前状态正确地控制小车的前后移动，当木棒微微向前倾斜时，应该让小车向前移动；当木棒微微向后倾倒时，应该让小车向后移动，只有这样才能避免木棒倾倒。在该游戏中，木棒竖起（使其倾角小于 15°）的时间越久，得分越高。

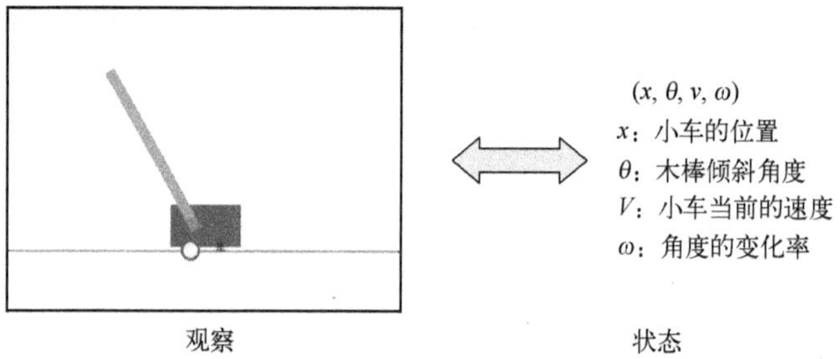

图 10.4　CartPole 游戏中状态的定义

该游戏在 Gym 中被定义为 MDP，状态 s 被定义为一个四维变量 (x,θ,V,ω)。其中，x 代表小车的位置，θ 代表木棒倾斜角度。当然，因为 MDP 需要满足马尔可夫性质，所以只依靠小车的当前位置与施加的操作（小车受到的作用力）还不足以推出小车在下一时段的位置。因此，状态中还要添加 V，即小车当前的速度。同理，状态中也要添加 ω，即角度的变化率。按照物理规律，当以上述定义的四维变量 (x,θ,V,ω) 作为状态时，该环境便满足马尔可夫性质。实践中，可以设定一个 DQN 或策略网络，输入为四维变量，用 MFRL 算法来求解。

需要注意的是，我们之所以能高效地求解策略，是因为这个环境定义的状态信息很充分，甚至将小车当前的速度、角度的变化率这样不那么直观的数值都直接提供了，让智能体可以根据这些信息来输出操作。如果智能体只是像一个人类玩家坐在计算机前玩这款游戏一样，只能接受游戏的画面为状态、依据画面来输出操作，而不能感知到小车当前的速度这样的数值。那么，这有什么困难的地方呢？

首先，这会导致信息冗余。

显然，游戏画面是高维的。不妨设游戏画面是一个$128 \times 128 \times 3$的矩阵，那么我们接受的就是一个$128 \times 128 \times 3$的矩阵，即有近 5 万个维度。但在这个 5 万维的空间中，“合法”的画面仅仅分布在维数很低、很小的流形上（因为按游戏规则，小车不能离开水平线，画面中不会忽然出现一头牛，等等）。回顾经典 MFRL 算法，如 DQN，我们没有措施是为适配“n维状态仅仅分布在n维空间中一个低维流形上”而设计的。事实上，当训练好 DQN 之后，即使输入规格一样的图片，网络也总能输出$Q(s,a)$或$V(s)$的值，即使s是“不合法”的图片。因此，这无疑会导致信息严重冗余、计算量严重浪费、输出不合理，继而影响算法效率。

其次，这会导致信息缺失。

在上述例子中，如果只用一帧画面作为状态，那么我们可以很方便地从画面中算出小车的位置x与木棒倾斜角度θ。但是，只凭一帧信息是无法得到小车当前的速度与倾角的变化率信息的。在 MDP 定义中，必须保证状态之间的转移关系是符合马尔可夫性质的。而为了满足这一点，状态中必须包含小车当前的速度信息。

当然，解决上述问题的方法也不难。例如，如果我们只能获取游戏画面的信息X_t，那么我们定义前后连续两帧的信息为状态，即$S_t = (X_{t,}, X_{t-1})$。这样，便可以从连续两帧游戏画面中提取出上述全部(X,θ,V,ω)信息，即可以将我们真正需要的信息重建出来。现实中，人类玩家在观察游戏画面操作时，显然能根据连续几帧画面的变化情况下意识地提取出小车当前的速度等信息。

综上，游戏画面不能直接作为 MDP 中的状态，将其称为观测或观察（Observation）。一般而言，状态代表无缺失、无冗余、具有马尔可夫性质、与问题密切相关的重要信息，不过可能需要复杂的处理才能获得；而观察则代表有缺失或有冗余的原始信息，不过一般可以比较简单、直观地获得。在今天很多实际问题中，观测往往指图像信息。例如，我们要训练一个玩游戏的智能体，但该游戏没有像上述 CartPole 一样提供简单有效的状态接口，只提供了游戏画面，那么我们只有观察而无状态。只有经过一番复杂的处理，才能获得算法所需的具有良好性质的状态。

这里需要强调的是，在一些问题中，观察的维数有可能比状态的维数更低。即使将收集的所有观察综合起来，和状态相比，它仍存在信息缺失。

例如，象棋是一种完全信息博弈。在对弈的任何时刻，双方都可以清晰地看到棋盘上所有棋子的位置。对游戏胜负而言，这就已经包含了所有信息。因此，我们可以将问题的状态定义为棋盘局势。相比之下，纸牌类游戏一般是不完全信息博弈，在游戏过程中，玩家只能看到自己手上的牌，却无法看到其他玩家手上有哪些牌。

这里以《斗地主》这款游戏打个比方：由于我们不需要考虑纸牌的花色，因此可以将每个玩家的牌定义为一个 15 维向量，分别表示 A、2、3 一直到 J、Q、K，再加上大小王的数量（前 13 维取值为 0～4，后 2 维为 0、1 变量）。此时，观察即玩家手上的牌（15 维向量），以及其他玩家手上的牌的数量（2 维向量）；而游戏真正的状态是各位玩家手上的牌，即一个 45 维向量。即使综合所有历史观察，也不能完全确定真正的状态，因此游戏中总难免有出乎意料的情况。例如，当我们观察到其他玩家还剩下 17 张牌时，我们判断他下一轮就走完所有牌的概率很小。但是，这在某些特殊的状态下也有可能发生。

需要注意的是，虽然在《斗地主》游戏中，观察只占有状态中较小一部分信息（45 维向量中仅固定 15 维，另外 30 维有无限种情况）。但是，有些“高手”总会尽可能地猜出对方手上的牌，由观察将状态还原得八九不离十，因此可以采取不错的操作，提升自己的胜率。他们是如何做到的呢？有的读者可能已经结合自己的经验想出来了——在打牌时，我们可以根据牌局的历史事件来判断对方手上的牌。例如，如果自己上次选择“单走一个 6”时，对方选择过牌，那么很可能对方没有较小的单张牌（如 7、8、9）。但是，我们不能简单地以为对方没有能压制一个 6 的牌。总体来说，我们会根据“历史观察序列” $O_1,O_2,O_3,\cdots,O_t$ 推断当前的状态 S_t。这种推断仍然是带有随机性的，而非确定的。

总体来说，在 CartPole 的例子中，虽然单帧画面不能包含全部状态信息，但只要使用相邻两帧画面即可包含全部状态信息，不必使用更多帧；但是，在《斗地主》的例子中，为了以最大把握估计真实状态，一般需要用到全部历史观察信息。因此，当我们说起观察这个概念时，务必结合实际情况弄清楚它和状态相比有哪些冗余、哪些缺失。

10.2.2 POMDP

机器学习中有一个经典模型——隐马尔可夫模型（Hidden Markov Model，HMM），广泛用于自然语言处理、语音等领域。该模型基于马尔可夫过程，并在其基础上定义了观察。在 HMM 中，设状态为 q_t，状态之间的转移关系符合马尔可夫性质，服从 $P(q_t\,|\,q_{t-1})$ 分布；但是，我们只能获得观察 O_t，而不能获得状态，这二者之间有关系 $p(O_t\,|\,q_t)$，如图 10.5 所示。

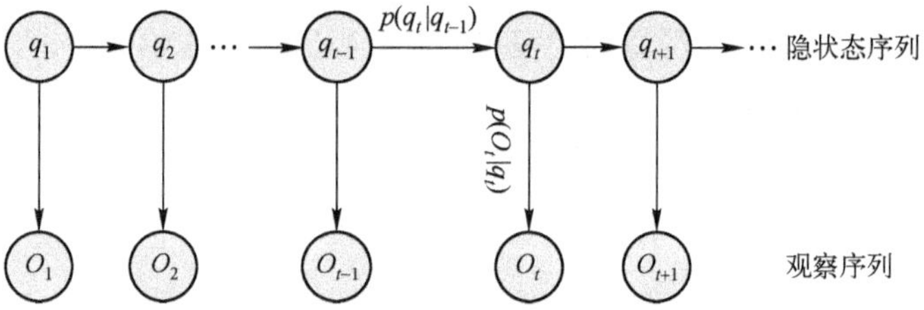

图 10.5　HMM

HMM 中有许多经典的问题，其一是评估，即根据已知的 HMM 评估各个时间出现各个状态、各个观察的概率；其二是解码，即根据已知的 HMM 及观察序列 $O_1,O_2,O_3,\cdots,O_T$ 求解某个时间处的状态 q_t 或一段时间的状态序列 $q_1,q_2,q_3,\cdots,q_t$。需要注意的是，解码问题中的单点最优（该时间点最有可能的状态）与全局最优（该时间段最有可能的状态序列）很可能是不同的，即将各个单点最有可能的状态连在一起未必是全局最有可能的状态序列，解码算法可以说是 HMM 中最常用的领域，常被用于语音识别；其三是学习，即根据许多已知的观察或状态序列学习出背后的 HMM，这个领域相对更困难。HMM 中有许多经典算法，包括前向算法、后向算法、维特比（Viterbi）算法及伯母维持（Baum-Welch）算法等。其中，前向算法、后向算法及维特比算法主要利用了动态规划的思路，而伯母维持算法主要利用了机器学习中 EM（期望最大化，Expectation-Maximization）算法的思路，并进行了对 HMM 的适配。这其中的细节很多、推导详细公式非常烦琐，这里不详细讲解，没有学过 HMM 的读者不妨自行查阅有关的机器学习图书。

HMM 中根据后向递推关系估计单点状态：

$$\beta_t(X_t) = P(O_{t+1},\cdots,O_{T-1},O_T|X_t) = \sum_{X_{t+1}=X_1}^{X_M} P(X_{t+1},O_{t+1},\cdots,O_{T-1},O_T)\,|\,X_t)$$

$$= \sum_{X_{t+1}=X_1}^{X_M} P(O_{t+1},\cdots,O_{T-1},O_T)|X_{t+1},X_t)P(X_{t+1}\,|\,X_t)$$

$$= \sum_{X_{t+1}=X_1}^{X_M} P(O_{t+1},\cdots,O_{T-1},O_T)|X_{t+1})P(X_{t+1}\,|\,X_t)$$

$$= \sum_{X_{t+1}=X_1}^{X_M} P(O_{t+2},\cdots,O_{T-1},O_T)|X_{t+1})P(O_{t+1}\,|\,X_{t+1})P(X_{t+1}\,|\,X_t)$$

$$= \sum_{X_{t+1}=X_1}^{X_M} \beta_{t+1}(X_{t+1})B(X_{t+1},O_{t+1})A(X_t,X_{t+1})$$

我们在 2.1 节中说过，马尔可夫过程中只有内在的状态之间的转移关系，而 MDP 则是在马尔可夫过程的基础上增加了作为输入的动作与作为输出的奖励。决定下一个状态的不只有当前状态，还包括当前动作。

本节要介绍的部分可观察马尔可夫决策过程（Partially Observable Markov Decision Process，POMDP）是一种更广泛的马尔可夫决策过程。POMDP 假定智能体无法直接看到状态，只能看到观察。具体而言，用六元组 (S,A,P,R,Ω,O) 来定义它，其中，Ω 代表观察的空间，$O_t \in \Omega$；O 代表状态到观察的条件概率 $O(o_t\,|\,s_t)$。正如我们可以为 MDP 的四元组添加 Done 与 γ 这两个元素而将其定义为五元组、六元组一样，我们同样可以为上述定义的 POMDP 六元组添加 Done 与 γ 这两个元素而将其定义为七元组、八元组。一般将 MDP 写为四元组、五元组、六元组，将 POMDP 写为六元组、七元组或八元组，这都是可以的，取决于具体的场合。通俗地说，POMDP 相当于为一个 MDP 添加定义观察与状态之间的条件概率，也相当于为一个 HMM 添加定义动作与奖励，由于细节较多，这里不再赘述，关于 POMDP 的详细定义留作思考题。POMDP 与 MDP、HMM 之间的关系如图 10.6 所示。

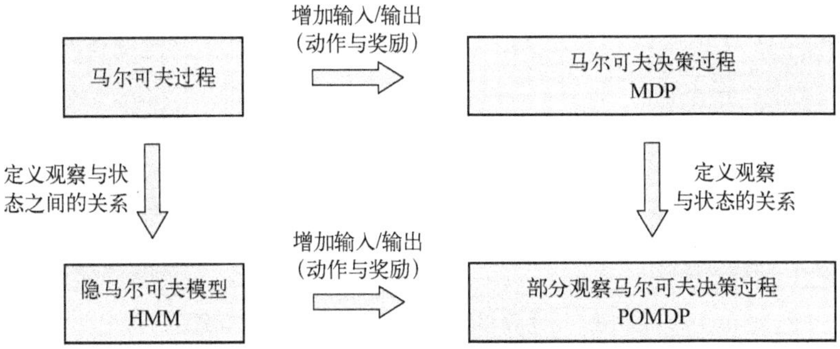

图 10.6　POMDP 与 MDP、HMM 之间的关系

相比于 MDP，许多现实问题更适合被定义为 POMDP。10.2.1 节中举例的“游戏状态”与“游戏画面”就是一个很好的例子。如果我们能获得的输入除了包含看到的画面，还包含听到的声音、感知的温度及其他格式不同的信息，即当我们面对的是多模态（Multi-Modal）问题时，我们也可以将各种输入信息综合定义为观察。此外，当我们面对需要将强化学习迁移到其他任务，或者需要考虑其泛化性时，也可以将其定义为 POMDP（定义任务有一部分未知的上

下文，不可以直接获取）。详细内容可以参考论文 *Why Generalization in RL is Difficult: Epistemic POMDPs and Implicit Partial Observability*。

10.2.3 为世界建模

下面考虑如何用强化学习算法求解 POMDP。

因为强化学习算法都是建立在状态之上的，所以我们自然希望从观察重建状态，这样就可以对接各种我们熟悉的 MFRL 算法。我们将这个步骤称为状态表示学习（State Representation Learning，SRL），它可以被视为一种高维数据特征的提取算法。具体而言，我们可以根据已知的领域知识或学习手段建立起观察到状态的映射关系。例如，在上面 CartPole 的例子中，我们就可以先根据领域知识设定一些规则，定位游戏画面中小车的位置与木棒倾斜的角度；再对二者分别求导，得到小车当前的速度与角度的变化率；最后重建完整的状态。当我们拥有很强的领域知识，可以确保准确且完整地重建状态时，便可以将 POMDP 分解为状态表示与强化学习算法两部分，二者互不关联。

但在很多情况下，我们并不知道观察与状态之间的映射关系是怎样的，甚至不知道问题中的状态（包含所有决策所需的重要信息且具有马尔可夫性质）究竟该如何定义。此时，我们很难预先建立起一个状态表示器；此外，根据强化学习的性质，我们的最终目标是要在真实环境中取得最大的累积奖励，状态表示学习也应该符合该目标。因此，即使我们有能力独立地训练出一个状态表示器，选择将训练它的过程与强化学习完全解耦也并不是明智之举。

基于以上思想，考虑几种与强化学习耦合的状态表示学习方法。

第一种，观察重建。

先通过编码器-解码器（Encoder-Decoder）模型将观察编码（Encode），得到特征向量 z，再让该特征向量能够通过解码（Decode）重构出与输入尽量接近的观察。通过重构的方式进行状态表示学习是目前使用最广泛的方法，经典算法如 AE、VAE、DAE 等。在原始版本的世界模型中，研究者就采用 VAE 提取编码的方式建立了状态表示器，如图 10.7 所示。

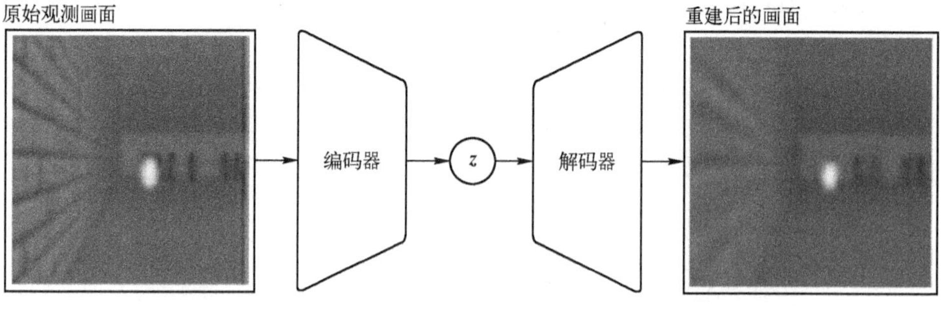

图 10.7　世界模型中采用 VAE 提取隐变量

从理论上来说，如果 VAE 的重建效果较好，就说明经过编码的特征向量 z 包含了观察的所有信息，满足对状态表示的基本要求。我们可以想象观察图像分布在一个高维空间中，但其中“合法的”图像只占据一个低维且很小的流形。VAE 建模完成后，低维特征向量 z 的自由度即这个低维流形的自由度。当 z 在自己的低维空间中自由变换时，其通过解码器后的结果即对应这个低维流形。因此，z 即观察的低维表示，也是我们需要的状态。世界模型中特征向量与图像的对应关系如图 10.8 所示。

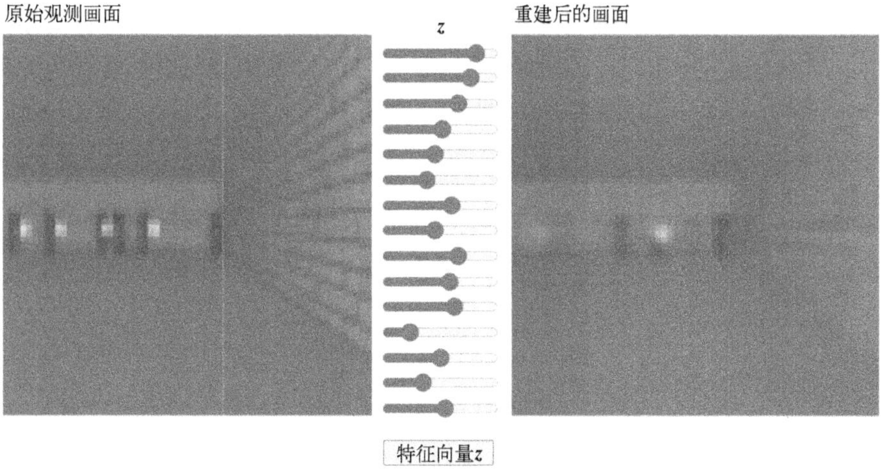

图 10.8　世界模型中特征向量与图像的对应关系

需要注意的是，POMDP 和 MDP 都是决策过程，在时间维度上有前后的因果关系。如果我们只是简单地在一个时间点上建立观察与状态的对应关系，那么无疑会丢失很多重要信息。在 HMM 中，在求 S_t 的分布时，不仅要考虑 O_t，还要考虑 O_{t-1} 或 S_{t-1}，甚至要考虑整个观察序列（详细可参见前向算法、后向算法或维特比算法等），只有这样才能获得更多关于 S_t 的信息；同理，为了更好地表征 POMDP 中的状态，也应该考虑前后的因果关系。

第二种，学习前向模型。

所谓前向模型，即由当前观察 o_t、当前采取的动作 a_t 直接估计下一步状态 S_{t+1} 分布的模型。从理论上来说，应该先由当前观察 o_t 估计出当前 S_t 的分布，再由 MDP 的状态之间的转移关系估计在给定 S_t 的分布与动作 a_t 下 S_{t+1} 的分布。这两个条件概率分布应该是相互独立的。但是，前向模型恰恰是将这两个条件概率分布耦合在了一起，作为一个整体进行端对端优化。在训练中，可以直接用模型输出的状态预测与真实状态进行对比，以均方误差作为损失。这时，损失会同时向两个条件概率分布传递梯度，分别优化“由当前观察估计当前状态”与“由当前状态与动作估计下一个状态”的准确率。实践证明，这样耦合训练能让我们在由观察估计状态时进一步参考前面的观察信息，获得更准确的估计；也能让我们建立的状态表示器更好地建立符合 MDP 的前后因果特性，更好地预测下一个状态。

此外，前向模型还有额外的好处：在网络学习足够好时，完全可以抛弃真实环境给出的观察，而仅仅通过编码器和前向模型预测状态之间的转移关系让智能体完全运行在状态上，实现 10.2.4 节描述的“梦境”。这样可以大大降低算法的数据成本，当然，前提是前向模型足够准确。

第三种，学习后向模型。

所谓后向模型，在原本的 MDP 中是指给定当前所处的状态 S_t 与下一步的目标状态 S_{t+1}，求出能够使从 S_t 出发进入 S_{t+1} 的动作 a_t。在 POMDP 的语境中，后向模型也可以指给定当前观察 O_t 与下一步的目标观察 O_{t+1}，求出能够使从 O_t 出发进入 O_{t+1} 的动作 a_t。同理，这样的模型也理应被马尔可夫性质拆分为“观察到状态的映射”与“状态之间的后向模型”两个独立的部分。但是，我们将其耦合在一起，进行端对端的训练，将预测动作与实际动作误差损失同时传递给“由观察表示状态”与“预测最优动作”两部分，这同样被实践证明能提升模型效率。事实上，训练后向模型的主要作用是让状态表示器更好地为“找到合适的动作”做出贡献。有研究者通过实验证明，后向模型和前向模型、重构等方法相比，对状态学习的贡献是最大的。

此外，前向模型和后向模型之间也存在一定的联系，能够相互为对方学习状态表示提供帮助。因此在很多情况下，人们会将后向模型与前向模型一起使用，将后向模型的损失函数和前向模型的损失函数的加权和作为一个联合的损失函数进行优化，让网络能够学习到对做决策更有用的信息。

以上介绍的几种模型的对比如图 10.9 所示。

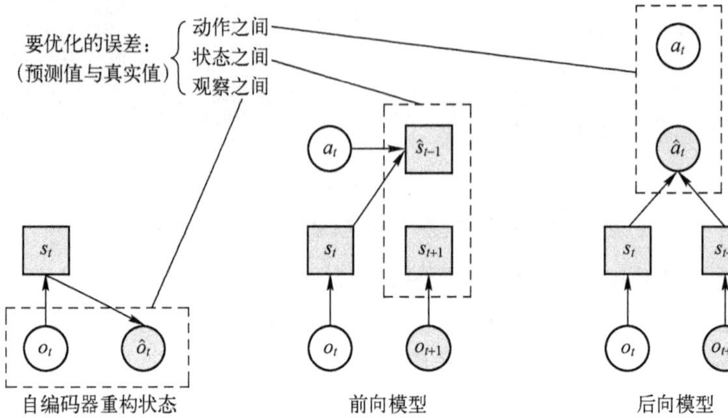

图 10.9　以上介绍的几种模型的对比

第四种，图像领域的其他技巧，如注意力（Attention）、Mask 或 U-Net 等。

在许多现实问题中，图像总是相对容易获取的，因此，观察大部分就是原始图像。既然如此，我们自然可以将图像领域的各种方法用于状态表示中。例如，在论文 *MONet: Unsupervised Scene Decomposition and Representation* 中，研究者在原本 VAE 的基础上增加了一个注意力机制产生的 Mask，且这个 Mask 是由 U-Net 结构得到的。MONet 的网络结构如图 10.10 所示。

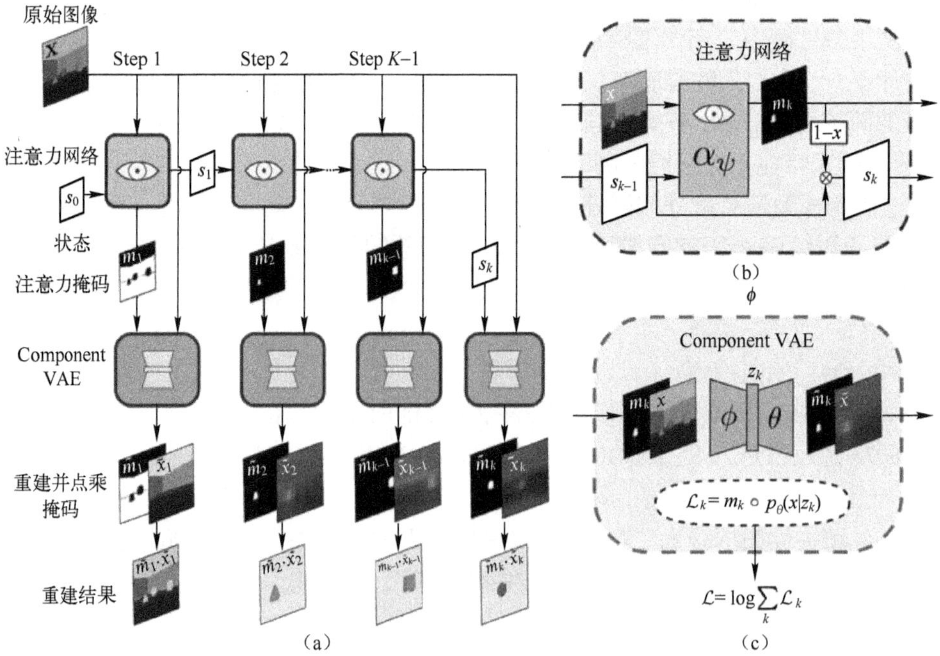

图 10.10　MONet 的网络结构

在深度学习中，图像是一个非常成熟的领域，有海量的算法、理论与技巧。读者可以结合具体问题选择恰当的方法，并将其与强化学习算法相结合。由于它们和强化学习本身的关系不大，因此本书中不再赘述。

此外，我们还可以利用领域知识定义额外的约束。前面提到，在面对具体的 MDP 时，我们可能拥有关于状态之间的转移关系的先验知识，可以利用它建立模型；同理，在面对每个具体的 POMDP 时，我们也可能拥有关于观察与状态之间的关系的先验知识，可以利用它建立状态表示器。例如，缓慢连续移动性（Slowness Principle），即特定问题下前后两个状态不应相差太多；可变性（Variability），即已知观察中有些部分的取值永远恒定（如游戏画面中的边框或游戏 Logo），表示状态时应尽量忽略这部分内容，等等。这部分内容比较多且杂，这里无法列出全部性质并加以概括，只能在面对具体问题时做具体分析。

关于为何将这类 MBRL 算法称为世界模型，论文 *World Models* 中是这样解释的：人类根据他们有限的感官所能感知的事物发展出世界的心理模型。我们做出的决定和行动都基于这个内部的模型。系统动力学之父 Jay Wright Forrester 将心智模型描述为："我们脑海中的世界形象只是一个模型，如政府或国家的概念及它们之间的关系，并用它们来代表真实的系统。"为了处理流经我们日常生活的大量信息，我们的大脑学习了这些信息的空间和时间方面的抽象表示，使我们能够观察一个场景并记住其中的抽象描述。

通俗地为上面这段话打个比方：我们看到的画面、听到的声音都是一个高维的表示（人眼大约有 800 万个像素）。但是，我们心中对其的感知往往不会具体到毫末处的细节，也不会注意每个像素的颜色深浅。我们对于世界只会有一个低维的印象（见图 10.11），我们采取的行动背后的逻辑也仅仅基于这个低维的印象就够了，而不需要精确到像素级别。

图 10.11　人对于"世界"的降维理解示意图

World Models 中还提到，有证据表明，我们在任何特定时刻所感知的内容都取决于大脑基于我们的内部模型对未来的预测。换言之，我们对于看到的画面产生的低维印象往往和前后看到画面的因果性，以及自己的行为有关，就像我们介绍的前向模型、后向模型一样。

打个比方：当我们看到一本书、一堆纸、一捆木头与一团火苗时，虽然这几种事物在画面中占据的像素数量可能差不多，但我们脑中产生的画面是“一团火苗马上就要蔓延到周围”。因为我们大脑从经年累月的学习中掌握了前向模型，并基于预测未来的目的更好地提取了观察中更重要的部分作为状态。所以，虽然眼前火苗可能占据的像素不多，但由于它被前向模型定位为非常重要的部分，因此它此时在我们感知的状态中占据的比例也被放大。正是由于这个原因，人眼实际只能看到几百万像素，但是经过人脑处理后，我们往往能感受到更多的信息，其中很多信息正是通过下意识的推理、回忆、想象等预测出来的。从这个角度来看，训练前向模型、后向模型以辅助学习状态表示或许是符合人的思维模式的。

还需要说明的是，本节讨论的观察重建、前向模型、后向模型等求解的都是关于客观环境中的观察与状态的，暂时与主观的策略无关。因此，它也属于“世界观”，即 MBRL 中“模型”的范畴。凡是使用了上述各种模型之一建立观察与状态之间映射的，毫无疑问都被归类为 MBRL 算法。

10.2.4 Dreamer

以上讲述了如何为 POMDP 建立状态表示模型。下面讲述这个作为“世界观”的模型与“主观”的策略如何共同训练。

在强化学习中，我们的策略是基于状态输出动作，即$\pi(a|s)$。在 CartPole 游戏里，我们只要从相邻的两帧游戏画面中便可以提取出状态s的全部信息，对接一般的强化学习算法。但是，在《斗地主》的例子中，为了更准确地估计当前s，一般需要用到历史上所有的观察数据$o_1,o_2,o_3,\cdots,o_t$来估计状态的概率分布。如果仅仅使用邻近几个观察，则往往不如使用全部观察得到的信息多。

循环神经网络（RNN，包含 LSTM、GRU 等更复杂的结构）能实现上述功能。它维护中间状态并不断循环，每个输出事实上都是基于历史全部输入而计算的。在世界模型中，也可以引入 RNN，如图 10.12 所示。

在图 10.12 中，先对原始的观察运用 Vision Model 降维得到隐变量z_t（图中z是要不断输出的，这里代表第七步的输出）。因为输入的观察o_t是图片，所以可以想象这个隐变量z_t其实是单帧图片中包含的所有与s_t相关的重要信息。然后将隐变量z_t输入记忆 RNN 模型中，得到包含各个时刻z_t信息综合考虑得到的h_t。事实上，这里的h_t包含了全部历史的观察信息，而z_t又着重强调了与当前状态信息有关的内容，因此可以想象这个(h_t,z_t)才是我们真正需要的状态s_t。

这里用《斗地主》的例子打比方：观察$\boldsymbol{o}_t$代表各个时刻的游戏画面，是一个高维的矩阵；$\boldsymbol{z}_t$代表这个时刻的游戏画面包含的重要信息，主要是此时自己剩余的牌（一个 15 维向量）与其他两名玩家剩余的牌数、执行的操作等，是一个相对低维、信息密度较高的向量。需要注意的是，我们并不是仅根据当前的重要信息来决策的，因此$\boldsymbol{z}_t$并不是我们需要的状态；进一步地，循环中的h_t是根据历史上的所有$\boldsymbol{z}_t$处理出的重要信息，如根据对手的历史操作猜测出的牌分布。基于h_t与$\boldsymbol{z}_t$，便可以在无信息损失的情况下选择出牌。

这里需要强调的是，RNN 的输出考虑了全部历史信息，这与 MDP 的马尔可夫性质（无记忆性）并不矛盾。因为 RNN 的“记忆性”在于“由全部历史观察估计当前状态分布”这个环节，而不在于“估计下一个状态”这个环节。当然，如果考虑网络在实践中的表现，则上述边界是比较模糊的。

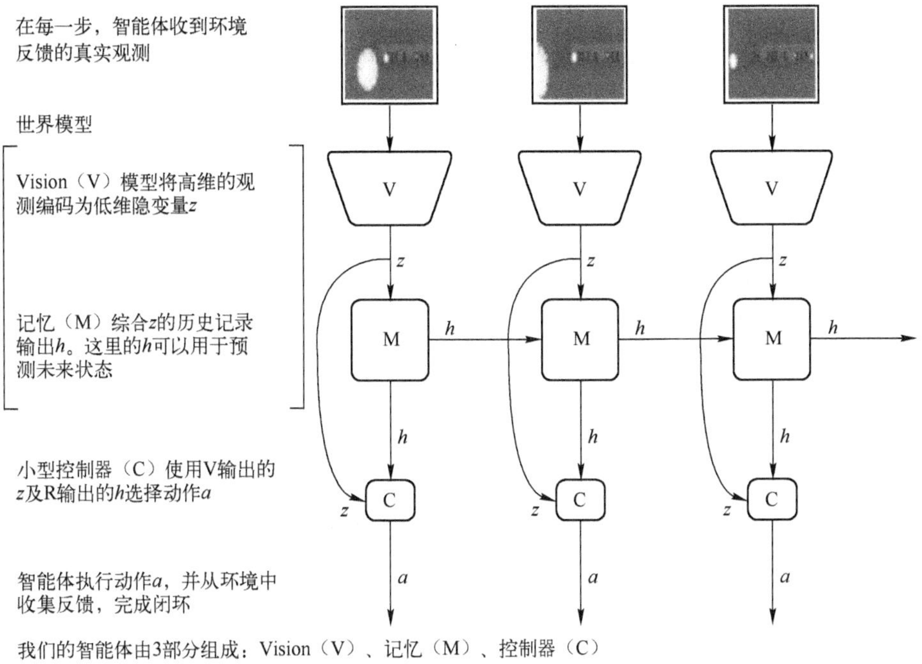
在每一步，智能体收到环境反馈的真实观测
世界模型
Vision（V）模型将高维的观测编码为低维隐变量z
记忆（M）综合z的历史记录输出h。这里的h可以用于预测未来状态
小型控制器（C）使用V输出的z及R输出的h选择动作a
智能体执行动作a，并从环境中收集反馈，完成闭环
V
V
V
z
z
z
M
M
M
h
h
h
h
h
h
C
C
C
z
z
z
a
a
a
我们的智能体由3部分组成：Vision（V）、记忆（M）、控制器（C）

图 10.12　世界模型引入 RNN 的记忆结构

从理论上来说，如果我们最终得到的s_t（$[h_t,z_t]$）是一个人为定义好的状态（如《斗地主》中表示玩家手上的牌的向量的分布），那么，从s_t到a_t的映射仍应该是一个非常复杂的函数（因为要根据复杂的计算才能决定应如何操作）。但在世界模型中，经过复杂网络处理后输出的$[h_t,z_t]$并不是按照某种意义定义好的，而是网络自动学习出来的。因此，可以让网络输出的$[h_t,z_t]$包含更抽象、更高度浓缩的信息，继而让从$[h_t,z_t]$到a_t的映射更加简单。通俗地说，原本由o_t到s_t、由s_t到a_t都是复杂的映射，但我们可以"将复杂的部分往前挪"，即让o_t到s_t的映射更加复杂，而让s_t到a_t的映射相对简化。

这里训练的模型可以替代真实环境输出数据，用于让智能体学习或进行实时规划。需要注意的是，真实环境提供的数据都是观察数据，而我们训练的 MDN-RNN 模型可以直接提供隐变量z_t的数据。因此，与一般的黑盒模型相比，世界模型不仅能增广数据，还能提供信息密度更高的低维数据。采用这一类技巧的世界模型很多也被称为 Dreamer，即做梦者。

打个通俗的比方：当我们在真实世界中采取行动时，眼中看到的总是细节清晰的、棱角分明的、由各种物体组成的高维世界画面，这需要经过大脑处理才能变成低维信息，如"我在学校上课"等；但是，如果我们在做关于"我在学校上课"的梦时，看到的场景可能本来就是朦胧不清的。例如，我们能看到讲台、课桌、同学。但是，若我们想聚焦目光看清楚，却发现细看之下，画面非但没有更清楚，反而变得更模糊。在这个"世界"中，我们既不能张目远眺，又不能顾盼左右，一切都不是真实的……最后，我们知道这是一个"我在学校上课"的场景，却看不到这个场景中的细节。但是，我们可以在这个"世界"中锻炼自己的行动技能，就仿佛在梦中学习、训练一般。世界模型的总体结构如图 10.13 所示。

下面补充一些训练 Dreamer 的额外技巧。

注意到，从观察o_t提取隐变量z_t的网络是训练得到的，难免有偏差。因此，我们提取出来的作为智能体输入的状态未必准确，可能存在随机性。但事实上，如果其随机性只是体现于添加了随机噪声，则对智能体性能不会有影响。相反，添加噪声训练一般能够提高智能体的鲁棒性。但需要注意的是，如果提取隐变量 z_t 的部分存在某种系统性偏差，而这种偏差又被智能体针对性地利用，就会影响算法的性能。因此，反而要人为增加随机噪声，或者用一个“温度系数”来控制随机性，避免系统性偏差带来的影响。

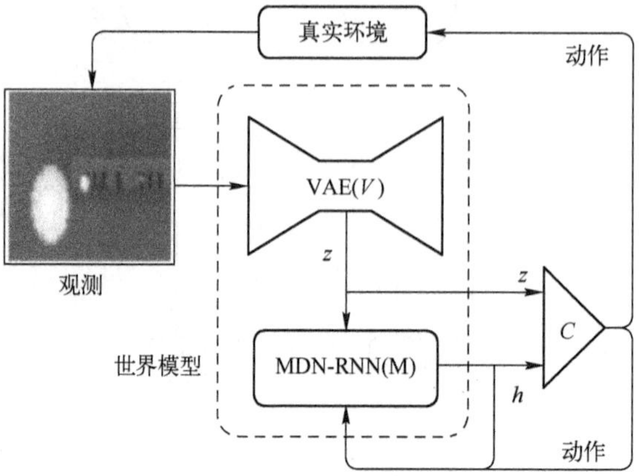

图 10.13　世界模型的总体结构

打个比方：在一款躲避类的游戏中，我们要根据观察 o_t（游戏画面）输出游戏的状态 s_t，如饭店服务生的位置、数量等较为精简的信息，只有这样才能更好地操控智能体避开他们，完成游戏任务。有了世界模型之后，我们可以直接在“梦境”中玩这款游戏，即直接针对饭店服务生的位置这样的精简信息而非原始游戏画面输出操作。如果游戏画面与状态信息之间存在随机偏差，如每次都会在一些随机的位置多出几个饭店服务生，那么这并不会影响智能体的性能，反而会让智能体躲避时更加警惕，避开所有哪怕现实不存在的饭店服务生。但是，如果世界模型有系统性偏差，即每次都倾向于在同一个位置 P_1 多出一个饭店服务生，或者倾向于将同一个位置 P_2 的饭店服务生忽视，那么智能体学习到的策略就有可能适配于这种偏差，如无论如何都会绕过 P_1、无论如何都会经过 P_2 等，这会导致其在现实环境中性能不佳，总是为了绕过 P_1 浪费时间，或者总是在 P_2 处不能躲避饭店服务生。为了解决这个问题，我们宁愿主动增强状态的随机性，让 P_1 与 P_2 更加随机地增减饭店服务生的数量，让智能体躲避时必须考虑这两个点的随机性，这样往往能让策略更加鲁棒。

虽然 Dreamer 的相关论文指出可以让智能体完全在“梦境”中训练，但现实中为了让智能体取得好的效果，一般还要不断使用真实环境的数据，而不能在训练世界模型后便完全舍弃真实环境。这二者在迭代中的具体占比需要根据数据成本、算法特点等进行综合考虑。

总体来说，现实中的许多问题都存在着观察与状态不一样（观察易获取但噪声大，状态信息密度高但难以获取）的情况，此时便可以考虑使用世界模型。这类算法的具体细节很多，且仍处于快速发展迭代中，因此不详细叙述。感兴趣的读者不妨自行查阅本章参考文献列表中的经典论文。

思　考　题

1. 除了纸牌类游戏，还有哪些场景中的观察只包含状态的部分信息呢？

2. 除了游戏画面，还有哪些场景中的观察包含了状态的大量冗余信息呢？
3. 学习 HMM，了解前向算法、后向算法、维特比算法等。
4. 根据马尔可夫过程与 HMM、MDP 的关系，写出 POMDP 完整的定义。
5. 请写出前向模型、后向模型的详细定义与损失函数。
6. 阅读 *World Models* 原文，思考其与我们日常生活的关系。
7. 阅读一些与世界模型、Dreamer 相关的论文，加深对其的了解。

10.3 实时规划

本节讲解 MBRL 的最后一项内容——实时规划（Decision-Time Planning）。可以说，本节要讲的实时规划是 MBRL 相比于 MFRL 最为不同的一项内容。由于我们前面已经掌握了模型的基本思想，循序渐进地深入了解了 MBRL，因此应该不难理解本节内容。

10.3.1 实时规划的基本思想

MFRL 可以分为两大类，即基于价值与基于策略。从最终决策方式上看，前者即针对给定状态选择价值最大的动作（$a=\text{argmax}_a Q(s,a)$），后者即直接用策略决策（$a=\pi(a|s)$）。无论采用哪种决策方式，我们主要考虑的仅仅是如何通过训练得到价值函数 $Q(s,a)$ 或策略函数 $\pi(a|s)$。一旦得到了价值函数或策略函数，决策的步骤就是平凡且快速的。因此，我们将基于价值与基于策略合称为全局决策（Background Policy）。本节要介绍的实时规划算法之所以特殊，是因为它是异于基于价值或基于策略的一种决策方式。更具体地说，实时规划是完全异于全局策略的决策方式。在 MFRL 中，不存在实时规划的选项。而在 MBRL 中，第一级的算法分类方式，或者说我们首先要关注的选择即全局策略与实时规划。与全局策略相比，实时规划算法在决策这一部分是非平凡的、复杂的，而它在训练这一部分则相对是平凡的。在一些特殊情况下，实时规划算法的主要计算量都在决策部分。

例如，我们在 4.3 节中讲最优控制时介绍了 iLQR 控制器。如果假定环境转移关系不是给定的，而是未知的，则需要用 MBRL 版本的 iLQR 方法。具体而言，我们在训练阶段只需就环境的关键部分产生数据，用最小二乘法拟合出模型（局部环境转移关系与二次损失函数，或者全局的非线性关系）。到了决策阶段，我们先得到一个具体的初始状态 s_0，然后从它出发生成一组 a_t 序列，再求解局部 LQR 控制问题的最优解、优化动作序列，直到达到某种收敛准则。这样，我们便得到了从 s_0 出发的最优动作序列。求解局部 LQR 控制问题的具体过程如图 10.14 所示。显然，整个算法中的训练阶段是平凡的，即简单的有监督学习；而决策阶段则是算法特点的集中体现。

那么，实时规划的本质是什么呢？为什么我们可以采用这种决策方式呢？

我们在 2.3 节中说过，MDP 的性质，如初始状态是否随机、状态之间的转移关系是否随机等会决定其最优策略的形式。例如，如果一个 MDP 中的初始状态是随机的，状态之间的转移关系是确定的（如经典的 LQR 控制问题），则其最优策略理应是关于初始状态与时间的函数，即有 $a_t=\pi(s_0,t)$ 的形式。我们也可以将其理解为每个初始状态 s_0 对应一个最优动作序列 $a_0,a_1,\cdots,a_T$。理论上，存在上述通用的 π，或者说存在 s_0 到其对应最优动作序列的全局映射。

但当状态空间 S 很大时，上述全局映射极其复杂，我们根本没有办法求解或必须用极大的计算量才能求解这样的全局映射，因此，我们只能对于具体的 s_0，或者说我们只能在应用中确实遇到了具体的 s_0，再求解其对应的最优动作序列。不妨设求解全局最优策略的计算量是 X，针对具体的 s_0 求解最优动作序列的计算量是 Y；在整个周期中，会有 N 次使用实时规划进行决策，即需要遇到 N 次不同的 s_0 并求解其最优控制序列。即使 N 很大，NY 仍可能远远小于 X。

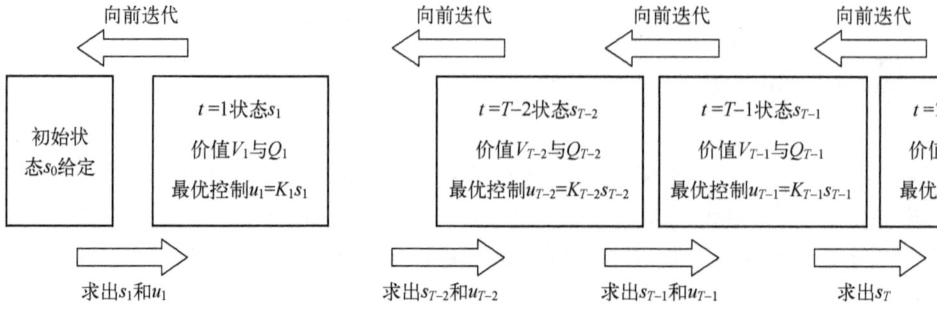

图 10.14　求解局部 LQR 控制问题的具体过程

同理，对于一般状态之间的转移关系为随机的 MDP，理应存在通用策略 $a=\pi(s)$。但是，当状态空间很大、状态之间的转移关系很复杂时，求解这个通用策略的计算量 X 可能极大。因此，我们选择不求解通用策略，而在进入每个 s_t 后依据后续奖励最大化原则求解由它出发的最优动作序列 $a_t,a_{t+1},\cdots$。因为环境本身具有随机性，所以执行 a_t 之后将得到具体的 s_{t+1}，而不是一个 s_{t+1} 的分布。因此，我们可以在 s_{t+1} 下重新求解最优动作序列 $a'_{t+1},a'_{t+2},\cdots$，即不必按“原计划”执行 a_{t+1} 而适应“新变化”执行 a'_{t+1}，这种方法被称为“重规划”（Replanning）。尽管它看起来很繁复、笨拙，但是，当计算通用策略的计算量 X 大时，即使我们要在 N 个周期中使用控制器、每个周期中要重规划 T 次，NTY 仍然可能远远小于 X。后面要介绍的模型预测控制（Model Predictive Control，MPC）就是基于这种思路设计的。

打个通俗的比方：现实世界是极复杂的系统，事情的发生有着极复杂的因果，且存在大量的随机因素。如果采用通用策略的思维模式，则意味着我们要设想出一个从各种情况到应对手段的全局映射；如果采用实时规划的思维模式，则意味着我们需要学好一套“世界观”（包括科学、尝试、人情世故、基本逻辑等）。当我们在现实中遇到了某些具体情况时，根据自己拥有的世界观推理这个情况下的事情会如何发展，采取各种不同的应对手段会有何种结局。这样，便可以判断出当下的最优策略。通俗地说，前者是“纵览全局”“详细周密”“未雨绸缪”，后者是“活在当下”“得过且过”。

结合生活实际，我们必须承认，现实世界中包括各种罕见的但确实可能发生的情况（如自然灾害）。我们根本不可能罗列全部这些情况，并为每种情况设计出应对方案。如果我们非要耗费精力，为每种情况都设计出应对方案，则可能由于整体精力有限导致为许多情况设计的应对方案并不那么好。因此，我们很多时候宁愿当已经遇到了具体的情况，或者当一种情况已经有很大概率发生时，再考虑如何应对它。

从另一个角度来看，实时规划算法中的决策在一定程度上是与模型解耦的。换言之，我们可以输入一个不同的模型与 s_0，并用复杂的过程求得 s_0 在该模型下的最优动作序列。这其中的状态，甚至模型都可以视为能够灵活变化的自变量。而在全局策略算法中，训练部分是复杂的，“隐式的模型”与最终得到的策略是高度耦合的（如 DQN 中没有显式地定义 $P_{ss'}^{a}$，但贝尔曼迭代式中隐含了它）。当环境或模型变化时，我们往往只能从头开始重新训练。因此，实时规划相比于全局策略更适合相似场景之间的迁移，尤其在有强先验知识的情况下，如图 10.15 所示。

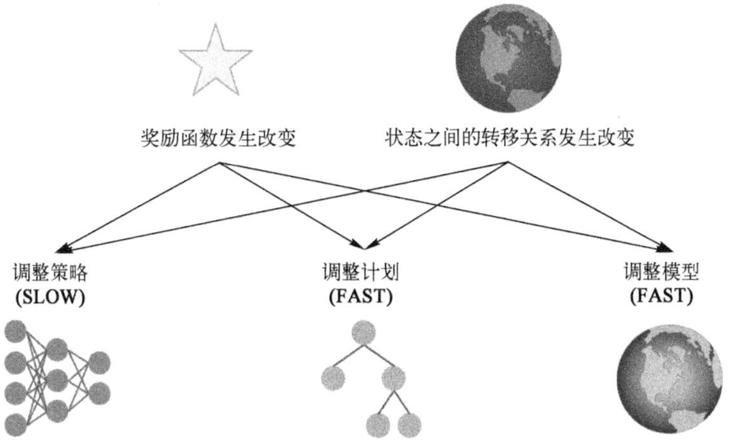

图 10.15　实时规划更适合相似场景之间的迁移

这里还值得补充说明的一点是，在全局策略算法中，动作与状态是连续的还是离散的往往没有本质的区别——当我们说 $Q(s,a)$ 时，若 S 是连续变量，则它是神经网络；若 S 是有限分类变量，则它可以是表格。除此外，它们的原理是一样的，贝尔曼迭代的式子也是一样的。因此，在全局策略算法中，动作与状态是否连续并不是特别本质的分类。相比之下，在实时规划算法中，状态与动作的连续性往往对算法本身有很大的影响，因为这决定了搜索动作的方式。简单地说，在实时规划算法中，第一级分类即在于动作是否连续。MBRL 分类结构如图 10.16 所示。

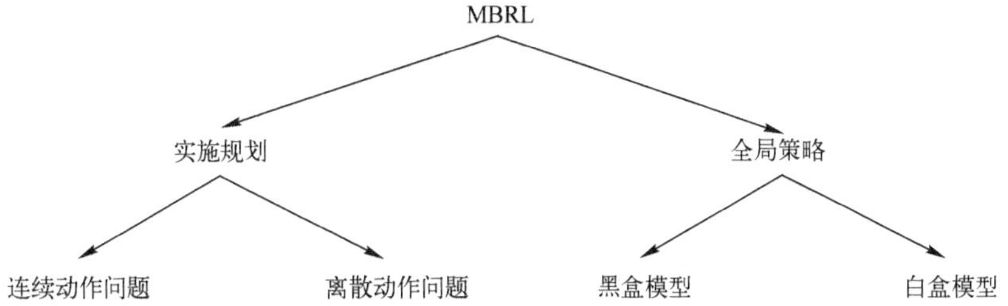

图 10.16　MBRL 分类结构

总结一下：全局策略算法的训练部分的计算量大，但决策效率高，对于状态或动作是连续的或离散的更加一致；实时规划算法的决策部分的计算量大，而训练过程则相对平凡，更适应于边角状态，且与模型独立度高，适合迁移到不同场景。对于状态空间很大、状态之间的转移关系特别复杂、存在许多边角情况难以事先预计、随机性较强的场景，实时规划算法可能更有优势；在决策效率非常重要，而训练成本相对不重要的场景中，全局策略可能更有优势。

此外，我们还可以权衡两者的优劣，综合设计算法。

例如，我们在第 9 章中讲解的引导策略搜索就是一个很好的例子——先按照实时规划的方式求解最优轨迹，然后对这些轨迹学习出一个全局策略，以获得更高的决策效率。

此外，根据两者的特点，我们可以在决策时首先对状态进行判断，再选择决策的方式：如果我们面对的是一个发生概率较大、已经被充分考虑了的“平常状态”，则可以使用全局策略进行决策；如果我们判断出它是一种“意外情况”，在训练中很少出现（因此全局策略输出的结果注定不会好），则可以启用实时规划机制；对特殊情况用特殊手段进行分析还可以先用全局策略生成基本动作，再用实时规划的手段对其进行局部优化，等等。总体来说，我们如果能够结合实际情况设计一个综合二者的方案，则可能取得更好的效果。当然，这需要我们结合具体问题进行分析，在此不再赘述。有兴趣的读者可以阅读有关论文，如 *Thinking Fast and Slow with Deep Learning and Tree Search* 等。

经过上面的讲解，我们应该已经了解了实时规划算法的基本思想与主要特点。前面提到，在实时规划算法中，状态与动作的连续性是一种很关键的分类方式，因此下面分别从这两类问题中挑选一些经典实时规划算法进行讲解。

10.3.2 蒙特卡洛树搜索

在前面讲解 MFRL 算法时，我们不断地用下象棋的例子打比方。这是因为象棋是我们中国的国粹之一，有着复杂的技巧、战略甚至哲学。强化学习的各种概念，如价值、探索与利用、局部收敛、奖励改造等都可以借用象棋中的具体局面与走法进行类比，帮助我们更好地理解这些概念。但是，这里需要强调的是，这仅仅是为了便于讲解强化学习的思想。在实践层面，“下象棋”这样的问题其实是不适合用 MFRL 算法来解决的。

象棋中的状态与动作都是有限的，我们可以用 Q-Learning 来求解。但是，象棋有着复杂的行棋规则。当我们在一个状态下采取一个动作之后，即使将对方的动作也算上（以对方行棋完毕、下一回合又到我们走时作为下一个状态），我们能通向的状态也不是任意的，而必须是与当前状态相邻的。在 Q-Learning 或 DQN 中，贝尔曼迭代是对通用的 $P_{ss'}^{a}$ 而言的，并没有利用状态之间的相邻性，以及行棋规则规定的可行动作等先验知识。因此，MFRL 算法显然是不够高效的。

那么，这样的问题应该采用什么思想来求解呢？

有的读者或许已经想到了，在 4.1 节中，我们以简单的三连棋引出了价值的概念。因为该游戏比较简单，可行的状态与动作都很容易枚举，且假定状态之间的转移关系已知（对方的走法确定，因此我们面对的是最优控制问题而不是 MBRL），它和我们要解决的“下象棋”问题的难度不是一个级别的。但是，我们肯定能感觉到二者有相同点。

那么，二者的相同点到底在哪里呢？它对于解决问题关键吗？

首先，这二者都是棋类，可行的状态与动作都是有限的；其次，二者的状态之间的转移关系都具有连续性，且都是被明确的规则决定的。读者很自然地可以想象，无论是三连棋还是象棋，我们都可以将所有局势组织成树的形状，如图 10.17 所示。具体来说，从同一个初始状态（树根）开始，根据不同的走法分为不同的中间状态。每个中间状态又可以根据不同的走法分为多个中间状态，依次类推，直到到达决出胜负的最终状态。行棋过程中出现的所有可能性构成一棵树的形状。

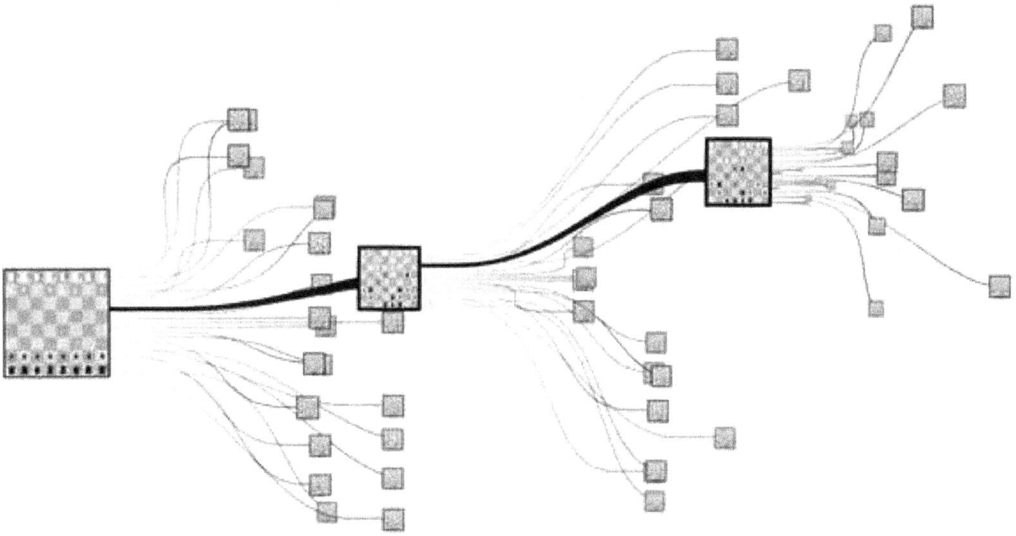

图 10.17　棋类游戏可以将所有状态组织为树的形状

当然，这二者还有一些区别。在三连棋中，一旦我们在棋盘的某个位置画下标记“○”或“×”，它就不可能再被抹去，这个位置的状态也不会再变更。因此，三连棋的状态其实是严格单向流动的。相比之下，在下象棋时，我们的棋子可以走回原来的位置（如果第一步已经选择了“御驾亲征”，则第二步的最优动作应该是“王者归来”）。在下围棋时，即使是落在棋盘上的棋子，也有可能被吃掉；此外，围棋还存在“走闲”的操作。

在离散数学中，我们对于树的标准定义应该是连通且无环的图。从这个角度来看，三连棋对应的是真正的树，而象棋与围棋因存在走回原来状态的可能性，所以不是严格意义上的树。不过，由于象棋中规定“无事不得将三将”等，并且很多重复走棋也没有什么意义；并且，实际算法中搜索的步数总是有上限的，不会绕着一个环进行无穷的搜索。因此，我们还是可以将所有的棋盘状态组织成树的。显然，三连棋中的树比较小，只有 9 层、上百个节点；而象棋与围棋对应的树是巨大的，有10^{20}到10^{30}数量级的节点。

下面假定要面对一个未知走法的对手。因为状态之间的转移关系 $P_{ss'}^{a}$ 是未知的，所以这属于强化学习问题而非最优控制问题。下面用蒙特卡洛树搜索（Monte Carlo Tree Search，MCTS）方法来求解这个问题。

具体而言，该方法要维护一棵体现棋局转移关系的树，其中树的节点连接关系（从某个状态出发，一步之内可以到达哪些后续状态）是由行棋规则决定的，是重要的先验知识；但是，节点之间的具体转移概率（取决于对手的走法）是未知的，必须通过与环境进行交互产生的数据进行估计。从整体上来看，我们并非完全已知环境转移关系，但我们又充分利用了先验知识对环境转移关系进行了建模。因此，这属于一个典型的 MBRL 算法。

当将行棋规则输入算法后，算法便已经能建立一个连接关系的树，但树中节点相连的具体概率权重仍未知。此时，相当于已经完成了模型初始化。随后要不断地与环境进行交互，产生数据，估计模型（相连的概率）并得到策略。具体而言，每次迭代都要进行以下几个步骤：选择（Selection）、扩展（Expend）、仿真（Simulation）、回传（Backpropagation)。

选择即根据状态选择动作，也即决定产生训练数据的方法。它主要考虑的是探索-利用权衡。具体而言，从根节点开始，每次都基于当前状态选择一个最值得搜索的子节点，一般使用上限置信区间（Upper Confidence Bound Apply to Tree，UCB 或 UCT，3.3.3 节中有详细介绍）算法。按照 UCT 算法为各个节点赋予权重

$$\mathrm{UCT}=\frac{w_i}{n_i}+c\sqrt{\frac{\log N_i}{n_i}} \tag{10.1}$$

其中，w_i 是节点 i 胜利的次数；n_i是 节点 i 模拟的次数；N_i 是总模拟次数；c 是探索率，其值越大，越倾向于探索，反之则倾向于利用。

对于当前状态，不断地选择出该分数最高的节点，执行并进入下一个状态，直到来到一个存在未扩展的子节点的节点（当前的叶子节点），如图 10.18 中的 3/3 节点，因为这个局面存在未走过的后续走法。

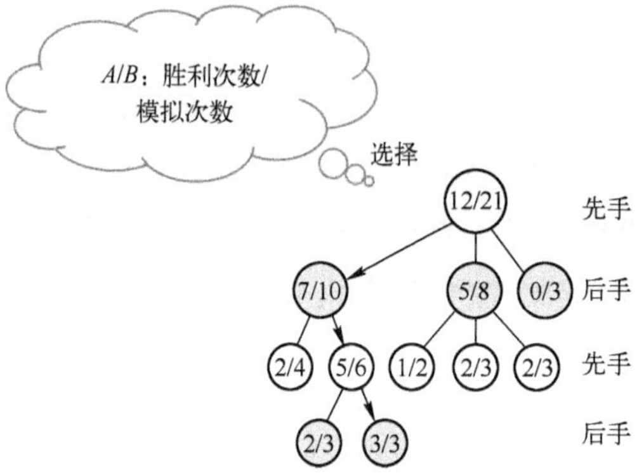

图 10.18　按 UCT 得分进行选择（直到到达叶子节点）

对于该节点的状态，我们在之前的训练中没有见过，没有充分考虑过面对这样的局势时应该如何行棋，也不知道该状态的优劣 $V(s)$。因此，需要对这个状态进行一些操练、实验，只有这样，才能掌握应对它的技巧。

具体而言，扩展即在上一步选择的节点上随机扩展一个或多个 0/0 节点；而仿真或模拟即利用一个相对简单的策略快速执行双方的“招式”，每个时刻只从当前记录的最优策略中随机选取一个“招式”并执行，不断仿真，直至游戏结束，并记录结果（奖励或最终胜负），如图 10.19 所示。

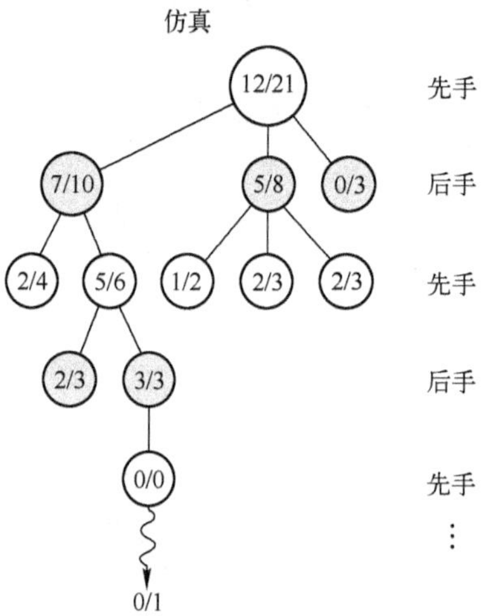

图 10.19　扩展与模拟（补全未被探索的节点的情况）

当完成了扩展与仿真之后，就建立了新的叶子节点，并且初步有了关于其价值、最优动作的一些判断。随后，我们应该用后续节点最新的值及权重重新计算父节点的值，这就是回传，如图 10.20 所示。

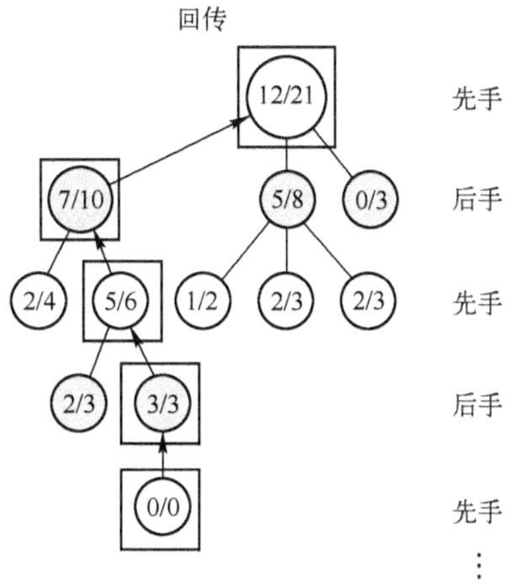

图 10.20　回传更新所有父节点的值

需要注意的是，在 4.1 节介绍的三连棋中，首先算出一些必胜状态和必平状态并分别将其价值标记为1与0；然后采用回传的手段，依次根据各个中间状态通向这些必胜状态与必平状态的概率（在该最优控制问题中，假定转移概率已知）算出中间状态的价值。之所以可以这么做是因为三连棋这款游戏的状态空间很小，我们可以到达其确定无误的叶子节点并确定无误地算出其价值。因此，所谓的“回传”是一次性的，计算出的价值是确定无误的，不需要更改。但是在更复杂的问题（如围棋或象棋）中，不可能只进行一次回传便解决问题。这一方面是由于树的层数是无法想象的，我们很难真正达到确定的必胜状态并获得确定无误的价值；另一方面是由于状态之间的转移关系是未知的，我们只能使用数据来估计它。因此，在算法的任意一个时刻，我们都不可能获取某个节点确定无误的价值，只能通过上述方法不断地“回传”来更新每个节点的价值。与之前介绍的所有强化学习算法一样，蒙特卡洛树搜索也有“越学越强”的特点——虽然在迭代中的任意时刻，我们都不能算出确定的价值，但是我们可以在迭代中逐渐将价值估计得更准确。这样一来，我们在选择步骤中又会选择出更好的操作，从而走向估计价值更大的节点。

综上，基本的蒙特卡洛树搜索算法由选择、扩展、仿真与回传这 4 个基本步骤组成，如图 10.21 所示。

由于围棋 MDP 的状态空间太大、状态之间的转移关系太复杂。因此，如果我们扩展出的是一个比较早期的局势，要尝试从它出发进行仿真，直到分出胜负，那么可能会产生很大的偏差。因为，理论上我们应该用一个较好的策略进行仿真，只有这样，才能正确地体现这个局势的值。但是，在算法运行初期，我们实在不可能有较好的策略，这就会导致仿真结果与现实有很大的偏差。倘若仿真的各个节点的值都有偏差，则随着回传的作用，进一步使父节点的值产生较大的偏差。如此下去，我们根本不可能获得对于各个节点的值的较准确的估计。而这样一来，我们又根本不可能获得一个较好的策略、仿真出相对准确的值。简而言之，我们在蒙特卡洛树搜索中也面临“冷启动”的问题。

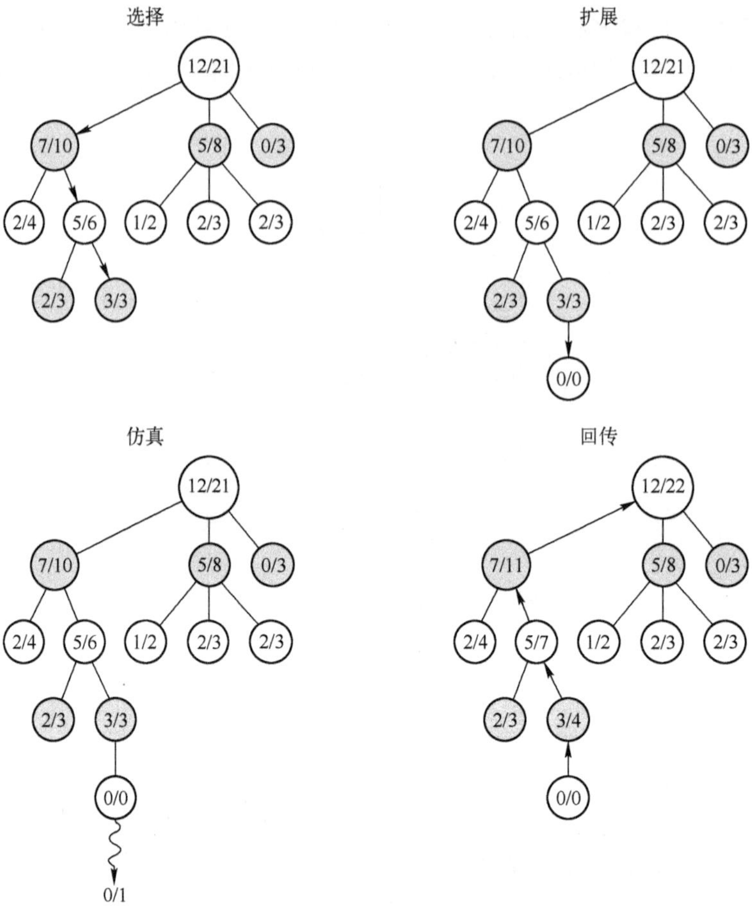

图 10.21　蒙特卡洛树搜索算法

为此，可以采用一个技巧——终末价值（Terminal Value），其思想类似 n 步 Sarsa。简单地说，如果仿真过多的步数会导致过大的方差，那么不妨引入一个价值函数来截断估计式，即把后面的模拟结果都用价值函数替代；同理，如果引入的价值函数偏差过大，那么不妨多仿真几步，让价值函数的主观估计占比减小一些。在式（10.2）中，增大估计步数 H 即增大“客观部分”、减小“主观部分”，增大方差、减小偏差。

$$J=\sum_{t=0}^{\infty}\gamma^t r^t=\sum_{t=0}^{H}\gamma^t r^t+\gamma^H V(s_H) \tag{10.2}$$

打个通俗的比方：我们在面对一个状态时，一般会自己摆棋推演 5 步，看看这 5 步之内会不会有重要棋子损失或是否能逼迫对方损失“大子”。此外，我们还会估计这 5 步之后达到的状态是否比较好，如是否占据了关键位置，关键棋子有没有被对方限制而难以出动等。由于可行的状态会随着步数呈现指数级增长，因此 5 步之后的情况难以估计。最终，我们会综合 5 步之内的实际情况与对 5 步之后状态价值的粗略估计这两方面进行判断。可以看出，这种技巧是相对符合人类思维的，也是一个偏差-方差取舍问题。

在 AlphaGo 中，研究者采用卷积神经网络（CNN）来计算上述终末价值。具体而言，他们对“状态”进行了十分复杂的定义。原本按照围棋的行棋规则，一个时刻的状态即应该完全取决于棋盘局势而不必考虑其他因素。但是，为了让网络能够更好地提取出价值这一高度抽象的特征，研究者将过去 8 个回合之内的棋局状态都作为网络输入。此外，为了表示强调，网络输入中还有一层全 0 或全 1 的矩阵，用来标识当前的行棋方。从理论上来看，这都属于冗余信息，与马尔可夫性质矛盾。在实践层面，这种设计有利于网络更充分地捕捉关键信息。AlphaGo 中网络输入的定义如图 10.22 所示。

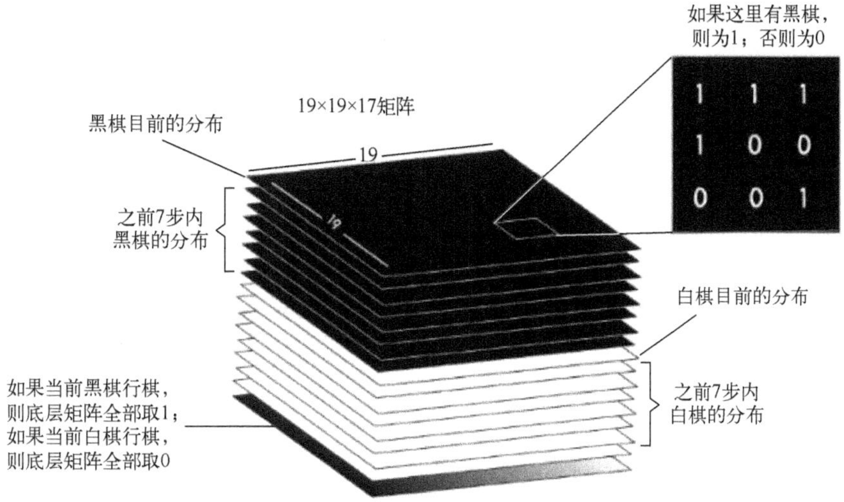

图 10.22　AlphaGo 中网络输入的定义

在 AlphaGo 或 AlphaZero 提出之后，各个研究机构与商业公司相继提出了许多版本的围棋 AI，其中有些战力比起初版的 AlphaGo 或 AlphaZero 又增强了许多。这些围棋 AI 可能采用了不同的处理方式，包含较繁杂的细节，更偏向于工程而非理论。这部分内容与我们要介绍的核心思想无关，因此本书不过多地叙述。

至此，我们已经讲述了如何用蒙特卡洛树搜索建立一棵树。在 AlphaGo 原版中，这棵树的各个节点上保存了相比于基本版蒙特卡洛树更完整的信息，包括 $N(s,a)$，即访问边的次数；$W(s,a)$，即累计行动价值；$Q(s,a)$，即平均行动价值；$P(s,a)$，即选择边的概率，等等。训练这个模型的过程是非平凡的，需要进行大量的计算。从理论上来说，训练得到这个模型之后，完全可以将其当作一个全局策略而直接用于决策（例如，仅仅比较下一步可行状态的价值，选择其中最优的）。那么，为何决策时也要采用和训练时类似的实时规划算法呢？

需要强调的是，象棋或围棋的状态空间是极庞大的，即使我们在训练中已经付出了我们能接受范围内最大的计算成本，仍很难保证对于所有状态都已经进行了充分的模拟，对所有节点有关的各个值都能进行准确的估计。对于开局或一些经典布局，$V(s_t)$ 往往比较准确，可以采用全局策略的方式来应对。而对于一些“冷门”的局势，我们估计的 $V(s_t)$ 往往不那么准确。如果我们多推演几步，就可以算出这几步内“客观”的真实奖励 $\sum_{i=0}^{H}\gamma^k r_{t+k}$，使涉及主观估计的 $\gamma^H V(s_{t+H})$ 的占比更小，这样会让结果更准确。对罕见的边角情况而言，这更具有鲁棒性。结合现实，我们在学习下棋时，逐渐建立了对于局势优劣进行判断的能力（价值函数）。在比赛中，如果剩余时间宽裕，那么我们仍然会推演几步之内各种情况的吃子数量（客观奖励）及几步之后大致的状态价值，最终确定如何下棋；如果时间紧迫，那么我们可能只会推演一两步的情况，便根据直觉落子。高手与普通棋手的区别既体现在其对于状态价值的主观估计更准确，又体现在其能推演更多步数之内的客观情况。计算机的优势在于它往往可以穷举更多步的客观情况。但是，对棋局总数这样的天文数字而言，它也不可能进行无限步的搜索。总体来说，蒙特卡洛树搜索无论是在训练中还是在决策时，采用的思想都是一贯的符合人在棋类游戏中的一般思维。它是我们在 MBRL 中的实时规划、状态离散这个分类下最重要的算法。

下面补充一些关于蒙特卡洛树搜索的内容。

传统的蒙特卡洛树搜索算法只能用于离散动作空间，但也有人通过渐进式扩展将蒙特卡洛树搜索的框架扩展到了动作连续空间，如论文 *A0C: AlphaZero in Continuous Action Space* 与 *Progressive Strategies for Monte-Carlo Tree Search* 等。

对于更复杂的 POMDP，蒙特卡洛树搜索需要学习更抽象的状态之间的转移关系。读者可以参考论文 *Value Prediction Network*。使用类似思想，MuZero 进一步学习了转换模型、抽象策略，实证结果表明，MuZero 在 Atari 游戏、围棋、国际象棋和将棋中都具有巨大优势。感兴趣的读者可以参考论文 *Mastering Atari, Go, Chess and Shogi by Planning with a Learned Model*。

10.3.3 模型预测控制

10.3.2 节讲解了实时规划面对状态与动作为离散变量时的算法——蒙特卡洛树搜索算法。本节讲解实时规划面对状态与动作为连续变量时的算法。由于 MBRL 与最优控制都有显式的模型表达式，因此二者的基本思想类似。正如我们在 4.1 节的三连棋问题中讲到的算法思想和蒙特卡洛树搜索类似，我们在 4.3 节讲到的 LQR 控制问题也和本章的思想类似。4.3 节依次讲解了状态之间的转移关系是确定且全局线性的、随机（服从正态分布，正态的均值是全局线性的）的、确定且非线性（或局部线性）的情况，这已经足以涵盖我们在现实中遇到的大部分问题。4.3.5 节又讲了在最优控制设定下的实时规划算法。本节将这部分内容稍做修改，增加学习模型部分以适应 MBRL 的设定。由于决策过程是用模型预测的，因此一般将其称为模型预测控制（Model Predictive Controller，MPC），其基本框架如算法 10.1 所示。

算法 10.1（MPC 的基本框架）

初始化策略 $\pi_0(s,a)$，与真实环境进行交互，收集观测数据 $D=\{(s,a,s')_i\}$；

重复迭代：

　　最小化 $\sum_i \left\|f(s_i,s_i')\right\|^2$，训练模型 $f(s,a)$；

　　使用 $f(s,a)$ 规划出价值函数或策略，选择若干动作；

　　执行这些动作，与真实环境进行交互，将产生的数据 $\{(s,a,s')_i\}$ 加入 D 中；

迭代中，仿照 4.3.5 节，从具体的状态出发，以实时规划的方式计算最优动作轨迹。训练完毕，采用同样的逻辑进行决策。由于我们现在面对的是强化学习而非最优控制问题，因此产生数据、学习模型的步骤必须处于迭代中，使对与最优策略更相关的部分估计得更准确，即“越学越强”。

与离散状态的蒙特卡洛树搜索算法相比，在连续状态的 MDP 中，学习模型这个步骤是相对平凡的，不存在太多技巧。因此，我们将注意力集中于实时规划这部分，看看这部分可能存在哪些问题，应该如何解决。

第一个问题：当模型估计不准确时，如果执行模型规划出的最优动作序列，则可能出现现实结果与模型预测结果产生较大偏差的情况。

事实上，即使在最优控制中，我们也要面对上述问题。前面提到，如果环境转移关系是一个非线性关系，则只能将其展开为局部线性模型，并采用 LQR 控制器求局部最优解。因为我们展开的线性模型只适用于局部，所以一旦新的序列偏离了局部，其结果与预计就可能有所偏差。在强化学习的语境下，还要考虑模型和现实的误差。这提醒我们，在实时规划中，不能对模型给出的预测"过分自信"。毕竟在 MBRL 中，模型只是我们对于世界的认识，而我们的最终目标必须是真实世界，即在环境中取得最大奖励。

4.3 节介绍了重规划算法。具体而言，每次在状态 s_t 下规划出长度为 N 的动作序列 $a_t,a_{t+1},\cdots,a_{t+N}$ ，在模型的预测下最优化 N 步以内的奖励总和，我们只执行序列中的第一个动作 a_t 并获得 s_{t+1} 。这可能和我们的模型的估计有较大的偏差。此时，便可以不再按"原定计划"继续执行 a_{t+1} ，而是从真实的 s_{t+1} 出发，重新规划 N 步之内的动作。重规划的决策方式如图 10.23 所示。

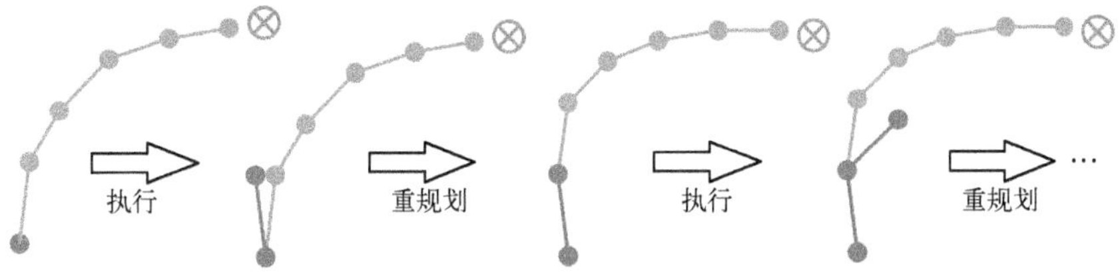

图 10.23　重规划的决策方式

同理，要将重规划置于 MPC 算法的迭代中，如算法 10.2 所示。

算法 10.2（重规划的 MPC）
初始化策略 $\pi_0(s,a)$ ，与真实环境进行交互，收集观测数据 $D=\{(s,a,s')_i\}$ ；
重复迭代：
　　最小化 $\sum_i ||f(s_i,s_i')||^2$ ，训练模型 $f(s,a)$ ；
　　重复迭代 K 步：
　　　　使用 $f(s,a)$ 规划出价值函数或策略，选择 K 个动作；
　　　　执行第一个动作，与真实环境进行交互，产生 (s,a,s') ；
　将产生的数据 $\{(s,a,s')_i\}$ 加入 D 中；

除重规划手段外，还有一些其他手段能缓解模型条件数过大、模型估计不准确的问题——可以进行相对保守的规划。例如，可以限制每次在迭代优化最优轨迹时更新的范围比较小，使局部模型的预测更准确；可以以在优化目标上增加一项原轨迹与新轨迹的误差，显式地约束二者接近，让局部模型的预测更准确；可以以可能出现的最差的情况为目标（控制的下界）进行优化，等等。虽然以上这些基本思想都比较直观易懂，但是在实际设计算法时，还需要辅以更多的细节，如模型应如何定义，如何让模型表征自己的随机性、度量误差等。具体细节较多，这里不再赘述。有兴趣的读者不妨查阅本章的参考文献列表。

第二个问题：在基础版 MPC 中，我们只是在竭力优化一条动作轨迹，但是，单一的轨迹很可能只是局部最优。

在蒙特卡洛树搜索中，进行实时规划时会从当前 s 出发，考虑树上的所有后续可能性，综合其奖励与终末价值并乘以模型拟合的概率期望，最终对比出最优动作。我们的每个决策都是充分考虑了后续所有可能性而做出的，具有一定的全面性。但是，在基本版 MPC 中，我们只是维护了一条从 s 出发的 N 步轨迹，不断地在局部优化它，直到收敛。此时，我们的决策完全是在一种局部视角下做出的，收敛的结果很可能只是局部最优。此外，它也很依赖 N 步轨迹的初始化结果（详细的原因可以参考 4.3.4 节及 4.3.5 节）。

那么，如何避免决策陷入局部最优呢？

我们在 6.2 节中曾讲解过无梯度算法。例如，在 CEM 中，我们不是维护一个策略 π 并优化它，而是维护一个策略的分布（策略参数化之后即参数的分布）并优化它，直到其收敛。我们应该很自然地想到，在实时规划中，同样可以将迭代优化的对象由一条 N 步轨迹改为一条 N 步轨迹的随机分布，不断优化它并使其最终收敛于“最优轨迹分布”，如图 10.24 所示。

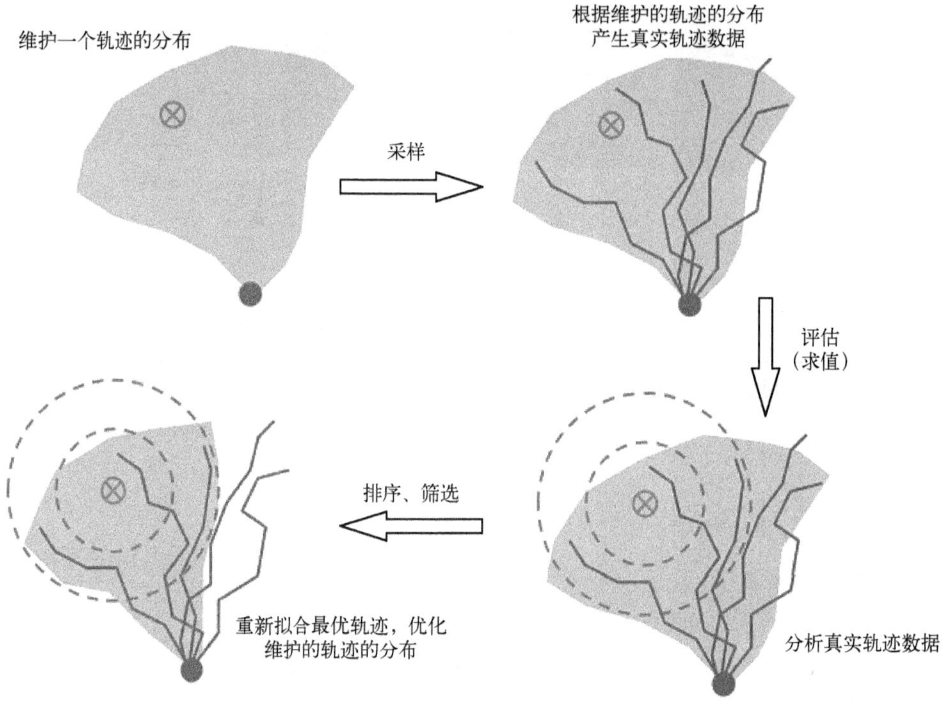

图 10.24　优化从指定 s 出发的轨迹的分布

这个方法称为 Policy Improvement with Path Integrals，简称 PIPI 或 PI^2。它减小局部收敛的风险、提高鲁棒性。但是，这同时会增加决策的计算成本。此外，在对决策时效性要求比较高的场景中，它可能存在一定的风险。这部分内容还有许多具体细节，这里不再赘述。有兴趣的读者不妨查阅相关论文。

此外，还需要补充的是，连续问题 MPC 的思想还可以和我们之前讲到的别的思想相结合，如“内在奖励”和世界模型等。需要强调的是，实际问题总是复杂的，有具体的条件与先验知识，我们必须结合具体问题的具体情况进行具体分析，在学习与决策环节同时利用这些先验知识，设计出综合各种思想与技巧的复杂方案，只有这样，才能在实践中取得好的效果。关于这部分内容的更多细节，读者可以查阅本章参考文献列表。

思 考 题

1. 结合生活实际与算法特点，罗列现实中有哪些控制问题更适合于全局策略，哪些问题更适合于实时规划。

2. 如何判断“平常情况”与“特殊情况”并决定使用全局策略还是实时规划？完善更多算法的细节。

3. 思考还有哪些可以将全局策略与实时规划结合起来的方法。

4. 完善蒙特卡洛搜索的具体步骤，理解其含义。

5. 查阅与 AlphaGo 或 AlphaZero 有关的论文，理解算法的实现细节。

6. 了解当前最强的围棋 AI 及其工程细节。

7. 在 MPC 中，当我们已知模型与真实环境有偏差时，除重规划外，还有哪些方式能尽量避免这些偏差带来的负面影响？

8. 查阅与 MPC 有关的资料，详细学习这个领域。

9. 查阅书中提到的其他经典算法，包括 STOMP 与 PI^2 等。

10.4 MBRL 算法思想总结

前面提到，强化学习算法可以根据是否为环境建模分为 MFRL 与 MBRL 两大类。一般认为这是强化学习算法中最基础的分类方式。

因为 MFRL 已经发展得比较成熟，适合更通用的问题，具有清晰的主线脉络及基准算法，所以本书的重点是 MFRL。但是，由于 MBRL（特别是实时规划类的算法）更符合人的高级思维方式，在具有先验知识的问题上表现得更好，近年来取得了较大的发展，且更有潜力。因此，我们也花了两章的篇幅来讲解 MBRL 的思想。截至本书成稿（2022 年年初），MBRL 还在快速发展中，并不像 MFRL 那样可以用几个经典算法与清晰主线来概括，因此，我们在这两章中不像 MFRL 那样注重算法的具体细节与公式推导，即使讲到具体算法，也更偏重于用它来引出有关思想，而非算法本身。这是因为，对于一个正在快速发展的领域，思想相比于算法细节无疑更加具有通用性。此外，若想真正了解 MBRL，则无疑要阅读该领域最新的论文。本书中这两章的目的在于帮助读者更好地进入这个领域，而不能替代对于论文的阅读。

经过两章的讲解，想必读者对 MBRL 已经有了一定的理解与感悟。下面总结一下本章的内容。与前面的总结相比，这里的总结更侧重于思想而非理论、公式或技巧层面。此外，为了符合循序渐进原则，我们在前面特地调整了讲解顺序，如将实时规划部分移到了最后。但在这里我们要打破这种讲解顺序，更多地从逻辑顺序出发进行总结。

我们面对的是强化学习问题，即在未知的环境中最大化智能体取得的期望效用。我们的目标仍然是“最大化效用”，而我们的最终评判标准仍然取决于真实环境。在既定的条件下，MFRL 算法往往已经能够实现完整的闭环，用基于价值或基于策略的思想实现既定目标。因此，我们对 MBRL 的总结是建立在 MFRL 的基础上的，一方面要自如地将 MFRL 解决问题的思路内化于心，以此为基础；另一方面要关注 MBRL 相较 MFRL 多出来的部分。

如果用通俗的方式来理解，那么 MFRL 就像一种低级生物的思维方式，它从环境中获得感官经验后便直接用来建立价值函数（如见到火即“危险”）或策略（如见到火即“逃跑”），以较短的反射弧或较简单的思维方式完成决策；而 MBRL 则更像一种高级生物的思维方式，它会先学习出一套关于世界的知识或复杂的“世界观”（如起火的原理、火势会如何发展、造成何种后果等），然后借助自己的“世界观”进行复杂的推演，“深思熟虑”地完成决策。此外，我们的“世界观”中一般包含“先验理性”，即人在认识世界的过程中会借助逻辑推理、因果关系、时空连续等先验的思维方式。在实践中，我们一般也只有正确利用问题的先验知识设计模型的形式，才能取得好于 MFRL 的效果。

从定义上来看，除了价值函数与策略这样可以被直接用来决策的“主观想法”，所有其他形式的算法组件都可以被归类于“关于环境的知识”或“世界观”。一旦这些部分出现，算法就应该被归类为 MBRL。在实践中，模型可以有多种形式，如轨迹生成器（根据对世界的认识进行大量想象）、状态表示器（从高维的感官经验中提取出抽象的概念）、逆向模型（为达到某种目的应采取何种行动）等。结合生活实践也可以发现，人关于世界的知识可以是多种形式的。我们脑中或多或少都会积累这些知识，并将它们内化于我们的行为中。至于在实践中应该如何利用先验知识定义模型的具体形式，使其能真正取得好于 MFRL 的效果，这还需要我们具体问题具体分析。

在定义了模型的意义与形式之后，我们需要关注的主要是两方面：其一是人如何利用这些知识将其内化于自己的行为与决策中，即“如何使用模型”；其二是人如何学习到这些知识，即“如何获得模型”。

在这两方面中，“模型的用途”是相对分散的，取决于具体的问题。这正如我们在生活中面对各种场景时，对于知识的使用方式是大相径庭的。不过，我们大约可以将其抽象出一个“由通用到特殊”的结构进行总结。

首先，将模型用作数据增广器或黑盒模型是最通用的做法，相当于在 MFRL 算法闭环的基础上额外增加了一个模型以增广数据，其意义类似在脑海中想象结果并用以学习。当然，“脑海中的想象”与“真实世界”难免有偏差，但其数据成本也更低。与经典的 MFRL 算法相比，它的主要意义在于能够让我们更灵活地根据算法要求的数据的准确性与数据量进行权衡取舍，也在于可以更灵活地产生数据，最终找到最优平衡点。

其次，我们可以将模型视作白盒模型并赋予它更丰富的用途。例如，我们可以直接用模型求出策略梯度、价值梯度等替代 MFRL 中需要用数据估计的部分；也可以借用最优控制算法，更高效地直接求解出最优轨迹，引导全局策略的搜索等。与黑盒模型相比，白盒模型的信息密度往往更高，因此它一般需要更高效地利用先验知识。当然，这也意味着它相比于黑盒模型更具有特殊性，用法更加多样，应适配于具体问题而设计。

最后，我们不仅可以将模型用于学习全局策略，还可以将其直接用于决策过程。例如，在离散问题中，我们可以从当前状态出发，用模型穷举后续几步的情况并最终做出决策；在连续问题中，我们可以用模型预测当前状态出发的多步轨迹，找出最优决策序列。这种用法更加适配于具体的状态、对边角情况更有鲁棒性。因此，它对于先验知识的要求更高，需要更多地结合实际情况。

相比于模型的用途，学习模型的方式相对集中。在大部分问题中，根据先验知识定义好模型的形式后，学习模型的过程一般就是平凡的有监督学习，不需要太多额外的技巧。只要学习模型步骤处于循环之中，它就能符合我们的基本需要，展现出强化学习“越学越强”的性质。不过，我们可以让模型的学习不再仅仅是拟合数据的有监督学习，而更符合我们对它的使用方式，VAML 就是一个例子。此外，我们还可以利用模型的特点定义“内在奖励”，如预测与现实的误差（“好奇心”）、对于自身判断的把握等。“内在奖励”是 MBRL 特有的设定，它可以增强奖励的稠密性、策略的探索性，以此提升算法效率。通俗地比喻，当我们能学习到更抽象、更宏观的知识时，我们自然会产生与这些抽象知识相关的“高级乐趣”。这种“高级乐趣”对于我们更好地适应人类社会是有帮助的。

从“内在奖励”出发，我们可以进一步发现状态之间的转移关系之间特殊的内在结构，如有的状态比别的状态“势能”更高、更加“通达”等。这些也是 MBRL 中基于模型才能定义的“内在奖励”，可以帮助算法取得更好的性能。

在一些特殊问题中，我们会面临观察与状态不同的情况，其中，观察是高维的、易于获取的，而状态则是抽象的、难以定义的。为此，我们可能要定义状态表示器，这也属于 MBRL 中模型的范畴。在这种情况下，问题变得更加复杂，模型的形式也更加多样（观察重建、前向模型、后向模型等），正如我们在高维世界中获取的抽象知识可以具有多种多样的形式。实践中，这需要我们结合这些问题的具体情况进行更具体的设计。

以上就是本书关于 MBRL 要讲的主要内容，我们将其抽象概括为“模型是什么”“如何使用模型”（包含实时规划）“如何学习模型”这 3 方面的思想。如果能在掌握 MFRL 逻辑闭环的基础上辅以这 3 方面的思想，便能设计出完整的 MBRL 算法。需要注意的是，由于 MBRL 这个领域还在快速的发展与变化中，因此本章侧重的不是具体的算法，而是相对抽象的思想。我们鼓励读者在理解这些思想的基础上阅读最新的文献，紧跟前沿，也强调读者在实践中必须结合具体情况设计算法。只有这样，才能真正进入 MBRL 这个领域。

此外，由于 MBRL 这种适应于具体问题的特定，现实中它还常被叠加更多复杂的设定。例如，在世界模型中，它可以与图像领域的各种复杂算法相结合，可以与层次学习、迁移学习、多任务学习、元学习等相结合。鉴于本书篇幅限制，我们不能展开这部分内容。有兴趣的读者不妨自行查阅有关文献。

参 考 文 献

[1] FARAHMAND A M, NIKOVSKI D N. Value-Aware Loss Function for Model Learning in Reinforcement Learning[J]. [2023-11-12].

[2] ABACHI R, GHAVAMZADEH M, FARAHMAND A M. Policy-Aware Model Learning for Policy Gradient Methods[J]. 2020.DOI:10.48550/arXiv.2003.00030.

[3] SCHMIDHUBER J .Curious Model-Building Control System[C]//Neural Networks, 1991. 1991 IEEE International Joint Conference on.IEEE, 1991.DOI:10.1109/IJCNN.1991.170605.

[4] BURDAY, EDWARDSH, PATHAKD, et al. Large-Scale Study of Curiosity-Driven Learning[J]. arXiv:1808.04355v1 [cs.LG] 13 Aug 2018.

[5] ABRIL I M D, KANAI R. Curiosity-Driven Reinforcement Learning with Homeostatic Regulation[J]. 2018.DOI:10.1109/IJCNN.2018.8489075.

[6] CHUA K, CALANDRA R, MCALLISTER R, et al. Deep Reinforcement Learning in a Handful of Trials using Probabilistic Dynamics Models[J]. 2018.DOI:10.48550/arXiv.1805.12114.

[7] LI C, CAO L, CHEN X, et al. Cloud Reasoning Model-Based Exploration for Deep

Reinforcement Learning[J]. Dianzi Yu Xinxi Xuebao/journal of Electronics & Information Technology, 2018, 40(1):244-248.DOI:10.11999/JEIT170347.
[8] BURDA Y, EDWARDS H, STORKEY A, et al. Exploration by Random Network Distillation[J]. 2018.DOI:10.48550/arXiv.1810.12894.
[9] BLUNDELL C, CORNEBISE J, KAVUKCUOGLU K, et al. Weight Uncertainty in Neural Networks[J]. Computer Science, 2015.DOI:10.48550/arXiv.1505.05424.
[10] HOUTHOOFT R, CHEN X, DUAN Y, et al. VIME: Variational Information Maximizing Exploration[C]//Neural Information Processing Systems (NIPS).2016.
[11] BELLEMARE M G, SRINIVASAN S, OSTROVSKI G, et al. Unifying Count-Based Exploration and Intrinsic Motivation[J]. 2016.DOI:10.48550/arXiv.1606.01868.
[12] JIN C, KRISHNAMURTHY A, SIMCHOWITZ M, et al. Reward-Free Exploration for Reinforcement Learning[J]. 2020.DOI:10.48550/arXiv.2002.02794.
[13] HA D, SCHMIDHUBER, Jürgen.Recurrent World Models Facilitate Policy Evolution[J]. 2018.DOI:10.5281/zenodo.1207631.
[14] WINDRIDGE D, SVENSSON H, THILL S. On the Utility of Dreaming: A General Model for How Learning in Artificial Agents Can Benefit From Data Hallucination[J]. Adaptive Behavior, 2020:105971231989648.DOI:10.1177/1059712319896489.
[15] BURGESS C P, MATTHEY L, WATTERS N, et al. MONet: Unsupervised Scene Decomposition and Representation[J]. 2019.DOI:10.48550/arXiv.1901.11390.
[16] HAFNER D, LILLICRAP T, BA J, et al. Dream to Control: Learning Behaviors by Latent Imagination[C]//International Conference on Learning Representations.2020.
[17] DONALD J.Learning to Think[M]. Hoboken: John Wiley & Sons Inc, 2002.
[18] CHASLOT J B, WINANDS M H M, HERIK H J V D, et al. Progressive Strategies for Monte-Carlo Tree Search[J]. New Mathematics and Natural Computation,2008, 4(3):343-357.
[19] GUEZ A, SILVER D, HASSABIS D, et al. Mastering Chess and Shogi by Self-Play with a General Reinforcement Learning Algorithm[P].2017[2023-11-12].
[20] BRAY E , HARDING K , HUGHES T .Thinking Fast and Slow[M]. New York: Farrar, Straus and Giroux, 2011.
[21] LU K, MORDATCH I, ABBEEL P. Adaptive Online Planning for Continual Lifelong Learning[J]. 2019.DOI:10.48550/arXiv.1912.01188.
[22] MANNOR S, RUBINSTEIN R Y, GAT Y. The Cross Entropy Method for Fast Policy Search[C]//International Conference on Machine Learning.AAAI Press, 2003.
[23] LEFEBVRE T, CREVECOEUR G. Path Integral Policy Improvement with Differential Dynamic Programming[C]//2019 IEEE/ASME International Conference on Advanced Intelligent Mechatronics (AIM).IEEE, 2019.DOI:10.1109/AIM.2019.8868359.
[24] KALAKRISHNAN M, CHITTA S, THEODOROU E, et al. STOMP: Stochastic Trajectory Optimization for Motion Planning[C]//IEEE International Conference on Robotics and Automation, ICRA2011, Shanghai, China, 9-13 May 2011. IEEE, 2011.DOI:10.1109/ICRA.2011.5980280.
[25] WILLIAMS G, WAGENER N, GOLDFAIN B, et al. Information Theoretic MPC for

Model-Based Reinforcement Learning[C]//2017 IEEE International Conference on Robotics and Automation (ICRA).IEEE, 2017.DOI:10.1109/ICRA.2017.7989202.

[26] LOWREY K, RAJESWARAN A, KAKADE S, et al. Plan Online, Learn Offline: Efficient Learning and Exploration Via Model-Based Control[J]. 2018.DOI:10.48550/arXiv.1811.01848.

[27] LEVINE S, ABBEEL P. Learning Neural Network Policies with Guided Policy Search under Unknown Dynamics[C]//Neural Information Processing Systems.MIT Press, 2014.

[28] RAJESWARAN A, GHOTRA S, RAVINDRAN B, et al. EPOpt: Learning Robust Neural Network Policies Using Model Ensembles[J]. 2016.DOI:10.48550/arXiv.1610.01283.

[29] SONG X, CHOROMANSKI K, PARKER-HOLDER J, et al. Reinforcement Learning with Chromatic Networks for Compact Architecture Search[J]. 2019.DOI:10.48550/arXiv.1907.06511.

[30] BABBAR S. Review - Mastering the Game of Go with Deep Neural Networks and Tree Search[J]. 2017.DOI:10.13140/RG.2.2.18893.74727.

[31] SILVER D, HUBERT T, SCHRITTWIESER J, et al. Mastering Chess and Shogi by Self-Play with a General Reinforcement Learning Algorithm[J]. 2017.DOI:10.48550/arXiv.1712.01815.

*第 11 章

RL

连续时间的最优控制

在第 2 章中，我们列举过 MDP 的各种分类方式，如状态之间的转移关系是确定的还是随机的，状态是连续变量还是离散变量等。我们也说过，可以根据时间是连续变量还是离散变量对 MDP 进行分类。当然，在环境未知，即强化学习的语境下，连续时间问题是无法求解的。因此，我们只能考虑最优控制问题，即在环境完全已知的情况下求解 MDP。我们将对给定的状态空间 S 、动作空间 A 、状态之间的转移关系 P 与奖励 R ，通过解方程的形式求出最优策略。

本书第 4 章讨论的都是时间离散的 MDP，因为这类问题相对简单且和本书的主题（强化学习）比较接近。但是，传统的最优控制学科很多都在研究时间连续的 MDP。本书对最优控制的定义仅仅是求解环境已知的 MDP，但一般语境下的最优控制大多是要求解环境已知且时间连续的 MDP。因此，倘若本书中强调最优控制的概念，却又刻意避开这部分内容，未免显得“名不副实”，让读者在面对这类问题时感到一头雾水。因此，本章讨论时间为连续变量的最优控制问题。总体上，这部分内容和本书主题的关系不算太大。但是，我们可以从中获得一些启发，如求解这类问题的思想仍然可以分为基于价值与基于策略的算法。

11.1 时间连续的最优控制问题

下面来定义本章要解决的问题，即时间连续的 MDP，它和时间离散的 MDP 有许多不同之处。

首先，此时的状态与控制函数不再是序列 x_t 和 u_t 的形式，而是关于连续时间自变量的连续函数 x_t 和 u_t 的形式；其次，t 时刻的损失（最优控制问题的目标一般为最小化损失而非最大化奖励）也不再是 $C(x_t,u_t,t)$ 的形式，而是 $C(x(t),u(t),t)$ 的形式，也可以将其简记为 $C(x,u,t)$ 。简单起见，考虑损失函数时齐的情况，即损失为 $C(x(t),u(t))$ 或 $C(x,u)$ 。因为 t 时刻只是一个瞬间，所以瞬间的损失应该是一个微元。相应地，总损失 J 不再是各个 t 时刻损失的加和，而是各个 t 时刻损失微元的积分。另外，仍然假定 MDP 有起始时间和终止时间 0 与 T ，这意味着我们面对的问题始终是非时齐的。在现实问题中，如果终止时间 T 是有意义的，则意味着最后时刻到达的状态往往比较重要（任务的完成度）。因此，按照最优控制的一般假定，我们不认为 T 时刻的损失只有一个微元，而应专门设定一个衡量终止时间损失的函数，更加突出其重要性。我们要优化的目标 J 有如下公式：

$$J=\int_0^T C(x(t),u(t))\mathrm{d}t+D(x(T)) \tag{11.1}$$

还有一个最重要的问题，在时间为连续变量的情况下，状态之间的转移关系应该是什么形式呢？根据 MDP 的马尔可夫性质，必须假定状态在从 t 时刻到 $t+\mathrm{d}t$ 时刻内的变化 $\dot{x}(t)\mathrm{d}t$ 只与 $x(t)$、$u(t)$ 、t 相关，具有 $f(x(t),u(t),t)$ 的形式。简单起见，进一步假定环境也是时齐的，即状态之间的转移关系函数中不含有时间自变量。此时，状态之间的转移关系应该具有如下形式：

$$\dot{x}(t)=f(x(t),u(t)) \tag{11.2}$$

上面给出的是一个确定性的环境，我们有时将 f 称为动力系统。如果时间是连续的，并且环境具有随机性，就要用到随机微分方程的相关内容。对本书面向的群体而言，微分方程属于必修课程，而随机微分方程则不是必修课程，可能只有部分概率或金融相关专业的学生对其有所了解。因此本章暂不讨论环境具有随机性的情况。

综合以上几点，（时齐的）连续时间的最优控制问题具有如下形式。

> 给定初始状态：x_0；
> 环境：$\dot{x}(t)=f(x(t),u(t))$；
> 目标：最小化 $J=\int_0^T C(x(t),u(t))\mathrm{d}t+D(x(T))$；

上述问题就是我们要在本章集中讨论的问题。可以看出，它具有确定、非时齐的环境（因为有终止时间 T ），因此其最优控制具有 $u^*=\mathrm{policy}(t)$ 的形式。这与 LQR 控制问题的结果非常类似，但不同之处在于 t 是连续的，因此要求解的不是最优控制序列，而是最优控制函数 $u^*(t)$ 。

对于时间连续的情况，我们依然有 LQR 控制问题，即 f 是线性函数、C 和 D 为正定二次函数的问题。简单起见，这里省略交叉项、一次项与常数项。

> 给定初始状态：x_0；
> 环境：$\dot{x}(t)=Ax(t)+Bu(t)$；
> 目标：最小化 $J=\int_0^T [x(t)'Qx(t)+u(t)'Ru(t)]\mathrm{d}t+x(T)'D(x(T)')$；

本章要讲述的是一般的连续时间问题如何求解。为了使读者能更好地理解整个求解流程，本章会用所介绍的方法求解一些具体问题作为示例。这其中最简单、最便于理解的显然是 LQR 控制问题。

11.2 H-J-B 方程

在连续时间的最优控制问题中，有两大类解题思路，H-J-B 方程与变分原理。其中，H-J-B 方程是基于价值的思路，即求解关于价值的方程，根据价值最大化的原理选择最优策略；而变分原理则是基于策略的思路，即直接求出使期望损失最小的最优策略。本节介绍 H-J-B 方程。

11.2.1 连续时间的贝尔曼方程

我们在第 8 章总结过，基于价值的算法本质上就是对时间进行差分，让我们可以单独对每一步决策求解最优。但是，在时间是连续变量而非离散变量的情况下，没有“一步”的概念，因此我们要考虑的是对时间的微元 $\mathrm{d}t$ 进行分离。

在时间离散的 MDP 中，价值 $V^*(x,t)$ 的定义是在 t 时刻处于 x 状态，后续按最优策略进行操作，能获得的最小损失。在连续时间的 MDP 中，我们可以按照完全一样的方式定义价值函数 $V^*(x(t),t)=\min_u\left[\int_t^T CC(x(t),u(t))\mathrm{d}t+D(x(T))\right]$。这里的 $V^*(x(t),t)$ 的含义与时间离散情况下的 $V^*(x_t,t)$ 的含义是完全一样的。

在一些强化学习算法中，我们用 V^* 表示价值函数理论上的真值，用 V 表示算法的输出（如一个神经网络的输出，其拟合目标是 V^*），二者有所区分。但是，本章并没有这种区分。在传统的最优控制领域，很少使用 V^*，一般只用 V。为了符号习惯与其相互匹配，本章只用 V 表示价值。

定义了价值函数后，不难发现有恒等式 $V(x(T),T)=D(x(T))$。由于 D 函数的表达式已知，因此相当于知道了 $V(x,T)$ 对于所有 x 的取值。细心的读者可能已经回想起来，讲解 LQR 控制问题时我们也是率先知道 $V(x,T)$ 对于所有 x 的取值（关于 x 的正定二次函数表达式）的，二者在逻辑上是一样的。

在时间离散的 LQR 控制问题中，我们在知道 $V(x,T)$ 的取值之后，还必须找出 $V(x,t)$ 与 $Q(x,u,t)$ 之间满足的方程，只有这样才能从 $V(x,T)$ 后传推出所有 t 对应的 $V(x,t)$。在时间连续的 MDP 中，任何一个 t 时刻的控制 $u(t)$ 对于全局的影响只是一个微元。无论 t 时刻的 $u(t)$ 取值多少，$Q(x(t),u(t),t)$ 与 $V(x(t),t)$ 的差别只是一个微元，因此无法定义 $Q(x,u,t)$。离散问题中 Q 的作用主要是帮助我们推出 $V(x,t+1)$ 与 $V(x,t)$的关系。在连续问题中，这一作用将被其他函数替代。

具体而言，我们将 t 时刻的价值分解为两部分——这一步立即获得的损失、下一步及以后获得的损失。由 $V(x(t),t)$ 的定义可以推出以下公式：

$$V(x(t),t)=\min_u\left[\int_t^{t+\mathrm{d}t} C(x(t),u(t))\mathrm{d}t+V(x(t+\mathrm{d}t),t+\mathrm{d}t)\right] \tag{11.3}$$

对 $V(x(t+\mathrm{d}t),t+\mathrm{d}t)$ 进行泰勒展开，得

$$\begin{aligned}&V(x(t+\mathrm{d}t),t+\mathrm{d}t)=\\ &V(x(t),t)+\dot{V}(x(t),t)\mathrm{d}t+\nabla_x V(x(t),t)\dot{x}(t)\mathrm{d}t+o(\mathrm{d}t)\end{aligned} \tag{11.4}$$

将上面两个式子相减除以 $\mathrm{d}t$，并让 $\mathrm{d}t$ 趋于 0，得到以下方程：

$$0=\dot{V}(x(t),t)+\min_u\left[\nabla_x V(x(t),t)\dot{x}(t)+C(x(t),u(t))\right] \tag{11.5}$$

将环境 $\dot{x}(t)=f(x(t),u(t))$ 代入式（11.5）可以得到一个方程。这个方程就是 H-J-B 方程（Hamilton-Jacobi-Bellman Equation）：

$$\dot{V}(x(t),t)+\min_u[\nabla_x V(x(t),t)f(x(t),u(t))+C(x(t),u(t))]=0 \tag{11.6}$$

我们将 $\nabla_x V(x(t),t)f(x(t),u(t))+C(x(t),u(t))$ 这个式子称为哈密顿量，记作 $\mathcal{H}(t)$。因此上面的方程中有一个 $\min_u\mathcal{H}$ 的部分，我们需要求出 $\mathrm{argmin}_u\mathcal{H}$，即要求的最优控制 $u^*(t)$。细心的读者可能已经想到，在原本时间离散的 MDP 问题中，Q 与 V 不同，且 $\mathrm{argmin}_u Q$ 可以用来寻找最优控制。在时间连续的 MDP 问题中，Q 与 V 只相差一个微元，不再能良好地定义。因此，这里其实是由哈密顿量替代了 Q 发挥这个作用。

求出哈密顿量 $\mathcal{H}$ 关于 u 的梯度，并将其置 0，即

$$\nabla_u \mathcal{H} = \nabla_x V(x,t) f_u'(x,u) + C_u'(x,u) = 0 \tag{11.7}$$

因为动力系统 f 与惩罚函数 C 的表达式已知，所以我们能从式（11.7）中解出一个 u^* 的表达式（需要用暂时未知的 $V(x,t)$ 来表示）。假设 $\mathcal{H}(t)$ 是关于 $u(t)$ 的凸函数，则式（11.7）的唯一解就是 $\text{argmin}_u \mathcal{H}(t)$，即 $u^*(t)$；如果 $\mathcal{H}(t)$ 不是关于 $u(t)$ 的凸函数，则可以从中解出一些驻点，作为最优控制的候选。总体来说，我们可以解出 $u^*(t)$的表达式具有如下形式（其中 W 是一个已知函数）：

$$u^*(t) = \text{argmin}_u \mathcal{H} = W(V(x,t),x) \tag{11.8}$$

将 $u^*(t)$ 的表达式代入式（11.6），得到关于函数 $V(x,t)$ 的偏微分方程：

$$\dot{V}(x,t) + \nabla_x V(x,t) f(x, W(V(x,t),x)) + C(x, W(V(x,t),x)) = 0$$

$$V(x,T) = D(x) \text{（边界条件）}$$

我们可以根据这个方程解出 $V(x,t)$，将其代入 $u^*(t) = W(V(x,t),x)$，就可以得到 $u^*(t)$ 的表达式 $K(x,t)$。这就相当于我们在时间离散的 LQR 控制问题中解出的 $u_t^* = K_t x_t$。因为我们有确定的环境 $\dot{x}(t) = f(x(t),u(t))$，所以可以求解微分方程 $\dot{x}(t) = f(x(t),u^*(t)) = f(x(t),K(x,t))$（带有初始条件 $x(0) = x_0$），得到 $x(t)$。这样就可以求出 $u^*(t)$，一个只和时间有关而和状态无关的控制，就像在时间离散、环境确定的 LQR 控制问题中通过 $u_t^* = K_t x_t$ 最终解出序列 u_t^* 一样。

上面的具体步骤不免有些烦琐，我们将其总结成如下框图。

> 给定初始状态：$x(0) = x_0$；
>
> 环境：$\dot{x}(t) = f(x(t),u(t))$；
>
> 目标：最小化 $J = \int_0^T C(x(t),u(t))\mathrm{d}t + D(x(T))$；
>
> **基于 H-J-B 方程的方法**
>
> 1. 定义价值：$V(x(t),t) = \min_u \left[\int_t^T C(x(t),u(t))\mathrm{d}t + D(x(T)) \right]$；
> 2. 列出 H-J-B 方程：
>
> $$\dot{V}(x(t),t) + \min_u [\nabla_x V(x(t),t) f(x(t),u(t)) + C(x(t),u(t))] = 0$$
>
> 3. 求解最优控制表达式：$u^*(t) = \text{argmin}_u H = W(V(x,t),x)$；
> 4. 代入 H-J-B 方程，求解关于二元函数 $V(x,t)$ 的偏微分方程：
>
> $$\begin{cases} \dot{V}(x,t) + \min_u [\nabla_x V(x(t),t) f(x, W(V(x,t),x)) + C(x, W(V(x,t),x)] = 0 \\ V(x,T) = D(T) \end{cases}$$
>
> 5. 求出 $V(x,t)$ 后代入 $W(V(x,t),x)$，得到 $u^*(t) = K(x,t)$ 的表达式；
> 6. 求解关于一元函数 $x(t)$ 的常微分方程：
>
> $$\begin{cases} \dot{x}(t) = f(x(t),u^*(t)) = f(x(t),k(x(t),t)) \\ x(0) = x_0 \end{cases}$$
>
> 7. 根据 $x(t)$ 与 $K(x,t)$ 得出 $u^*(t)$ 的最终表达式；

对于 H-J-B 方程，即式（11.6），由于它含有 $\min_u$ 部分，因此在解题中要先求出 $u^*(t) = W(V(x,t),t)$ 的表达式并代入方程，将其变成关于二元函数 $V(x,t)$ 的偏微分方程后进行

求解。在概念上，我们可以认为

$$\dot{V}(x(t),t)+\min_u[\nabla_x V(x(t),t)f(x(t),u(t))+C(x(t),u(t))]=0 \tag{11.9}$$

是一个关于二元函数 $V(x,t)$ 的非线性偏微分方程，可以直接求解出 $V(x,t)$ 这个函数本身。

最终，我们可以将算法的基本思想更精炼地概括为如下框图。

给定初始状态：$x(0)=x_0$；

环境：$\dot{x}(t)=f(x(t),u(t))$；

目标：最小化 $J=\int_0^T C(x(t),u(t))\mathrm{d}t+D(x(T))$；

基于价值方法的基本思想

1. 定义价值函数 $V(x,t)$；
2. 列出 H-J-B 方程并结合边界条件 $V(x,T)=D(x)$ 解出 $V(x,t)$；
3. 根据 $u^*=\mathrm{argmin}_u\mathcal{H}$ 解出最优控制表达式 $u^*=K(x,t)$；
4. 根据最优控制表达式 $K(x,t)$ 与公式 $\dot{x}(t)=f(x(t),u(t))$ 和 $x(0)=x_0$ 解出 $x(t)$；
5. 根据 $x(t)$ 与 $K(x,t)$ 得出 $u^*(t)$ 的最终表达式；

下面尝试用 H-J-B 方程的思想求解一个具体的时间连续问题。为了便于理解，这里考虑最简单的问题——LQR 控制问题。

*11.2.2 用 H-J-B 方程求解 LQR 控制问题

假设我们面对的 LQR 控制问题如下。

给定初始状态：$x(0)=x_0$；

环境：$\dot{x}(t)=x(t)+u(t)$；

目标：最小化 $J=\int_0^T \frac{1}{4}u^2(t)\mathrm{d}t+\frac{1}{4}x^2(T)$；

我们可以粗略想象一下这个 MDP 的含义——$x(t)$ 代表智能体的位置；$u(t)$ 代表对它施加的作用力；我们的目标是在 T 时刻将它推到一个比较接近 0 的地方，越接近 0 越好，因此用 $x^2(T)$ 来衡量最终位置的损失。另外，在推动过程中，每个时刻都要耗费与 $u^2(t)$ 成正比的能量。

首先，我们要定义 $V(x,t)$ 并列出它的 H-J-B 方程：

$$\dot{V}(x(t),t)+\min_u\left[\nabla_x V(x(t),t)(x(t)+u(t))+\frac{1}{4}u^2(t)\right]=0 \tag{11.10}$$

我们必须把上述方程中的 $\min_u$ 部分消去，才能解出它。为此，必须先把能够最小化哈密顿量 $\mathcal{H}$ 的 u^* 的表达式求出来。已知

$$\mathcal{H}=\nabla_x V(x,t)(x(t)+u(t))+\frac{1}{4}u^2(t) \tag{11.11}$$

列出 $\mathcal{H}$ 关于 $u^*(t)$ 的导数为 0 的方程：

$$\nabla_u\mathcal{H}=\frac{1}{2}u(t)+\nabla_x V(x,t)=0 \tag{11.12}$$

上述方程有唯一解 $u^*(t)=-2\nabla_x V(x(t),t)$，即驻点。

为了证明该驻点为最优点，我们还要验证二次充分条件 $\nabla_{uu}\mathcal{H}(u^*(t))=\frac{1}{2}>0$，这显然成立。将 u^* 的表达式代入式（11.11）可得

$$\min_u\mathcal{H}=\nabla_x V(x(t),t)(x(t)-2\nabla_x V(x(t),t))+\frac{1}{4}\times 4\nabla_x V(x(t),t)^2 \tag{11.13}$$

方便起见，将 $\nabla_x V(x(t),t)$ 简记为 V_x，把 $\dot{V}(x(t),t)$ 简记为 V_t，并将上述 $\min_u\mathcal{H}$ 的表达式代入 H-J-B 方程，便可以得到

$$V_t-V_x^2+V_x x(t)=0$$

$$V(x,T)=\frac{1}{4}x^2\ \text{（边界条件）}$$

到这里，我们得到了关于二元函数 $V(x,t)$ 的偏微分方程。要解出这样的方程无疑是有难度的。不过，在求解 PDE 时，我们时常会采用一些“猜”的技巧。很常见的一种技巧是，对于二元函数，我们“猜”它可以变量分离为一元函数的乘积。

因为这个问题是一个 LQR 控制问题，时间离散的 LQR 控制问题中的 $V(x,t)$ 是关于 x 的正定二次函数，所以我们可以猜测时间连续时它也具有 $V(x(t),t)=\frac{1}{2}Q(t)x^2(t)$ 的形式，其中的 $Q(t)$ 是一个会随时间变化的正定矩阵。基于这个猜测可以推出 $V_x=Q(t)x(t)$ 与 $V_t=\frac{1}{2}\dot{Q}(t)x^2(t)$，将其代入 H-J-B 方程，可以得到

$$\frac{1}{2}\dot{Q}(t)x^2(t)-Q^2(t)x^2(t)+Q(t)x^2(t)=0$$

$$\frac{1}{2}Q(T)x^2(T)=\frac{1}{4}x^2(T)\ \text{（边界条件）}$$

假定 $Q(t)$ 与 $x(t)$ 都是连续可导函数，而 $x(t)$ 显然不可能处处为 0。因此可以为方程消去 $x^2(t)$，化简可得如下常微分方程：

$$\frac{1}{2}\dot{Q}(t)-Q^2(t)+Q(t)=0$$

$$Q(T)=\frac{1}{2}\ \text{（边界条件）}$$

要注意，由于有如下积分恒等式：

$$\frac{\mathrm{d}Q}{Q(1-Q)}=\frac{\mathrm{d}Q}{Q}+\frac{\mathrm{d}Q}{1-Q}=\mathrm{d}(\ln Q)-\mathrm{d}(\ln(1-Q)) \tag{11.14}$$

因此，我们可以对上述方程进行如下化简：

$$\frac{1}{2}\dot{Q}(t)-Q^2(t)+Q(t)=0\Rightarrow\frac{\mathrm{d}Q}{\mathrm{d}t}=2(Q^2-Q)$$

$$\Rightarrow\ \frac{\mathrm{d}Q}{Q^2-Q}=2\mathrm{d}t\Rightarrow\mathrm{d}(\ln(1-Q))-\mathrm{d}(\ln Q)=2\mathrm{d}t$$

$$\Rightarrow\ln\left(\frac{1-Q}{Q}\right)=2t+C\Rightarrow\frac{1-Q}{Q}=D\exp(2t)$$

$$\Rightarrow Q=\frac{1}{1+D\exp(2t)} \tag{11.15}$$

另外，根据边界条件还可以推出：

$$Q(T)=\frac{1}{1+D\exp(2T)}=\frac{1}{2} \tag{11.16}$$

因此可以推出 $D\exp(2T)=1$，即 $D=\frac{1}{\exp(2T)}$。故有

$$Q(t)=\frac{\exp(2T)}{\exp(2t)+\exp(2T)} \tag{11.17}$$

总体来说，我们通过 H-J-B 方程解出了 $V(x,t)$ 的表达式：

$$V(x,t)=\frac{1}{2}\frac{\exp(2T)}{\exp(2t)+\exp(2T)}x^2(t) \tag{11.18}$$

因为我们在前面推出了最优控制关于 V 的表达式 $u^*(t)=-2\nabla_x V(x(t),t)$，所以此时可以得到最优控制的表达式：

$$u^*(t)=-2Q(t)x(t)=-2\frac{\exp(2T)}{\exp(2t)+\exp(2T)}x(t) \tag{11.19}$$

最后一个任务就是求出 $x(t)$。列出有关 $x(t)$ 的常微分方程：

$$\dot{x}(t)=\left(1-2\frac{\exp(2T)}{\exp(2t)+\exp(2T)}\right)x(t)$$

$$x(0)=x_0 \text{（边界条件）}$$

在从这个方程解出 $x(t)$ 的表达式之后，就可以推出整个 $u^*(t)$，它是一个只含有时间变量 t 的函数。由于这个解的形式比较复杂，这里就不详细求解了。读者可以自己补全剩下的部分。下面归纳一下整个解题步骤。

给定初始状态：$x(0)=x_0$；

环境：$\dot{x}(t)=x(t)+u(t)$；

目标：最小化 $J=\int_0^T \frac{1}{4}u^2(t)\mathrm{d}t+\frac{1}{4}x^2(T)$；

基于 H-J-B 方程的方法

1. 定义价值：$V(x(t),t)=\min_u\left[\int_t^T \frac{1}{4}u^2(t)\mathrm{d}t+\frac{1}{4}x^2(T)\right]$；
2. 列出 H-J-B 方程：
$$\dot{V}(x(t),t)+\min_u\left[\nabla_x V(x(t),t)(x(t)+u(t))+\frac{1}{4}u^2(t)\right]=0$$
3. 求解最优控制表达式：$u^*(t)=-2\nabla_x V(x(t),t)$；
4. 代入 H-J-B 方程，求解关于二元函数 $V(x,t)$ 的偏微分方程：
$$\begin{cases} V_t-V_x^2+V_x x(t)=0 \text{（方程）} \\ V(x,T)=\frac{1}{4}x^2 \text{（边界条件）} \end{cases}$$
5. 求出 $V(x,t)=\frac{1}{2}\frac{\exp(2T)}{\exp(2t)+\exp(2T)}x^2(t)$；
6. 代入 $u^*(t)=-2\nabla_x V(x(t),t)$，得到 $u^*(t)=-2\frac{\exp(2T)}{\exp(2t)+\exp(2T)}x(t)$；
7. 求解关于一元函数 $x(t)$ 的常微分方程：

$$\begin{cases}\dot{x}(t)=\left(1-2\dfrac{\exp(2T)}{\exp(2t)+\exp(2T)}\right)x(t)\text{（方程）}\\ x(0)=x_0\text{（边界条件）}\end{cases}$$

8. 根据 $x(t)$ 与 $u^*(t)=-2\dfrac{\exp(2T)}{\exp(2t)+\exp(2T)}x(t)$ 得出 $u^*(t)$ 的最终表达式；

上面的框图高度概括了我们求解这个问题的各个步骤。并且，它与 11.2.1 节中的框图是对应的，其每一步都是 11.2.1 节中的框图每一步的具体化。读者不妨对比这两个框图，以便更加深刻地理解 H-J-B 方程解题的思想。

下面对比一下连续时间的 LQR 控制问题与离散时间的 LQR 控制问题的异同。

首先，在连续时间情况下，$Q(x,u,t)$ 与 $V(x,t)$ 只相差一个微元，因此连续时间问题中不存在 $Q(x,u,t)$。注意到，$Q(x,u,t)-V(x,t)=[\mathcal{H}(u^*)-\mathcal{H}(u)]\mathrm{d}t$。因此，从某种意义上来说，离散时间问题的 $u^*=\mathrm{argmin}_u Q(x,u,t)$ 等同于连续时间问题的 $u^*(t)=\mathrm{argmin}_u\mathcal{H}$。总体来说，无论时间是离散的还是连续的，我们都是根据某个能够在特定状态下衡量控制“好坏”的函数来选择 u^* 的。

其次，在时间离散问题中，利用公式 $Q(x,u,t)=C(x,u)+V(f(x,u),t+1)$ 和 $V(x,t)=\min_u Q(x,u,t)$，从后往前依次交替地算出所有 t 对应的 $Q(x,u,t)$ 与 $V(x,t)$。事实上，这两个公式也可以联立为一个关于 $V(x,t)$ 的方程，从后往前求解出所有 $V(x,t)$，并根据它求解 Q 与 u^*。在时间连续问题中，由于 $Q(x,u,t)$ 的概念不存在，因此直接列出关于 $V(x,t)$ 的 H-J-B 方程。本质上，两种问题都要列出关于价值函数的方程（由环境转移关系确定的方程及边界条件）并求解，并用它求解最优控制。相比之下，在连续时间情况下更接近问题本质。

11.2.3 总结：关于价值的方程

在第 4、5 章中，我们已经见过不少关于价值函数的方程。这里说的“价值函数”包括 V_π、V^*、Q_π、Q^* 等，用以度量未来能够获得的期望奖励总和。本章介绍的 H-J-B 方程也是一种关于价值函数的方程。下面来对比总结一下这些方程及其背后的思想。

对于状态、动作、时间都为离散变量，环境随机且时齐的 MDP（更一般地假定策略也是随机的，用 $\pi(a|s)$ 表示），假定期望奖励总和随时间指数衰减。在这种情况下，我们可以列出关于 V_π 的贝尔曼方程：

$$V_\pi(s)=\sum_a \pi(a|s)\left[R_s^a+\gamma\sum_{s'}P_{ss'}^a V_\pi(s')\right] \tag{11.20}$$

在同样的问题中，我们也有关于 Q_π 的方程：

$$Q_\pi(s,a)=R_s^a+\gamma\sum_{s'}P_{ss'}^a V_\pi(s') \tag{11.21}$$

考虑到 $V_\pi(s)=\sum_a \pi(a|s)Q_\pi(s,a)$，也可以将上面的方程转化为

$$Q_\pi(s,a)=R_s^a+\gamma\sum_{s'}P_{ss'}^a\left(\sum_{a'}\pi(a'|s')Q_\pi(s',a')\right) \tag{11.22}$$

如果环境是非时齐的，则 π 与 V_π 应为包含 t 的函数。此时，方程如下：

$$V_\pi(s,t)=\sum_a \pi(a|s,t)\left[R_s^a+\gamma\sum_{s'}P_{t,ss'}^a V_\pi(s',t+1)\right] \tag{11.23}$$

以上这类非时齐问题的方程一般还要搭配给定的边界条件，即$V_\pi(s,T)=V(s)$才能求解；环境非时齐的Q_π的方程也是类似的，这里就不详细列出了。

如果要求解的不是“基于策略的价值”，而是“最优策略的价值”，则应将上面的$\sum_a \pi(a\mid s)$部分修改为$\max_a$，得到以下方程：

$$V^*(s)=\max_a\left[R_s^a\gamma\sum_{s'}P_{ss'}^a V^*(s')\right] \tag{11.24}$$

$$Q^*(s,a)=R_s^a+\gamma\sum_{s'}P_{ss'}^a\max_{a'}Q^*(s',a') \tag{11.25}$$

$$V^*(s,t)=\max_a\left[R_s^a\gamma\sum_{s'}P_{ss'}^a V^*(s',t+1)\right] \tag{11.26}$$

对于非时齐情况下的Q函数$Q^*(s,a,t)$，读者可以尝试自己列出有关方程。同理，非时齐问题中一般都需要搭配边界条件$V^*(s,T)=V(s)$才能求解。

在动作、控制连续，时间是离散变量的 LQR 控制问题中，环境确定（$x'=f(x,u)$）、非时齐（到T时刻终止），目标为最小化总损失，此时列出关于V^*的方程：

$$V^*(x,t)=\min_u(C(x,u)+V^*(f(x,u),t+1)) \tag{11.27}$$

同理，可以列出关于$Q^*(x,u,t)$的方程：

$$Q^*(x,u,t)=C(x,u)+\min_u Q^*(f(x,u),u,t+1) \tag{11.28}$$

同上，这些非时齐问题一般都要搭配边界条件（T时刻价值的取值）才能求解。

对于状态与动作都是连续变量的 MDP，考虑V_π或Q_π的贝尔曼方程有一定的难度，因为π是一个连续分布，本书将其留作思考题。

本章讨论的是时间连续的问题，并列出了关于$V^*(x,t)$的 H-J-B 方程。在最优控制及强化学习领域，一般离散时间下的关于价值函数（V或Q）的方程均称为贝尔曼方程，而连续时间下关于价值函数的方程均称为 H-J-B 方程。想必读者可以感觉到，二者是有些相似的：

$$\dot{V}^*(x(t),t)+\min_u[\nabla_x V^*(x(t),t)f(x(t),u(t))+C(x(t),u(t))]=0 \tag{11.29}$$

至此，我们基本列举了本书中出现过的所有方程。有读者可能会觉得上述方程多而复杂。但是，想必也有读者会发现，这些方程之间都具有某种相似性，如每个方程的右边都有两项，分别代表“立即效果”与“从下一个状态出发的后续效果”。事实上，我们不用刻意记住每种 MDP 对应的方程是什么，因为 MDP 可以根据动作与状态的连续性、时间的连续性、环境的随机性和时齐性，目标是最大化奖励还是最小化损失分为很多类，其对应的方程也各不相同，很难通过死记硬背的方法记下来。最关键的还是要理解问题的定义与价值函数的含义，这样就可以根据“立即效果”与“从下一个状态出发的后续效果”这两部分列出方程。时间连续问题的主要区别在于“立即效果”要用微元定义，“从下一个状态出发的后续效果”与当前只差一个时间微元，因此最后列出的方程是微分方程。

列出方程后，需要求解方程：对于时齐的情况，一般可以直接求解或用雅可比迭代求解方程，由于环境转移概率值小于 1、符合压缩映射原理的条件，因此迭代法的收敛性是可以得到保证的；对于非时齐的情况，要结合边界条件来求解，时间连续时求解带有边界条件的偏微分方程，时间离散时从边界条件出发向前递推等（在某种程度上，后者即前者的离散化形式）。

以上就是比较一般的、基于价值的算法的求解思想。如果读者不能完全掌握，不妨尝试针对所有 MDP（状态与动作连续或离散、环境时齐或非时齐、环境随机或确定、时间连续或离散），分别列出关于所有价值函数的方程。当能够完成这一点并说明原因时，便说明已经真正掌握了基于价值的思想。

思 考 题

1. 为什么说连续时间问题中的$V^*(x,t)-Q^*(x,u,t)$等于$[\mathcal{H}(u^*)-\mathcal{H}(u)]\mathrm{d}t$呢？

2. 请总结一下连续时间和离散时间的最优控制问题有什么区别。

3. 11.2.2 节中的 LQR 控制问题的最终解$u^*(t)$是多少？请补全求解过程中未完成的最后一步，算出最后结果。

4. 在状态与动作连续或离散、环境时齐或非时齐、环境随机或确定、时间连续或离散的所有情况下，列出所有价值函数（V^*、Q^*、V_π、Q_π 等，只考虑存在且有意义的）的方程。也可以做一些额外的化简假定。例如，在状态、动作连续的情况下，π 是确定策略而非随机策略等。

*11.3 变分原理

在本章中，我们的主题是时间为连续变量的最优控制问题。在 11.2 节中，我们采取了基于价值的算法，即 H-J-B 方程；而在本节中，我们采用基于策略的算法，即变分原理。在传统最优控制中，H-J-B 方程与变分原理即两大类解题思路。

本节与本书主题关联不大，且涉及的数学知识也比较多，包括泛函分析、微分方程、变分法等，如果不是数学专业的学生，可能学起来比较吃力。因此，我们不一步一步地对变分法的各个组件进行严谨的定义，而只是通俗地讲解变分法中涉及的概念包含的主要思想。如果读者对变分法有兴趣，可以自行查阅相关资料，并进行更加系统的学习。

11.3.1 从有穷维空间到无穷维空间

变分法（Calculus of Variation）是一门诞生于 17 世纪末的学科，它研究的是“无穷维函数”的优化问题。它具有严格的数学基础，并且在许多领域都有重要的应用。本节只是通俗地介绍其在最优控制问题中的应用。

所谓的“无穷维函数”怎么定义？怎么优化？下面首先回顾微积分中的经典概念，包括多元函数、导数与梯度，然后将其推广到无穷维。

$\mathbf{R}^n$ 是一个 n 维线性空间，它里面的元素是 n 维向量；如果 $\boldsymbol{x}$ 和 $\boldsymbol{y}$ 都在 $\mathbf{R}^n$ 中，那么它们的线性组合 $a\boldsymbol{x}+b\boldsymbol{y}$ 也在 $\mathbf{R}^n$ 中。因此我们称 $\mathbf{R}^n$ 是一个 n 维线性空间。

我们可以在 $\mathbf{R}^n$ 上定义 n 元函数 $f:\mathbf{R}^n\to\mathbf{R}$，它是一个从 n 维空间 $\mathbf{R}^n$ 到 $\mathbf{R}$ 的映射。也就

是说，每输入一个 n 维向量 $\boldsymbol{x}$，它就可以输出一个实数 $f(\boldsymbol{x})$。

特别地，如果对于任意 $\boldsymbol{x},\boldsymbol{y}\in\mathbf{R}^n$ 和任意 $a,b\in\mathbf{R}$，都有 $f(a\boldsymbol{x}+b\boldsymbol{y})=af(\boldsymbol{x})+bf(\boldsymbol{y})$，即“线性组合的映射等于映射的线性组合”，则我们说 f 是一个线性函数（或线性映射）。一般情况下，$f(\boldsymbol{x})$ 是线性映射当且仅当它可以写成一个内积的形式，即存在某个 n 维向量 $\boldsymbol{\alpha}$，使 $f(\boldsymbol{x})=\boldsymbol{\alpha x}$。

上面这些概念都是基本的数学知识，相信读者不会陌生。现在我们要做的就是将 n 维线性空间和 n 元函数这两个概念推广到无穷维上。

首先，我们要设想出“无穷维线性空间” $\mathbf{R}^\infty$。最直接的想法就是设这个空间中的向量 $\boldsymbol{x}=(x_1,x_2,\cdots,x_n,\cdots)$ 一共有无数位，其中每一位 x_i 都可以在实数 $\mathbf{R}$ 上任意取值。因为 $\boldsymbol{x}$ 有无穷个自由度，所以它显然是“无穷维向量”。此外，如果 $\boldsymbol{x}$ 与 $\boldsymbol{y}$ 都属于这个无穷维空间，则它们的线性组合也应该在这个无穷维空间中。

形如 $\boldsymbol{x}=(x_1,x_2,\cdots,x_n,\cdots)$ 的向量难免会让我们感觉是人为定义的，不够自然。那么，在什么情况下才能自然地用到这种无穷维空间呢？或者说，有哪些我们已经熟悉的常用概念可以套用到无穷维向量上呢？有的读者或许已经想到了，一般的函数都有无穷个自由度，可以视为无穷维向量。例如，我们考虑自变量为 t 的函数组成的空间。给定区间 $E=[t_0,t_\mathrm{f}]$（将起止点记为 t_0 与 t_f 是为了特别强调自变量为 t），此时，区间 E 上所有自变量为 t 的函数就可以组成一个线性空间。

当然，如果不对函数做任何限制，让它在每个 t 上都可以随意取值，则可能会得到性质很差的函数。一般而言，我们总是会研究具有特定性质的函数组成的空间。例如，将全体区间 E 上的连续函数 $x(t)$ 构成一个集合 C_E，它同样有无穷个自由度，是一个无穷维空间。此外，因为连续函数的线性组合显然是连续函数，所以 C_E 是一个无穷维线性空间。我们将 C_E 称为连续函数空间。

除连续函数空间外，人们研究比较多的函数空间还包括连续可导函数空间、光滑函数（无穷次可微）空间、绝对可积函数空间（全体 $\int_{t_0}^{t_\mathrm{f}}|f|\mathrm{d}t$ 有限的函数）、平方可积函数空间（全体 $\int_{t_0}^{t_\mathrm{f}}f^2\mathrm{d}t$ 有限的函数）等。可以证明，它们都满足线性性质，即空间中任意两个函数的线性组合仍在该空间中。因此，它们都是无穷维线性空间。

区间 $[t_0,t_f]$ 上一些常见的线性函数空间如下。

L_1：绝对可积函数，即 $\int_{t_0}^{t_\mathrm{f}}|f(t)|<\infty$。

L_2：平方可积函数，即 $\int_{t_0}^{t_\mathrm{f}}f^2(t)<\infty$。

L_∞：平方可积函数，即去除零测集之后有界。

C：连续函数。

C^1：连续可导且导数连续的函数。

C^∞：光滑函数（无穷次可导的函数）。

需要注意的是，n 维线性空间中通常还有别的结构，我们用范数来衡量向量之间的距离。例如，定义向量 $\boldsymbol{x}$ 的 2 范数为 $\|\boldsymbol{x}\|_2=\sqrt{x_1^2+x_2^2+x_3^2+\cdots}$，同理，可定义出其 1 范数与无穷范数。我们用内积来衡量向量之间的夹角，如定义向量 $\boldsymbol{x}$ 与 $\boldsymbol{y}$ 的内积为 $x_1y_1+x_2y_2+x_3y_3+\cdots$。在线性空间中定义这些结构之后，就可以研究其中的元素是否收敛、是否垂直等，使线性空间变得

丰富多彩。这些内容同样可以推广到无穷维空间。需要注意的是，我们定义的范数与内积不能是凭着感觉定义的，必须证明这些定义在某种意义下是合适的。

如何定义“合适”的范数与内积是“泛函分析”课程的核心内容，需要进行严格的数学证明。考虑到本章内容并不是本书的重点，这里只举几个例子。

我们为某个函数空间定义范数，一般希望它在这个空间中是完备的。也就是说，如果这些函数在这个范数意义下收敛，则收敛的极限函数同样处于这个空间。例如，在 C_E 中，我们一般将范数定义为 $\|\boldsymbol{x}\| = \max_{t\in E}|x(t)|$ 。因为如果函数列 $x_1, x_2, \ldots$ 在这个范数下收敛，则意味着函数列是一致收敛的。在数学分析中，我们学过一个定理：如果连续函数列 $x_1(t), x_2(t), \cdots, x_n(t), \cdots$ 一致收敛于函数 $x(t)$ ，则 $x(t)$ 也是一个连续函数。因此，我们一般将连续函数空间 C_E 的范数定义为 $\|\boldsymbol{x}\| = \max_{t\in E}|x(t)|$ ，而不能定义为 2 范数 $\|\boldsymbol{x}\|_2 = \int_E |x^2(t)|$ 。因为 C_E 在前一种范数下是完备的，而在后一种范数下是不完备的。

在 C_E^1 （所有区间 E 上的一次可导且导数连续的函数构成的空间）中，我们不能简单地沿用连续函数空间的范数 $\|\boldsymbol{x}\| = \max_{t\in E}|x(t)|$ ，而应该将其范数定义为 $\|\boldsymbol{x}\| = \max_{t\in E}\left(|x(t)| + |x'(t)|\right)$ 。如果函数列 $x_1, x_2, \ldots$ 在这个范数下收敛，则意味着 x_i 是一致收敛的，且它们的导数 x_i' 也是一致收敛的。在数学分析中，我们学过一个定理：函数列 x_i 一致收敛于 $\boldsymbol{x}$ ，其导函数列 x_i' 一致收敛于 $\boldsymbol{x}'$ ，则 $\boldsymbol{x}$ 可导且 $\boldsymbol{x}$ 的导数就是 $\boldsymbol{x}'$ 。根据这个定理可以推出 C_E^1 在这个范数意义下是完备的，在连续函数空间的范数意义下是不完备的。

总体来说，如何定义范数、内积，以及它们之间的关系涉及大量的数学推导，感兴趣的读者可以查阅相关资料。

上面完成了从 n 维线性空间到无穷维线性空间的推广。读者可以通俗地想象，这个推广就是将原本的向量换成函数。此外，向量的线性结构、内积、范数等也都可以推广到函数。

下面来看 n 元函数应该如何推广到无穷维函数。

n 元函数的意思是输入一个 n 维向量，它能输出一个实数。如果推广到无穷维，那么 n 维向量就要被换成函数。无穷维函数的意思就是输入一个函数，它输出一个实数。对于这种函数的函数，我们将其称作泛函。例如，设 $x \in C_E$ ，即 $x(t)$ 是区间 E 上的连续函数，则 $J(x) = \int_{t_0}^{t_f} x^2(t)\mathrm{d}t$ 就是一个泛函，它的自变量是函数 $x(t)$ ，输出一个实数（积分的结果）。当函数 $x(t)$ 变化时，积分的结果 $J(x)$ 也会随之发生变化。因此， $J(x)$ 就是一个函数的函数。

在有限维函数中，线性函数是最特殊的一种。现在，我们既然将有限维函数推广为无穷维泛函，就应该自然地想看看泛函中最特殊的线性泛函是怎样的。按照线性的定义，如果 J 是一个线性泛函，则对于任意实数 a 和 b ，有 $J(ax+by) = aJ(x) + bJ(y)$ 。从这个角度来说，我们刚才定义的 $J(x) = \int_{t_0}^{t_f} x^2(t)\mathrm{d}t$ 显然不是一个线性泛函，因为 $J(2x)$ 与 $2J(x)$ 是不相等的。

那么，在无穷维情况下，线性函数应该具有什么形式呢？回顾有限维的情况， f 是线性函数意味着存在 n 维向量 $\boldsymbol{\alpha}$ ，使 $f(x) = \boldsymbol{\alpha}x$ 。这意味着，可以将全体线性函数与全体 n 维向量进行一一对应，大大地缩小了线性函数的范围。在无穷维情况下，我们也有一个类似的定理，即 Riesz 表示定理——如果泛函 $J(x)$ 是线性泛函，即对于任意 $a, b \in \mathbf{R}$ ，有 $J(ax+by) = aJ(x) + bJ(y)$ ，那么一定存在一个函数 $\alpha(t)$ ，使 $J(x) = \int_{t_0}^{t_f} \alpha(t)x(t)\mathrm{d}t$ 。在有限维空间，内积 $\boldsymbol{\alpha x}$ 相当于将 $\boldsymbol{x}$ 的各

项 x_i 分别乘以一个系数 α_i 并加和在一起；而对于上面的积分表达式，我们同样可以想象 $\alpha(t)$ 是无穷维系数，$J(x)$ 的结果是无穷维自变量 $x(t)$ 与无穷维系数 $\alpha(t)$ 对应位置（t 处取值）相乘后相加得到的结果，无穷项求和相当于求积分。如此看来，无穷维情况和有限维情况是非常类似的。

至此，我们就将 n 维空间中的 n 维函数与 n 维线性函数分别推广到了无穷维空间，得到了泛函与线性泛函的概念。

n 元自变量：$\boldsymbol{x}=(x_1,x_2,\cdots,x_n)$。

非线性函数：$f(\boldsymbol{x})=\sum\limits_{i=1}^{n}x_i^2$。

线性函数：$f(\boldsymbol{x})=\sum\limits_{i=1}^{n}\alpha_i x_i$。

无穷维自变量：$x(t)$，$t\in[t_0,t_f]$，x 为连续函数。

非线性泛函：$f(x)=\int_{t_0}^{t_f}x^2(t)\mathrm{d}t$。

线性泛函：$f(x)=\int_{t_0}^{t_f}\alpha(t)x(t)\mathrm{d}t$，$\alpha(t)$ 为系数。

本节完成了从 n 维空间到无穷维空间的推广。11.3.2 节将讲解如何将一个最优化问题从 n 维空间推广到无穷维空间。

11.3.2 变分问题

变分法意味着要找出泛函的极值点。需要注意的是，因为泛函是函数的函数，所以所谓的极值点是一个函数。例如，对于 $x(t)\in C_E$，泛函 $J(x)=\int_{t_0}^{t_f}x^2(t)\mathrm{d}t$ 的极值点显然是 $x(t)\equiv 0$，是一个恒等于 0 的连续函数；但是对于 $x(t)\in L_2$，泛函 $J(x)$ 可能有别的极值点（在零测集上任意取值不影响勒贝格积分）。

对于线性泛函 $J(x)=\int_{t_0}^{t_f}\alpha(t)x(t)\mathrm{d}t$，除 $\alpha(t)\equiv 0$ 外是不存在极值点的。这就和有限维空间中线性函数（除系数全是 0 外）没有极值点是同一个道理。

对于更加一般的泛函，如何判断极值点或求解极值点呢？同样需要先回顾有限维情况，然后将其推广为无穷维。

导数是微积分中很重要的概念。对于可导的一元函数，极值点的必要条件是函数的导数在极值点处等于 0。这是因为可导的一元函数 $f(x)$ 可以在 x_0 处局部展开为 $f(x)=f(x_0)+f'(x_0)(x-x_0)+o((x-x_0))$。当 x 与 x_0 足够接近时，高阶无穷小 $o((x-x_0))$ 的作用相比于 $f'(x_0)(x-x_0)$ 可以忽略。如果 $f'(x_0)$ 不为 0，则当 $x-x_0$ 小于 0 或大于 0 时，二者之间一定至少有一种可以减小 $f(x)$ 的值，因此 x_0 显然不是 f 的极值点。我们将满足 $f'(x_0)=0$ 的 x_0 称为 f 的驻点。驻点未必是极值点，但极值点应该在驻点中产生。

对于可微的多元函数 f，我们可以将其进行局部一阶展开（见图 11.1）：

$$f(\boldsymbol{x}+\mathrm{d}\boldsymbol{x})=f(\boldsymbol{x})+\nabla f(\boldsymbol{x})^{\mathrm{T}}\mathrm{d}\boldsymbol{x}+o\left(\|\mathrm{d}\boldsymbol{x}\|\right) \tag{11.30}$$

当 $\|\mathrm{d}\boldsymbol{x}\|$ 足够小时，高阶无穷小 $o\left(\|\mathrm{d}\boldsymbol{x}\|\right)$ 的作用便可以忽略。这时，如果 $\nabla f(\boldsymbol{x})$ 不为 0，则一

定可以选取 $\mathrm{d}\boldsymbol{x}$ ，使 $f(\boldsymbol{x}+\mathrm{d}\boldsymbol{x})$ 比 $f(\boldsymbol{x})$ 更小。因此，多元函数的局部最优点的必要条件是 $\nabla f(\boldsymbol{x})=0$ ，我们将 $\nabla f(\boldsymbol{x})$ 称为 f 的梯度，将能够使 $\nabla f(\boldsymbol{x})=0$ 的 $\boldsymbol{x}$ 称为 f 的驻点。

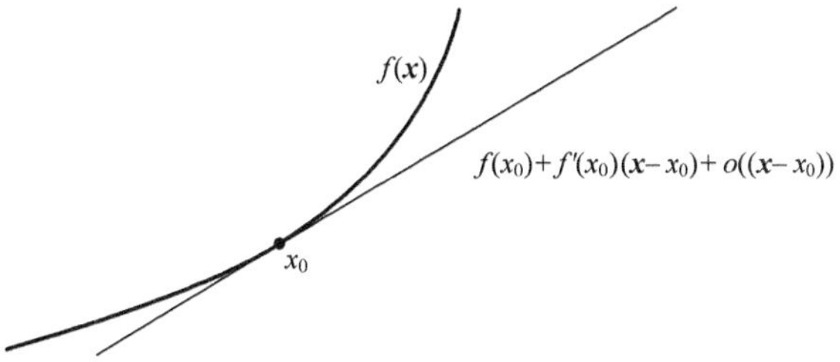

图 11.1　函数的局部一阶展开

这里需要说明的是，多元函数的可微与可导是不同的。f 在 $\boldsymbol{x}$ 处（某个方向上）可导意味着 f 可以在从 $\boldsymbol{x}$ 出发的方向上用一条直线做局部近似；而 f 在 $\boldsymbol{x}$ 处可微则意味着 f 在 $\boldsymbol{x}$ 处可以用一个超平面做局部近似。在 $n=1$ 的情况下，n 元函数的可微与可导等价；当 $n>1$ 时，即使函数在所有方向上可导，也不能保证函数可微；反过来，函数可微，说明函数一定在所有方向上都可导。这是多元微积分中最基本的内容。

既然我们可以对一元函数或多元函数进行上述展开，那么能不能对无穷维的泛函用同样的方式展开呢？答案是肯定的。不过需要注意的是，多元函数微分的定义中需要让 $\|\mathrm{d}\boldsymbol{x}\|$ 趋于 0。在讨论泛函的微分时，也应找到对应概念。为此，我们要假定有一个函数微元 $\delta\boldsymbol{x}$ （之所以用 $\delta\boldsymbol{x}$ 是因为 $\boldsymbol{x}$ 的自变量是 t ，讨论时可能会出现 $\mathrm{d}t$ 。因此改用 δ 表示 $\boldsymbol{x}$ 的变化微元，以与 t 的微元 $\mathrm{d}t$ 进行区分）并使其范数 $\|\delta\boldsymbol{x}\|$ 趋于 0。例如，当讨论 C_E^1 空间时，$\|\delta\boldsymbol{x}\|$ 应该被定义为 $\max_{t\in E}\left|\delta x(t)+\dot{\delta}x(t)\right|$ ，$\|\delta\boldsymbol{x}\|$ 趋于 0 意味着 $\delta\boldsymbol{x}$ 与其导函数都一致收敛于 0。

此处不过多纠结于严谨定义，假定我们研究的泛函都具有比较好的性质（都是可微的），这样我们就可以仿照多元函数的情况直接展开泛函：

$$J(\boldsymbol{x}+\delta\boldsymbol{x})=J(\boldsymbol{x})+\int_{t_0}^{t_\mathrm{f}}\alpha(t)\delta x(t)\mathrm{d}t+o\left(\|\delta\boldsymbol{x}\|\right) \tag{11.31}$$

这里 $\int_{t_0}^{t_\mathrm{f}}\alpha(t)\delta x(t)\mathrm{d}t$ 是一个关于 $\delta\boldsymbol{x}$ 的线性泛函，$\alpha(t)$ 是它的系数。我们可以将 $\alpha(t)$ 理解为 $J(\boldsymbol{x})$ 在 $\boldsymbol{x}$ 处的梯度，它也是一个无穷维向量，取值在 $\boldsymbol{x}$ 的对偶空间中（对偶空间是泛函分析中的一个重要概念，这里不细讲）。

前面提到，多元函数极值点的必要条件是该点处函数的梯度为 0。对于无穷维情况，结论也是类似的：若 $\boldsymbol{x}$ 是泛函 J 的极值点，则泛函 J 在 $x(t)$ 处的梯度 $\alpha(t)$ 对所有 t 取值恒为 0（对于连续函数、可导函数、光滑函数空间等）或几乎处处为 0（对于 k 阶可积空间、勒贝格积分诱导的范数等）。若不然，则总可以构造 $\delta x(t)$ ，使 $J(\boldsymbol{x}+\delta\boldsymbol{x})$ 比 $J(\boldsymbol{x})$ 更小，这与极值的定义矛盾。

简单对比一下：对于多元函数，我们需要找出能使 $f'(\boldsymbol{x})=0$ 的驻点 $\boldsymbol{x}$ ，以进一步验证其中的极值点；对于泛函，我们需要找出能使梯度 $\alpha(t)\equiv 0$ 的 $x(t)$（称为平稳值函数），并从中进一步寻找极值点，二者是类似的。

有限维函数

自变量：$\boldsymbol{x}=(x_1,x_2,\cdots,x_n)$ ；

局部展开：$f(\boldsymbol{x}+\mathrm{d}\boldsymbol{x})=f(\boldsymbol{x})+\nabla f(\boldsymbol{x})\mathrm{d}\boldsymbol{x}+o\left(\|\mathrm{d}\boldsymbol{x}\|\right)$ ；

驻点：$\nabla f(\boldsymbol{x})=0$

推广⇓

无穷维泛函

自变量：$x(t)\in C_E$，$E=[t_0,t_{\mathrm{f}}]$；

局部展开：$J(\boldsymbol{x}+\delta\boldsymbol{x})=J(\boldsymbol{x})+\int_{t_0}^{t_{\mathrm{f}}}\alpha(t)\delta x(t)\mathrm{d}t+o(\|\delta\boldsymbol{x}\|)$；

平稳值函数：$\alpha(t)\equiv 0$；

（可以将$\alpha(t)$想象为$J(\boldsymbol{x})$在$\boldsymbol{x}$处的梯度）

总体来说，变分法就是最优化从有限维到无穷维的推广。下面通俗地介绍一些经典变分问题。由于篇幅的限制，这里只讲主要的解题思路。对有关内容感兴趣的读者可以自行查阅相关资料。

*11.3.3 欧拉-拉格朗日方程

前面提到，泛函可以有很多形式。即使对不限形式的有限维函数求极值也是很困难的，对完全不限形式的泛函求极值无疑更困难。因此，我们一般考虑对具有特定形式的泛函求极值。例如，对于具有$J(x)=\int_{t_0}^{t_{\mathrm{f}}}f(x(t),t)\mathrm{d}t$（其中$f$是二次可微的函数）形式的泛函，$x(t)$的定义域为$C_E^1$，如何求极值呢？

下面考虑J在x的局部的取值是多少。首先，对于固定的t，$f(x(t),t)$可以在x的局部展开为$f(x(t),t)+f_x'(x(t),t)\delta x(t)+o(\|\delta x\|)$，其中$f_x'$指二元函数$f$对$x$的偏导数；因为泛函$J$是由$f$对$t$求积分得到的，所以泛函$J$可以在$x$的局部展开为

$$J(x+\delta x)=J(x)+\int_{t_0}^{t_{\mathrm{f}}}f_x'(x,t)\delta x(t)\mathrm{d}t+o(\|\delta x\|) \tag{11.32}$$

要注意，我们说的第一个“展开”是针对函数f的，第二个“展开”是针对泛函J的。从泛函J的展开式中可以看出，泛函J在$x(t)$处的梯度为$f_x'(x(t),t)$，这本身也是一个E上的函数。根据11.3.2节中的定理，如果x^*为泛函$J(x)$的极值点，则J在x^*处的梯度应该等于0，即$f_x'(x^*(t),t)\equiv 0$。也就是说，极值$x^*(t)$的必要条件为$f_x'(x(t),t)=0,\ \forall t\in[t_0,t_f]$。

例如，设泛函是$J(x)=\int_{t_0}^{t_{\mathrm{f}}}x(t)^2\mathrm{d}t$（$f(x,t)=x^2$），求$f$对$x$的偏导数，即$f_x'(x,t)=2x$。如果$x^*$是泛函的极值点，则必须满足$2x^*(t)\equiv 0$。$x^*(t)\equiv 0$是$J$的唯一驻点，恰好也是$J$的唯一极值点。这相当于有限维问题中$J(\boldsymbol{x})=\boldsymbol{x}^2$的唯一极值点就是$\boldsymbol{x}=0$（$\boldsymbol{x}$是$n$维向量）推广到无穷维的情况。

不难发现，上面这类泛函比较简单而缺乏变化，因为$x(t)$只能从一个方面影响f的取值。在某些给定的边值条件下，很可能无法取得最优值。

下面来看一类相对更加复杂的泛函。它仍然是二次可微函数f积分的形式，不过f不仅含有$x(t)$，还含有$\dot{x}(t)$（$x(t)$关于时间t的导函数）。具体而言，设$J(x)=\int_{t_0}^{t_{\mathrm{f}}}f(x,\dot{x},t)\mathrm{d}t$。这种形式的泛函无疑具有更丰富的变化，并且它对于各种边值条件更加良定义。此外，如果说泛函$J(x)=\int_{t_0}^{t_{\mathrm{f}}}x(t)^2\mathrm{d}t$是多元函数$J(x)=x^2$到无穷维的自然推广，并没有全新的东西（它们的极值

点 $x=0$ 和 $x^*(t)\equiv 0$ 也是相互对应的）。那么，当泛函中出现上述 $\dot{x}(t)$ 时，它是独属于无穷维的情况。换言之，在有限维的问题中找不到类似的东西。

同理，这里仍然要考虑 f 在 x^* 附近的展开式。与上面不同的是，x 变化成 $x+\delta x$ 不仅仅意味着 $f(x,\dot{x},t)$ 的第一个变量发生变化，它的第二个变量 $\dot{x}(t)$ 也变成了 $\dot{x}(t)+\delta\dot{x}(t)$。也就是说，$\delta x$ 将会从两方面而非一方面影响 f 的取值。对于固定的 t，$f(x,\dot{x},t)$ 可以在 x 的局部展开为

$$f(x+\delta x,\dot{x}+\delta\dot{x},t)=f(x,\dot{x},t)+f'_x\delta x+f'_{\dot{x}}\delta\dot{x}+o\left(\|\delta x\|\right) \quad (11.33)$$

注意：式（11.33）中右边第三项的 $f'_{\dot{x}}$ 表示 f 对于第二个自变量 $\dot{x}$ 求偏导数，不要漏看标记。可以看出，它与形如 $J(x)=\int_{t_0}^{t_f} f(x(t),t)\mathrm{d}t$ 的泛函相比，主要的不同在于 δx 不仅能从改变 x 的角度影响 f 的取值，还能从改变 $\dot{x}$ 的角度影响 f 的取值。

由于泛函 J 是由 f 对 t 求积分得到的，因此不难得到其展开式为

$$J(x+\delta x)=J(x)+\int_{t_0}^{t_f}(f'_x\delta x+f'_{\dot{x}}\delta\dot{x})\mathrm{d}t+o\left(\|\delta x\|\right) \quad (11.34)$$

仿照上面的结论，应要求式（11.34）中的 $\int_{t_0}^{t_f}(f'_x\delta x+f'_{\dot{x}}\delta\dot{x})\mathrm{d}t$ 部分在 δx 取值任意的情况下取值均为 0。此时可以利用如下分部积分公式：

$$\int_{t_0}^{t_f} f'_{\dot{x}}\delta\dot{x}\mathrm{d}t=(f'_{\dot{x}}x)\Big|_{t_0}^{t_f}-\int_{t_0}^{t_f}\frac{\mathrm{d}}{\mathrm{d}t}(f'_{\dot{x}})\delta x\mathrm{d}t \quad (11.35)$$

由 $\int_{t_0}^{t_f}(f'_x\delta x+f'_{\dot{x}}\delta\dot{x})\mathrm{d}t$ 在 δx 为任意函数微元的情况下取值均为 0 可以推出：

$$f'_x-\frac{\mathrm{d}}{\mathrm{d}t}(f'_{\dot{x}})\equiv 0 \quad (11.36)$$

这是一个关于一元函数 $x(t)$ 的常微分方程（不要因为见到偏导数而误认为它是偏微分方程）。为了让读者将其看得更清楚，这里将 $f'_{\dot{x}}$ 写成 $\dfrac{\partial f}{\partial\dot{x}}$ 并将省略的自变量写出来，得到更完整的式子：

$$\frac{\partial f(x(t),\dot{x}(t),t)}{\partial x}-\frac{\mathrm{d}}{\mathrm{d}t}\left(\frac{\partial f(x(t),\dot{x}(t),t)}{\partial\dot{x}(t)}\right)\equiv 0 \quad (11.37)$$

此外，由 $\int_{t_0}^{t_f}(f'_x\delta x+f'_{\dot{x}}\delta\dot{x})\mathrm{d}t$ 在 δx 取值任意的情况下取值均为 0 还可以推出：

$$f'_{\dot{x}}\delta\,|_{t=t_0}=f'_{\dot{x}}\delta\,|_{t=t_f} \quad (11.38)$$

式（11.38）看起来有些奇怪，因为它相当于要求

$$f'_{\dot{x}}\left(x(t_0),\dot{x}(t_0),t_0\right)\delta x(t_f)=f'_{\dot{x}}(x(t_f),\dot{x}(t_f),t_f)\delta x(t_f) \quad (11.39)$$

在 δx 取任何函数微元时均成立。事实上，在某些特殊的边界条件下，这个条件是天然成立的。例如，当问题规定了边界条件 $x(t_0)=x_0$ 与 $x(t_f)=x_f$ 时，满足条件的 $x(t)$ 都必须是从 (t_0,x_0) 出发到 (t_f,x_f) 的函数，起止点不容变化，因此必须有 $\delta x(t_0)=\delta x(t_f)=0$ [横截条件（Transversality Conditions）]，如图 11.2 所示。

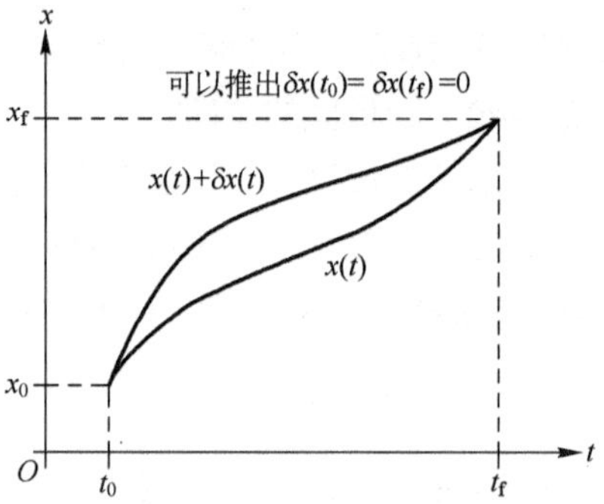

图 11.2　横截条件

总结一下：由式（11.34）在δx取值任意的情况下取值均为0，可以借分部积分公式，即式（11.35）推出式（11.36）及式（11.38）。换言之，若$x(t)$是泛函$J(x)=\int_{t_0}^{t_f} f(x,\dot{x},t)\mathrm{d}t$的极小值点，则它应该同时满足式（11.36）及式（11.38）。这二者可以作为一元函数$x(t)$的常微分方程及边值条件。其中，常微分方程，即式（11.36）就是欧拉-拉格朗日方程（Euler-Lagrange Equation），简称 E-L 方程；而边值条件，即式（11.38）也被称为横截条件。这二者是最优解的必要不充分条件，类似驻点的含义。

> **定理：平稳值的必要不充分条件（驻点）**
>
> 泛函$J(x)=\int_{t_0}^{t_f} f(x,\dot{x},t)\mathrm{d}t$的平稳值函数满足以下条件：
>
> $$\begin{cases}\dfrac{\partial f}{\partial x}-\dfrac{\mathrm{d}}{\mathrm{d}t}\left(\dfrac{\partial f}{\partial \dot{x}}\right)=0 & \text{（欧拉-拉格朗日方程）}\\ \dfrac{\partial f(x(t_0),\dot{x}(t_0),t_0)}{\partial \dot{x}}\delta x(t_0)=\dfrac{\partial f(x(t_f),\dot{x}(t_f),t_f)}{\partial \dot{x}}\delta x(t_f) & \text{（横截条件）}\end{cases}$$

下面举一个简单的例子。

设$x(t)$是区间$[0,0.5\pi]$上的连续可微函数，且满足$x(0)=0$与$x(0.5\pi)=1$两个边界条件。设泛函$J(x)=\int_0^{0.5\pi}[\dot{x}^2(t)-x^2(t)]\mathrm{d}t$，求泛函的极值。

假设x^*是泛函的极值点。根据上述结论，x^*必须满足欧拉-拉格朗日方程及横截条件。其中，由于给定了$x(t)$的起始值与终止值，因此横截条件是自然满足的，此时只要解欧拉-拉格朗日方程即可。由已知可得

$$\frac{\partial}{\partial x}(\dot{x}^2(t)-x^2(t))=-2x(t) \tag{11.40}$$

由$\frac{\partial}{\partial \dot{x}}(\dot{x}^2(t)-x^2(t)_x)=2\dot{x}(t)$可以推出

$$\frac{\mathrm{d}}{\mathrm{d}t}\left(\frac{\partial\left(\dot{x}^2(t)-x^2(t)\right)}{\partial \dot{x}}\right)=2\ddot{x}(t) \tag{11.41}$$

综合式（11.40）与式（11.41），可以列出欧拉-拉格朗日方程$x(t)+\ddot{x}(t)\equiv 0$。显然，这个方程的通解具有$x^*(t)=A\sin(t)+B\cos(t)$的形式，其中A和B为待定系数。由于有边界条件$x(0)=0$与$x(0.5\pi)=1$，因此可以求出$A=1$，$B=0$。这样，就得到了问题的一个平稳值函数。

这里还需要进一步验证其是否为极值点。

下面总结一下本节的整体内容。

由于很难对任意形式的泛函求极值，因此仅考虑具有特殊形式的泛函。

（1）对于 $J(x)=\int_{t_0}^{t_f} f(x(t),t)\mathrm{d}t$ 的形式，x^* 是极值点的必要条件为 $f_x'(x^*(t),t)\equiv 0$。

（2）对于 $J(x)=\int_{t_0}^{t_f} f(x,\dot{x},t)\mathrm{d}t$ 的形式，x^* 是极值点的必要条件为欧拉-拉格朗日方程与横截条件同时成立。

面对求泛函极值点的问题，可以先用上述必要条件求出极值点的候选集（驻点），再进一步验证其中哪一个是极值点。

*11.3.4 用变分法求解最优控制问题

上面讲解了两种特殊形式的泛函求平稳值函数（驻点）的方法。本节讲解它在连续时间的最优控制问题中的应用。

在最优控制问题中，目标是要解出 $u^*(t)$，使其能最小化损失 J。为此，可以将 J 看作关于自变量 u 的泛函。这样，最优控制问题就被转化为一个变分问题。需要注意的是，前面两节中所讲的变分问题都是无约束最优化问题从有限维情况推广到无穷维。在最优控制问题中，由于 x、u 符合环境转移关系 $\dot{x}(t)=f(x(t),u(t))$，因此它应该是一个有约束的最优化问题。

在有限维情况下，面对具有等式约束的最优化问题，我们会尝试用拉格朗日乘子法来求解：如果目标函数是 $f(x)$，约束是 $c(x)=0$，则我们会定义拉格朗日乘子函数 $L(x,\lambda)=f(x)+\lambda c(x)$，最优解要在拉格朗日函数的鞍点（而非 $f(x)$ 的驻点）中产生。在无穷维情况下，求解方法是类似的。

为了方便读者理解拉格朗日乘子法如何发挥作用，这里不再一般化地讲述，而是直接用它求解一个具体的最优控制问题。希望读者能够在这个具体的例子中理解如何将变分法、欧拉-拉格朗日方程从无约束问题扩展到有约束问题。下面仍然考虑第 10 章讲的那个时间连续的 LQR 控制问题。

> 给定初始状态：$x(0)=x_0$；
> 环境：$\dot{x}(t)=x(t)+u(t)$；
> 目标：最小化 $J=\int_0^T \frac{1}{4}u^2(t)\mathrm{d}t+\frac{1}{4}x^2(T)$；

需要注意的是，这个目标函数的形式与 $J(x)=\int_{t_0}^{t_f} f(x,\dot{x},t)\mathrm{d}t$ 是不相符的，因为后面多了一项 $x^2(T)$。因为要单独处理这一项是比较困难的，所以我们希望将这项也转化为 $J(x)=\int_{t_0}^{t_f} f(x,\dot{x},t)\mathrm{d}t$ 的形式，这样就可以直接套用欧拉-拉格朗日方程，即式（11.36），而不需要进行特异化处理。注意到如下恒等式：

$$x^2(T)-x^2(0)=\int_0^T 2x(t)\dot{x}(t)\mathrm{d}t=\int_0^T x(t)(x(t)+u(t))\mathrm{d}t \tag{11.42}$$

由于 $x(0)=x_0$，因此 $x^2(0)=x_0^2$ 是一个常数，不必额外考虑。根据恒等式（11.42），我们可

以把 $x^2(T)$ 这一项变成我们需要的形式。

总体来说，我们首先将 LQR 控制问题转化为如下形式。

给定初始状态：$x(0)=x_0$； 环境：$\dot{x}(t)=x(t)+u(t)$； 目标：最小化 $J=\int_0^T\left[\frac{1}{4}u^2(t)+\frac{1}{2}x(t)u(t)+\frac{1}{2}x^2(t)\right]\mathrm{d}t$；

然后不妨设 $f(x,u,t)=\frac{1}{4}u(t)^2+\frac{1}{2}x(t)u(t)+\frac{1}{2}x(t)^2$，则目标函数变为 $J=\int_0^T f(x,u,t)\mathrm{d}t$。设 $c(t)=x(t)+u(t)-\dot{x}(t)$，则问题的等式约束就是 $c(t)\equiv 0$。下面仿照有约束的最优化问题，定义一个拉格朗日乘子 $\lambda(t)$，并将等式约束乘以拉格朗日乘子与目标函数组合起来，得到拉格朗日函数：

$$\int_0^T L(x,u,\lambda)\mathrm{d}t=\int_0^T(f+\lambda c)\mathrm{d}t \tag{11.43}$$

在有限维等式约束问题中，设拉格朗日函数为 $L(x,\lambda)=f(x)+\lambda c(x)$，则极值点的必要条件是 $\frac{\partial L}{\partial x}=0$ 与 $\frac{\partial L}{\partial \lambda}=0$ 同时成立。其中，后者就是等式约束条件 $c(x)\equiv 0$。在无穷维情况下，同样可以让 L 对于 x、u 与 λ 的偏导数均等于 0。这就等于分别以 x、u 与 λ 为自变量列出欧拉-拉格朗日方程。需要注意的是，x、u 与 λ 都是关于 t 的无穷维函数，即 $x(t)$、$u(t)$ 与 $\lambda(t)$，我们将其简写为 x、u 与 λ。

无穷维与有限维、无约束优化与有约束优化的对比如下。

（1）求有限维函数 $f(x)$ 的极值：求 $f(x)$ 的驻点 $\frac{\partial f}{\partial x}=0$，从中寻找极值点。

（2）求有限维函数 $f(x)$ 在约束 $\boldsymbol{c}(\boldsymbol{x})\equiv 0$ 下的极值：定义拉格朗日函数 $L(x,\lambda)=f(x)+\lambda c(x)$；求 L 的鞍点 $\frac{\partial f}{\partial x}=0$，$\frac{\partial L}{\partial x}=0$，从中寻找极值点。

（3）求无穷维泛函 $J(x)=\int_0^T f(x,\dot{x},t)\mathrm{d}t$ 的极值：求泛函 $J(x)$ 的驻点 $\frac{\partial f}{\partial x}-\frac{\mathrm{d}}{\mathrm{d}t}\left(\frac{\partial f}{\partial \dot{x}}\right)=0$，从中寻找极值点。

（4）求无穷维泛函 $J=\int_0^T f(x,\dot{x},t)\mathrm{d}t$ 在约束 $\boldsymbol{c}(\boldsymbol{x})\equiv 0$ 下的极值：定义拉格朗日函数 $\int_0^T L\mathrm{d}t=\int_0^T[f(x,\dot{x},t)+\lambda(t)c(x)]\mathrm{d}t$；求拉格朗日函数鞍点 $\frac{\partial L}{\partial x}-\frac{\mathrm{d}}{\mathrm{d}t}\left(\frac{\partial L}{\partial \dot{x}}\right)=0$，$\frac{\partial L}{\partial \lambda}-\frac{\mathrm{d}}{\mathrm{d}t}\left(\frac{\partial L}{\partial \dot{\lambda}}\right)=0$，从中寻找极值点。

在本例中，拉格朗日函数的表达式为

$$L=\frac{1}{4}u(t)^2+\frac{1}{2}x(t)u(t)+\frac{1}{2}x(t)^2+\lambda(t)[x(t)+u(t)-\dot{x}(t)] \tag{11.44}$$

分别将 L 视为 x、u 与 λ 的函数，列出欧拉-拉格朗日方程。

首先，以 L 的自变量 x 列出欧拉-拉格朗日方程，将其化简得到

$$\frac{1}{2}u+x+\lambda+\dot{\lambda}=0 \tag{11.45}$$

然后，以 L 的自变量 u 列出欧拉-拉格朗日方程。由于 L 中不含 $\dot{u}$，因此方程形式比较简单：

$$\frac{1}{2}u+\frac{1}{2}x+\lambda=0 \tag{11.46}$$

最后，以 L 的自变量 λ 列出欧拉-拉格朗日方程。由于 L 中不含 $\dot{\lambda}$，因此方程形式比较简单：

$$x + u = \dot{x} \tag{11.47}$$

不难发现，上述式子就是问题的等式约束。这就像在有限维情况下，拉格朗日函数对乘子求偏导数并让其等于 0，等价于等式约束。

综上，我们得到了 3 个关于 $x(t)$、$u(t)$ 与 $\lambda(t)$ 的方程：

$$\begin{cases} \frac{1}{2}u(t) + x(t) + \lambda(t) + \dot{\lambda}(t) = 0 \\ \frac{1}{2}u(t) + \frac{1}{2}x(t) + \lambda(t) = 0 \\ x(t) + u(t) = \dot{x}(t) \end{cases} \tag{11.48}$$

这里省略求解过程而直接写出其通解（求解过程留作思考题）：

$$\begin{cases} x(t) = A\exp(t) + B\exp(-t) \\ u(t) = -2B\exp(-t) \\ \lambda(t) = \frac{1}{2}B\exp(-t) - \frac{1}{2}A\exp(t) \end{cases} \tag{11.49}$$

那么，如何确定 A 和 B 的值呢？我们只有一个边界条件 $x(0) = x_0$，这对于两个待定系数 A 和 B 显然是不够的。需要注意的是，问题中没有规定 $x(T)$ 的值，这样一来，横截条件就不是一个平凡的条件。在这种情况下，横截条件会为我们提供另一个边界条件，最终确定问题的唯一解。

由于规定了 $x(0) = x_0$，因此意味着 $\delta x(0)$ 必须等于 0，即横截条件为

$$\frac{\partial L(x(T),\dot{x}(T),T)\delta x(T)}{\partial \dot{x}}\delta x(T) = \frac{\partial L(x(0),\dot{x}(0),0)}{\partial \dot{x}}\delta x(0) \equiv 0 \tag{11.50}$$

由于 $\delta x(T)$ 的值可以任取，因此显然不能要求它恒等于 0。这就意味着

$$\frac{\partial L(x(T),\dot{x}(T),T)\delta x(T)}{\partial \dot{x}} = -\lambda(T) = 0 \tag{11.51}$$

将式（11.49）代入式（11.51）得

$$\frac{1}{2}B\exp(-T) - \frac{1}{2}A\exp(T) = 0 \tag{11.52}$$

因此，这个问题的边界条件就是 $x(0) = A + B = x_0$ 与 $B = \exp(2T)A$。这两个条件已足以帮助我们最终确定 A 和 B，解出 $x(t)$ 和 $u(t)$ 的最优解。

一般而言，到这里相当于解出了鞍点，而不一定是极值点。不过，LQR 控制问题具有特殊性，因为 J 是一个关于 u 的凸函数，所以鞍点就是最终解。读者可以尝试求出最终解，并与第 10 章中用 H-J-B 方程求出的最终解进行对比，看看两种完全不同的方法得到的解是否一样。为节省篇幅，这里不详细展开。

总体来说，11.3.3 节讲了 $J(x) = \int_{t_0}^{t_f} f(x,\dot{x},t)\mathrm{d}t$ 形式的泛函，以及如何求无约束情况下的最优解。而本节则讲了上述形式的泛函在有约束情况下的最优解。不过我们没有仔细地推导，而是直接用一个例子来说明了解法。读者不妨自行归纳一下这个过程，从中总结出一般性的步骤。

11.3.5 总结：策略的最优化

本节首先介绍了变分法的基本定义，最优解的必要条件是梯度等于 0；然后介绍了一类特

殊形式的泛函，并推出其梯度等于 0 等价于欧拉-拉格朗日方程及横截条件；最后介绍了如何用变分法求解时间连续的最优控制问题，主要思路就是将总损失 J 作为控制 $u(t)$ 的一个泛函，利用变分法、带约束的最优化问题，最终找出使 J 最小化的 $u(t)$ 。

在本节所讲的例子中，环境转移关系是确定的、非时齐的，因此控制具有 $u(t)$ 的形式。在强化学习中，对于环境转移关系、初始状态是随机的或确定的，是否时齐，策略函数可能具有 $u(s)$、$u(s,t)$、$u(s_0,t)$ 等多种不同的形式。此时，我们仍可以将目标函数（期望奖励总和）视为关于策略函数的泛函。实践中，我们会将策略函数参数化，即定义其为参数是 n 维向量 $\boldsymbol{w}$ 的神经网络。但从本质上看，策略函数应该是无穷维函数，而期望奖励总和为函数的函数，即泛函。

对于求解高维函数（或泛函）极值的问题，一般有两种思路：一种是根据梯度等于 0 列出方程（高维函数对应高维方程、泛函对应微分方程），求出稳定点并从中筛选出极值点，但是，因为高维非线性方程组很多时候难以求解，所以这种思路时常不奏效；另一种是优化，即从随机初始点出发，沿着梯度方向前进。显然，与由 $g(x)=0$ 的方程求解 x 相比，由给定的 x 算出 $g(x)$ 而确定前进方向要容易得多。本节介绍的变分法其实属于前者，用欧拉-拉格朗日方程直接解出了驻点。但在现实中，我们常常使用后者而非前者，如 VPG、AC、PPO 等所有基于策略的算法。

总体来说，强化学习或最优控制问题中基于策略的思想即将策略函数视为自变量、目标视为策略函数的泛函并求解其最优点。在复杂的现实问题中，我们一般只能用最优化方法迭代地优化策略，而不可能直接求解“梯度=0”这样的方程。但本节内容的意义告诉我们，直接通过“梯度=0”解出最优策略的方法是存在的，并且其理论体系在传统最优控制领域非常完备。这部分内容虽然对本书主题的帮助不大，但可以使我们对基于策略这种思想的认识更全面、完整。

思　考　题

1. 设 $J(x)=\int_{t_0}^{t_f} x(t)^2 \mathrm{d}t$ ，f 二次可微，$x \in C_E^1$ ，边值条件 $x(t_0)=C$ 。请想象问题的最优解是什么样的。说明为什么它不是良定义的。

2. 将 11.3.4 节中的 LQR 控制问题补全求解过程。对比第 10 章中用 H-J-B 方程解出的最终解，看看二者是否一样。

3. 归纳用变分法求解时间连续的最优控制问题的一般步骤并写出框图。

4. 思考策略迭代、iLQR、变分法有什么相似之处，它们与基于价值的算法有什么不同之处。

参 考 文 献

[1] C.-S, HUANG, and, et al.Solving Hamilton—Jacobi—Bellman Equations by a Modified Method of Characteristics - ScienceDirect[J].Nonlinear Analysis: Theory, Methods & Applications, 2000, 40(1-8):279-293. DOI:10.1016/S0362-546X(00)85016-6.

*第 12 章

RL

其他强化学习相关内容

前 11 章先后从理论、技巧与实践等各方面完整地讲述了强化学习和最优控制算法。这些算法往往都具有一定的通用性。这里补充一些强化学习的相关内容，包括奖励函数的改造与混合、逆向强化学习、层次强化学习、离线强化学习。这些领域大多是为了适应现实中的具体问题被提出的，其理论也相对分散。因为它们不是本书的重点，所以本章对其的讲述也相对简略，一般不进行理论推导，只叙述其基本思想。若读者想真正理解相关领域，则需要查阅有关文献。

12.1 奖励函数的改造与混合

2.5 节中提到，奖励函数的定义按理说属于问题定义，而不属于求解算法的一部分。但是在面对现实问题时，我们往往可以人为定义奖励函数。奖励函数定义的不同将在很大程度上影响算法的效果。具体而言，在 2.5 节中我们举了两个例子：在下象棋时，我们的真实目标是“将死对方”而非“吃对方的大子”；在捉老鼠时，我们真实的目标是“捉到老鼠”而非“尾随老鼠”。但是，恪守真实目标而定义的奖励函数往往很稀疏，不利于训练，因此我们不得不将它修改得更稠密。

很自然地，我们希望能有类似这样的定理：设“真实目标”对应的奖励是 R ，我们设计得更稠密的奖励是 R' ，当 R 与 R' 满足何种关系时，以 R' 为奖励训练出的智能体与原本的目标不会偏离（它同时是最大化 R 的最优方案）？

以下介绍吴恩达在 20 世纪 90 年代末的经典论文 *Policy Invariance Under Reward Transformations: Theory and Application to Reward Shaping* 中的结论。

现将论文中的核心结论概括如下：假设有两个 MDP，分别为 $M=(S,A,P,R,\gamma)$ 与 $M'=(S,A,P,R,\gamma)$ 。二者之间只有奖励函数不同，且满足 $R'=R+F$ 的关系，其他部分均相同。二者具有相同的最优解（最优策略相同）的充要条件是 F 具有 $\gamma\Phi(s')-\Phi(s)$ 的形式，其中 Φ 为任意的只关于状态 s 的实函数。

简单地说，先找出一个只关于状态 s 而无关于动作 a 的函数 Φ ，按以上方法写出“有潜力的塑造函数”（Potential-Based Shaping Function） F （它同样是无关于动作 a 的函数），则用它来改造奖励函数不会改变最优策略。

打个更形象的比方：F 是一个只关于状态 s 而无关于动作 a 的函数，我们可以在每个状态下用 F 将原本的奖励函数 R “垫高”一些（由 R 改为 $F+R$ ）。对于不同的状态 s ，我们可以“垫高”不同的高度；但对于同一个 s 下不同的 a ，我们一定要“垫高”相同的高度。这样，虽然我们在不同的 s 下获得的奖励和原来不同（被“垫高”了），但我们在任意一个 s 下要选择的动作 a 和原来并没有不同（因为它们都被“垫高”了相同的高度，所以相对关系没有变）。因此，这种“垫高”不会改变最优策略。

当然，以上仅仅是理论上的结果。它只是告诉我们，“垫高”前后，MDP 的最优解不变。但是在实践中，我们还要保证算法能收敛于 MDP 的最优解。而不同的“垫高”方式显然会导致不同的收敛效率。因此，我们不能仅仅满足上述条件便随意地“垫高”，而应该让“垫高”程度符合我们对于状态好坏的大致理解，只有这样才能给智能体以正确的引导、加速其收敛。

例如，在下象棋的例子中，若 R 只在“将死对方”或“被对方将死”时取值为 ±1 ，其他时候取值均为 0 ，则它非常稀疏，不利于算法收敛。但是，我们可以定义 $\varPhi$ 为衡量子力（场上双方所有现存棋子）的函数，并算出 $F=\gamma\varPhi(s')-\varPhi(s)$ ，用它来进行“垫高”。这样不会使最优策略发生偏离，且“垫高”程度符合我们对于状态好坏的大致理解。因此，它能够在不偏离原本的目标的前提下提升训练效率。

从实践的角度来看，我们可以将“奖励改造”的“垫高函数”的设计原则概括为如下几点：第一，保证它与动作无关，符合上述充要条件的基本要求；第二，让它尽量符合我们对于各个状态好坏的大致理解，提升训练效率；第三，让它尽量稠密（对于大多状态 s ，其取值不为 0 ），减小算法的方差。

如果要详细证明论文中的结论，则需要复杂的推导过程。我们不要求读者掌握定理的详细证明，只要求读者能将其基本思想用到实际问题中，因此这里不赘述证明过程。有兴趣的读者不妨自行查阅论文。

在上面“奖励改造”的例子中，我们改造出一个“垫高函数” F 并将其加在原本的真实奖励 R 上，使 R 和 $R+F$ 对应的最优策略相同。如果考虑更一般的情况：多个奖励函数 $R_1,R_2,\cdots,R_n$ 相加得到新的奖励函数 $R_{\text{env}}=\sum_{i=1}^{n}R_i$ ，那么原本各个奖励函数分别对应的最优策略 $\pi_1^*,\pi_2^*,\cdots,\pi_n^*$ ，以及这个新的奖励函数对应的最优策略 π_{env}^* 之间会有什么关系呢？

由于上面奖励改造条件的充要性，我们不难推出：若某个奖励函数 R_k 仅仅与前后状态 s 有关而与动作 a 无关，则这个 R_k 是否加入 R_{env} 对于最终的最优策略并没有任何影响；反之，若有 R_{k} 与动作 a 有关，则这个 R_k 是否加入 R_{env} 必然对最优策略有影响；如果 R_1 与 R_2 都与动作有关，且它们分别对应的最优策略 π_1^* 和 π_2^* 不同，那么 R_1+R_2 对应的最优策略 π_{env}^* 就很可能是异于 π_1^* 和 π_2^* 的一个全新策略。

这个结论不免令人有些沮丧——这意味着我们不能随意地将奖励函数拆开为几个简单的部分分别进行学习，也不能将在几个任务中学到的策略简单地结合起来。但是，这个结论并不令人感到意外，毕竟 MDP 是一个持续多步的过程，每一步的状态、动作与奖励都相互关联，因此无法简单相加。

因此，当现实中遇到“混合奖励”（Hybrid Reward Architecture，HRA）的情况时，我们不能从问题定义的层面，而需要从算法的层面上来求解。一般而言，我们应该用基于策略、同策略算法来求解。用统一的策略在不同奖励 R_k 定义的环境中进行表现，并统一地迭代更新这个策略，收敛于最大化奖励 R_{env} 的最终策略。有兴趣的读者不妨阅读论文 *Hybrid Reward Architecture for Reinforcement Learning*，此处不再赘述。

12.2 逆向强化学习

12.1 节介绍了“奖励改造”。当已知目标奖励函数但其非常稀疏时，我们可以采用这种技巧进行“奖励改造”。但是在许多实际问题中，我们可能会遇到另一种情况：我们连奖励函数都定义不出来。

例如，当我们在搭乘不同驾驶员驾驶的汽车时，我们肯定能对这个驾驶员的驾驶技术有所评判，如是否平稳、是否舒适、是否经常会让汽车落入碰撞的风险中（哪怕从来没有真正发生过碰撞）等。但是，我们没有用一个清晰的奖励函数衡量出这个“好坏”。如果我们想用强化学习技术训练一个自动驾驶智能体，让它在复杂的路况中表现得比较好，那么该如何定义奖励函数呢？

在强化学习中，有一个分支叫作“逆向强化学习”（Inverse RL）。在一般的强化学习问题中，给定了奖励函数 R，并以最大化它为目标求解策略 π。在逆向强化学习问题中，事实上是用策略 π “逆向地求解”奖励函数 R。例如，在上述例子中，我们会首先收集许多专业驾驶员的驾驶数据（面对不同状态 s 选择动作 a 的数据，可以视为背后隐含了一个策略 π_{human}），从中解出一个能够体现“驾驶水平好坏”的奖励函数 R，然后以这个 R 来指导智能体的学习。

有的读者或许不免有疑问：为什么要采用这种“曲折迂回”的方式——先从策略 π_{human} 解出奖励函数 R，然后从奖励函数 R 用强化学习解出策略 π 呢？难道不能直接从策略 π_{human} 学习出我们需要的策略 π 吗？

这里需要强调的是，我们根据策略 π_{human} 的数据直接学习出策略 π 是完全没有问题的。前面我们讲过的“模仿学习”（Imitation Learning）就是这样做的（但应保证有专家可以为新出现的状态 s 标注动作 a、不断产生新数据）。不过在这种情况下，我们学习的目标是要尽量接近人类专家的策略 π_{human}，最终目标也无法超越人类。如果采用逆向强化学习的方式，我们首先会解出一个 R，使人类专家的策略 π_{human} 在面对 R 时表现得比较好（或者说，若以这个 R 为目标，则人类专家的策略 π_{human} 是完全合理的）；然后，我们会直接以最大化 R（而不是模仿策略 π_{human}）为目标求解最优策略 π^*。这里的策略 π^* 是完全有可能超越策略 π_{human} 的。总体来说，有的问题天然应该是强化学习问题，强化学习算法具有其他算法不能企及的一些优点。在这种情况下，即使我们原本没有奖励函数，也应该用逆向强化学习的方式将其定义出来。

逆向强化学习是强化学习中的一个重要分支，有许多经典算法，包括学徒学习（Apprenticeship Learning）、最大边际规划（Maximum Margin Planning，MMP）、神经逆向强化学习（Neural Inverse Reinforcement Learning）等。下面粗略地讲解学徒学习这一经典算法。

学徒学习是 Abbeel 与吴恩达在 2004 年的论文 *Apprenticeship Learning Via Inverse Reinforcement Learning* 中提出的一个经典的逆向强化学习算法，其核心思想是训练中智能体的策略往往很难超过人类专家的策略，因此在迭代中不断寻找这样的奖励函数 R，人类专家的策略 π_{human} 在这个奖励函数 R 下的表现要尽量比当前智能体的策略 π 好，并以新的奖励函数为目标学习出更新的策略。

可以想象：在迭代过程中，学徒（智能体）的策略 π 会变得越来越好（一般而言也越来越接近人类专家的策略 π_{human}），但同时，奖励函数 R 也变得越来越"严苛"。即使学徒已经付出了很多努力，策略 π 已经非常不错了，这个奖励函数 R 却不断告诉它，其实你比起人类专家的策略 π_{human} 还差得非常远。为了论证学徒与专家之间还存在很大的差距，它甚至不惜屡次修改标准，简直就像在故意"刁难"学徒一般。可以想见，在这种"百般刁难"下成长起来的学徒最终将会拥有强大的能力与心理素质。

论文提出于 2004 年，当时深度学习（神经网络）还不发达，因此论文中采用了线性模型来学习或拟合奖励函数与策略。具体而言，算法先定义了一组基底 ϕ，定义 R 为基底与系数 $\boldsymbol{\omega}$ 的线性组合 $R=\boldsymbol{\omega}^{\mathrm{T}}\phi$，则策略 π 能获得的期望奖励总和为 $E(\sum\gamma^t R_t|\pi)=\boldsymbol{\omega}E(\sum\gamma^t\phi|\pi)$。为此，我们可以将 $E(\sum\gamma^t\phi|\pi)$ 记为一组专属于策略 π 的基底 $\mu(\pi)$，并用神经网络替换线性模型。

有的读者可能会感觉这有些像深度学习领域的另一经典算法——对抗生成网络（Generative Adversarial Network，GAN）。在 GAN 中，我们需要一个函数来计算图片的"真实程度"，并让生成器以其为目标进行更新。由于我们没有这样的函数，因此我们只能训练一个判别器。通俗地类比，训练判别器"最好地分辨出真实图片与假图片"正如逆向强化学习中训练奖励函数 R"最好地判断出人类专家的策略比学徒的策略更好"。从这个角度来看，GAN 与学徒学习的确有相似之处。但需要注意的是，学徒学习毕竟是一个强化学习问题，我们所拥有的是环境而非给定的数据；在指定奖励函数 R 时，通过强化学习训练出策略 π 的方法也并不唯一，这里涉及的诸多变化都是 GAN 所不具备的。

12.3 层次强化学习

前面提到，强化学习的目标是模拟智能体的生命活动，它被广泛视为通往强人工智能的桥梁。在理想情况下，我们可以用强化学习模拟人类，即让智能体在"最大化效用"的目标下展示出与人类相似的行为方式。

回顾我们的日常生活：我们每天都要完成各种复杂的任务，如"学习强化学习算法教程""向上级汇报工作""放学接孩子"等。但是，事实上并没有一个简单的动作叫作"学习强化学习算法教程"。从直观上看，我们首先要走到书柜处，从中找出有关强化学习算法教程的书，将书放在书桌上，然后翻到上次阅读的页码，拿来草稿纸与笔，一边阅读一边推演等。换言之，"学习强化学习算法教程"这个任务是由一系列动作串联在一起完成的。但是，按照人类的日常思维，我们并不会将今天的工作内容展开到如此微观而烦琐的程度。我们只会用"学习强化学习教程 20 页""向上级汇报工作"等这种比较宏观的任务来编排我们一天的任务。此外，我们最终要追求的效用往往是生理需求、安全需求、社会认同与自我实现等。从这个角度来看，完成"学习强化学习算法教程"这个任务并不能帮助我们直接获得上述效用。但是，通过更好地学习强化学习，我们可以提升工作的专业能力，更好地解决工作中遇到的问题，最后获得奖金、职级晋升，以及同行的认可。因此，我们会为"学习强化学习算法教程"这样的子任务设置额外的子目标，而非直接将其与原本的人生效用关联起来。

简单地概括：现实中的状态、动作与奖励都是微观而烦琐的。但是，人类的思维方式倾向于将一系列动作“打包”在一起形成一个“宏观动作”，将一系列复杂的状态综合起来并降维为“宏观状态”，将一系列与最终目标管理的状态变动定义为“子目标”。随后，人们在相对宏观的视角下进行思维决策，即审视自己的“宏观状态”，采取合适的“宏观动作”以实现“子目标”，只有这样才能更高效地进行决策，更好地实现最大化效用的最终目标。

用数学语言描述层次强化学习的一般框架：将控制器分为两层。其中，宏观层称为 Meta-Controller。它首先获得当前状态 s_t，然后从所有可能的子任务集合中选择一个子任务 $g_t \in G$，让微观层级的控制器完成。每个子任务都有对应的期望奖励 $R_t(g)=\sum_{s=t}^{T}\gamma^{s-t}r_s(g)$。宏观层级的控制器采取强化学习算法，目标为最大化子任务的期望奖励总和。微观层级称为 Controller，其接受宏观层级传来的子任务 g，并根据当前状态 s_t 选择一个可能的动作 a_t。它也是一个强化学习算法，目标即最大化子任务获得的期望奖励总和。

无论是宏观层级还是微观层级，我们都可以直接使用强化学习算法。因此，层次强化学习的关键在于如何实现分层。本节简单概括各种分层方式及面临的问题。事实上，涉及分层强化学习的算法都是比较烦琐的，我们将在最后列出文献，推荐读者阅读原论文以更好地理解算法。

一种最简单的方式是人为设计分层。例如，在一款即时战略类游戏中，真正的动作应为将鼠标移动到某处，点击或拖动。但是，人类所理解的子任务相对比较宏观，如“建设一圈防御围墙”“建造 5 个自爆卡车”“侦查重要位置”等。我们可以根据自己对于游戏的理解，定义出一系列相对宏观的子任务，并将微观动作（点选农民→移动到指定位置→修建防御城墙→移动到相邻位置→修建防御城墙）串联为宏观动作。这样，我们就可以在宏观层级与微观层级下分别进行强化学习，得到最优战略与最精细的操作。

但是，在许多复杂的环境中，宏观动作的数量是巨大的（有限数量的微观动作串联起来可以排列组合出极多可能性）。上述人为枚举并设计分层的方式难以实现。因此，我们要考虑更加通用的实现方式。

例如，可以人为设定一个参数 c，将每 c 步的动作组合在一起作为宏观动作。这样就可以获得不需要人为设定的、比较通用的层次强化学习框架。我们可以根据自己对于问题的理解（如多少步动作适合组合在一起作为宏观动作）来设定 c。这样做的好处在于对任何问题都可以简单而快速地进行部署。

但是，上述人为设定 c 的方式也是有问题的。例如，在有的问题中，可能宏观动作的长度是不固定的，有的由 5 个动作组成，有的由 8 个动作组成。在我们的思维中，很可能将长度相差很远的两组动作在宏观上归结为具有同样的意义。而人为设定好长度 c 是无法实现这一点的。

为此，我们可以考虑更加复杂而智能的方法——将上层宏观策略与下层策略的移交本身视为一个可以学习的函数。打个通俗的比方：公司有一名总经理及多名员工。总经理的职责在于选择员工并指派任务，而员工接到总经理分配的任务后需要努力执行，并在执行完毕时汇报给总经理。随后，总经理又要重新根据战略形势选择员工并分配任务。其中，汇报工作、选择员工和其他动作一样，都是可以学习的。

上述方法的好处在于比较通用、智能，理论上可以拟合各种复杂情况，实现很好的性能。但是在深度学习领域，过于通用、智能的方法总是存在“过拟合”的情况，分层强化学习也不例外。在实践中，它常常收敛于两种极端。打个通俗的比方：第一种情况是一名员工被训练为适合完成所有任务的“超级员工”，而其他员工均退化为不能完成任何动作便立即汇报的“普通员工”，总经理每次只选择“超级员工”完成所有任务，不再选择“普通员工”；第二种情况是每名员工都被训练为只会完成简单动作的执行者，缺乏自己完成复杂动作的能力，没有主观能动性。总经理选择员工的行为就等价于自己选择动作。

事实上，这两种极端情况都是分层学习失败的结果，相当于没有进行有效的分层。在第一种情况中，“超级员工”相当于单层强化学习的智能体，而总经理是平凡且多余的一层；在第二种情况中，总经理相当于单层强化学习的智能体，而员工则完全是包装在单个动作上平凡且多余的一层。在真正的分层学习中，我们希望每名员工负责完成不同的任务，各任务具有一定的复杂性，而总经理则负责在宏观层面上调度战略。为了真正实现分层的效果，我们一般会采取一些正则化手段，其具体细节较烦琐，此处不再赘述。本节的目标在于讲清楚分层强化学习的几种基本逻辑与其面临的主要困难，为读者学习这部分内容做一个引子。对于更具体的内容，推荐读者阅读相关文献。

12.4 离线强化学习

我们一直强调，强化学习的两大难点在于拥有环境与持续多步。它与一般有监督学习最主要的两个区别之一就是我们拥有一个可以自由与之进行交互而产生数据的环境。更具体地说，我们可以自由选择与环境进行交互的方式以产生更有价值的训练数据，提升算法效率。在第 3 章中，我们详细讲述了如何产生更有价值的训练数据，即探索-利用权衡的思想。

对于训练围棋或其他游戏 AI 的问题，整个环境是完全定义在计算机中的，因此我们自然能拥有环境，此时可以依照我们的意愿产生大量训练数据。但是，对于其他一些问题，诸如无人车、机器人、工业控制等，环境是定义在现实中的。一方面，我们很难在计算机中建立一个与现实足够接近的仿真环境（产生的数据与现实足够接近，仿真环境中训练好的智能体能够在现实中有较好的表现）；另一方面，我们很难对现实中的环境任意产生数据（可能数据成本极高，也可能造成严重的经济损失）。在这种情况下，我们可能只有一批已经从现实环境中产生的数据（在原本的生产过程中顺带产生的），而不能再依照我们的想法任意地产生新数据。简而言之，我们只拥有数据而非拥有环境。

强化学习中有一个领域叫作离线强化学习（Offline Reinforcement Learning，或者 Batch Reinforcement Learning）。如果我们只有一批服从环境分布的数据，而不能再自由地从环境中产生新数据，那么在这种情况下，如何最好地求解最优策略就是离线强化学习要解决的问题。2020 年以后，离线强化学习是强化学习中受到重视程度最高、发展速度最快的子领域之一。

那么，拥有数据与拥有环境究竟有什么不同呢？前者比起后者究竟有什么劣势呢？只要弄清楚这个问题，便能把握离线强化学习发展的脉络。

回顾我们介绍过的无模型强化学习算法。例如，在基于价值的 DQN 中，我们用形如 (s,a,r,s') 的单步转移数据来拟合 Q 函数。若我们已经有一批服从环境分布的 (s,a,r,s') 的单步转移数据，则我们完全可以用这批训练数据拟合出 Q 函数。那么这样拟合出的结果到底有什么劣势呢？

首先，离线强化学习存在数据缺失（Absent Data）问题。例如，可能存在这样一种情况：

当我们用这批离线数据训练出 $Q(s,a)$ 并依照 $\text{argmax}_a Q(s,a)$ 进行决策时，智能体总倾向于走到特定状态 s^w（s^w 在当前策略下是比较“重要”的）。但是，离线训练数据中没有以 s^w 开头的单步转移数据。由于神经网络的全局性，当它充分拟合其他数据之后自然也能输出 $Q(s^w,a)$ 的估计，但它对 $Q(s^w,a)$ 的估计是完全不准确的。如果将其用于在 s^w 处进行下一步决策，则效果一定是很差的。如果我们拥有环境，则自然可以在 s^w 处针对性地产生更多数据来解决这个问题。而在离线强化学习的设定中，上述问题难以得到解决。

同理，在上述情况下，如果存在以 s^w 开头的数据，而数量却不够，则会导致模型偏差（Model Bias）。如果离线训练数据中包括以各个状态开头的数据，但是其分布和最终智能体收敛时倾向于它们的分布（或者说它们的“重要性”）不一致，则会导致训练不匹配（Training Mismatch）等问题。

这里还要进行辨析：我们之前讲过同策略与异策略的方法。如果使用同策略方法，则我们在每一步训练中使用的数据集都是与当前估计最优策略的分布完全一致的；如果使用异策略方法，则二者会存在一定的偏差，但不会很大。例如，在进行异策略训练时，我们会定期从数据库中清除很久以前的策略产生的数据，使数据库中的数据分布与当前策略的分布保持在比较接近的范围内；当采用重要性权重时，我们也会避免使用与当前策略相差过大的策略产生的数据，因为这样会使重要性权重很大、数值不稳定。总体来说，即使采用异策略方法，我们使用的数据集和当前估计最优策略的分布也是相对接近的，是符合强化学习特征的。而在离线强化学习中，我们使用的数据集可以视为由随机策略产生，与当前估计最优策略完全没有关系。这就是它面临的最大困难。

面对以 s^w 开头的数据缺失问题，有两种解决思路：第一种是尽量生成以 s^w 开头的数据；第二种是让最终策略不要经过 s^w，或者到达 s^w 的概率较小。换言之，让最终策略经过的状态、动作尽量集中于数据集中已有的分布上。

对于第一种思路，我们可以采取的是核方法（Kernel Method）。核方法是机器学习中一种常见的技巧。例如，在非参数估计中，如果我们有一组离散的样本点，那么我们可以利用其与核函数的加权和重建一个连续概率密度函数，估计在样本中不存在的位置处概率密度的取值，如图 12.1 所示。

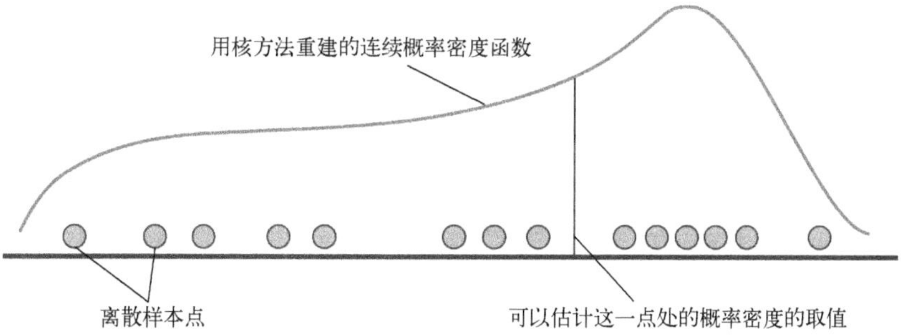

图 12.1　用核方法重建连续概率密度函数

在离线强化学习中，如果训练数据中没有以 s^w 开头的数据，而我们又需要以 s^w 开头的数据（如当前需要估计最优策略下 s^w 出现的概率较大），则可以用已有的离线数据与核方法生成以 s^w 开头的数据。具体而言，我们可以参考 Sascha Lange 等人的论文 *Batch Reinforcement Learning*，其中总结的 Kernel-Based Approximate Dynamic Programming（简称 KADP）或 Fitted

Q Iteration（简称 FQI）等都是该领域最基础的算法。

需要注意的是，神经网络是全局的。一方面，如果我们没有以 s^w 开头的数据，而只用离线数据集中的单步转移数据 (s,a,r,s') 进行训练，则最终收敛后也可以输出对于 $Q(s^w,a)$ 的预测，但因为神经网络没有对 s^w 进行针对性的拟合，所以它肯定很不准确；另一方面，我们可以用离线数据集中的单步转移数据 (s,a,r,s') 与核方法生成以 s^w 开头的数据，但它本身也不准确，即神经网络在 s^w 处拟合的目标不准确。那么，应如何说明后者在 s^w 处的预测比前者更好呢？

事实上，核方法有效的前提是已知环境具有一定的连续性，即相邻状态下的数据是比较接近的。在某种程度上，这就相当于用所有离线训练数据与关于连续性的先验知识建立了一个可以与之进行自由交互的"环境模型"。当我们需要以 s^w 开头的数据时，可以从该"环境模型"中查询。否则，若环境本身连续性较差，而 s^w 处的数据又确实存在缺失，则我们很难对 s^w 处的情况进行任何有效的拟合。

对于这种情况，可能要考虑离线强化学习中的另外一种思路，即让最终策略尽量集中于离线数据中已有的状态或动作上。通俗地说，就是让智能体尽量"绕开"缺失数据的状态 s^w，或者"徘徊"在数据密集的状态周围。

事实上，这是很困难的。因为强化学习是一个持续多步的过程，即使我们已经拥有清晰的 $Q(s,a)$ 函数，我们也很难显式地算出它在持续多步的过程中对应的状态分布。在一般强化学习问题中，因为我们可以不断地产生新数据，所以策略的分布自然会以数据的形式呈现；而在离线强化学习问题中，离线数据的分布与最终收敛时策略的分布很可能是完全独立的。

关于这种思路的具体实现，论文 *Off-Policy Deep Reinforcement Learning without Exploration* 中介绍了 Batch Constrained Q-Learning（简称为 BCQ）方法，即将策略限制在由离线数据定义的子问题中，故而称为 Batch Constrained。与一般 Q-Learning 相比，该方法不仅要最大化奖励，还要最小化与离线数据的偏差；对于状态或动作是连续变量的情况，该方法还需要额外用一个生成模型学习状态的连续分布并判定连续分布之间的差异。这类算法的过程比较复杂，技巧比较多，这里不再赘述。有兴趣的读者不妨自行阅读有关文献。

总体来说，离线强化学习中训练数据的分布与最优策略的分布必然存在偏差，这必然会影响算法的性能。我们可以调整训练数据的分布以适应最优策略的分布，也可以控制最优策略的分布以符合训练数据的分布。实践中，两种思路都存在一定的问题，如前者需要关于环境的先验知识，后者的 BCQ 方法在学界一直存在争议。这里推荐读者多阅读有关文献，在实践中结合具体条件设计最终方案。

此外，在有些场景中，我们并非完全不能产生新数据，但产生新数据的成本较高。我们在面临性能瓶颈时，可以以较低的频率访问环境并产生我们需要的新数据。我们将这类问题称为 Growing Batch Learning Problem。在某种意义下，这类问题定义介于离线强化学习与一般强化学习之间，其解决思路也需要借鉴这二者。目前，学界对这类问题有许多研究，这里不再赘述。有兴趣的读者不妨自行查阅有关文献。

参 考 文 献

[1] NG A, HARADA D, RUSSELL S J. Policy Invariance Under Reward Transformations: Theory

and Application to Reward Shaping[J]. 1999.
[2] SEIJEN H V, FATEMI M, ROMOFF J, et al. Hybrid Reward Architecture for Reinforcement Learning[J]. 2017.DOI:10.48550/arXiv.1706.04208.
[3] ABBEEL P, COATES A, MONTEMERLO M, et al. Discriminative Training of Kalman Filters[C]//Robotics: Science & Systems.2005.DOI:10.1109/TPWRS.2011.2157539.
[4] VEZHNEVETS A S, SILVER D, KAVUKCUOGLU K, et al. FeUdal Networks for Hierarchical Reinforcement Learning[P].2017[2023-11-12].
[5] KULKARNI T D, NARASIMHAN K R, SAEEDI A, et al. Hierarchical Deep Reinforcement Learning: Integrating Temporal Abstraction and Intrinsic Motivation[J]. 2016.DOI:10.48550/arXiv.1604.06057.
[6] NACHUM O, GU S, LEE H, et al. Data-Efficient Hierarchical Reinforcement Learning[J]. 2018.DOI:10.48550/arXiv.1805.08296.
[7] BACON P L, HARB J, PRECUP D. The Option-Critic Architecture[J]. 2016.DOI:10.48550/arXiv.1609.05140.
[8] LEVINE S, KUMAR A, TUCKER G, et al. Offline Reinforcement Learning: Tutorial, Review, and Perspectives on Open Problems[J]. 2020.DOI:10.48550/arXiv.2005.01643.
[9] KIDAMBI R, RAJESWARAN A, NETRAPALLI P, et al. MOReL: Model-Based Offline Reinforcement Learning[J]. 2020.DOI:10.48550/arXiv.2005.05951.
[10] YU T, THOMAS G, YU L, et al. MOPO: Model-Based Offline Policy Optimization[J]. 2020.DOI:10.48550/arXiv.2005.13239.
[11] FUJIMOTO S, MEGER D, PRECUP D.Off-Policy Deep Reinforcement Learning without Exploration[J]. 2018.DOI:10.48550/arXiv.1812.02900.

反侵权盗版声明